華夏英才基金學術文庫

林木生物质资源与能源化利用技术

常建民 等　编著

科学出版社
北京

内 容 简 介

本书以林木生物质资源与能源化利用技术为主线，系统介绍了林木生物质的种类、特征、资源状况、组成及物化性质，论述了国内外林木生物质能资源转化利用技术的现状及发展趋势，重点阐述了林木生物质快速热解、直接液化、气化、压缩成型、液体燃料制备、生物质胶黏剂制备、发电等现代化利用技术，并对林木生物质能源化进行了系统评价，以期为我国林木生物质能的开发利用提供有益的借鉴。

本书可供从事和关心林木生物质能领域研究的工程技术人员、科研人员、管理人员以及高等院校相关专业师生参考。

图书在版编目(CIP)数据

林木生物质资源与能源化利用技术/常建民等编著.—北京：科学出版社，2010

(华夏英才基金学术文库)

ISBN 978-7-03-026705-4

Ⅰ.①林…　Ⅱ.①常…　Ⅲ.①林木-生物资源 ②林木-生物能源-利用　Ⅳ.①S718.4 ②TK6

中国版本图书馆 CIP 数据核字(2010)第 019478 号

责任编辑：夏　梁/责任校对：刘小梅

责任印制：赵　博/封面设计：陈　敬

科学出版社出版

北京东黄城根北街 16 号

邮政编码：100717

http://www.sciencep.com

北京凌奇印刷有限责任公司印刷

科学出版社发行　各地新华书店经销

*

2010 年 2 月第　一　版　　开本：720×1000　1/16

2025 年 2 月第四次印刷　　印张：21

字数：413 000

定价：98.00 元

(如有印装质量问题，我社负责调换)

前言

纵观历史长河，生物质能，特别是林木生物质能曾经是（对于某些地区现在仍然是）人类赖以生存的主要能源。只是在19世纪末20世纪初，随着化石能源的崛起，生物质能源在能源的舞台上由主角逐步演变为配角。1973年世界石油危机的出现，又重新唤醒了人们对生物质能源的美好回忆，从仿佛被遗忘的角落再次成为世界关注的热点。三十多年来，林木生物质能源的开发利用蓬勃发展、方兴未艾，取得了前所未有的显著成绩，与其他可再生能源（主要是风能、太阳能等）携手，成为化石能源必不可少的补充和伙伴。

与传统的靠天赐予、简单粗放的生物质能源利用模式相比，当今林木生物质能的利用，无论从育种、种植、经营和开发，还是高效合理的利用方式，无不体现着高科技、大规模、集约化的现代化烙印。与其他生物质相比，林木生物质具有资源丰富、品种繁多、能量密度大、易于运输储存以及可定向培育等特点，开发潜力巨大。

本书以林木生物质资源与能源化利用为主线，在全面综合国内外相关研究资料基础上，根据编著者多年的研究成果和实践经验，系统介绍了林木生物质的种类、特征、资源状况、组成及物化性质，论述了国内外林木生物质能源化的现状及发展趋势，重点阐述了林木生物质快速热解、直接液化、气化、压缩成型、液体燃料制备、生物质胶黏剂制备、发电等现代化利用技术，并介绍了林木生物质能源化技术经济评价方法。需要说明的是，对于应用历史较长、比较成熟的利用技术（如林木生物质直接燃烧技术和沼气技术等）本书未有过多涉及。

本书取材新颖、特色鲜明、重点突出、深浅适度，对林木生物质资源和转化利用技术进行了比较完整和深入的讨论，反映了国内外最新的研究进展。希望可为从事和关心林木生物质能领域研究的工程技术人员、科研人员、管理人员以及高等院校相关专业师生提供一些有益的帮助和参考。

本书由北京林业大学常建民教授等编著。其中常建民、陈天全、司慧负责第一章、第二章、第三章、第四章，任学勇负责第五章，王鹏起、常建民负责第六章，王鹏起负责第七章、第八章，张立塔负责第九章，范东斌负责第十章、第十一章，苟进胜、常建民负责第十二章，全书由常建民教授润色和统稿，部分章节由任学勇进行文字编辑。

特别感谢华夏英才基金对本书出版的大力支持。本书中的部分内容来源于国家引进国际先进农业（含农、林、水）科学技术计划项目（“948”项目）“木材剩余物真空快速热解及热解油制胶技术”、国家林业局重点项目“木材快速热解产物高效利用研究”、国家“十一五”科技支撑项目“农林剩余物快速热解油制备刨花板用酚醛树脂胶技术”、教育部高等学校博士学科点专项科研基金“木材快速热解过程热解气组分分布与释放规律研究”、国家自然科学基金“木材快速热裂解液化酚类物质形成机制与调控”，以及北京市哲学社会科学规划项目“北京市废弃木质材料能源化利用技术经济分析与管理政策研究”等的研究成果，感谢对上述课题研究提供资助的各政府部门以及参与课题研究的相关人员。

感谢李瑞副教授和我的研究生何明明、许守强、夏碧华、韩彦雪、王雨、孙鑫等在资料收集、整理及绘图方面的帮助。

感谢科学出版社生物分社夏梁编辑的支持和帮助。

在本书的编写过程中，参考了许多国内外相关资料，在参考文献中已经尽力列出，如有遗漏，衷心地希望读者能够予以指出。这里特别要说明，引用的个别树木图片由网上下载，难以找到原出处。在此一并向被引用参考资料的各位作者表示诚挚的谢意。

由于编著者水平所限，书中难免存在不足之处，一些观点和提法不一定准确，可能出现“挂一漏万”的现象，敬请读者谅解并批评指正。

编著者

2009 年 12 月

目　录

第一章 概 论

第一节 生物质能定义、特征及种类

一、生物质能定义

生物质（biomass）是指由光合作用所产生的各种生物有机体的总称，它包括水生、陆生生物中的动植物和微生物以及由其派生、排泄和代谢的多种有机质，如农作物、林产物、海产物、农林剩余物、牲畜粪便、纸浆废物、可生物降解的城市垃圾和污水等。

林木生物质（forestry biomass）是指直接来源于森林的能源林木材、果实或液体和间接来源于森林的林木废弃物。包括利用自身木质成分直接作为燃料或通过转化（化学转化和物理转化）获得高品质燃料的木质燃料能源林（乔木林和灌木林），利用其果实加工或自身直接产生生物油的木本油料林，经济林、生态林、绿化林和用材林的抚育间伐材，林业“三剩物”（森林采伐剩余物、制材剩余物和木材加工剩余物），林副产品废弃物（果壳、果核等），木制品废弃物等。

生物质能（biomass energy）是太阳能以化学能形式储存在生物中的一种能量形式，一种以生物质为载体的能量，它直接或间接地来源于植物的光合作用。

生物质能源（biomass energy resource）是指直接或间接来源于生物质的能源。在三大可再生自然能源中，生物质能源是唯一可替代化石能源转化成燃料和化工原料、产品的碳资源。

地球上从森林到海洋存在着数量巨大的生物质，陆地地面以上总的生物质量约为 1.8 兆 t，海洋中约 40 亿 t，土壤中存在的生物质量基本与陆地地面以上的相当。陆地地面以上总的生物质量换算成能量约为 33 000EJ（即 3.3×10^{22} J），是世界能源年消耗量的 80 倍以上。此外，在光合作用下新的生物质还在不断产生。生物质的年净生产量，陆地地面以上约为 1150 亿 t，海洋为 550 亿 t，其总量换算成能量接近世界能源年消耗量的 10 倍。可见，生物质能是仅次于煤炭、石油、天然气的第四大能源，是巨大的能源宝库。

生物质能是人类最古老的能源，它一直是人类赖以生存的重要能源之一，在世界能源消耗中，生物质能约占总能耗的 14%，但在一些发展中国家占 40%以上。19 世纪以前，人类主要以生物质，特别是林木生物质作为能源。进入 20 世纪，煤炭和石油成为能源的主角。21 世纪的今天，在石化能源逐渐短缺和环境污染的双重压力下，生物质能的利用重新引起人类社会的高度关注。

二、生物质能特征

(1) 可再生性（renewable）：它是在光和水作用下可以再生的唯一有机资源。但是，如果利用量超过其再生量（生长量、固定量），就会造成资源枯竭，所以可再生的前提是通过种植林木等措施填补消耗的部分。

(2) 可储存性与替代性（storable and substitutive）：因为它是有机资源，所以对于原料本身或其液体或气体燃料产品进行储存是可能的，可运用于已有的石油、煤炭动力系统之中。

(3) 储量巨大（abundant）：由于生物质资源的年生长量十分巨大，相当于全世界一次性能源的7～8倍，实际可以利用的量按该数据的10%推算，可以满足能量供给的要求。

(4) 碳平衡（carbon neutral）：生物质燃烧释放出来的CO_2可以在再生时重新被固定和吸收，所以不会破坏地球的CO_2平衡。由于生物质的生命周期是一个封闭的碳循环，其用作原料和能源有助于减轻温室效应，缓解全球性气候变暖。因此，作为减轻气候变暖的对策，近年来，政府间气候变化委员会（Intergovernmental Panel on Climate Change，IPCC）、联合国气候变化框架公约缔约国大会（Conference of the Parties to the United Nations Framework Convention on Climate Change，FCCC-COP，简称COP）提倡大量利用生物质能源。

另外，生物质是石化原料良好的替代品。生物质可被分解成多种结构的材料，所提供的具有多种结构特性的新材料可用于开发新的合成过程。与传统石油原料相比，生物质导出的结构单元具有更复杂的结构。将该结构复杂性转换至最终产品，则可减少副产品的生成及废物的产生。化学工业若大量地使用生物质作原料，可减少其对石油等不可再生资源的依赖，从而降低因石油供给等带来的影响。

但是，生物质作为化工原料与能源亦有一定的限制。

(1) 生物质的生长需要大量的土地与空间。如果大规模利用生物质作燃料或化工原料，将需要更多的土地和生长空间，这为生物质的利用带来了一定的限制。

(2) 生物质的季节生长性。生物质的生长具有季节性，而能源需求和化工生产则是连续的、天天进行的过程。因此，是否能在一年四季里获得足够的、相同质量的生物质成为生物质利用的又一限制。

(3) 生物质的分布分散，能量密度低，收集运输和预处理过程（如粉碎和干燥等）费用高。

(4) 生物质的水分含量大，直接燃烧时水分的大量存在影响着火和燃烧的稳定性，同时造成大量的能量损失。另外在转化为燃料时可能导致产品中含水率高，引起燃料储存问题。

(5) 单位质量生物质的热值低，要求能量转化设备有足够的空间投入原料。

三、生物质能资源种类

自然界生物质种类繁多，资源极其丰富，但只有能够适于作为能源的生物质才属于生物质能资源。其基本条件是资源的可获得性和可利用性，主要包括能量密度、集中利用的难易、转化效率等。在一些国家，将适于作为能源的生物质资源分为一次生物质（primary biomass）和二次生物质（secondary biomass）。一次生物质是指可以直接或经转化产生能量的速生植物的生物质。二次生物质是指产生纤维、食品和其他农副产品后剩下的生物质残渣，或畜牧业和食品加工业经机械加工而不是化学处理产生的生物质副产品。按照来源可分为五大类：林木生物质资源、农业生物质资源、生活污水和工业有机废水、城市有机固体废物和畜禽粪便。

林木生物质资源：包括各种油料能源林（如油桐、麻疯树、乌桕、油翅果、文冠果、黄连木、棕榈等油料树种）、薪炭林、灌木林、经济林、用材林、森林抚育、间伐和采运过程中的枝丫、树根等；木材加工过程中的锯末、木屑、梢头、板皮和截头等；废弃木质材料、木质家具和人造板；林业副产品的废弃物，如果壳和果核等。

农业生物质资源：是指农业作物（包括能源作物）；农业生产过程中的废弃物，如农作物秸秆（玉米秸、高粱秸、麦秸、稻草、豆秸和棉秆等）；农业加工业的废弃物，如农业生产过程中剩余的稻壳等。

生活污水和工业有机废水：生活污水主要由城镇居民生活、商业和服务业的各种排水组成，如冷却水、洗浴排水、盥洗排水、洗衣排水、厨房排水、粪便污水等。工业有机废水主要是酒精、酿酒、制糖、食品、制药、造纸及屠宰等行业生产过程中排出的废水等，其中都富含有机物。

城市有机固体废物：主要是由城镇居民生活垃圾，商业、服务业垃圾和少量建筑业垃圾等固体废物构成。其组成成分比较复杂，受当地居民的平均生活水平、能源消费结构、城镇建设、自然条件、传统习惯以及季节变化等因素影响。

畜禽粪便：是畜禽排泄物的总称，包括畜禽排出的粪便、尿液及其与垫草的混合物，它是其他形态生物质（主要是粮食、农作物秸秆和牧草等）的转化产物。

我国具有丰富的生物质能资源，主要来自于农林资源。根据资料介绍，目前我国年可获得生物质资源量达到 3.14 亿 tce，其中秸秆和薪材分别占 54%和 36%，见表 1.1。

表 1.1　我国主要生物质能资源

品种	资源总量/亿 t	可获得量	可获得量/万 tce	比例/%
工业有机废水、废渣	25.94	107.5 亿 m^3(工业沼气)	920	3
禽畜粪便	14.70	130 亿 m^3(农业沼气)	930	3
秸秆及农业加工剩余物	7.20	3.6 亿 t	17 000	54
薪材及林业加工剩余物	2.00	2.0 亿 t	11 400	36
城市生活垃圾	1.49	0.6 亿 t	800	3
能源植物	0.56(甜高粱秆)	0.035(乙醇)亿 t	300	1
合计			31 350	100

第二节　林木生物质能资源的种类、特征和开发潜力

一、林木生物质能资源的种类

林木生物质能资源的种类较多。按照其可利用的物质可分为两大类：木质纤维生物质资源和油料生物质资源。木质纤维生物质资源包括：薪炭林、经济林、用材林、灌木林、森林抚育、间伐和采运过程中的枝丫、树叶等；木材加工过程中的锯末、木屑、梢头、板皮和截头等；废弃木质建筑材料、木质家具和人造板；林业副产品的废弃物，如果壳和果核等。油料生物质资源包括：油桐、麻疯树、乌桕、油翅果、文冠果、黄连木、棕榈等油料树种。

按照生长型和非生长型可分为木质类能源林、油料类能源林和木质废弃物三类，见图 1.1。

二、林木生物质能资源的特征

与其他生物质能资源相比，林木生物质能资源有着更加突出的优点，如分布广、产量高、易生产、易储藏、使用安全等。

(一) 能量密度高、收集和运输方便

林木含能密度高，是实现大规模能源化的理想生物资源。

与秸秆相比，其具有“三高一低”的特性（高热值、高灰融点、高集合度、低有害物），显示了在生物质能源领域独特的竞争优势和发展潜力。虽然秸秆可以通过液化、气化技术提高其能量品质，但是由于秸秆能量密度低（如稻麦秸杆的能量密度和单位土地面积的产能量分别只有杨木的 80%和 50%）、收集和运输困难，并且秸秆的大规模能源化有可能会使其价格提高，这些都有可能造成秸秆高品质能源化生产成本过高，难以取得理想的经济效益。而林木能量密度远高于秸秆，特别是通过定向培育还可只进一步增加其能量密度，使其更加有利于大规

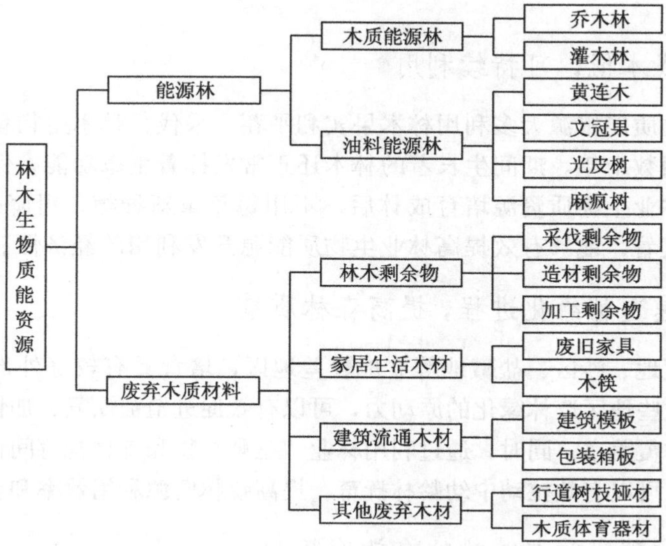

图 1.1 林木生物质能资源的种类

模能源化利用。

（二）可以定向培育

可以定向培育能源树种，使其具有如下特点：①高抗胁迫性，可种植于非农业用地，包括边际土壤和盐碱荒地；②广适应性，可在大范围不同生态气候环境下形成规模生产；③高产能蓄能，单位面积能源生产效率高，尤其是在极限土壤和恶劣生态气候环境下继续保持高的产能蓄能；④高液体燃料转化率，以减少加工步骤，降低加工成本。

（三）不与人争粮，不与粮争地

从世界目前粮食生产和供给现状来看，任何一个国家发展生物质能源都应当坚持“不与粮争地、不与人争粮、不与畜争料”的原则。可以利用不宜于农田的荒山荒地、沙漠种植能源植物。

目前，我国尚有5400多万公顷宜林荒山荒地，可拿出一部分发展能源林，可以种植油桐、麻疯树、黄连木、乌桕等木本油料植物，也可以种植甜高粱、甘蔗等非粮食作物作为生物质能源的原料；此外还有大量的盐碱地、沙地、矿山、油田复垦地，初步估计有近1亿hm^2，这些不适宜农业生产的边缘土地大都适宜种植特定能源树种；如在盐碱地上可种植沙柳，在沙地上可栽植能多次平茬利用的柠条、沙柳、沙棘等灌木。这些边缘的土地资源，经过开发和改良，可以变成发展林木生物质能源的绿色“大油田”、“大煤矿”，满足我国未来经济发展对能源的需要。

（四）原料成本低，可持续利用

林业生物质能资源大多利用林木果实和平茬（采伐）林木生物量，一次种植后可持续利用数十年，期间生长着的林木还正常发挥着生态功能，保护着生态环境。同时，林业生物质资源培育成林后，不用每年重新种植，可降低原料成本，从发展的角度看，能够有效提高林业生物质能源开发利用的经济性。

（五）可加速造林绿化进程，提高森林质量

在荒山荒地、沙区、盐碱地等立地较差地区，培育具有较好外部经济性的能源林，增强这些地区造林绿化的原动力，可以有效促进植被恢复，加快荒山荒沙绿化，提高森林覆盖率；同时，通过利用林业“三剩”物和森林抚育间伐物发展林业生物质能源，可以有效拉动中幼龄林抚育，提高森林资源利用效率和森林质量。

（六）二氧化碳吸收与减排的有效途径

开发利用林业生物质能源具有很好的减少碳排放的功能，是降低碳排放的重要渠道。《京都议定书》中充分肯定了林业造林再造林的贮碳增汇作用。

（七）森林蓄能量大

森林是最大的太阳能“接收器”，只要有太阳存在，它就永远可以再生，森林能源的潜力是巨大的。据研究，现在全世界年能耗量仅相当于年光合作用固化太阳能的1/10。地球表面生物质现存量相当于已探明的矿物能源埋藏量。

三、我国林木生物质能资源的开发潜力

我国开发林木生物质能资源优势显著，潜力巨大。

（一）资源丰富

林业生物质能的种类和可获得资源量，根据调查和分析测算列于表1.2。

表1.2 中国森林资源类型以及生物量测算表

林木质资源类型	蓄积/面积	总生物量/亿t	可获得生物量/(亿 $t\cdot a^{-1}$)
森林	124.6亿 m^3/14 200万 hm^2	153～166	6～7(用材、防护、特有和能源林)
成熟、过熟林	27.4亿 m^3/1470万 hm^2	36～40	3～3.5(采伐剩物和死木清理)
近成熟林	50亿 m^3/3540万 hm^2	62～66	1.8～2(抚育修枝)
中龄林	34.3亿 m^3/4430万 hm^2	40～42	1～1.2(抚育间伐)
幼龄	12.9亿 m^3/4760万 hm^2	15～18	0.2～0.3(抚育)

续表

林木质资源类型	蓄积/面积	总生物量/亿 t	可获得生物量/(亿 t·a^{-1})
各种林地	3300 万 hm^2	9～12	0.4～0.8
经济林	2140 万 hm^2	6～7	0.1～0.2(修剪)
竹林	500 万 hm^2	1～2	0.1～0.2(剩余物)
四旁、散生、疏林	660 万 hm^2	2～3	0.2～0.4(抚育修枝等)
灌木林	4530 万 hm^2	3～4	0.8～1(隔年轮平茬)
其他		15～18	0.8～1.2
林下灌丛		8～9	0.4～0.5
苗圃苗木		3～4	0.2～0.3(秸秆)
城市绿化、绿篱		4～5	0.2～0.3(抚育修剪等)

根据第六次全国森林资源清查结果，结合应用陆地生态系统生物量计算模式推算和样点实地调研验证的多种方式测算表明：目前我国林木生物质资源总量（地上部分）在 180 亿 t 以上。根据测算，可获得的林木生物质资源种类为：薪炭林、森林抚育间伐、灌木林平茬复壮、苗木秸秆、经济林和城市绿化修枝、油料树种果实和林木剩余物（采伐剩余物、造材剩余物和加工剩余物）等，总量约 8 亿～10 亿 t。其中，可作为能源利用的生物量为 3 亿 t 以上，可替代 2 亿 t 标准煤。目前，全国还有 5700 万 hm^2 宜林地和荒沙荒地，还有 1 亿 hm^2 不适宜发展农业的边际土地资源，发展林木生物质能源潜力巨大。

1. 薪炭林原料资源丰富

中国现有 300 多万公顷薪炭林，每年可获得约 0.8 亿～1 亿 t 高燃烧值的生物量；全国灌木林地总面积 4500 多万公顷。灌木都有平茬特点，3～5 年就需要收割一次，收割下来的生物量是很好的木质燃料。目前，中国北方有大面积的灌木林亟待利用。此外，由于这些年来造林绿化的快速发展，全国已形成大约 7000 多万公顷的中幼龄林，如正常抚育间伐，按照每公顷抚育出材量 1.5m^3 计算，可提供相当数量的生物质能源原料；同时，林区木材采伐、加工剩余物、城市街道绿化修枝也能提供可观的生物质能源原料。

2. 木本油料林种类繁多

中国现有木本油料林总面积超过 600 多万公顷，油料树种的果实年产量在 200 多万吨以上，不少是开发生物柴油等林木生物质能源的原料。如麻疯树（*Jatropha curcas* L.），分布在我国四川、云南、贵州、广西等地，其果实平均含油率 40%以上，5 年生每亩[①]果实产量达 500kg，可产生生物柴油 150kg 以上，

① 1 亩≈666.7m^2

四川省已有少量开发利用。目前，麻疯树除野生分布外，四川、云南已人工栽培30多万亩。黄连木（*Pistacia chinensis*），野生分布范围很广，面积约100多万亩，其果实平均含油率25%（种子达40%）以上，2.5t黄连木种子可生产1t燃油；油桐（*Vernicia fordii*），现在中国约有1450万亩，但利用率尚不到1/5。

（二）资源集中

根据我国各地的自然、经济、人口和社会发展因素综合分析，东北及内蒙古林区、华北和中原地区、南方林区和华南热带地区是林木生物质能源集中分布区和可利用的优先区域。比如在内蒙古兴安盟和浙江宁波市林区，若建立一个5万kW林木生物质能源热电厂，每年需林木生物质资源30万t，其周边半径20～30km范围内的林木生物质原料便能满足供给量。在内蒙古通辽市和吉林白城地区，其电厂周边半径40～50km范围内的林木生物质原料便能满足供给量。

（三）投资小，符合我国国情

研究表明，由于林木生物质能源产业从资源培育、资源收集、成型产品加工到燃烧利用的各个环节资金密集度不高，基本上属于劳动密集型产业，资本有机构成较低，初期投资不大，而成本的比重较大，符合我国劳动力丰富但资本不足的基本国情，有利于吸引社会资本向林木生物质产业流动。就目前而言，化石能源特别是我国煤炭的价格及其走势直接影响着林木生物质能源产业资源积聚能力，其互动关系及影响强弱的变化是非线性的。但总的来说，林木生物质能源产业资源积聚能力与化石能源价格成正向变化关系，总的趋势是化石能源价格必然会越来越高，使林木生物质能源产业资源积聚能力越来越强，从而推动林木生物质能源产业规模日益增长。

（四）能源林培育基地广阔

按林业区划类型区的自然、经济、人口和社会发展因素分析，东北及内蒙古林区、华北和中原地区、南方林区和华南热带地区是木质和油料能源林培育的优先区域，可以营造相思、铁刀木、桤木、大叶栎、枫香、柳树、杨树、丛桦、胡枝子、沙柳、柽柳、沙棘、柠条等乔灌树种，发展乔灌混交的木质能源林，或营造油桐、麻疯树、乌桕、油翅果、文冠果、黄连木、棕榈等油料树种能源林。北方和西北干旱、半干旱地区水分条件好的地区是培育灌木能源林的主要区域，可营造沙柳、柽柳、沙棘、柠条等灌木树种，发展以灌木为主的木质能源林。

我国林木生物质能源资源培育的宏观条件优越，各地有比较成熟的能源林培育模式和方法，能源林树种类型多、生物量大，可利用量将成倍增长。

第三节 林木生物质资源能源化利用技术简介

一、林木生物质能转化方法

新鲜生物质含有大量的水分与氧元素，体积大、热值低，不适于作为燃料或化工原料使用，因此需要将其转化成含氧少、热值高、多用途的生物质燃料及化工原料，如燃气、成型固体燃料、快速热解生物油、生物柴油等。由于不同生物质能资源在物理化学方面存在差异，因此转化途径各不相同，除人畜粪便的厌氧处理以及油料与含糖作物的直接提取外，多数生物质能的转化可概括为物理、化学和生物三大类转换技术，生物质能转换技术、产品及用途见图 1.2。

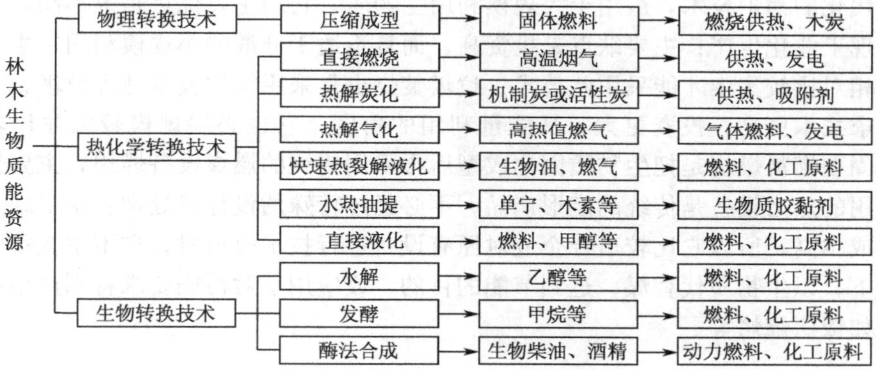

图 1.2 林木生物质能转化利用技术、产品、用途

（一）物理转换技术

物理转换技术主要是指生物质原料压缩成型技术。将松散的林木剩余物进行粉碎烘干分级处理，放入成型挤压机，在一定的温度和压力下形成较高密度的固体燃料。与松散物料相比，木质固体燃料具有运输费用低、燃烧设备的有效容积燃烧强度高、转换利用的热效率高等优点。日本于 1948 年申报了利用木屑为原料生产棒状成型燃料的第一个专利，并且实现了棒状成型机的商品化；20 世纪 70 年代初，美国研究开发了内压滚筒式颗粒成型机，并在国内形成大量生产，年生产颗粒成型燃料达 80 万 t 以上。日本、瑞士、瑞典等发达国家也先后研究开发了颗粒压缩成型燃料技术，主要作为家用燃料和工业发电的原料。中国的成型燃料生产始于 20 世纪 80 年代，现在已经开发的技术主要是棒状和颗粒状成型燃料，比较成熟的技术是棒状及其炭化成型炭，产品出口到日本、韩国等地。颗粒成型燃料技术和设备的研究开发也已经引起了人们的重视，但是技术还需要进一步完善。

（二）化学转换技术

林木生物质化学转换可分为化学溶剂转换和热化学转换。热化学转换法包括直接燃烧、干馏、高压液化、快速热解、高温气化等方法，可获得木炭、生物油和可燃气体等高品位的能源产品。

1. 直接燃烧技术

直接燃烧大致可分为炉灶燃烧、锅炉燃烧、垃圾焚烧和固型燃料燃烧四种情况。炉灶燃烧是最原始的利用方法，一般适用于农村或山区分散独立的家庭用炉，它的投资最省，但效率最低，燃烧效率在15%～20%左右。锅炉燃烧采用了现代化的锅炉技术，适用于大规模利用生物质，它的主要优点是效率高，并且可实现工业化生产；主要缺点是投资高，而且不适于分散的小规模利用，生物质必须相对比较集中才能采用此技术。垃圾焚烧也是采用锅炉技术处理垃圾，但由于要求技术更高，投资更大，从能量利用的角度，它也必须规模较大才比较合理。固型燃料燃烧是把生物质固化成型后再采用传统的燃煤设备燃用，主要优点是采用的热力设备是传统的定形产品，不必经过特殊的设计或处理；主要缺点是运行成本高，所以它比较适合企业对原有设备进行技术改造时，在不重复投资的前提下，以生物质代替煤，达到节能的目的，或应用于对污染要求特别严格的场所，如饭店烧烤等。

2. 热解

生物质热解是指生物质在没有氧化剂（空气、氧气等）存在或只提供有限氧的条件下，通过热化学反应将生物质大分子物质（木质素、纤维素和半纤维素）分解成较小分子的燃料物质（固态炭、可燃气、生物油）的热化学转化技术方法。生物质热解的燃料能源转化率达 95.5%，可最大限度地将生物质能转化为能源产品。

根据热解过程的温度变化和生成产物的情况等，热解反应基本过程可以分为干燥阶段、预热解阶段、固体分解阶段和煅烧阶段。干燥阶段（温度为 120～150℃）将生物质中的水分进行蒸发，物料的化学组成几乎不变；预热解阶段（温度为 150～275℃）物料的热反应比较明显，化学组分开始变化，生物质中的不稳定成分如半纤维素分解成二氧化碳、一氧化碳和少量乙酸等物质；上述两个阶段均为吸热反应阶段。固体分解阶段（温度为 275～475℃）是热解的主要阶段，物料发生了各种复杂的物理、化学反应，产生大量的分解产物。生成的液体产物中含有乙酸、热解油，气体产物中有 CO_2、CO、CH_4、H_2等，可燃成分含量增加，固体产物主要是固态炭，这个阶段要放出大量的热；煅烧阶段（温度为 450～500℃），生物质依靠外部供给的热量进行木炭的燃烧，使木炭中的挥发物质减少，固态碳含量增加，为放热阶段。实际上，上述四个阶段的界限难以明确划分，各阶段的反应过程会相互交叉进行。

从对生物质的加热速率和完成反应所用时间的角度来看，生物质热解基本上可以分为两类：慢速热解和快速热解。在快速热解中，当完成反应时间甚短（$<0.5s$)时，又称为闪速热解。根据工艺操作条件，生物质热解又可分为慢速、快速和反应性热解三种。在慢速热解工艺中又可以分为炭化和常规热解。

慢速热解（又称干馏、传统热解）历史悠久，技术成熟，是一种以获得木炭为目的的炭化过程。低温干馏的加热温度为500～580℃，中温干馏温度为660～750℃，高温干馏的温度为900～1100℃。将木材放在窑内，在隔绝空气的情况下加热，可以得到占原料质量30%～35%的木炭产量。

快速热解是近年来国际上研究较多的热解技术，处于发展阶段，是一种以获得生物油为目的的热解过程。生物质原料在缺氧的情况下，以很高的加热速率（一般大致为100℃/s以上）和反应温度（550℃左右）被快速加热到较高温度，从而引发大分子的分解，产生了小分子气体和可凝性挥发分以及少量焦炭产物。可凝性挥发分被快速冷却成可流动的液体，成为生物油，其比例一般可达原料质量的40%～60%（以干物质计)。生物油的热值为1.7×10^4 kJ/kg，是良好的燃料和化工原料。快速热解工艺条件比较难控制，对生物油产率影响较大。生物油具有高的氧含量及低的氢碳比，导致其不稳定，尤其是它的热稳定性较差。需要经催化加氢、催化裂解等处理才能用作燃料。

影响热解的主要因素包括化学和物理两大方面。化学因素包括一系列复杂的一次反应和二次反应；物理因素主要是反应过程中的传热、传质以及原料的物理特性等，主要包括温度、物料特性、催化剂、滞留时间、压力和升温速率等。

3. 气化

生物质气化是指将固体或液体燃料在缺氧或无氧条件下热解生成以一氧化碳、氢气为主要有效成分的可燃气体，从而将化学能的载体由固态转化为气态的热化学过程。生物质与煤相比，挥发分含量高，灰分含量少，固态碳含量虽少但活性却比煤的高许多。因此，生物质通过气化之后加以利用，比煤气化后再利用的效果要好。

由于可燃气体输送方便、燃烧充分、便于控制，因而扩大了生物质能的应用范围。20世纪20年代人们开发了煤炭和木柴的气化技术，进入70年代，研究重点转向农林业废弃物和城镇垃圾可燃部分的气化以扩大能源来源、提高能源品位、减轻废弃物对环境的污染。

生物质的气化利用可分为气化供气/供热/发电、制氢和间接合成，生物质转换得到的合成气（$CO+H_2$），经催化转化可制造洁净燃料汽油和柴油以及含氧有机物如甲醇和二甲醚等。生物质的气化制氢是指把气化产品中的氢气分离并提纯，所得产品可作燃料电池用氢。

生物质气化技术已有 100 多年的历史。最初的气化反应器产生于 1883 年，它以木炭为原料，气化后的燃气驱动内燃机，推动早期的汽车或农业排灌机械。第二次世界大战期间是生物质气化技术的鼎盛时期。

生物质中的氧含量高，有利于合成气（$CO+H_2$）的生成，其中的 N、S 含量和等离子体气化气体中几乎无 CO_2、CH_4 等杂质存在，极大地降低了气体精制费用，为制取合成气提供了有利条件。

4. 液化

液化是指通过化学方式将固体生物质转换成液体产品的过程。液化技术主要有直接液化和间接液化两类。

直接液化是采用机械或化学溶剂液化等方法，用压榨或提取等工艺获得可燃烧的油品，如棉籽油等植物油，经提炼成为可替代柴油的燃料。也可以把生物质放在高压设备中，添加适宜的催化剂，在一定的工艺条件下反应，制成液化油，作为汽车用燃料或进一步分离加工成化工产品。

生物质直接液化所得的液体产品含有较大量的含氧化合物和酸性物质，其氧含量在 15%～20%。这虽然小于生物质裂解中液体产物的氧含量，但把其直接作为炼制发动机燃料油的原料是有问题的，需要进一步精制。

生物质的高压液化主要有两种途径，即氢/供氢溶剂/催化剂路线和 CO/H_2O/碱金属催化剂路线。

间接液化就是把生物质气化成气体后，再进一步进行催化合成反应制成液体产品。

据估算，生物燃油的能源利用效率约为直接燃烧物质的 4 倍，且辛烷值较高，若将生物燃油作为汽油添加剂，其经济效益更加显著。

（三）生物转化技术

生物转化技术主要是以酶法水解和微生物发酵为手段，促进生物质转化的过程。

1. 生物质酶法水解技术

将木质纤维素类生物质水解为糖类，然后再发酵成为燃料乙醇是一个重要的发展方向。生物技术制备乙醇的生产过程为：由于木质纤维素类生物质结构复杂，使得酶与纤维素很难有大的接触面积，水解效率较低，因此在酶水解前必须对木质纤维素类生物质进行预处理，然后通过化学水解（一般为硫酸）或者催化酶作用将淀粉或者纤维素、半纤维素转化为多糖，再用发酵剂将糖转化为乙醇，得到的乙醇体积分数较低（5%～15%）的产品，蒸馏除去水分和其他一些杂质，最后浓缩的乙醇（一步蒸馏过程可得到体积分数为95%的乙醇）冷凝得到液体。

木质纤维素生物质（木材和草）的转化较为复杂，其预处理费用昂贵，需将纤维素经过几种酸的水解才能转化为糖，然后再经过发酵生产乙醇。这种化学水解转化技术能耗高，生产过程污染严重、成本高，缺乏经济竞争力。目前正开发用催化酶法水解，但是因为酶的成本高，尚处于研究阶段。

2. 厌氧发酵技术

厌氧发酵是指在隔绝氧气的情况下，通过细菌作用进行生物质的分解。将有机废水（如制药厂废水、人畜粪便等）置于厌氧发酵罐（反应器、沼气池）内，先由厌氧发酵细菌将复杂的有机物水解并发酵为有机酸、醇、H_2和CO_2等产物，然后由产氢产乙酸菌将有机酸和醇类代谢为乙酸和氢，最后由产CH_4菌利用已产生的乙酸和H_2、CO_2等形成CH_4，可产生CH_4（体积分数为55%～65%）和CO_2（体积分数为30%～40%）气体混合物。许多专性厌氧和兼性厌氧微生物，如丁酸梭状芽孢杆菌、大肠埃希式杆菌、产气肠杆菌、褐球固氮菌等，能利用多种底物在氮化酶或氢化酶的作用下将底物分解制取氢气。厌氧发酵制氢的过程是在厌氧条件下进行的，氧气的存在会抑制产氢微生物催化剂的合成与活性。由于转化细菌的高度专一性，不同菌种所能分解的底物也有所不同。因此，要实现底物的彻底分解并制取大量的氢气，应考虑不同菌种的共同培养。厌氧发酵细菌生物制氢的产率较低，能量的转化率一般只有33%左右。为提高氢气的产率除选育优良的耐氧菌种外，还必须开发先进的培养技术才能够使厌氧发酵有机物制氢实现大规模生产。

对比石油炼制工业，木质纤维素的生物转化还是个新兴的产业，生物转化过程的关键技术也在不断发展，还没有形成完善成熟的工艺技术路线。生物质的生物转化涉及了原料的预处理、纤维素和半纤维素的降解、微生物发酵和产物的分离提纯等过程。将这些关键技术集成并对生物质综合利用，可提高能量转化效率，提高生物质转化的经济效益。

第二章　中国林木生物质能资源

林木生物质能资源包括直接来源于森林的能源林和间接来源于森林的林木废弃物。其中，能源林又可分为两类：一类是指利用树木木质成分直接燃烧，或经过化学或物理转化获得生物质燃料（生物油、木煤气、固体成型燃料等）的木质能源林（主要指薪炭林，包括作为燃料用的乔木林和灌木林）。一类是指由树体或其某一器官富含油分或类似石油乳汁的树种组成的油料能源林。油料树种所含油分或乳汁主要分布在茎、叶、花、果、籽等中，将其产物提取和加工可直接或间接作为汽油、柴油或其他石油衍生物的替代品。

关于木质能源林和油料能源林中涉及的林种分类方法目前还不统一，如有人将能源林分为薪炭林和灌木林，在薪炭林中含有燃料能源林和油料能源林；也有人将能源林分为燃料能源林、发电燃料能源林和油料能源林；还有人将作为燃料的乔木林和灌木林统称为薪炭林。

这里，我们将能源林统一划分为木质能源林和油料能源林，木质能源林主要指薪炭林（包括乔木林和灌木林），以便使论述的内容更为清晰。

我国能源林资源按林业区划类型区的自然、经济、人口和社会发展因素分析，可划分为三个类型区：

1）东北内蒙古林区、华北和中原地区。主要有：相思树、铁刀木、桤木、大叶栎、枫香、紫穗槐、柳树、杨树、胡枝子、丛桦等高产高效的乔灌混交木质能源林。

2）西北地区。大力发展灌木能源林。主要有：柽柳、沙柳、沙棘、柠条等抗性强的灌木树种。

3）南方林区和华南热带地区。主要有低产油料林和油料能源林，包括：油桐、麻疯树、乌桕、油翅果、文冠果、黄连木、棕榈等油料树种。

中国主要能源树种及其特性见表 2.1。

表 2.1　中国主要能源树种及其特性

树种	热值 $x_1/(\mathrm{kJ \cdot kg^{-1}})$	单位面积生物量 $d/(\mathrm{kg \cdot m^{-2}})$	面积 $y/\mathrm{m^2}$
小叶栎 *Quercus chenii*	19 916.4	0.2	7.38
柠条锦鸡儿 *Caragang korshinskii*	19 769.4	0.2	7.44
山杏 *Prunus armeniaca var. ansu*	19 773.6	0.267	5.56
梭梭 *Halaxylan ammodendran*	18 480	0.3	5.3
胡枝子 *Lespedeza bicolor*	19 740	0.35	4.26

续表

树种	热值 $x_1/(kJ \cdot kg^{-1})$	单位面积生物量 $d/(kg \cdot m^{-2})$	面积 y/m^2
花棒 *Hedysarium scoparium*	18 900	0.45	3.46
甘蒙怪柳 *Tamarix austromangdica*	17 963.4	0.495	3.3
紫穗槐 *Amarpha fruticasa*	17 052	0.525	3.28
细枝柳 *Salix mongolica*	18 173.4	0.53	3.05
马桑 *Coriaria sinca*	16 800	0.58	3.02
马尾松 *Pinus massoniana*	20 748	0.588	2.41
沙棘 *Hippophae rhamnoides*	19 042.8	0.605	2.55
小叶锦鸡儿 *Caragana microphylla*	20 034	0.794	1.85
蒿柳 *Salix viminalis*	18 900	0.8	1.94
刺槐 *Robinia pseudoacaia*	19 084.8	0.836	1.84
短序松花柳 *Salix sungkianica f. brevistachys*	18 643.8	0.85	1.86
晚松 *Pinus nigida var. serotina*	20 202	0.9	1.62
头状沙拐枣 *Calligonum caput-medusae*	17 782.8	0.938	1.76
麻栎 *Quercus acutissima*	19 663.56	1	1.5
枫香 *Liquidambar farmasana*	19 320	1	1.52
火炬树 *Rhus typhina*	16 338	1	1.8
刺栲 *Castanapsis hystrix*	17 880.6	1.068	1.54
旱柳 *Salix matsudana*	18 379.2	1.125	1.42
石栎 *Lithocarpus glaber*	17 813.3	1.15	1.44
荆条 *Vitex negundo var. heterophylla*	19 215	1.3	1.18
木荷 *Schima superba*	17 770.2	1.4	1.18
多枝怪柳 *Tamarix ramasissima*	17 665.2	1.5	1.11
沙枣 *Elaeagnus angustifolia*	18 480	1.835	0.87
桤木 *Alnus cremastogyne*	17 640	1.87	0.89
雷林 1 号桉 *Eucalyptus leizhau*	20 063.4	1.9	0.77
银合欢 *Leucaena glauca*	18 788.7	2	0.78
刚果 12 号桉 *Eucalyptus ABL*	19 626.6	2.06	0.73
厚荚相思 *Acacia crassicarpa*	20 968.1	2.53	0.55
东疆沙拐枣 *Calligonum klementzii*	16 800	2.625	0.67
大叶相思 *Acacia auriculaefarmis*	20 160	3.8	0.38
绢毛相思 *Acacia holosericea*	19 614	3.972	0.38
窿缘桉 *Eucalyptus exserta*	20 252.4	4.085	0.36
巨桉 *Eucalyptus grandis*	20 781.6	4.238	0.33
纹荚相思 *Acacia aulacoarpa*	23 158.8	5.04	0.25
翅荚木 *Zenia insignis*	4 211.95	5.625	0.3
黑荆树 *Acacia mearnsii*	19 387.2	9	0.17
马占相思 *Acacia mangium*	20 790	9.52	0.15
柠檬桉 *Eucalyptus citriodora*	20 522	9.588	0.15
木麻黄 *Casuarina equisetifolia*	20 790	9.89	0.14
铁刀木 *Cassia siamea*	18 169.2	13	0.12

第一节　林木废弃物

一、林木废弃物来源及特征

（一）来源

按照2009年6月颁布实施的《废弃木质材料回收利用管理规范》国家标准（GB/T22529-2008），林木废弃物（或称废弃木质材料）是指：在木质材料和木制品生产的全过程中产生的剩余物以及人们生产和生活过程中使用过后被作为废旧物品或垃圾而抛弃的木质材料、木制品、人造板与木质材料纤维制品。主要来源于：建筑木质废料（在建筑过程中产生的废旧木模板、木胶合板模板和木脚手架等）；拆迁木质废料（在房屋本体拆迁过程中产生的门窗、梁、柱、椽、木板等木质材料）；装修木质废料（在建筑装饰装修过程中产生的木质材料）；废弃木质家具废料（废弃的木质家具或家具部件）；废弃包装木质材料（废弃的木质包装物及拆解下来的木质材料）；采伐剩余物（在森林和林木采伐过程中产生的枝桠、树梢、树皮、树叶、树根及藤条、灌木等）；造材剩余物（在森林和林木采伐以及木质产品初加工过程中产生的截头、枝丫等剩余物）；工业用材林中幼龄抚育及间伐得到的木材；生态林、经济林、绿化林抚育和修整得到的木材；木材加工剩余物（在木质品加工过程中产生的板皮、板条、木竹截头、锯末、碎单板、木芯、刨花、木块、边角余料、砂光粉尘等）。可以看出，林木废弃物的形式非常复杂，有木屑、锯末、刨花、板皮、枝桠、截头、木片、木板以及废旧纸箱、纸板等。

林木废弃物按照含有化学物质的数量及种类分为五类（表2.2）。

表2.2　林木废弃物分类

分类代码	杂质含量	限制
A	没有经过处理的木质材料	不得直接用作燃料使用
B	经过施胶、涂漆、镀层处理的木材（不含有机卤化金属，不含木材防腐剂）	不得直接用作燃料使用
C	含有机卤化金属，不含木材防腐剂	不得进行水解、热解和液化加工
D	含有木材防腐剂以及其他杂质，不含导致癌症的有毒物质	不得进行水解、热解和液化加工
E	含导致癌症的有毒物质	不得再生利用，须按国家相关固体有害废弃物处理规定进行处置

据统计，林木废弃物甚至可以占到原木材积的50%，可见其数量巨大。森林采伐时，原木仅占森林总量的30%左右，约70%的大量采伐剩余物留在林地中。若不合理利用，不但造成资源的浪费，而且妨碍森林的更新。在森林采伐剩

余物中，约有20%的小径木及弯曲材、30%的树墩与树根、20%的枝桠、20%的树梢及10%的树皮。

另外，林木废弃物还应包括林副产品生产中的一些副产物，如椰子壳、核桃壳、油茶壳、杏核、桃核等。

世界上许多国家都把废弃木质原料的回收利用作为充分利用自然资源、保护环境的重要政策。但处理这些日益增加的废弃木质材料需要花费大量的资金，包括地皮费用、运输费用、填埋费用等，并且还存在安全隐患。在欧洲，由于废弃木材处理费用十分高昂，所以废弃木材不但不卖钱，而且免费送到废弃木材再利用工厂。现在很多欧洲国家的废弃木质材料已成为生产刨花板的主要原料或者作为优质的生物燃料，具有很好的经济效益和环保效益。美国已经开始实施一项利用废纸、废旧建筑木材、废木材托盘等废弃木材和废弃塑料制造木质纤维—塑料复合材料的计划。

我国每年产生约9000万t的生活垃圾，其中木质材料约占4%，即垃圾中有木材约360万t。再加上其他木质废弃物，数量之大不容忽视。目前，我国已开始逐步重视和开展对废弃木质材料的应用工作。

（二）特征

1）林木废弃物分散，需要集中运输，增加了利用成本。

2）林木废弃物品种多、尺寸杂、形状各异。

3）成分复杂，处理麻烦，利用难度大。由于林木废弃物中含有非木质类物质，包括：物理类的铁钉、连接件等磁性金属杂物；铜、铝等非磁性金属杂物；塑料、漆膜、胶块、玻璃、混凝土块、砂石、泥土等非金属杂物。化学类的防蚁剂、防腐剂、胶、油漆等。利用时必须考虑这些物质的存在。

二、林木废弃物产量

由于各种不确定因素，林木废弃物产量难以进行比较准确的统计，只能进行大致估算。

（一）林木抚育、间伐及伐区剩余物

根据国家林业局的相关技术规定，中幼龄林在其生长过程中间伐2～4次。森林抚育间伐平均出材量6.0m^3/hm^2（20%间伐强度），可产生5.51亿m^3小径材，换算成生物量为5亿t。针叶树种和阔叶树种的修枝次数不同，平均为2～3次。在林木抚育期内，可产生1.84亿t枝条。全国中幼龄林抚育间伐量为6.84亿t。

林业生产和森林更新过程中产生的剩余物有采伐剩余物、造材剩余物和加工剩余物。树干是林木生物量的主要部分，约占70%，采伐后的枝、叶平均约

占30%。

根据各大林区采伐数据和样地数据，采伐剩余物（梢头＋枝＋叶）约占林木生物量的40%。我国用材林达到采伐标准的成熟林和过熟林的面积为1468.57万hm^2，蓄积量27.4亿m^3，总生物量32.14亿t。防护林和特种用途林需要采伐更新的过熟林面积307.75万hm^2，蓄积量7.13m^3，总生物量8.36亿t。林木采伐更新总量40.5亿t，采伐剩余物量约16.2亿t。

天然林是我国森林资源的主体，全国天然林面积占林地面积的68.49%；占森林蓄积的87.56%。天然林资源尤其是天然用材林的大部分集中在人口密度较小的山区，由于长时间的砍伐，剩余的森林地处偏僻、交通闭塞、运输困难，所以这些地区森林所生产的剩余物难以利用。另外，国家实施了天然林保护工程，天然林采伐受到严格限制。上述区域的采伐剩余物和抚育间伐物受政策和自然条件限制，利用难度大。其他地区（大部分是人工林），近30%的采伐剩余物和抚育间伐物可以利用，约为7亿t。根据《中国森林资源报告2005》，我国林木实际年均消耗量是3.65亿m^3，约合4.27亿t林木质生物量，按采伐剩余物占总采伐量40%的比例计算，约产生1.7亿t采伐剩余物。

经济林、竹林的修剪枝丫量和木材加工剩余物全部作为能源为0.2亿～0.3亿t。

这些年来造林绿化快速发展，全国用材林已形成大约5700多万公顷的中幼龄林，通过抚育间伐，可提供1亿多吨的生物质原料。

（二）木材加工剩余物

2003年全国木材产量4758.87万m^3，其中，原木产量4319.86万m^3。根据对通辽调查点木材加工厂的调查和其他地区的资料，木材加工剩余物数量为原木的34.4%，其中，板条、板皮、刨花等占全部剩余物的71%，锯末占29%。木材加工剩余物为1468.75万m^3，加工剩余物量换算成重量为1321.86万t。

三、林木废弃物的利用

（一）复用

使用过的木质包装物、建筑木模板、木脚手架应回收复用。

（二）素材利用

较大规格的废弃木质材料如梁柱、门框等，应尽量利用其最大尺寸，加工实木地板、实木家具及其他实木制品。

废旧实木地板，可以再加工成地板或门板、台面板（桌椅台面板等）。

木质托盘，可以用作生产木质家具、木质门板等，也可以拆解后再次制造木质托盘。部分品质较好的包装箱材料也可用作家具材料使用。

废旧实木家具材料应优先用于再加工用作家具材料。

（三）原料利用

1. 制造人造板

废弃木质材料可作为人造板（细木工板、定向刨花板、普通刨花板、高密度纤维板、中密度纤维板及一次性模压包装物）的原料，应按“大材大用、优材优用、综合利用”的原则进行。

对于废弃木质材料中尺寸较大的原木、方木、板材及矿柱等，回收后可作为生产细木工板的原料。

2. 制造木塑复合材、菱镁制品

废弃木质材料可加工成木塑复合材、菱镁制品、水泥人造板（刨花板、纤维板）、石膏人造板的原料。

3. 制造可生物降解模压制品

将回收的废弃木质材料加工成细粉末状，与生物降解胶黏剂拌和，在热压模具中压制成各类可生物降解的工艺制品和实用制品。

4. 制造木质无机复合材

回收的废弃木材加工剩余物（木粉、木纤维）以及造纸废料（木质素），可与树脂以及增强材料复合，可制造木陶瓷。

5. 木质化学加工品

A 类废弃木质材料可进行水解、热解和液化加工，生产饲料、酒精、糖醛及其衍生物、木糖与木糖醇、乙酸、甲醛、木焦油抗聚剂、木馏油、木炭、活性炭胶黏剂、聚氨酯泡沫塑料、纤维和碳纤维等，以及其他工业和民用的各种产品。

6. 造纸原料

A 类和 B 类废弃木质材料可以作为造纸原料。

7. 能源利用

A 类和 B 类废弃木质材料不得直接用作燃料使用。乡村和部分城市用户可利用小规格废弃木质材料作生活燃料，生物质能源工厂及发电厂应利用不能作为原料生产以上木制品的其他废弃木质材料作为燃料；另外，各种碎小及腐变废弃木质材料可加工成木煤球用作燃料。

C 类和 D 类废弃木质材料只能与其他材料混合后，制成工业燃料用于锅炉或火力发电原料。

E 类废弃木质材料在一定的条件下可以被燃烧。

废旧木材燃烧产生的大气污染物排放应符合 GB 16297 的有关规定。

8. 特殊利用

E 类废弃木质材料只能做废弃物处理，以防止产生地下水、土壤等环境污染或在一定的条件下可以作为燃料燃烧。

第二节　木质能源林

木质能源林（薪炭林）包括作为木质燃料用的乔木林和灌木林。我国现有 300 多万公顷薪炭林（这里主要指乔木林），每年可获得约 0.8 亿～1 亿 t 高燃烧值的生物量；全国灌木林地总面积 4500 多万公顷，灌木都有平茬的特点，3～5 年就需要收割一次，收割下来的生物量是很好的木质燃料。目前，中国北方有大面积的灌木林亟待利用，估计每年可采集木质燃料资源 1 亿 t 左右。

一、木质能源林树种选择的原则

木质能源林树种的选择是造林工作、作为能源利用成败的关键之一。造林树种选择得当，成活率高、生长快、郁闭早、产量高。反之，造林树种选择不当，成活率低、生长慢、郁闭晚、产量低。木质能源林树种的选择应重点考虑当地居民的生活能源需求、生物质能源工业化利用原料需求。转化加工过程的技术经济效益等各方面。应重点考虑以下基本原则。

（一）实现目的的原则

在选择树种时，应首先考虑要实现什么目的，实现这些目的对树种特性有什么要求。如在生物质液化和气化转化利用中，原料的化学和物理性质有更重要的意义，应充分考虑以下几个性状：树皮和木材的比率、纤维素含量、提取物含量、木材比重、木素含量、热值等。一定要因地制宜、因材而异。比如杨树，它用于制浆造纸或人造板制造所获效益可能比作为生物质能源树种所起的作用大，因此将其作为能源树种是否被市场接受目前还有争论。

要根据能源林树种特性，特别是化学和物理特性为其选配最有效率的能源转换方式。

（二）适地适树原则

立地条件与树种特性相互适应，是选择能源林树种的一项基本原则。要根据不同树种的特性和不同的立地条件（土壤肥力和气候条件），顺应自然规律，选择适合生长且生长量价值较高的树种。而不能单凭主观意志，单纯追求"创新"去确定能源树种。不同树种对气温、光照、空气湿度、土壤的质地、湿度、酸碱度、有机质及各种矿物质的含量等有不同的要求；不同树种对各种不良环境因子的忍耐能力亦不相同，在树种选择时，就要考虑到所选择的树种必须与造林地的自然环境条件相适应。立地条件要满足能源林的高产要求。

不同气候区和立地应有各自最适宜的乔、灌能源树种。在树种选择上，要乔、灌并重，因地而异；在经营模式上，要以面积广的粗放经营和小面积的集约经营并举。大面积粗放经营应当占较大比重，一次种植、多次多年收获的萌芽作业体系应是能源林的主体方式，萌发力应是树种选择的重要依据。选育的目标为速生、萌蘖能力强、高生物量与抗逆性强等。

为了做到适地适树的造林原则，必须对造林地的立地条件和造林树种的生物学、生态学特性进行深入的调查研究。这一方面要求按照立地条件的异质性进行造林区划和立地条件类型的划分，另一方面要求对造林树种的生态学特性（对各种立地条件的要求）进行深入的研究。一般来说，采用乡土树种造林比较容易实现适地适树，但有时引种外来树种也能取得良好的效果。我国造林分区及主要造林树种见表2.3，主要造林树种适生条件见表2.4。

表2.3　造林分区及主要造林树种表

区　域	范　围	主要造林树种
1. 大兴安岭山地	洮儿河以北的大兴安岭山区	兴安落叶松、樟子松、红皮云杉、白桦、蒙古栎、甜杨、朝鲜柳、杨树
2. 小兴安岭、长白山山地	沈丹线以北的小兴安岭、张广才岭、长白山山区	红松、兴安落叶松、长白落叶松、鱼鳞松、樟子松、长白松、赤松、红皮云杉、冷杉、白烨、水曲柳、黄菠萝、胡桃楸、紫椴、糠椴、蒙古栎、槭树、黄榆、杨树
3. 松辽平原	内蒙古东部、黑龙江和吉林中西部平原地区、辽宁的辽河平原	樟子松、油松、兴安落叶松、长白灌叶松、日本落叶松、白榆、小黑杨、小钻杨、三北一号杨、旱柳、灌木柳、垂暴109柳、胡枝子、紫穗槐、沙棘
4. 内蒙古东部与冀北坝上高原山地	包括内蒙古东部、洮儿河以南大兴安岭余脉及河北坝上高原山地	樟子松、华北落叶松、红皮云杉、油松、蒙古栎、白榆、小黑杨、大青杨、旱柳、胡枝子、沙棘、山杏、山楂
5. 华北中部平原	长城以南、太行山以东、淮河以北的平原及汾、渭平原地区	侧柏、桧柏、毛白杨、群众杨、沙兰杨、1-214杨、1-72杨、1-69杨、刺槐、旱柳、白榆、臭椿、国槐、楸树、泡桐、水杉、桑、梨、苹果、桃、杏、枣、花椒、葡萄、白蜡、杞柳、紫穗槐、柽柳

续表

区域	范围	主要造林树种
6. 燕山、太行山山地	冀北(不含坝上)、冀西、北京、晋东的燕山、大行山山区	油松、侧柏、华北落叶松、日本落叶松、刺槐、栓皮栎、槲栎、臭椿、香椿、元宝枫、黄楝、毛白杨、群众杨、旱柳、核桃、板栗、柿、枣、山桃、山杏、山楂、花椒、苹果、杜梨、沙棘、胡枝子、紫穗槐、黄栌
7. 辽南与山东丘陵	辽东半岛丘陵山地、山东省津浦路以东的丘陵山地(胶莱盆地列入5区)	油松、赤松、黑松、侧柏、日本落叶松、萌芽松、刺槐、麻栎、栓皮栎、臭椿、楸树、白榆、香椿、银杏、毛白杨、旱柳、枫杨、黄连木、核桃、板栗、花椒、苹果、梨、桃、山楂、胡枝子、紫穗槐、黄栌
8. 黄土高原丘陵	太行山以西、大青山以南、日月山以东、秦岭以北的黄土丘陵地区	油松、华山松、华北落叶松、日本落叶松、侧柏、刺槐、旱柳、白榆、臭椿、毛白杨、河北杨、青杨、泡桐、楸、桑、核桃、枣、花椒、山杏、山桃、桃、杏、苹果、梨、杜梨
9. 黄土高原土石山地	陇东子午岭、陕北、黄龙山和乔山、晋西、吕梁山、宁夏六盘山地区	油松、华山松、华北落叶松、日本落叶松、侧柏、白皮松、槭树、白榆、刺槐、辽东乐、旱柳、河北杨、白桦、红桦、山杏、柠条、沙棘
10. 华中山地	包括秦岭、大巴山、淮阳山地、伏牛山及湖北西北山地	杉木、马尾松、华山松、油松、湿地松、火炬松、日本落叶松、柏木、巴山松、秦岭冷杉、巴山冷杉、栓皮栎、麻栎、楸树、银杏、水杉、柳杉、泡桐、枫杨、核桃、油桐、乌桕、杜仲、漆树、毛竹、箭竹、慈竹、刚竹、刺槐、柑橘、五倍子、马桑
11. 桐柏山、大别山、黄山、幕府山、天目山山地	淮河以南、钱塘江至洞庭湖以北的山地丘陵地区	杉木、马尾松、黄山松、柏木、湿地松、火炬松、柳杉、铅笔柏、麻栎、栓皮栎、苦楝、刺槐、楸、榉树、苦槠、青栲、泡桐、银杏、毛竹、刚竹、淡竹、杜仲、厚朴、乌桕、漆树、油茶、油桐、板栗、柿、山胡桃、香榧、桂花、桃、梨、李、茶、桑、胡枝子、紫穗槐
12. 长江中下游平原	淮河以南、钱塘江以北、宜昌以东的平原地区	水杉、池杉、刺槐、旱柳、枫杨、苦楝、泡桐、榉树、白榆、香椿、楸树、杉木、1-72杨、1-69杨、1-63杨、法桐、垂柳、银杏、鹅掌楸、淡竹、刚竹、板栗、杜仲、乌桕、枇杷、桃、梨、桑、紫穗槐
13. 四川丘陵	大巴山以南、川西高原以东、巫山以西、四川雅安地区低地及贵州北部地区	柏木、藏柏、墨西哥柏、马尾松、杉木、日本落叶松、柳杉、秃杉、桢楠、桉树、麻栎、栓皮栎、青冈栎、樟树、檫树、鹅掌楸、川楝、光皮桦、桤木、栲类、喜树、木荷、黑荆树、泡桐、杨树、黄连木、珙桐、毛竹、慈竹、杜仲、厚朴、黄柏、乌桕、油茶、板栗、核桃、柑橘、银杏、漆树、白腊、马桑
14. 南方山地丘陵	钱塘江、浙赣路及洞庭湖以南,南岭南麓以北,包括两广北部、浙南、黔东南及赣、湘、闽大部分的山地丘陵区	杉木、马尾松、柳杉、湿地松、火炬松、黄山松、华南五针松、福建柏、墨西哥柏、槠栲类、麻栎、栓皮栎、棕树、捕木、樟树、苦橡、枫香、南酸枣、红椿、木荷、山毛榉、鹅掌楸、刺槐、光皮栎、青冈栎、黄檀、窿缘桉、赤桉、大叶桉、楸、水杉、重阳木、黑荆、泡桐、银杏、毛竹、茶秆竹、淡竹、黄柏、厚朴、杜仲、板栗、油茶、油桐、柑橘、茶、棕榈、杨梅、乌桕、山苍子、胡枝子、盐肤木

续表

区域	范围	主要造林树种
15. 华南热带地区	包括两广南部、云南南部及西南低地和海南岛、南海诸岛	马尾松、华南五针松、海南五针松、思茅松、水松、湿地松、火炬松、加勒比松、落羽松、池杉、南亚松、柚木、降香黄檀、母生、枧木、火力楠、格木、石栗、枫香、樟树、苦楝、木荷、麻栎、窿缘桉、雷林1号桉、巨尾桉、尾叶桉、巨桉、柠檬桉、台湾相思、大叶相思、马占相思、粗果相思、桐木、木棉、椰子、八角、肉桂、黄槿、棕榈、青皮竹、撑杆竹、刺竹、千年桐、大果油茶、荔枝、芒果、龙眼、菠萝蜜、余甘子、蕃石榴、厚皮香、柑橘、大王椰子、腰果、红树类
16. 中国台湾地区	中国台湾及其附近地区	红桧、台湾扁柏、台湾杉、马尾松、台湾云杉、杉木、柳杉、樟树、相思树、柚木、枫香
17. 云南高原	包括云南大部分、贵州西部、广西百色以西地区及四川西南南部	云南松、思茅松、华山松、黄杉、苍山冷杉、冲天柏、滇油杉、杉木、墨西哥柏、藏柏、蓝桉、直干桉、栓皮栎、木荷、滇青冈、元江栲、高山栲、槭类、光皮桦、蒙自桤木、滇杨、滇楸、昆明朴、朴树、银杏、柚木、红椿、银荆、麻栎、黑荆、银荆、慈竹、油茶、核桃
18. 川滇藏甘高山山地峡谷	甘肃西南部、四川西部、云南北部和西藏东南部的峡谷地区	冷杉、云杉、华北落叶松、云南松、红杉、雪松、华山松、巨柏、白栎、红栎、木豆、山杨、青冈类、苦楝、箭竹、沙棘、小桐子、马桑、蕃石榴、新银合欢
19. 天山、祁连山山地	天山、祁连山海拔1700m以上的山地	天山云杉、青海云杉、西伯利亚落叶松、大果圆柏、祁连山圆柏、疣皮桦、山杨
20. 阿尔泰山地	阿尔泰较高山地	西伯利亚冷杉、西伯利亚落叶松、西伯利亚云杉、欧洲山杨、白桦
21. 内蒙古高原山地丘陵沙地	内蒙古中部半干旱地区、陕西北部沙地、宁夏北部沙区	樟子松、油松、旱柳、白榆、河北杨、小青杨、沙柳、黄柳、柽柳、山杏、沙枣、胡枝子、柠条、沙棘、紫穗槐、杞柳、毛条、花棒、踏朗
22. 西北荒漠半荒漠地区	新疆塔里木盆地、准噶尔盆地、甘肃河西走廊、青海柴达木盆地、宁夏西缘、内蒙古河套以西地区(灌溉绿洲另列)	沙枣、胡杨、灰杨、梭梭、白梭梭、柠条、柽柳、花棒、沙拐枣、沙柳、毛条、踏朗
23. 西北灌溉农业绿洲地区	新疆盆地绿洲、甘肃河西走廊绿洲:青海柴达木绿洲、宁夏前套和内蒙古后套地区	樟子松、新疆杨、箭杆杨、银白杨、二白杨、胡杨、旱柳、刺槐、白榆、国槐、沙枣、白蜡、桑、杏、柽柳、柠条、沙棘、梭梭、白梭梭、沙拐枣、紫穗槐、灌木柳类、核桃、枸杞、枣、苹果、苹果梨、梨、桃、巴旦杏
24. 青藏高原谷地	西部高山林区以西、藏北高原寒漠区以东	云杉、青海云杉、大果圆柏、小叶杨、高山松、乔松、侧柏、西藏云杉、藏川杨、北京杨、紫穗槐、沙棘

表 2.4 主要造林树种适生条件表

树种	主要生物学特性	主要适生地区	适宜立地条件
杉木	常绿乔木，中山呈中性偏喜光，低海拔丘陵区呈中性偏荫，浅根性，根穿透力弱，萌生性强，喜温湿，怕风怕旱，忌土壤瘠薄、板结、渍水，畏低温	亚热带地区，年平均温度15～20℃，绝对最低温度不到－10℃，绝对最高温度40℃以下，年降水量：1000～2000mm，中山、低山、丘陵、中亚热带海拔800～1000m以下的山地为中心产区	在当地适宜的海拔范围内，长山坡中部以下山腹、山麓、谷地，上层厚度70cm以上，腐殖质10cm以上，土壤疏松、湿润，排水良好的酸性土，以黄壤为最好，红黄壤、红壤也较宜，并且背风多雾的地带
马尾松	常绿乔木，极喜光，深根性，适应性强，耐土质瘠薄，喜酸性土壤，忌水湿，不耐盐碱，不耐弱光照	亚热带地区，年平均温度13～22℃，绝对最低温度不到－10℃，年降水量800～1900mm，海拔600～800m以下的中、低山及丘陵	湿润、肥沃的山坡生长较快，山脊、阳坡（土层过于浅薄除外）酸性的黏土、沙土、石砾土都适于生长
湿地松	常绿乔木，极喜光，主、侧很发达，喜低海拔潮湿地带，耐水湿，不耐长期积水，耐瘠薄，不耐蔽荫	亚热带地区，年平均温度15～23℃，绝对最低温度不到－17℃，年降水量1000～1600mm，海拔600m以下的山地、丘陵、平原	黄壤、红壤、砖红壤，沿海沙地，短期积水低湿地
火炬松	常绿乔木，极喜光，深根性，主、侧根发达，喜肥沃湿润，较耐干旱瘠薄，不耐水湿、渍涝、盐碱	亚热带地区，年平均温度15～23℃，绝对最低温度不到－17℃，年降水量660～1600mm，海拔600m以下的山地、丘陵	丘陵、山地中性、酸性黄褐土、黄壤、红壤、上层深厚肥沃、排水良好，背风向阳地带
华山松	常绿乔木，中性或中性偏喜光，深根性，喜温和、凉爽、较为湿润的环境，较耐寒，不耐水湿	暖温带、亚热带西部高海拔地区，年平均温度6～15℃，绝对最低温度不到－30℃，年降水量600～1500mm，海拔1000～3300m，相对湿度70%以下的山地	山地中性、酸性黄褐土、黄壤、红黄壤、上层深厚肥沃、排水良好地带并以森林棕壤、草甸土生长良好
云南松	常绿乔木，极喜光，深根性，主、侧根发达，较耐干旱瘠薄，在全光下天然更新良好	西南高原地区，年平均温度12.5～17℃，绝对最低温度不到－7℃，年降水量900～1300mm，冬无严寒，夏秋多雨，无酷热，干湿季分明，海拔1600m以上山地	山地排水良好的酸性山地红壤、黄壤、紫色上、棕色森林上壤、石灰岩风化土壤
思茅松	常绿乔木，极喜光，深根性，喜高温湿润环境，不耐寒冷，不耐干旱瘠薄土壤	云南南部亚热带与热带地区，年平均温度17～22℃，年降水量1500mm以上，相对湿度80%以上，海拔600～1700m的宽谷、盆地周围低山、丘陵及河流两岸山地。云南中部、四川西昌地区在同海拔地区引种，生长良好	土层深厚的山地红壤、砖红壤化红壤、幼年红壤

续表

树种	主要生物学特性	主要适生地区	适宜立地条件
柳杉	常绿乔木，喜光，浅根性，无明显主根，侧根发达，喜温暖高湿，夏季无酷热的生境；抗风性、耐寒性、抗雪压能力较好	亚热带地区，年平均气温14～19℃，1月份平均气温0℃以上，年降水量1000mm以上，空气湿度大，多云雾弥漫的地区，东部海拔1000～1400m以下，西部云、贵、川地区1600～2400m山地最适宜	土层深厚湿润、疏松、透水性强的酸性土壤，如山地黄棕壤、黄壤等为宜，并且风小雾多的地带
水杉	落叶乔木，喜光。根系发达，喜温湿气候与湿润土壤，不耐干旱，但又忌水湿	亚热带、暖温带地区，年平均温度12～20℃，绝对最低气温不到－18℃，年降水量800～1770mm，海拔1600m以下的山地、丘陵、平原	山地溪谷旁、山足平缓地、斜缓坡土层深厚、湿润、排水良好地带，平原冲积土、四旁等土壤湿润、肥沃、深厚地带
池杉	落叶乔木，喜光，喜温湿，耐水湿，能在季节性浅水中正常生长，抗风性、萌生性强，不耐盐碱	亚热带、暖温带南部地区，年平均温度15～20℃，绝对最低气温不到－17℃，年降水量1000～1770mm的平原、水旁、山谷	平原酸性、中性土，四旁，稻田埂，池、湖、水库周围季节性浅水地带，山谷低凹地等处土壤潮湿但不过于黏重的地带
雪松	常绿乔木，喜光，幼年稍耐荫，浅根性，喜温和凉爽，大苗能耐－25℃的低温，较耐干旱瘠薄，不耐水湿，抗风、抗烟害能力差	青藏高原西部1200～3300m地；暖温带至中亚热带湿润、半湿润气候区，平原、丘陵、低山缓坡，北京、大连以南至长江中下游大中城市广为栽培	以土层深厚、肥沃、排水良好的山地缓坡酸性土壤生长最好，平原排水良好、地下水位不高的冲积土也能生长
油松	常绿乔木，喜光，深根性，根系发达，略耐瘠薄和干旱，喜温湿，不耐水湿和盐碱，不耐弱光照	温带南部、暖温带地区，年平均温度5～16℃，绝对最低气温不到－25℃，年降水量500～1000mm，海拔1600m以下山地、丘陵、平原	以深厚肥沃、土壤通气状况良好的山地轻质棕壤及淋溶褐土上生长最好，平原地区要求排水良好的壤土、沙壤土
白皮松	常绿乔木，喜光，深根性，喜干冷气候，能耐－30℃低温，不耐湿热，不耐积水或盐碱，生长较慢	温带、暖温带半湿润气候区海拔1800m以下的山地、丘陵与排水良好的平原	以湿润肥沃的钙质土或黄土生长最好，酸性基岩风化土、石灰岩山地及平原排水良好的冲积土也适于生长
侧柏	常绿乔木，喜光，浅根性，须根发达，极耐干旱瘠薄，耐盐碱，生长稳定长寿，但较慢	温带南缘、暖温带、亚热带地区，年平均温度8～20℃，绝对最低气温不到－35℃，年降水量300～1600mm，从北至南，在海拔500～1800m以下的山地、丘陵、平原	以土层深厚、疏松、肥沃生长最好，但山地土层浅薄的粗骨土、石灰性土，岩缝中，中、弱度盐渍土、沙丘土均能生长

续表

树种	主要生物学特性	主要适生地区	适宜立地条件
柏木	常绿乔木，喜光，稍耐侧方庇荫，侧根发达，喜温湿，耐寒性差，能在钙质土上生长，是紫色土页岩钙质土、石灰岩山地钙质土的主要针叶树种	亚热带地区，年平均温度13～19℃，绝对最低气温不到－5℃，年降水量1000～1500mm，从东至西，海拔400～2000m以下的山地、丘陵	钙质紫色土和石灰岩山地钙质土最适宜生长，深厚、疏松、肥沃的中性、酸性土壤也适宜生长
红皮云杉	常绿乔木，较耐荫，浅根性，耐寒性、耐湿性较强，后期生长较快	温带地区，年平均温度0～6℃，绝对最低气温不到－40℃，年降水量500～800mm，空气湿润的东北东部海拔300～1800m的山地	土层深厚、肥沃、湿润、排水良好的山麓缓坡、小台地，山地棕色森林土壤，空气湿度较大的地带
红松	常绿乔木，喜光，但幼年耐荫，浅根性，侧根发达，喜温和凉爽空气湿度较大的生境，耐寒	温带地区，年平均温度0～6℃，绝对最低气温50℃以上，年降水量750～1200mm，相对湿度较高，从北至南，海拔300～1300m的山地	土层深厚、肥沃、通气排水良好的酸性壤质土壤生长最好，在土层较薄、肥力较差处也能生长
兴安落叶松	落叶乔木，喜光，适应性强，耐严寒，喜水肥，耐水湿，并耐瘠薄土壤，生长较快	寒温带、温带地区，年平均温度0～4℃，绝对最低气温－52℃以上，有岛状分布的永冻层，年降水量350～600mm，山地、丘陵、沼泽、平原，一般多在海拔500～1200m	在湿润肥沃和排水良好的山腹中下部缓坡地生长最好，在较瘠薄的山地石砾土、水湿的河谷沼泽地均能生长成林
长白落叶松	落叶乔木，极喜光、浅根性，喜湿润，耐严寒，较耐干旱	温带地区的长白山、张广才岭、老爷岭等地，年平均温度2.5～10℃，年降水量750～1000mm，海拔700～1900m之间的山地、沼泽	以湿润肥沃的沙壤土、疏松的黏土、河谷冲积土及滩地生长最好，排水良好的草甸土也较适宜，沼泽地则生长较慢
华北落叶松	落叶乔木，极喜光，根系发达，喜生于高寒地带	华北温带、暖温带地区，年平均温度－2～4℃，一月平均气温－20℃左右，年降水量600～900mm，海拔1400～3000m之间的山地	花岗岩、片麻岩、沙页岩发育的深厚肥沃湿润的山地棕壤生长最好，山地灰棕壤、淋溶褐色土、褐色土、淡栗钙土也较适宜
日本落叶松	落叶乔木，喜光，根系较浅，喜温凉湿润生境，不耐干旱瘠薄，早期速生	北纬45度以南温带，暖温带地区及亚热带高海拔山地，年平均气温2.4～12℃，年降水量500～1100mm，空气湿度大的地带，华北1200m以上，华中、西南1600～2500m以上，东北南部200m左右	土层深厚、疏松、肥沃、排水良好的壤质土，其生境要求：最北部低海拔地区背风向阳地带；吉林市以南至辽东半岛，选200m以上的阴坡、半阴坡、半阳坡

续表

树种	主要生物学特性	主要适生地区	适宜立地条件
樟子松	常绿乔木，极喜光，根系发达，耐干旱严寒，耐瘠薄土壤	寒温带温带地区，年平均气温－4～8℃，绝对最低气温不到－50℃，年降水量350～600mm，海拔200～900m的山地、丘陵、平原	薄层土的山地、丘陵，酸、中性土壤，沙地均可生长，但以排水良好的深厚土壤;生长最好
银杏	落叶乔木，喜光，深根性，对温度适应范围广，具有一定耐旱性，不耐水湿，寿命长	温带暖温带、亚热带地区，年平均气温10～18℃，绝对最低气温不到－20℃，年降水量600～1500mm，山地、丘陵，平原，南亚热带海拔2000m以下，中亚热带1000m以下，其他仅生于低海拔地区	除干燥瘠薄山坡、盐碱地、低湿地外，酸性土、中性土、钙质土均适宜生长，但以深厚、湿润、肥沃、排水良好的沙壤土生长最好
窿缘桉	常绿乔木，极喜光，适应性强，耐干旱瘠薄，耐短期霜冻，抗风性、萌生性强	北纬20～25度的热带、亚热带湿润、半湿润地区，年平均温度18℃以上，绝对最低气温不到0℃，年降雨量1500mm左右，低海拔、山地、丘陵、平原、台地	低海拔地带，除土壤流失严重，土层很薄的山地外，凡酸性红壤、黄壤、砖红壤、红色土、黄色土和冲积土沙地等均能正常生长，以疏松、深厚的土壤生长最好
巨桉	常绿乔木，极喜光，喜温暖而不耐炎热，可耐－5℃的低温，生长迅速，树干通直圆满，但抗风力弱	南亚热带及热带高地，年平均温度15～25℃，最热月最高温度29～32℃，最冷月平均温度5～6℃，年降水量1000～1800mm，无台风的地带	以上层深厚、肥沃、排水良好的各类壤质土或较黏重土壤生长最好;在土层厚度适中的轻沙壤土生长较好
尾叶桉	常绿乔木，极喜光，喜高温多湿，具一定耐旱耐瘠薄能力，可耐－3℃短期霜冻，干形好，生长迅速，萌生能力强，但抗风力弱	北纬18～24.5度的范围内，适生于年平均温度18～28℃，最冷月平均气温8～12℃，绝对最低温度不低于－3℃，年降水量1000～2500mm的热带、南亚热带的无台风地区、海拔500m以下的低山、丘陵、台地、平原	华南各类型土壤生长表现均好，而以土层深厚、湿润、排水良好的非石灰岩发育的中壤到重黏性土壤生长最好
柠檬桉	常绿乔木，极喜光，深根性，初期生长较快，抗风力强，耐寒力弱	热带、南亚热带地区，年平均温度18℃等温线以南，绝对最低气温0℃以上，年降水量1000～2000mm，低海拔的丘陵、平原、台地与山麓缓坡	低海拔地势平缓处，土层深厚、疏松、湿润、排水良好的红壤、黄壤、冲积土上均生长良好，较为干燥瘠薄的酸性土壤也能适应
直干桉	常绿乔木，喜光，深根性，生长快，干形好	亚热带地区海拔1500～1900m的西南山间平缓地，年平均温度15～20℃，绝对最低温度不低于－2.5℃，年降水量850～1500mm，夏无酷热，冬无严寒的地区	高平原四旁，高海拔平缓的山脚，土层深厚、湿润肥沃的酸性土或石灰性土壤

续表

树种	主要生物学特性	主要适生地区	适宜立地条件
赤桉	常绿乔木，喜光，根系发达，适应性强，既耐干旱，又耐水湿，既耐寒冷，又耐炎热，抗风力强	是桉树分布最广的树种，从云南南部到陕西阳平关均有栽培，以云南南部及四川西南部栽培最多，在金沙江干热河谷中，年平均温度20.4℃，年降水量600mm，年相对湿度55%左右，仍能旺盛生长，并在阳平关可耐－10.1℃的低温，适生于海拔1477m以下地带	除土层浅薄地及钙质土外，其他酸性、中性、微碱性土上均生长良好，在沙质土也能适应，而以深厚的冲积土和红黄壤生长最快
木麻黄	常绿乔木，极喜光，深根性，侧根发达，具固氮菌根，喜温湿，耐沙压及海潮短期淹渍，耐水湿，但不耐干旱，生长迅速，幼中龄林抗风力强	北纬28.3度以南的亚热带、热带地区，年平均温度16.3～24℃，绝对最低温度不低于－3.8℃，年降水量800mm以上，平原、滨海沙地、低山	沿海流动细沙地、盐碱滩地，冲积平原及沿海丘陵、低山坡地土壤疏松、不过于黏重的地带
台湾相思	常绿乔木，强喜光，深根性，耐干旱瘠薄和水湿，抗风性、萌生性强，不耐寒冻	热带、南亚热带地区，年平均温度18～26℃，绝对最低温度不低于－5.4℃，年降水量300～3000mm，低海拔山地、丘陵、平原	除在立地条件较好地带生长较好外，在水土流失的丘陵、岩石裸露的山地、沿海沙地以及黏重土壤均能正常生长，但石灰岩山地生长不良
大叶相思	常绿乔木，喜光，适应性强，但耐寒性差，生长迅速，具有一定的萌生性	北纬23度以南的热带地区，绝对最低温度5℃以上，年降水量1000～2000mm的低海拔山地、丘陵、台地、平原	除上层浅薄的地带外，在沙滩地、砖红壤、红壤、重黏土、砾质土均能生长
樟树	常绿乔木，喜光，主根强大，根系发达，喜温湿气候，适应性强，生长较快，寿命较长	亚热带热带北缘地区，年平均温度16～24℃，绝对最低温度不低于－7℃，年降水量1000～3000mm，低海拔地带的河滩、平原、台地、丘陵、低山	土层深厚、肥沃的平地四旁、河滩冲积土生长最好，土层深厚的山谷、山麓黄壤、红黄壤、红壤也适于生长
黑荆树	常绿乔木，喜光，浅根性，侧根发达，适应性强，较耐干旱，生长较快	亚热带地区，年平均温度16～20℃，绝对最低温度不低于－5℃，年降水量1000～1500mm，相对湿度75%以上、低海拔地带山地、丘陵和平原	以土层深厚、湿润、透水性能良好的沙壤土、壤土为最好，在红壤、黄壤、紫色土、冲积土和石灰质的土壤上，除黏重、排水不良和贫瘠的地带外，都生长良好
苦楝	落叶乔木，喜光，主根不明显，侧根发达，适应性较强，生长迅速	暖温带南部，亚热带及热带地区，年平均温度13～28℃，年降水量800～2500mm，低海拔地带的平原、低山、丘陵坡脚及四旁	除干旱浅薄的土壤外，酸性土、冲积土及轻盐碱土上均能生长，而以不积水的肥沃湿润疏松土壤生长最好
木荷	常绿乔木，喜光，幼年较耐荫，喜温湿，不耐严寒，对土壤适应性强，耐火性强	亚热带、热带地区，年平均温度16.9～23℃，年降雨量1000～2000mm以上，北部海拔400mm以下，南部的中、低山地、丘陵	红壤、红黄壤、黄壤、黄棕壤均适于生长，以肥沃、深厚、疏松的沙壤土生长最好，在较贫瘠的土壤也能适应

续表

树种	主要生物学特性	主要适生地区	适宜立地条件
红锥	常绿乔木，较耐荫，幼树耐荫性强，喜温湿，不耐干旱，生长较快，萌生力强	南亚热带、热带地区，年平均温度18～24℃，绝对最低温度0℃以上，年降水量1000～2000mm，山地除海南岛在海拔1100m，云南南部在1900m以下外，其他地区都在低海拔地带	土层深厚、疏松、肥沃、湿润、排水良好的山地红壤、黄壤、砖红壤性土
青钩栲	常绿乔木，喜光，主根发达，须根较少，喜温湿，生长较快，萌生力强	南亚热带地区，年平均温度18～22℃，绝对最低温度0℃以上，年降水量1500～2000mm，海拔200～1000m的山地	适生立地条件与杉木同，但在稍差的立地条件也能正常生长
帧楠	常绿乔木，耐荫，深根性，根系发达，喜温湿，初期生长较慢，但寿命长，能生长成大径材，干形通直，材质优良，遇火难燃，经久不腐	亚热带地区，尤以四川、湖北西部分布较多，年平均温度16.9～18.8℃，绝对最低温度不低于－3.7℃，绝对最高温度40℃以下，年降水量900～1600mm，海拔500m以下的中山、低山、丘陵	地势较高，有云雾处的山地中、下部的平缓阴坡、半阴坡、山谷，土层深厚、肥沃、排水良好的中性、微酸性壤质土
光皮桦	落叶乔木，喜光，深根性，喜温凉湿润，较耐干旱瘠薄，生长迅速，萌生力强	亚热带西部、暖温带西南部，年平均温度14～17℃，绝对最低温度不低于－17℃，年降水量800～1900mm，海拔500mm以上的地区	肥沃、湿润的酸性沙壤土，如黄棕壤、黄壤、紫色土等
枫杨	落叶乔木，喜光，深根性，主根明显，侧根发达，喜温湿，耐水湿，并具一定的耐寒性	暖温带、亚热带地区，年平均温度12～22℃，年降水量700～2000mm的地区，山地、丘陵、平原等地带，除西南可达1000m以上外，其余仅适生于低海拔地区	山谷、溪边、河滩、四旁等处的低湿地带，中性、酸性沙壤土
茶	常绿灌木或小乔木，根系发达，栽培茶为灌木型，耐荫，喜温湿，不耐旱、涝、寒、碱和瘠薄	亚热带、热带地区，年平均温度15～25℃，绝对最低温度－18℃以上，年降水量1000～2000mm，山地、热带海拔1000m以上，亚热带300～600m之间的山地、丘陵、平原	酸性红壤、红黄壤、黄壤，土层深厚、肥沃、排水良好的向阳缓坡以及平地
油茶	常绿小乔木或灌木，喜光，深根性，适应性和萌生力强，较耐瘠薄土壤，耐火力强	亚热带地区，年平均温度15～21℃，绝对最低气温－10℃以上，多年最低温度－5℃以上，年降水量1000～2000mm，低海拔的低山、丘陵，无严寒的云贵高原可在2000m以下山地栽培	山地、丘陵平缓坡或阳坡，土层深厚、疏松、比较肥沃的微酸性壤质土
三年桐	落叶小乔木，喜光，浅根性，喜温暖，喜肥沃湿润土壤，不耐干旱瘠薄	亚热带地区，年平均温度15～18℃，绝对最低气温－10℃以上，年降水量900～1300mm，年平均相对湿度70%～80%，除川西南、云南可在2000m以下山地种植外，其他地区多在800m以下低海拔山地、丘陵种植	以平缓阳坡、山脚、谷地、河床两岸土层深厚、排水良好、中性偏酸的沙质壤土为宜，酸性红壤、黄壤必须施肥才能丰产

续表

树种	主要生物学特性	主要适生地区	适宜立地条件
柑橘	常绿小乔木或灌木，喜光，喜温暖，喜肥沃湿润土壤，不耐干旱瘠薄	亚热带地区，年平均温度17～23℃，绝对最低气温－5℃以上，年降水量900～1700mm，低海拔地带，山地、丘陵、平原	坡度平缓的山坡以及平地，排水良好、上层深厚的赤色黏质壤土最为适宜，理化性质差的红壤、黄壤及沙地也能生长，但须改良土壤才能丰产
毛白杨	落叶乔木，喜光，深根性，喜温凉湿润气候，不耐严寒和湿热，对水肥条件敏感，不耐干旱、贫瘠土壤，生长快，根系萌生能力强	暖温带树种，年平均温度7～16℃，绝对最低温度－18℃，年降水量600～1300mm，北起辽宁、内蒙古南部，南至长江，北京以南至黄淮中下游平原为中心产区	平原四旁、低山谷底、山脚上层深厚、湿润肥沃的壤土、沙壤土生长最好，在轻盐碱地、山坡及低湿积水地均生长不良
小黑杨	落叶乔木，喜光，喜冷湿气候，抗旱、抗寒，耐轻度盐碱，耐瘠薄，能够充分利用沙层内水分，耐沙压，不耐水湿，早期速生	温带、暖温带地区，年降水量440mm，绝对最低温度不低于－43℃，能正常生长，年降水量不足但地下水位浅的地带也能生长	以深厚肥沃、排水良好的沙质壤土上生长最好，但对立地条件有较强的适应能力，在沙土及轻盐碱地也可正常生长
新疆杨	落叶乔木，喜光，深根性，喜水肥、温热，耐大气干旱，不耐土壤干瘠，不耐湿热多雨，抗寒力差，抗风力强	暖温带干旱，半干旱灌溉农区或土壤湿润地带，年平均温度11℃左右，绝对最低温度－24℃，绝对最高温度42.7℃，日照长，阴雨少，有灌溉条件和沟底水分条件较好的地带	灌溉土、潮土、轻盐化灌淤土、轻盐化潮土生长良好，重盐化土壤与灌溉不足地带生长不良
群众杨	落叶乔木，喜光，适应性强，较耐盐碱、干旱、瘠薄，早期速生	暖温带地区，年均温度6～16℃，年降水量400mm以上，或雨量不足有灌溉条件的北方广大平原地区	对立地条件的适应范围较广，在轻度盐碱地、有壤质间层的沙地可正常生长，在水肥条件好的沙壤土、壤质土生长最好
I-124杨	落叶乔木，喜光，喜中温、中湿环境，抗寒性较差，生长迅速	原产意大利，我国主要推广地区为黄河下游至淮河流域的平原，北方严寒地区、气候干旱地区不宜推广	平原四旁、河岸、河滩等肥沃深厚的沙壤土最为适宜，壤质上也适宜生长，在干旱、贫瘠、盐碱地生长不良
I-69杨	落叶乔木，喜光，要求温湿气候环境与较好的水肥条件，耐水淹，短期过水无碍，抗寒性、抗病虫害较差，生长迅速	从意大利引进，是我国南方型杨树树种，适宜推广地区为北纬35度以南至25度，年降水量800～1300mm的长江中下游平原	土层深厚、肥沃的沙壤土、壤土、沙质土而以冲积沙壤土生长最好，河漫地、低，湿地能生长，但地下水位不应常年高于1m，酸碱度不高于18.5为宜
I-72杨	基本同I-69杨，略耐寒些	同I-69杨	同I-69杨
I-63杨	基本同I-69杨	基本同I-69杨	基本同I-69杨
白花泡桐	落叶乔木，极喜光，深根性，喜温暖，喜水肥，但不耐水湿、盐碱和瘠薄土壤，生长迅速，萌芽力强	亚热带、暖温带地区，年均温度14～20℃，绝对低温－18℃，年降水量750～1500mm，平原、山麓	平原、缓坡、沟谷中上层深厚、疏松、肥沃、湿润、地下水位低、排水良好的地带，忌黏重土壤、低洼地和盐碱地

续表

树种	主要生物学特性	主要适生地区	适宜立地条件
兰考泡桐	落叶乔木,极喜光,深根性,较耐寒,喜水肥,但不耐水湿、盐碱和瘠薄土壤,生长迅速,萌芽力强	暖温带地区,年均温度12~18℃,绝对低温-18℃,年降水量750~1000mm,平原	平原肥沃、湿润、地下水位低、排水良好的沙壤土、壤质土,忌黏重土壤、低洼地和盐碱地
旱柳	落叶乔木,喜光,不耐庇荫,深根性,耐寒,喜温湿,略耐干旱,可耐短期积水,生长快	东北、西北、华北、华东、华中及西南各地平原地区,以黄河流域为中心分布区	河滩、沟谷、低湿地及平原口旁生长良好,干旱贫瘠的山梁、沙丘生长不良
垂柳	落叶乔木,喜光,不耐荫,较耐寒,耐水湿,略耐干旱	全国各地广泛栽培,以黄淮、长江流域与华北南部为多,常栽于平原水边、城市路旁	适于平原四旁、河滩低湿地,在比较干旱和有季节性积水的立地亦可生长
刺槐	落叶乔木,喜光,浅根性,侧根发达,萌生力强,寿命较长,抗烟尘能力强,不耐严寒,早期速生	暖温带地区,年平均气温5~18℃,年降水量400~1000mm以上地区,从海滨到西部2000m山地	平原、低丘陵缓坡、土层深厚、水分较好的沙壤土为好,耐盐碱,较耐瘠薄,但土层在过于薄的立地上易形成“小老树”
国槐	落叶乔木,较喜光,稍耐荫,深根性,喜凉燥气候,耐湿热,寿命长,生长速度中等,抗污染能力强	原产华北平原及黄土高原,我国中、南部各省都有栽植,农村四旁,城镇	湿润肥沃、排水良好的平原、四旁,以壤质、沙壤质中性土最好,可栽石灰性、微酸性及轻盐碱土地上
楸树	落叶乔木,喜光,只在苗期耐荫,主根明显,根蘖和萌生力强,不耐寒冷,对土壤条件要求较高,对二氧化硫等毒气抗性强	暖温带地区,年平均气温10~15℃,年降水量700~1200mm,平原、丘陵到海拔800m山地	深厚、湿润、肥沃疏松的中性、微酸性和钙质土壤生长迅速,轻盐碱土(含盐量0.1%以下)也能正常生长,在贫瘠的条件下生长不良
白榆	落叶乔木,喜光,深根性,抗风力强,耐寒,耐旱,不耐瘠薄土壤、不耐水湿,抗空气污染	温带、暖温带到北亚热带地区,年均温度1.5~17℃,耐-40℃严寒,年降水量350~1100mm,平原、丘陵缓坡	以平原、四旁深厚肥沃土壤生长最好,在轻盐碱地、固定沙丘和钙积层较薄较深的栗钙土上也能生长,忌低洼积水
臭椿	落叶乔木,极喜光,深根性,主根发达,喜干燥温凉气候,生长快,寿命长,根蘖力强	北纬22°~43°,东起海滨,西至甘肃,以华北、西北为最多,生于平原至海拔2000m的山地,年平均气温7~18℃,年降水量400~800mm,能耐47.8℃高温和-35℃低温	平原、丘陵、山地土层深厚微酸性、中性和石灰性土壤,排水良好的中、沙壤土生长最好,沙土次之,略耐盐碱,重黏土和水湿地生长不良
栓皮栎	落叶乔木,喜光,劳期耐荫,主根发达,萌生力强,幼年生长缓慢,4~5年后生长较快,喜温湿,具抗旱、抗风、抗火特性	北起甘肃、河北、辽宁南部,南至广东、广西及台湾,以鄂西、秦岭、大别山为中心分布区,年平均气温12~16℃,绝对最低温度-20℃,年降水量500~1500mm,海拔由北部数十米至南方2000m,山地、丘陵	对立地条件要求不严,酸性土、中性土、钙质土均可,土层较薄的地带也可生长,但不同立地条件下的生长状况、栓皮的产量和质量差异较大,以山地土层较厚、肥沃、排水良好的土壤生长最好,栓皮质量最优,北方应选择阳坡造林

续表

树种	主要生物学特性	主要适生地区	适宜立地条件
麻栎	落叶乔木，喜光，深根性，主根长，萌生力强，实生苗幼年生长慢，耐干旱，耐火，抗风、不耐水湿	暖温带至热带均有分布，但以长江流域和黄河中下游各省较多，年平均气温 12～24℃，年降水量 600～2000mm，海拔由华北几十米至云南 2200m 的山地、丘陵，平原	对土壤要求不严，在土壤瘠薄、干旱地带可以生长成林，肥沃、排水良好的中性至微酸性壤质土生长最好
蒙古栎	落叶乔木，喜光，耐侧方庇荫、耐寒性在栎类中最强，深根性，主根发达，耐干旱瘠薄，幼年生长缓慢，后加速，寿命长，萌生力强	东北、华北，为我国栎类中分布最北的树种，可耐－40℃低温，年降水量 350～800mm，东北分布于海拔 800m 以下，华北800～2000m	对立地条件要求不严，在土层深厚的山腹生长良好，适中性至微酸性土壤
辽东栎	与蒙古栎相近	东北和黄河流域各省区及四川省，海拔高度 800～2800m 山地	与蒙古栎基本相同
水曲柳	落叶乔木，喜光，稍耐荫，主根短，侧根发达，萌生力强，在硬阔树种中生长较快，耐严寒，喜肥沃湿润	主产东北地区，尤以小兴安岭为多，华北等地也有分布，适于年均气温 0～6℃，绝对最低温度－40℃，年降水量 50～800mm 的山地	深厚肥沃、湿润的壤土和沙壤土，稍耐盐碱，含盐量 0.15%能正常生长，过于贫瘠的立地生长不良
黄菠萝	落叶乔木，喜光，稍耐荫，深根性，喜冷湿气候，喜肥沃，不耐贫瘠，幼年生长偏慢，萌生力强	小兴安岭南部、长内山区和华北燕山山地的北部，海拔高度东北 500m 以下，华北 1500m 以下，年均气温 0～10℃，绝对最低气温－40℃，年降水量 500～800mm 的山地、丘陵	河谷两侧、山腹中部以下深厚、肥沃、湿润的中性、微酸性壤质、沙壤质冲积土或棕色森林土
白蜡	落叶乔木，喜光，耐侧方庇荫，深根性，喜温暖气候，喜湿耐涝，生长快，耐修剪，萌生力强	华北及以南各地区广泛分布，垂直高度：华北海拔 1700m 以下，四川可达 3100m	对土壤要求不严，在沙页岩钙质紫色土、石灰岩土壤、花岗岩黄棕壤或黄壤、冲积土、水稻土等碱性、中性和酸性土壤上均能生长
胡桃楸	落叶乔木，喜光，深根性，萌生力强，喜温和凉爽湿润气候，抗风，但不耐湿热与干瘠，干风吹袭时易发生枯梢	东北东部山区海拔 300～800m 的地带，河北、河南、山西、山东等省有少量分布，适于年均气温 0～6℃，绝对最低温度－40℃，年降水量 550～800mm 山地、丘陵	适宜土层深厚、肥沃、排水良好的沟谷和山坡下部，干瘠和排水不良的土地生长不良
核桃	落叶乔木，喜光，深根性，主根发达，喜温暖、凉爽气候，不耐湿热及干瘠，生长较快，低温下枝条受冻害干枯	暖温、亚热带北方平原、丘陵、山地及海拔较高地带均有栽培，年平均气温 10～14℃，绝对低温－25℃，年降水量 400～1200mm，华北 100m 以下至四川北部 2600m 以下平原、丘陵、低山背风向阳处	适于阳坡、半阳坡山脚，山坡及平原，土层深厚、肥沃、湿润的沙壤或壤土，不耐干瘠、水湿与盐碱

续表

树种	主要生物学特性	主要适生地区	适宜立地条件
板栗	落叶乔木，喜光，较耐寒，适应性广，喜温凉干燥气候，根系发达，生长较快	全国除风沙干旱、严寒区外，均有栽培，适于丘陵、山地、河滩，年平均温度，8～22℃，绝对最高气温35～39.1℃，绝对最低温度－28℃，年降水量50～1500mm的地区，但以年平均温度10～14℃，年降水量600～1400mm地区生长最好，绝对最低气温－30℃地区易受冻害	对土壤要求不严，喜深厚、肥沃湿润、疏松的壤质土，较耐干旱，忌低洼盐碱地、钙质土与重黏土
枣树	落叶乔木，喜光，耐旱，萌生力强，根系发达，水平根易发生根蘖，生长缓慢，结果早，寿命可达300年以上	北纬45度以南全国各地广泛栽培，尤以华北地区为最多，垂直分布可达2000m，年降水量600mm左右的地区是其主产区，平原、丘陵、山区	适宜向阳背风处，耐瘠薄山地和丘陵、沙荒地区，微酸性、中性、轻度盐碱土均能正常生长
柿树	落叶乔木，喜光，喜温暖，深根性，侧根发达，不耐严寒，耐干旱，生长快，结果早，寿命长	年平均气温9℃以上，绝对最低气温－20℃以上，在北纬40度长城以南、黄河至长江流域广大地区有分布，平原、丘陵、山区1000m以下	土层深厚、肥沃的中性壤土和黏壤土、黄土，贫瘠沙地生长不良，不耐水湿和盐碱
山杏	落叶乔木，喜光，适应性极强，深根性，根系发达，耐干旱、瘠薄、寒冷，萌生力强，结实早	华北、西北、内蒙古，海拔200～2200m的阳坡，丘陵、山地、草原，绝对最低温度－40℃以上地区	对土壤条件要求不严，可在荒山、沙荒地、水土流失地造林，也耐黏质土壤，但不耐水湿
巴旦杏	落叶小乔木，极喜光，深根性，需长日照，耐寒、旱能力强，适宜夏季高温干燥的典型大陆性气候，萌生力强，生长较快，结果早	原产中亚西亚、小亚西亚等地，我国主要集中在新疆南部海拔600～1300m的年均温度10℃以上，绝对最低温度－20℃以上，日照时间长的平原、丘陵地区，青海、甘肃、陕西有引种	适宜土层深厚、通气良好、地下水位较低，pH7～8的壤土和沙壤土，瘠薄立地也可生长
苹果	落叶乔木，喜光，较耐干冷的气候，不耐湿热	原产欧亚大陆的中部，我国为温带南部、暖温带地区，年均温度5.7～16℃，绝对最低温度－29℃以上，年均气温12℃以上，绝对最低温度－15℃以上，年降水量500～900mm丘陵、平原，东北南部、华北及西北为集中栽培区	适宜背风向阳、土层深厚、肥沃、排水良好的中性沙壤土、壤土及黏壤土，沙地加强肥水管理也可丰产，忌低湿地、盐碱地
白梨	落叶乔木，喜光，深根性，抗寒，适宜于冷气候，耐水湿，20年生左右进入盛果期	我国特有，华北、西北、中原地区、平原、丘陵、山地普遍栽培，为温带、暖温带主要果树	在山、滩、沙及上层瘠薄地上均可生长，但以平原及山脚上层深厚湿润处生长最好，产果量大

续表

树种	主要生物学特性	主要适生地区	适宜立地条件
桃	落叶乔木，喜光，较耐干旱，生长快，结果早，易衰老，寿命一般20～25年	东北南部、内蒙古南部及以南各省区广泛栽培，除极冷、极热地区外均可生长，以中部及北部各省为多，平原和丘陵地区	以北方的沙壤土上所产品质最优，南方湿热地区除黄桃外，果实品质较差，较耐干旱，不耐水湿及黏重土壤
花椒	落叶灌木，喜光，根系发达，稍耐荫，喜温凉气候，怕寒冷暴风，生长较快，结果早，耐修剪	野生于泰山、秦岭海拔1000m以下的地区，除东北、内蒙古寒冷地区外，全国各地均有栽培，华北最多	喜深厚、肥沃湿润的中性或微酸性沙质壤土，沙土黏重土生长不良，忌山顶、风口
枸杞	落叶灌木，喜光，耐冷，耐旱、耐盐碱，萌生力强	在我国西北、华北均有分布和栽培，宁夏是枸杞主产地区，华北有发展	阳坡、半阳坡、沙地和盐碱地造林，喜水肥，一般建园栽培
毛竹	枝叶常绿，喜光，浅根性，根系发达，喜温暖湿润，但不耐水涝及盐碱，生长快	亚热带地区，年平均温度15～20℃，绝对低温－15℃以上，年降水量1000～1900mm，海拔1000m以下的酸性土山地	向阳、背风深厚肥沃的酸性沙壤地，以沙页岩、石英岩、花岗岩为母岩的厚层酸性土壤最适宜，忌过于干燥的沙荒石砾地、盐碱上或低洼积水地
淡竹	枝叶常绿，根系浅，适应性较强，耐寒，稍耐贫瘠，能耐轻度盐碱，根系浅，生长快，成材早，产量高	长江及黄淮中下游广泛栽培，以江苏、河南、山东、陕西等省较多，耐－18℃左右的低温	适宜深厚、疏松、肥沃、湿润的酸性至中壤土，稍贫瘠的立地也可生长
粉单竹	枝叶常绿，要求温暖湿润的气候条件，生长快，较耐水湿	为我国南方特产竹种，分布于广西、广东、湖南等省区平原、丘陵、低山地区	适宜疏松肥沃的冲积土、沙质壤土
胡枝子	落叶灌木，喜光，也能耐荫，根系发达，耐寒，耐干旱气候，耐土质瘠薄，萌生力强，生长较快	为温带至亚热带常见灌木，适生于东北、华北、西北及长江流域地区，常生于海拔500m以上的山坡林缘或林下	对立地条件要求不严，在沙石地、石质山地土质瘠薄处、山地、丘陵水土流失严重地带及流动沙地均能良好生长
短序松江柳	落叶灌木，根系发达，耐寒，喜湿，萌蘖性强，耐樵采，生长快	黑龙江省西部、内蒙古东郡、吉林、辽宁中部年降水量400～500mm，绝对最低气温－40℃以上的平原、丘陵低洼地	江河沿岸、库塘、水池周边、平原低洼湿地、沼泽草甸、沟坡不积水洼地，岗地不宜生长
紫穗槐	落叶灌木，喜光，较耐荫，侧根发达，耐瘠薄、盐碱，耐干旱，耐沙压，耐水湿，萌生力强	我国温带南部、暖温带、北亚热带海拔1000m以下的低山丘陵、平原、四旁、流动沙地均有栽培，但以年平均温度10～16℃，绝对低温－30℃以上，年降雨量500～700mm暖温带地区生长最好	对立地条件要求不高，沙地、黏土、中性土、盐碱土、酸性土、低湿地与土质瘠薄的山坡均能生长，但以土层深厚的中性沙壤上生长最好

续表

树种	主要生物学特性	主要适生地区	适宜立地条件
杞柳	落叶灌木，喜光，根发达，喜冷凉气候，适应性强，耐旱耐涝，萌生力强，生长迅速	河北、山西、陕西、河南、甘肃、山东、江苏等省，生于平原低湿地、河、湖岸边等	对立地条件要求不高，但在平坦的冲积土的细沙地上，底层有较浅壤质夹层的湿润沙土上，生长特别好
柽柳	落叶灌木，喜光，不耐庇荫，根系发达，耐干旱，耐水湿，耐瘠薄、盐碱，耐高温、低温，抗风沙，萌生力强	东北南部、西北、华北至长江流域各省区，年均温度3～18℃，年降水量350～800mm，或虽雨量稀少，有水源补给和地下水位较高的地区，多见于平原、沙地及沿海盐碱地	地厂水位较高的轻、中盐碱地，沙丘间盐渍化沙地及年降雨350mm以上的丘陵坡地
沙棘	落叶灌木或乔木，喜光，稍耐荫，浅根性、水平根发达，抗严寒、风沙，耐大气干旱和高温，耐土壤水湿及盐碱，耐干旱瘠薄，有根瘤	广布我国的西北、华北、西南地区，年均温3～12℃，绝对最低温－39℃，年降水量360～800mm的地区。或虽雨量稀少，但有水源漫流的山谷、河滩地，山地、丘陵、平原沙地	对土壤要求不严，能在水上流失严重的荒坡、湿润沙地、山地草甸土、弱中度盐碱地上生长，土层深厚、湿润谷地、河漫地生长较好；耐过于黏重土壤
柠条	落叶灌木，喜强光，深根性，根系发达，喜干燥气候，抗严寒，耐热，耐贫瘠，耐干旱，萌生力很强，耐沙打沙埋	温带、暖温带半干旱地区，年平均温度2.5～11℃，绝对最低温度－38℃以上，年降水量180～500mm的丘陵、沙漠、沙地、草原及山地，垂直分布于1000～2000m	在黄土丘陵地，砾岩、花岗岩、石灰岩山地，河谷阶地和固定、半固定沙地及于草原均可生长，在上壤养分、水分适宜条件下，才能速生
沙柳	落叶灌木，喜光，根系发达，耐寒、耐热、喜湿润，抗风蚀，耐沙压，生长迅速，萌生力强，耐低湿盐碱	暖温带的宁夏、陕北、内蒙古等干旱草原地区，年均温度8℃左右，冬季气温－30℃以上，年降水量350～500mm的流动沙地、平原	平地、滩地、河边流动沙地均可生长，疏松、湿润土壤长势旺盛
沙拐枣	多分枝灌木，叶已退化，喜光，喜干燥气候，适应性极强，抗干旱、高温、风蚀、沙打沙埋、盐碱，不耐水湿，忌空气湿度大，生长迅速，枝干萌生力强	新疆、内蒙古、甘肃等省区的半荒漠和荒漠地区	流动或固定、半固定沙地、山前洪积扇的砾质戈壁及干河沟上生长正常，而以流动沙地生长最好，年降水量不足200mm地区，一年或两年洪灌一次，才生长迅速
花棒	落叶灌木，喜光，耐干冷气候，耐干旱、严寒、高温，耐贫瘠，抗风蚀沙埋，抗盐碱	华北、西北干草原及荒漠半荒漠地区，年均温度7.5～8.4℃，绝对最低温度－38℃以上，年降水量150～400 mm地区的半固定沙地、流动沙地、沙质戈壁滩及草原	对土壤要求不严，适宜沙质、壤质和黏壤质的丘间低地或沙滩、戈壁滩

（三）乡土优先原则

树木生长的环境条件各不相同，包括气候、土壤和主要病虫害等。乡土树种如果能够满足条件要求，应该首先选择乡土树种。因为乡土树种最适合本地区的自然环境，人们对乡土树种培育技术也最熟悉。而只有在乡土树种不能够或者不完全能够满足条件要求时，才考虑使用外来树种。所选择的外来树种也必须是在本地已经驯化的或做过一定时间和一定规模的引种实验，证明比乡土树种具有明显优势，才能够进行引种。林木引种切忌盲目的“拿来主义”。

一般来说，对于以生产大量林木生物质为目的的人工林的大面积种植，外来树种有时可能好，但外来树种在数量上不宜超过乡土树种。采用外来树种要综合考虑各种因素。

（四）国家和市场需求原则

适应国家和市场需求是选择适宜能源树种的前提。首先要考虑国家的能源战略目标及政策导向。在此基础上，要充分考虑市场经济，要研究市场需求状况，分析市场行情，研究市场动态，适应市场规律。要根据树种特点、利用技术现状和经济成本选择树种。

（五）综合高效原则

能源树种的选择除要考虑既定的主要目的外，还要综合考虑生态、绿化、经济、用材和能源等多种因素。另外，为了不与粮食争地，不与用材林争山，人工能源林大部分种植在土地条件、自然条件较差的地区。因此，所选树种既要考虑生长快、生物量高，更要考虑萌芽力强、抗逆性强、生长稳定，还要考虑热值高、燃烧性能好等特性。严重风蚀、干旱地区，要注意选择根系发达、耐风蚀、干旱、沙压的树种。树种以广适性、低成本为宜。在较差的宜林地条件下能正常生长。

选择最适宜的树种是保证经济性的最大前提，可尽快收回投资，改善土地贫瘠状况，生产合适的产品或具有其他效益。

（六）适应条件原则

在选择能源树种时，除要满足上述条件外，还要适应一定的社会经济条件，如当地的劳动力条件，人员的技术水平、文化素质、劳作习惯及资金状况等。

（七）能量密度原则

木材由三种聚合物组成：纤维素（大约占木材化学组分的50%）、半纤维素（大约占木材化学组分的25%）、木质素（大约占木材化学组分的25%）。各树种木材成分的具体比例不一样，同一树种因遗传差异也不尽相同。选择树种时应以有用成分最多为标准。纤维素的含量最重要，它构成本材的主要成分，也是多数化工产品的原料。例如，纤维素能变成葡萄糖，进一步发酵变成乙醇。乙醇是重要化工产品，也可用作能源。乙醇还可进而转换成乙烯及丁二烯，这是纤维素的最大应用潜力。乙烯是塑料原料，丁二烯用于合成橡胶。

半纤维素可用于生产木聚糖（从落叶树）及葡甘露聚糖（从针叶树），因此也很有价值。木质素也可生产酚类。

化学工业今后转向以可再生资源为原料将是必然趋势。

二、木质能源林树种的特性

作为能源及化工原料，人工林树种的选择和用材林常规标准不同。用来营造木质能源林的树种，主要是要求生存能力强、速生、生物量大、种植和管理费用低，以及能适应各种各样较差的生长环境。

（一）生存能力

生存能力是指能抵抗各种不利环境因子，包括土壤盐碱度、营养状况、气候(特别是干旱)、昆虫、动物啃食、火灾、病害、人为伤害、不当的管理和缺乏栽培技术等。

生命力强的乡土树种最有前途，这些树种家喻户晓，可就地取材繁殖，适应性强。

（二）速生

速生是指每年每公顷（有时是每株树）的木质燃料能源材产量，主要的要求是轮伐期短。长期以来我国林业注意力主要集中在工业用材林和生态林，工业用材原料以主干材积为基础，对木质燃料能源材就不能这样。木质燃料能源材是主干、树冠、枝条都可利用。因此衡量一个树种是否速生，就是要看在单位时间、单位面积上生物量是否最大。

（三）萌生能力

萌生能力是木质能源林树种的重要特性。萌生能力强，就可以做到一次营造人工林而常年采伐，从而减少重建和管理费用，节省开支和劳力。萌蘖后簇生新条很快就能郁闭，保护地表免遭水土流失，并可抑制杂草。由于有老根供给足够的水分，新条一般长势旺盛。但必须考虑伐根复壮问题，以保证萌生的二代林分产量不显著降低。美国成片的红杉树、山杨林、槭树林、水青冈林都是采取萌芽更新方式的。

营造木质能源林的种子，应该是以低价就能很容易得到的种子，宁可要本国种源，而不要花钱从国外引进。引进的种子涉及种子检疫、运输和储藏过程中生活力的丧失等问题。

（四）木材的热值

木质燃料能源材的热值要高，造林时需选这样的树种。木材比重是衡量热值的主要标志。当生产木炭时，热值有时与木素或碳水化合物成分以及其他物质的含量密切相关。含松脂及含油脂或树脂的木材，热值一般比普通木材高 20%。

湿材比干材热值要低，因蒸发水分丧失 20%左右的热量，这相当于五年一轮伐林木一年的生长量。所以选择木质能源林树种时要考虑到这一因素。但有些树种的木材即使水分很多时也一样好烧，砍伐后就能使用。这一特性在烧柴紧张地区特别有价值。

朽木比健康材的热值低。因此，树种的木材耐久性和耐腐性也很重要。有些木材在整个湿季都可以贮藏，这是一种很有用的天然耐久性。不过，在烧柴紧张的地区，木质燃料能源材未必要存放多久，不致于发生腐朽。

（五）加工和运输

木材最好易加工、易运输。因此最好无刺、易劈，小分枝不易太多，但这些特性在就地使用时则无关紧要。

（六）多用途

木质能源林树种最好有多用途性。在许多乡村，由于人口多，对土地需求的压力很大，不可能专门划出土地用来专门营造木质能源林。即使已造的木质能源林，也需兼顾其他用途，如同时还要生产木材、饲料、食物等。木质能源林本身可能还兼有防止水土流失、改良土壤（固氮树种）等效用。同时，也还要求引种的某些树种不致侵占农田，形成与农作物的竞争。有时，还要求这些树种能够与农作物间作间种。

在这里，首要的标准是森林生物质的单位面积年生长量，次要的标准是热值、纤维含量及一些纤维特性。这些标准对商业树种、非商业树种、乡土树种或外来树种一概适用。

三、乔 木 林

乔木一般指高 5m 以上、主干明显而直立、分枝繁茂的木本植物，在距地面较高处分枝形成树冠。如松、杉、杨、柳等。叶至秋冬即枯落的称落叶乔木，如银杏。叶至秋季不凋，四季苍翠的称常绿乔木，如油松、侧柏等。按乔木的高矮又可分为：高在 25m 以上的称大乔木，高 8～25m 的称中乔木，高不足 8m 的称小乔木。

乔木多是用材林树种，但实际上用乔木树种营造的能源林和用材林之间没有明显的界限。

中国重点发展的木质能源林的乔木树种主要有：刺槐、赤桉、石梓、木麻黄、银合欢、桉树、铁刀木、桉树、柳树、灰桤木、赤杨、青冈柳等树种为主的薪炭林。适合造薪炭林的乔木树种主要有：刺槐、马尾松、杨树、桉树、柳树、木麻黄、银合欢、铁刀木、相思树、沙枣等。

(一) 刺槐

刺槐，学名：*Robinia pseudoacacia* L.，别名：洋槐，科属：豆科，刺槐属。

1. 特征和特性

落叶乔木，高10～20m。树皮灰黑褐色，纵裂；枝具托叶性针刺，小枝灰褐色，无毛或幼时具微柔毛。奇数羽状复叶，互生，具9～19小叶；叶柄长1～3cm，小叶柄长约2mm，被短柔毛，小叶片卵形或卵状长圆形，长2.5～5cm，宽1.5～3cm，基部广楔形或近圆形，先端圆或微凹，具小刺尖，全缘，表面绿色，被微柔毛，背面灰绿色被短毛。总状花序腋生，比叶短，花序轴黄褐色，被疏短毛；花梗长8～13mm。被短柔毛，萼钟状，具不整齐的5齿裂，表面被短毛；花冠白色，芳香，旗瓣近圆形，长18mm，基部具爪，先端微凹，翼瓣倒卵状长圆形，基部具细长爪，顶端圆，长18mm，龙骨瓣向内弯，基部具长爪；雄蕊10枚，成9与1两体；子房线状长圆形，被短白毛，花柱几乎弯成直角，荚果扁平，线状长圆形，长3～11cm，褐色，光滑。含3～10粒种子，二瓣裂。花果期5～9月。见图2.1。

图2.1 刺槐

有如下变种、类型。

无刺槐：树冠开扩，树形扫帚，枝条硬挺而无托叶刺。

球槐：树冠呈球状至卵圆形，分支细密，近于无刺或刺极小而软。小乔木。不开花或开花极少。

粉花刺槐：花晕略粉红。

刺槐是温带树种，不耐严寒，在我国北纬23°～46°、东经86°～124°的广大区域内，海拔在1000～1500m以下均有栽培。立地条件对刺槐生长发育的影响较大。在年平均气温5～14℃，平均降雨量400～900mm的地区生长良好。

刺槐对土壤要求不严，适应性很强。刺槐喜钙质土，在中性土、酸性土及含盐 0.3%以下的盐碱地土都能生长。但是土壤很瘠薄干燥的地方，生长缓慢，易干梢，形成“小老树”。在积水、通气不良的黏土地上甚至成片死亡。虽有一定抗旱能力，但在久旱不雨的严重干旱季节往往枯梢。不耐水湿，怕风。生长快，是世界上重要的速生树种。根浅，树冠浓密。结实早，产量丰富。材积生长旺期在 15～20 年以后，在较好的立地条件下，能保持到 40 年以上。造林最好选择有水浇条件、排水良好、深厚肥沃的砂壤土育苗。刺槐喜光、不耐荫，一般说来，山阳坡的刺槐比在阴坡侧的好。所以，在刺槐成林郁闭后，要及时采伐。另外，刺槐是浅根性树种，不宜在风口地带栽植。

刺槐因其抗性强、生长速度快、产量和热值均较高而成为许多地区的重要燃料型能源树种。

2. 分布

刺槐原产北美，公元 1601 年就引入欧洲，公元 1877 年后引入中国，因其适应性强、生长快、易繁殖、用途广而受到欢迎。刺槐在我国的分布极广，许多地方均有栽培，已遍及华北、西北、东北南部的广大地区。在北纬 23°～46°、东经 86°～124°的 27 个省（市、自治区）都有栽培，而以黄河中下游和淮河流域为中心。垂直分布最高可达海拔 2100m。多以水土保持林、防护林、薪炭林、矿柱林树种应用。刺槐原产地是在两个完全不相连接的地域分布，形态变异丰富，它的观赏价值逐渐受到人们的重视，尤其是在立地条件差、环境污染重的地区绿化，是不可缺少的园林绿化树种。

3. 用途

据资料介绍，第一次平茬后的 5 年生刺槐林每亩可产柴（折合干柴）4000 多千克。刺槐满身都是宝，枝可烧，花可食，树叶又可当饲料，树干还是好木料，根部有根瘤，有改良土壤的作用。刺槐木材容易燃烧，火力旺，着火时间较长，是优良的薪炭林树种。另外，刺槐木材坚硬，耐水湿。可供矿柱、枕木、车辆、农业用材；叶含粗蛋白，是许多家畜的好饲料；花是优良的蜜源植物，刺槐花蜜色白而透明，深受消费者欢迎；嫩叶花可食，现已成为城市居民的绿色蔬菜；种子榨油可做肥皂及油漆原料。

（二）桉树

桉树，学名：*Eucalyptus* spp.；英文名：Eucalyptus，Gum-tree，Gum；别名：白柴油树（潮汕）、莽树（南澳）、有加利、大叶桉树（普宁）、大叶桉、油加利、加里树、大叶桉树（惠阳），科属：桃金娘科，桉属。

1. 特征和特性

图 2.2　桉树

常绿植物，一年内有周期性的老叶脱落现象。大多数种是高大乔木，少数是小乔木，呈灌木状的很少。树冠形状有尖塔形、多枝形和垂枝形等。单叶，全缘，革质，有时被有一层薄蜡质。叶子可分为幼态叶、中间叶和成熟叶三类，大多数的幼态叶是对生的，较小，心脏形或阔披针形。见图 2.2。

多数为亚热带植物。喜光，好湿，耐旱，抗热。畏寒，对低温很敏感。有些种起源于热带，不能耐 0℃以下的低温；有些种原生长在温暖气候地带，能耐 −10℃低温。能够生长在各种土壤中，多数种既能适应酸性土，也能适应碱性土，而最适宜的土壤为肥沃的冲积土。

桉树树皮粗厚而宿存或平滑而年年脱落。叶两型，幼态叶无柄而对生，成熟叶镰形或长圆形。有挥发性芳香油。花两性，萼管钟形与子房合生；花瓣与萼裂片连成帽状体；雄蕊多数，花药心形或肾形，直裂或孔开；花盘存在；子房下位，2～7 室，胚珠多数。蒴果藏在壶形萼管内或突出萼管外；花盘在结实时形成果缘。种子多数，只有少数几个能育。

2. 分布

桉树与杨树、松树一起被称为世界三大速生树种。桉树种类繁多，有 522 种和 150 个变种。多数原产澳大利亚，19 世纪在世界各地引种，有 96 个国家或地区有栽培。从 19 世纪开始，桉树种子就在地中海沿岸发芽，并且迅速向非洲、亚洲和美洲发展。

桉树是世界上生长最快的树种之一，轮伐期极短。我国南方各省桉树人工林的轮伐期为 5～7a，有的甚至缩短至 3～4a。桉树在我国亚热带及温带地区具有很强的适应性，我国先后引种桉树 300 多个品种，进行过育苗造林的有 200 多个品种，生产上大面积种植的有 20 多个品种。现已发展成为一些地区（主要分布在广东、广西、云南、海南、福建、四川、湖南、江西等省、区）短周期工业用材林的首选树种，并已随着抗寒新品种的引进和选育逐步向北推移。迄今为止，已有 17 个省市的 600 多个县区先后种植了桉树，总面积达 150 多万公顷，仅次于巴西，居世界第 2 位。

3. 用途

桉树材质坚硬，嫩枝富含挥发性油，树叶富含桉叶油，是一种很好的能源原材料，可称作“石油植物”。桉树用途广，木材除广泛用于建筑、矿山、车船、家具和人造板工业外，还是重要优质的制浆造纸原料。桉树的叶油具有顶替石油的潜质。我国已于1958年开始生产桉叶油，并于60年代实现规模化生产。美国种植有几百万英亩①的石油速生林，还建有35个三角叶杨、桤木、黑槐、桉树等石油植物研究基地。

桉树树叶会不断枯黄掉落，脱皮型桉树每年生长季节树皮自然脱皮1～2次。脱皮型桉树的树皮已成为经济欠发达地区人们喜爱的燃料。因此，发展桉树人工经济林可对缓解能源紧张、保护森林资源、林草植被和生态环境具有很大的补充作用。

（三）赤桉

赤桉，学名：*Eucalyptus camaldulensis*；别名：小叶桉，洋草果，赤桉油；科属：桃金娘科，桉属。

1. 特征和特性

赤桉在澳大利亚大陆到处可见。在热带北界，树干细化，高可达25m，具有开扩的树冠和白色、粉红色的平滑的树皮。在亚热带南界，树干粗大（有时直径可超过2m），高40m，具片状树皮。树常弯生（比大按和兰桉还弯）。

赤桉作为薪炭材，别的木材很少能与之相比，如阿根廷的钢厂就靠赤桉的木炭炼钢。树木可生长在从热带到亚热带的广大地区；它能生长在相当贫瘠的土壤上或旱季比较长的地区。赤桉是世界上栽培种植最广的按树。因为赤桉天然分布范围很广，从不同地方采到的种子，其外表、生长率、健康、对环境的适应性及木材品质很不相同。应该在与造林地的气候带相同的地方采种。

赤桉能抗高温及3℃的寒冷。有些产地可耐－5℃及一年20个霜日。在天然环境中，赤桉生于少雨及多雨地区（200～1250mm）。商业人工林最低需年降雨量400mm。赤桉适应于多种土壤，所以种源选择非常重要。例如，产自西澳大利亚韦芦纳和南澳大利亚林肯港的种子最耐钙质土。耐盐程度亦因种源而异，然而多数产地耐季节性水淹。

赤桉每隔一年或两年结实较多。当造薪炭林时，栽植株行距为2m×2m。种子不需要处理。与杂草竞争能力差，需要除草。牲畜及野生动物不喜欢赤桉叶子。成熟树很耐火，但幼树不耐火。幼树很容易受到蛾幼虫、桉象鼻虫、白蚁及

---

① 1英亩≈0.4公顷

桉蛀虫的危害。正确选择种源对造林成功极关重要。选择种子必须考虑到纬度、海拔、温度、降雨、土壤类型及抗病能力。

2. 分布

全世界共栽植约50多万公顷赤桉。在围绕地中海的地区赤桉是最占优势的树种，例如，西班牙有11.4万 hm^2，摩洛哥有8.7万 hm^2。在巴基斯坦、乌干达、阿根廷、肯尼亚、尼日利亚和坦桑尼亚都有赤桉人工林。在澳大利亚，它是分布最广的一种桉树，在几乎所有干旱和半干旱地区沿季节性木道均有分布。

3. 产量

在适宜的立地条件下，采用正确的种源，赤桉生长很快。在头10年可保持平均年高生长2m，直径2cm。据阿根廷报道，每公顷木材产量20～25m^3，以色列达30m^3，在土耳其，头一个轮伐期（实生）达17～20 m^3/hm^2，以后的矮林轮伐期为7～10年。但在差的干旱立地上每公顷下降为2～11 m^3，轮伐期需14～15年。

4. 用途

1）燃料：赤桉木材充分干燥后是最好的薪炭材，在澳大利亚评价很高。赤桉木材密度中等（比重0.6），热值为4800kcal①/kg。上沃尔特和塞内加尔都作为薪炭林树种。有些赤桉种源可以进行6次或更多的矮林轮伐。

2）木材：红色心材具中等强度，耐久、抗白蚁。

3）纸浆：木材常用作纸浆，但它比大桉及蓝桉较硬、较重，颜色更深些。

（四）柳树

柳树，学名：*Salix babylonica*；别名：水柳、垂杨柳、清明柳；科属：杨柳科，柳属。

1. 特征和特性

柳树为落叶乔木或灌木，稀匍伏小灌木。单叶，披针形或卵状披针形，叶缘有锯齿，叶柄短、具托叶。花单性，雌雄异株。蒴果2裂，种子小，有毛，见图2.3。

图2.3 柳树

柳树喜光，不耐荫；耐最低温度－39℃，无冻害；耐水湿，短期水淹没顶不致死亡；对土壤适应性较强，在河边生长尤好；在土层

① 1cal=4.1868J

深厚、地势高燥的地区也能正常生长，萌芽力强，生长迅速，寿命长，10～20年即可成材。在干旱、沙丘地造林成活率低，植株易干梢死亡或长成小老树。能在含盐量0.5%以下的盐渍化土壤上生长。对SO_2有较强的抗性，对Cl_2及HCl气体抗性较差；发芽早，落叶迟，年生长期长，15a生，树高17m，胸径27cm。

2. 分布

全属有500多种，主要分布在北半球温带地区。中国有257种120个变种和33个变型，以西南高山地区和东北三省种类最多，其次是华北和西北，纬度越低种类越少。造林树种主要有旱柳、垂柳和白柳等。旱柳于东北、西北、华北、华东、华中及西南等地均有分布，垂直分布海拔2000m。

3. 用途

柳树材质轻，易切削，干燥后不变形，无特殊气味，可供建筑、坑木、箱板和火柴梗等用材；木材纤维含量高，是造纸和人造棉原料；柳木、柳枝是很好的薪炭材；许多种柳条可编筐、箱、帽等；柳叶可作羊、马等的饲料；蜜源植物；为优美的观赏树种，如西湖的“柳浪闻莺”等。

（五）马尾松

马尾松，学名：*Pinus massoniana* Lamb；别名：松树、枞树、青松。科属：松科，松属。

1. 特征和特性

乔木，高达45m，胸径1m，树冠在壮年期呈狭圆锥形，老年期内则开张如伞状；干皮红褐色，呈不规则裂片；一年生小枝淡黄褐色，轮生；冬芽圆柱形，端褐色叶2针1束，罕3针1束，长12～20cm，质软，叶缘有细锯齿；树脂脂道4～8，边生。球果长卵形，长4～7cm，径2.5～4cm，有短柄，成熟时栗褐色而不脱落，脱落而不宊存树上，种鳞的鳞背扁平，横不很显著，鳞脐不突起，无刺。种长4～5mm，翅长1.5cm。子叶5～8。花期4月；果次年10～12月成熟。见图2.4。

马尾松是阳性树种，不耐庇荫，喜光，喜温。适生于年均温13～22℃，年降水量800～1800mm，绝对最低温度不到－10℃。根系发达，主根明显，有根菌。对土壤要求不严格，喜微酸性土壤，但怕水涝，不耐盐碱，在石砾土、沙质土、黏土、山脊和阳坡的冲刷薄地上，以及陡峭的石山岩缝里都能生长。幼年稍耐荫蔽，能在杂草丛中生长，3～4年后穿出杂草逐渐郁闭成林，林区群众形容马尾松的生长特性为“三年见草不见树，五年见树不见人。”

图 2.4　马尾松

2. 分布

马尾松分布极广，北自河南及山东南部，南至两广、中国台湾；东自沿海，西至四川中部、贵州及云南，遍布于华中、华南各地。一般在长江下游海拔600～700m以下，中游约1200m以上，上游约1500m以下均有分布。为我国长江流域各省重要的荒山造林树种，也是江南及华南自然风景区和普遍绿化及造林的重要树种。

3. 用途

马尾松是重要的用材树种，也是荒山造林的先锋树种。其经济价值高、用途广，是工农业生产上的重要用材，主要供建筑、枕木、矿柱、制板、包装箱、火柴杆、胶合板等使用。马尾松木材极耐水湿，有“水中千年松”之说，特别适用于水下工程。木材含纤维素62%，脱脂后为造纸和人造纤维工业的重要原料，马尾松也是我国主要产脂树种，松香是许多轻、重工业的重要原料，主要用于造纸、橡胶、涂料、油漆、胶黏剂等工业。松节油可合成松油，加工树脂，合成香料，生产杀虫剂，并为许多贵重萜烯香料的合成原料。松针含有0.2%～0.5%的挥发油，可提取松针油，可作清凉喷雾剂、皂用香精及配制其他合成香料，还可浸提栲胶。树皮可制胶黏剂和人造板。松籽含油30%，除食用外，可制肥皂、油漆及润滑油等。球果可提炼原油。松根可提取松焦油，也可培养贵重的中药材——茯苓。花粉可入药。松枝富含松脂，火力强，是群众喜爱的薪柴，供烧窑用，还可提取松烟墨和染料。

（六）杨树

1. 科属分类

杨柳科杨属植物落叶乔木的通称。全属有100多种，主要分布在中国（大丰杨树基地）、欧洲（东非林场）、亚洲、北美洲的温带、寒带及地中海沿岸国家与中东地区。

图2.5 杨树

2. 特征和特性

杨树小枝具顶芽，芽鳞2枚以上。单叶互生，卵形或近圆形。葇花序，雌雄异株，不具花瓣，有环状花盘及苞片。苞片顶端分裂，雄蕊多数。蒴果小，具冠毛。见图2.5。

3. 分布

杨树是世界上分布最广、适应性最强的树种。主要分布在北半球温带、寒温带，北纬22°～70°，从低海拔到4800m的地区。杨树天然林分面积约2000多万公顷（世界天然林中以杨树为优势种林分），天然种约100多种。杨树天然树种分布最广的国家有俄罗斯、中国、加拿大、美国、意大利、法国等。中国有丰富的杨树资源，我国天然林面积约300万 hm^2。我国天然种有53种之多，分布很广。从我国最北的大小兴安岭的甜杨、大青杨，直到南方的滇杨；从东到西，西部有耐干旱、耐盐碱的胡杨，还有银白杨、银灰杨等。

1947年联合国粮农组织（FAO）成立以树种为划分的国际杨树委员会，中国于1980年加入该组织，并成立了中国杨树委员会（也是我国以树种划分的唯一学会）。正因为杨树具备早期速生、无性繁殖容易两大特点。人们渴望利用杨树迅速恢复植被，解决生态问题；迅速种植形成人工林，解决木材问题。世界杨树人工林面积140万 hm^2，现在全国杨树人工林面积约600万 hm^2，占全国人工林总面积的19%，是世界杨树人工林面积的4倍。目前世界和中国杨树人工林70%以上使用黑杨派树种，即欧美杨和美洲黑杨的树种。杨树在我国分布很广，从新疆到东部沿海，北起黑龙江、内蒙古到长江流域都有分布。不论营造防护林还是用材林，杨树都是主要的造林树种。尤其近十年来，我国杨树造林面积不断扩大，已成为世界上杨树人工林面积最大的国家。

杨属（*Populus*）分类系统共分为五大派，即白杨派（*Leuce*）、青杨派

(*Tacamahaca*)、黑杨派（*Aigeiros*)、胡杨派（*Turanga*)、大叶杨派（*Leucoides*)。

4. 用途

工业发达国家栽培杨树主要是为了生产木材加工业所需要的原料，如胶合板、纤维板、刨花板和作为火柴工业的原料，一般采用大株行距栽植。发展中国家则主要实行密植，轮伐期短，生产中径材以供民用。两者之间有一些过渡类型。

杨树可广泛用于生态防护林、三北防护林、农林防护林和工业用材林。杨树作为道路绿化、园林景观用也是一个非常优秀的树种，其特点是高大雄伟、整齐标志、成林迅速。

（七）木麻黄

木麻黄，学名：*Casuarina equisetifolia* L.；别名：马尾树（《中国种子植物分类学》）、短枝木麻黄、驳骨松（广州）；科属：木麻黄科，木麻黄属。

1. 特征和特性

木麻黄为常绿乔木，高可达50m，直径18cm，然而一般仅为15～25m高。树干通直。树皮深褐色，不规则条裂。小枝绿色，代替叶的功能，称作叶状枝。叶退化呈鳞片状，每节着生鳞片状叶6～8枚。花单性，同株或异株。聚合果椭圆形，外被短柔毛。小坚果具翅。喜光。喜炎热气候。喜钙镁，耐盐碱、贫瘠土壤。耐干旱也耐潮湿。木麻黄根系具根瘤菌，是在瘦瘠沙土上能速生的主要原因。木麻黄生长迅速，抗风力强，不怕沙埋，能耐盐碱，是中国南方滨海防风固林的优良树种。强阳性，喜炎热气候，耐干旱、贫瘠，抗盐渍，也耐潮湿，不耐寒。生长快，广东栽培15年生树高达20m以上，寿命短，30～50年即衰老。通常种子繁殖，也可用半成熟枝扦插。见图2.6。

图2.6　木麻黄

2. 分布

木麻黄属从热带的印度到波利尼西亚均有分布，主要产地为澳大利亚的亚热带和热带沿海地区，以及中部干燥地区。

木麻黄原产于澳大利亚的北部和东北

部和一些太平洋岛屿及印度尼西亚、马来西亚、印度和斯里兰卡。它作为一个薪炭林树种、美化树种及其他用途的树种而被引种到印度、巴基斯坦、东非、中非和西非，以及西印度、美国的佛罗里达州、墨西哥湾等地区。

该种是华南沿海地区造林的最适树种，凡沙地和海滨地区均可栽植，其防风固沙作用良好；在城市及郊区亦可做行道树、防护林或绿篱。造林时最好接种根瘤菌，有助于抗高温、干旱、贫瘠条件，从而可提高成活率和促进幼苗生长。容器苗比裸根苗成活率高，生长迅速，在生产上广泛应用。主要病害有青枯病，近年又发现丛枝病。害虫有木麻黄毒蛾、棉蝗、大麻黄枯叶蛾。

3. 产量

在马来西亚和菲律宾好的立地上每年高生长达 2～3m，通常株行距 2m×2m，7～10 年为一个轮伐期，每公顷生产木材 75～200m^3，在菲律宾还有更高的产量。

4. 用途

木麻黄木材的热值很高，被称为世界上最好的薪炭材，可用作家庭和工业燃料。在印度卡纳塔克邦作为薪炭材的主要树种而栽培，用作火车机车的燃料。它很易燃，甚至绿色鲜材也能燃烧。烧的炭也能保持长时间发热，这是一种优良木炭，比重 0.8～1.2，热值大约为 4950kcal/kg。

（八）银合欢

银合欢，学名：*Leucaena leucocephala*；科属：含羞草科，银合欢属。

1. 特征和特性

银合欢为常绿、无刺、直立灌木或小乔木，株高 2～6m，叶为二回羽状复叶；小叶小，多对；花小，5 数，无柄，排成稠密的球形头状花序；萼管钟状，具短裂齿；花瓣分离；雄蕊 10，长突出，分离；柱头头状；荚果扁平，草质，带状，薄，开裂，有褐色的种子多颗。偶数二回羽状复叶，羽片 4～8 对，小叶 10～15 对。线状矩圆形，顶端急尖，基部楔形，中脉两侧不对称，背面色较浅。头状花序腋生、单生，球形。花小，多而密集，花瓣白色、狭小。见图 2.7。

图 2.7　银合欢

银合欢喜温暖、湿润、阳光充足的环境，怕霜冻。耐旱又耐涝、耐瘠薄，对土壤要求不严，从中性到微酸性土壤均能生长。花期7月。

“萨尔瓦多”型银合欢从移植到成熟，生长的速度很快，1个月可长1m，3个月内长3m，5个月内长5m。个别的银合欢树3年内高度可达12m。6年内高度约达到20m，直径达25cm，树冠可延伸15m。当树木伐倒后，2年内树根簇生的枝条长度可达10m。如果在密度较大的林分种植，定期伐倒或进行放牧，作为低矮灌木可保持几十年。“夏威夷”型天然林通过不断播种，由于日光自树冠照射，可形成茂密林分。“萨尔瓦多”型银合欢生长高大形成茂密的上木，生长过密是这个品种很少出现的问题。

2. 分布

原产墨西哥南部、危地马拉、萨尔瓦多和洪都拉斯等地。现广泛分布于热带和部分亚热带地区。我国南部亦有野生，为荒山造林很好的前期树种，因它的耐旱力和萌芽力都强，且不畏斧斤。

3. 产量

银合欢是一种速生树种，5年生可达到50～60ft[①]。平均每公顷年生产量20～30t（绝干），相当于每公顷年木材增长量25～100m^3。如造林密度大，轮伐期短，生产量最高。例如，在含水量不受限制的条件下，4年轮伐期，每公顷植树10 000棵。银合欢的单一林分植株面积较大，产量相当高。每公顷为75 000～100 000株。在定值4～8个月后，树木要砍到10～50cm高以促其形成多枝的树冠。在低温条件下，树木生长率放慢，生长习性亦有所变化。据报道，在委内瑞拉，“夏威夷”型银合欢在海拔1450m条件下，最高的产量（干物质）约为10t/hm^2年。

4. 用途

银合欢木材是一种黄色的硬木，树木在砍伐后萌生较快，可不断地砍伐做烧柴和其他用途。银合欢能提供热带地区每人每年所需1t或1t以上烧柴，而且占地最少，生态作用最大，因为银合欢森林还可以防止水土流失等。如果银合欢的生产力达到最高时，1hm^2的银合欢至少可提供10户用的烧柴。

作为可更新的生物质能源，银合欢具有几个无可比拟的优点。“萨尔瓦多”型的夏威夷“大型”品种创造了最高的木材产量记录。菲律宾的4个夏威夷“大型”品种的平均木材产量每年每公顷为239m^3或每年每公顷115.7t的绝干木材，这是树龄为2.5年密植人工林的采伐数字。这种树木的直径平均为9cm，树高为2.4m。如果株行距很小，每公顷3000棵，高度增加1倍，直径稍大，则木材产

---

① 1ft＝0.3048m。

量将大大减少。然而在改善的条件下，一些桉树品种的年生长量为10.8～11.9t/（英亩·年）（绝干）。银合欢的生产力在菲律宾和夏威夷按不同的株行距和管理方法可提高到251t/（英亩·年）（绝干），虽然，栽植密度、品种和环境的对比研究只是在最近才开始的。

银合欢是一种最便宜、能保持良好环境的更新的资源。银合欢所需要的只是在生产、采伐、利用、气化、木炭生产及其他用法等方面的技术。银合欢可连续不断地采伐，例如，在菲律宾的洛巴诺附近广大地区连续进行了60年的采伐。这些人工林不需使用昂贵的氮肥，这对多数其他热带地区最大限度地提高株木生产力是非常重要的。

银合欢木材密度大，合树皮最少，燃烧性能好且清洁。银合欢的燃烧值为3800～4700kcal/kg，超过了针叶材的燃烧值。木材燃烧时烟量少且灰分低，不到1%。木材可做优质的木炭，东南亚地区非常喜欢使用。在菲律宾已栽植银合欢几千公顷，作为商用木炭生产的原料来源。银合欢木炭的发热值比石油高70%，并可将灰烬回收制成瓦罐。据估计，在银合欢4年为一轮伐期的情况下，木炭的最高产量为每年每公顷30t，相当于300m^3的木材。

据报道，在植物中，银合欢蛋白质的含量很高。可供放牧或定期砍伐作为永续高产的富有营养的饲料，是牛、马、猪、羊、兔和其他家畜喜欢的饲料。经过干燥的叶粉，可作为家禽和大牲畜复合饲料中蛋白质和维生素的补充。

银合欢可稳定森林的生长，防止水土流失，高大变种银合欢结籽少，常被推荐用做防护林带和防风林带，同时还可以起对林木（诸如松木等）早期生长的抚育作用。银合欢是一种在刀耕火种、过度放牧、乱砍滥伐和火烧后贫瘠干旱、缺氮的土壤地区的优良建新造林的树种。

（九）铁刀木

铁刀木，学名：*Cassia siamea*；别名：泰国山扁豆、孟买黑檀、孟买蔷薇木、黑心树；科属：豆科，决明属。

1. 特征和特性

因材质坚硬、刀斧难入而得名。本属约500种，广布于热带、亚热带及温带地区，有乔木、灌木与草本。铁刀木系本属中有经济价值的乔木树种之一。

树高可达20m。树皮深灰色，近光滑小枝粗壮，稍具棱，疏被短柔毛。偶数羽状复叶，小叶6～11对，薄革质，长椭圆形，长3.5～7cm，宽1.5～2cm，顶端圆钝，微凹陷而有短尖头，基部近圆形，叶背稍被脱落性的短柔毛；托叶早落。花为伞房状总状花序，腋生或顶生，排成圆锥状，花序轴被灰黄色短柔毛；萼片5深裂，花径约2.5cm，花瓣5，黄色，雄蕊10枚，7枚发育，3枚不发育，子房无柄。荚果条状，扁平，两端渐尖，长15～30cm，宽1～1.5cm。有种子

10～20 粒，近圆形，扁平。见图 2.8。

铁刀木喜光、不耐荫蔽。又喜温，凡有霜冻、寒害的地方均不能生长，在年平均气温 21～24℃，极端最低气温在 2℃以上的热带地区，生长最为适宜；在年平均气温 19.5℃的南亚热带，极端最低温在 0℃以上的地区尚能生长。萌芽力强，适于薪炭林的头木作业，通常 3 年采薪一次，可以连续利用数十年。

图 2.8 铁刀木

铁刀木为种子繁殖，3～4 月为适宜采种期。优良种子颜色深褐，有光泽，千粒重 25～30g。发芽率仅约 50%，通常发芽率可以保存 5 年。可用直播或植苗造林，植苗造林以 1、2 年生的苗木较为适宜。对土壤的要求不严。在中国热带及南亚热带的硅红壤、红壤分布范围内，排水良好的山地、平原均可造林，土层肥沃的村寨附近，生长更加迅速，常用作荒山、四旁绿化的优良先锋树种。抗性较强，但在种子发芽时常受蚂蚁为害，幼苗易被蟋蟀咬伤。幼林、成林有时受铁刀木粉蝶、褐袋蛾等为害。

铁刀木虽然树木不大，但生长快，能生产很多小径木作薪炭材。3 年能高达 5m，10 年高 15m，胸径 15cm。每公顷年生长量可多达 $15m^3$。人工林每 7 年采伐一次。在好的立地条件下，轮伐期可缩短至 5 年，在干旱气候可长达 10 年。

2. 分布

铁刀木生于东南亚，从印度尼西亚到斯里兰卡。现已引种到西印度、中美洲、东非和西非，特别在 1910～1924 年在非洲种植得最广泛。在加纳、尼日利亚西部、坦桑尼亚及乌干达栽种得很多，用作新炭材及电柱。中国福建、中国台湾的南部，广东的广州市，海南，广西南部，云南南部和西部都有种植，其中以云南景洪的薪炭林栽培历史较长。

3. 用途

1）燃料：木材致密，密度 0.6～0.8，是很好的燃料。由于易燃、火力强、生长迅速，且萌芽力强，是良好的薪炭林树种。

2）其他用途：铁刀木心材坚实耐腐、耐湿、耐用，可作为建筑和制作工具、家具、乐器等的材料。铁刀木终年常绿、叶茂花美、开花期长、病虫害少，还可用作行道树及防护林树种。树皮、荚果含单宁，可提取栲胶。枝上可放养紫胶虫，生产紫胶。

（十）大叶相思

大叶相思，学名：*Acacia auriculiformis*；别名：马占相思；科：豆科。

1. 特征和特性

长绿乔木，树皮平滑，灰白色，小枝无毛，皮孔显著。叶枝镰状长圆形，长10～20cm，两端渐狭，主脉3～7条。穗状花序3.5～8cm，生叶腋或枝顶，花橙黄色。花萼长0.5～1mm，花瓣长圆形。花丝长2.5～4mm。荚果木质。

大叶相思宽大的假叶互生，呈椭圆形，长约10cm；虽然它们在外貌上和真正的叶子没什么分别，亦可进行光合作用，但其实那只是叶柄，不是真正的叶子。真叶只在幼苗期才出现。荚果呈扁圆条状，卷曲成团，乍看之下酷似树虫，外形奇特。大叶相思的花非常细小，由五枚花瓣组成，聚生成穗状花序。主干通直，树型整齐，叶大，生长迅速。大叶相思是一种有恢复活力的、生长旺盛的小乔木。见图2.9。

图2.9　大叶相思

大叶相思可以在贫瘠、干燥、坚硬的土壤上正常生长，甚至有在持续干旱地区生产优质薪炭材的能力。能抵抗强风，是绝佳的防风及造林树木，是近年新引入的品种。

2. 分布

原产澳大利亚、巴布亚新几内亚，现已引种到印度尼西亚、马来西亚、印度、坦桑尼亚和尼日利亚。我国海南、广东、广西、福建等省（区）有引种。福建漳浦中西林场于1991年在干燥瘠薄的林地上引种，6年生平均树高7.6m，平均胸径8.1cm。

3. 产量

在巴布亚新几内亚的十分贫瘠的立地条件下，2年内树高6m，胸径5cm，8年树高达17m。在印度尼西亚及马来西亚，木材年生长量每公顷达17～20m^3，轮伐期10～12年。即或在贫瘠土壤上，在湿润条件下，每公顷年生长量也达10m^3。然而在半干旱的西班加尔，在浅层土，15年每年每公顷只有 5m³。

4. 用途

木材适于用作薪炭材，比重 0.6～0.75，热值为 4800～4900kcal/kg。制成的木炭燃烧好，燃烧时无烟无火星。树木不易形成矮林。树木采伐后幼苗枝条能很快生长，而使采伐林分迅速更新。大叶相思树冠茂密，可抑制树下的植物生长，故常被种植作隔火林。大叶相思的木材也可用来制作家具。

（十一）石梓

石梓，学名：*Gmelina arborea*，别名：甑子木、酸树；科属：马鞭草科，石梓属。

1. 特征和特性

石梓为中等到大落叶乔木，在最适宜的立地条件下如果造林密度合适，树高可达 30m，直径 60cm 以上。但通常树高 20m，无枝的树干 6～9m。在空旷地树高较低，枝条发达，树冠宽大，树干尖削度大，在树木有叶无叶时，开褐色或黄色的丛状花，有时全年看到花、果同时长在树上。

树干基部常膨大，枝四棱。单叶对生，三角状卵形，叶基具一对绿色腺体。顶生总状或聚伞圆锥花序。浆果状核果（图 2.10）。喜光，稍耐旱。要求最适宜的气温为 18～35℃，最适年降水量 1778～2286mm。生于红壤、砖红壤性土、冲积土及石灰性土。在瘠薄的山地也能生长，但长势较弱，而以高温、高湿、静风环境及深厚肥沃土壤生长最优。初期生长很快，旺盛生长期可延续 60 年以上。立地条件好时，10 年生树高、胸径年平均生长量可分别达到 1m 和 1.5cm 以上。栽培技术简单。种子千粒重 400～900g，发芽率高达 80% 以上。播种前沙藏催芽。植苗造林或直播造林均可。害虫有石梓龟甲、石梓大斑丫毛虫、石梓沟胸龟甲、石梓跳甲、石梓蓑天牛等。石梓是营造能源林很有希望的树种。

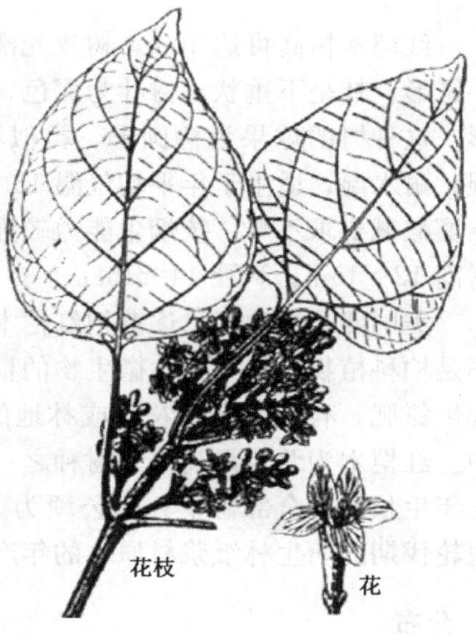

图 2.10　石梓

2. 分布

原产印度、孟加拉、斯里兰卡、缅甸及东南亚的很多地区。中国南部的湿润林中也有。在印度中部出现于一些比较干旱的地区。现在在一些热带国家如巴西、冈比亚、塞拉利昂、科特迪瓦、尼日利亚、马来西亚、菲律宾等进行商业造林。在中国主要分布于广东、广西、贵州、福建、云南等地。

3. 产量

在最好的立地条件下每公顷年生长量超过 20m^3。据记载，平均每年直径增长 5cm。一般轮伐期 5～8 年，每公顷每年增长木材 20～35m^3。矮林作业时每 5 年一个轮伐期，作为燃料生长也很快。

4. 用途

石梓已经在塞拉利昂、尼日利亚作为薪炭树种栽培。木材相当轻（比重 0.42～0.01。每千克边材燃烧时热值为 4800kcal。烧制的木炭燃烧好，无烟，但有大量灰分。石梓木材呈稻草黄色，为热带最有用的木材之一，可做刨花板、矿柱、火柴、锯材、轻型建筑、包装材和家具。用石梓木材造纸，平均产纸量和纸的性质优于其他阔叶树纸浆。石梓花含有丰富的花蜜，能产高质量的蜂蜜。

（十二）红桤木

红桤木，学名：*Alnus rubra*；别名：水冬瓜树（*Alnus cremastogyne* Burk.）、水青风、桤蒿，科属：桦木科，桤木属。

1. 特征和特性

红桤木树高可达 40m，树皮光滑，呈灰色，树干直径可达 1m 左右，树冠为小锥形，枝呈下垂状，树叶为深色，表面光滑，底部为白色，边缘呈不规则的齿形。这种树的球果为椭圆形，类似小松球果，极易辨别。桤木喜光，喜温，喜湿，耐水湿，适生于年平均气温 15～18℃，年降水量 900～1400mm 的地区。对土壤酸碱要求不严，抗烟尘能力较强，但不耐 HF 及 SO_2，萌芽性甚强。10a 生树高 12～15m，胸径 14～16cm。

美国西北部地区已逐渐把红桤木当做一种理想的薪炭林树种。它生长快，虽不是柏科植物，但具有含微生物的根瘤，能将大气氮固定下来，这就使红桤木能提供氮肥，有利于提高农地或林地的肥力。木材单一树丛生在沿岸潮湿的山谷中。红桤木为北美最高产的树种之一。在良好的立地中，未经管理的天然林分平均年生长量（全部树干）每公顷为 10～11m^3。红桤木人工林的产量可能更高。短轮伐期的萌生林纸浆材原木的年产量每公顷估计为 17～21 m^3。

2. 分布

红桤木为北美西北部海岸低海拔地区的乡土树种，是分布于阿拉斯加和加利福尼亚中部之间最常见的阔叶树。其他地区较少见，但可做防风林和欧洲的现货树种，并已引种到新西兰，是太平洋沿岸数量最多的硬木树种。桤木在我国四川、贵州北部、甘肃南部、陕西南部、安徽、湖南、湖北、江西、广东、江苏等地均有分布。

3. 用途

在加拿大和美国西部，红桤木被认为是有潜力的能源树种。其木材现在用做家庭薪炭材，但新的用途是作为发电的燃料。木材具中等密度（平均比重为0.39）。在不同生长率、树龄或立地条件下，其密度变化不大。木材热值约为4600kcal/kg，并可制成优质木炭。

红桤木干燥快，几乎不发生腐败。加工容易，具有良好的机械加工性能、粘接性能和对于铁钉和螺丝钉的夹持力。能够通过使用油漆涂料达到很好的精加工表面。桤木木材淡红褐色，心材边材区别不显著，材质轻软，硬度适中，纹理通直，结构细致而松，耐水湿，可作为胶合板、造纸、乐器、家具等用材。树皮、果实富含单宁，可作染料和提制栲胶。木炭可制黑色火药。叶可作绿肥。根系发达，根上着生根瘤，多数为固氮杆菌。每100株桤木成树的根瘤平均每年能给土壤增加相当于15kg左右的硫酸铵肥效的氮素，可做肥料林树种。其叶产量高，含氮丰富，可作为绿色饲料。同时也是良好的蜜源树种。

四、灌　木　林

灌木，是植株高度较低、没有明显的直立主干、分枝位置靠近地面或丛生地上的多年生木本植物。植物体一般比乔木矮小，有多个粗细相似的枝干，成丛状生长，而且分枝的位置也较低。灌木比乔木有更强的适应性。它不仅自身消耗水分少，而且根系发达，树叶还能在较短时间内覆盖地面，减少地面水分蒸发。所以灌木既耐瘠薄的土地和干旱寒冷的气候条件，又有较强的固土能力，水土保持效果显著。灌木还能够比乔木较快地提供燃料，一般栽植后2～3年就能成林开始收割。因此，发展木质能源林要特别注重选择灌木树种。适合木质能源林的灌木树种主要有：柠条、沙棘、灌木柳、紫穗槐、梭梭、花棒等。

（一）柠条

柠条，学名：*Caragana Korshinskii* Kom.；别名：毛条、锦鸡儿，白柠条；科属：豆科，锦鸡儿属。

1. 特征和特性

柠条根系极为发达，主根入土深，株高为40～70cm，最高可达2m左右。柠条叶簇生或互生，偶数羽状复叶。叶轴、托叶脱落或宿存而硬化成针刺。花单

图 2.11　柠条

生，蝶形花冠，黄色，少有带红色。荚果椭圆形或肾形，膨胀或扁干，顶端尖。种子椭圆形或球形。树皮黄灰色、黄绿色或黄白色；种子红色。花期 5～6 月，果期 7 月，见图 2.11。

柠条是中国西北、华北、东北西部水土保持和固沙造林的重要树种之一。耐旱、耐寒、耐高温，是干旱草原、荒漠草原地带的旱生灌丛。在黄土丘陵地区、山坡、沟岔也能生长。在肥力极差，沙层含水率 2%～3%的流动沙地和丘间低地以及固定、半固定沙地上均能正常生长。即使在降雨量 100mm 的年份，也能正常生长。柠条为深根性树种，主根明显，侧根根系向四周水平方向延伸，纵横交错，固沙能力很强。柠条不怕沙埋，沙子越埋，分枝越多，生长越旺，固沙能力越强。柠条寿命长，一般可生长几十年，有的可达百年以上。播种当年的柠条，地上部分生长缓慢，第二年生长加快。柠条的生命力很强，在－32℃的低温下也能安全越冬；不怕热，地温达到55℃时也能正常生长。柠条的萌发力也很强，平茬后每个株丛又生出 60～100 个枝条，形成茂密的株丛。平茬当年可长到 1m 以上。它在经济效益和防护效益上所发挥的巨大作用，越来越引起人们的高度重视。

柠条对环境条件具有广泛的适应性，柠条在形态方面具有旱生结构，其抗旱性、抗热性、抗寒性和耐盐碱性都很强。土壤 pH6.5～10.5 的环境下都能正常生长。由于柠条对恶劣环境条件的广泛适应性，使它对生态环境的改善功能很强。一丛柠条可以固土 $23m^3$，可截流雨水 34%。减少地面径流 78%，减少地表冲刷 66%。柠条林带、林网能够削弱风力，降低风速，直接减轻林网保护区内土壤的风蚀作用，变风蚀为沉积，土粒相对增多，再加上林内有大量枯落物堆积，使沙土容重变小，腐殖质、氮、钾含量增加，尤以钾的含量增加较快。

2. 分布

柠条主要分布于中国内蒙古、陕西、宁夏、甘肃等地。

3. 用途

柠条枝条坚实，外皮有蜡质，枝条含有油脂，火力旺而耐烧，燃烧不忌干湿，1.5kg 柠条柴可顶 0.5kg 煤，是良好的薪炭材。造林后每隔 3～5 年平茬 1 次，每亩可产柴 500kg 左右。根具根瘤，有肥土作用，嫩枝、叶含有氮素，是沤制绿肥的好原料。种子含油，可提炼工业用润滑油，干馏的油脂是治疗疥癣的特效药。根、花、种子均可入药，为滋阴养血、通经、镇静等剂。树皮含有纤维，能代麻制品。花开繁茂，是很好的蜜源植物。枝、叶、花、果、种子均富有营养物质，都是良好的饲草饲料。特别是冬季雪封草地，就成为骆驼、羊唯一啃食的“救命草”。因此，是建设草原、改良牧场不可少的优良木本饲料树种。

（二）沙棘

沙棘，学名：*Hippophae rhamnoides* L.；别名：醋柳果、醋刺柳、酸刺子、黑刺、醋柳、沙枣；科属：胡颓子科，沙棘属。

1. 特征和特性

落叶灌木或乔木，高 5～10m，具粗壮棘刺。枝幼时密被褐锈色鳞片。叶互生，线性或线状披针形，两端钝尖，下面密被淡白色鳞片；叶柄极短。花先叶开放，雌雄异株；短总状花序腋生于头年枝上；花小，淡黄色，雄花花被 2 裂，雄蕊 4；雌花花被筒囊状，顶端 2 裂。果为肉质花被筒包围，近球形，橙黄色。花期 3～4 月，果期 9～10 月。生于河边、高山、草原，见图 2.12。

图 2.12　沙棘

10～11 月采摘成熟果实，晒干。果实呈类球形或扁球形，有的数个粘连，单个直径 5～8mm。表面橙黄色或棕红色，皱缩，基部具短小果梗或果梗痕，顶端有残存花柱。果肉油润，质柔软。种子斜卵形，长约 4mm，宽约 2mm，表面褐色，有光泽，中间有 1 纵沟，种皮较硬，种仁乳白色，有油性。气微，味酸、涩。

沙棘适应性很强，耐旱，耐寒，耐高温，耐瘠薄土壤，也能耐水湿和轻度盐碱。但是不适宜在过于黏重的土壤上生长。沙棘生长快，主根虽浅，而侧根能向水平方向伸展很远，并且萌蘖性极强，有根瘤。因此，在一条沟、一面坡上，只要有一些零散分布的沙棘，经过几年封山育林，就可繁殖成为一片密林。沙棘是风沙地区造林的先锋树种，也是重要的薪炭林树种。

2. 分布

沙棘地理分布很广，在东经 2°～123°，北纬 27°～69°，跨欧亚两洲温带地区，分为 6 个种和 12 个亚种。我国是沙棘属植物分布区面积最大、种类最多的国家。目前在山西、陕西、内蒙古、河北、甘肃、宁夏、辽宁、青海、四川、云南、贵州、新疆、西藏等 19 个省和自治区都有分布，总面积达 1800 万亩。

3. 用途

木材可烧制木炭，生长 5 年之后，每亩可获得 350～500kg 干柴，以后 4～5 年可砍 1 次，每人有 3～5 亩沙棘林即能解决烧柴问题。

（三）沙柳

沙柳，学名：*Salix psammophila*；别名：筐柳、降马（藏名）；科属：杨柳科，柳属。

1. 特征和特性

图 2.13　沙柳

沙柳小枝幼时具绒毛，以后渐变光滑。树皮幼嫩时多为紫红色，有时绿色，老时多为灰白色。茎表层角质层较发达。叶互生，叶的结构具有旱生植物的特征；为等面叶，叶肉组织只有栅栏薄壁组织细胞，而无海绵薄壁组织细胞；栅栏薄壁组织细胞排列紧密，维管束极为发达。在叶缘及中肋外被又一层角质层，叶边缘皮下还有两层下皮层，气孔微凹。柔荑花序无柄。果为蒴果长圆形，见图 2.13。抗逆性强，较耐旱，喜水湿；抗风沙，耐一定盐碱，耐严寒和酷热；喜适度沙压，越压越旺，但不耐风蚀；繁殖容易，萌蘖力强。

2. 分布

沙柳分布于我国内蒙古、河北、陕西、山西、甘肃、青海、四川、西藏等地。

3. 用途

沙柳可做纸板，造纸。它所含的热量和煤差不多，可发展成每 3～6 年砍一次的绿色沙煤田。生长迅速，枝叶茂密，根系繁大，固沙保土力强，利用价值高，是我国沙荒地区造林面积最大的树种之一。

（四）紫穗槐

紫穗槐，学名：*Amorpha fruticosa* L.；别名：棉槐、椒条、棉条、穗花槐；科属：豆科，蝶形花亚科，紫穗槐属。

1. 特征和特性

紫穗槐是落叶灌木。高1～4m，丛生、枝叶繁密，直伸，皮暗灰色，平滑，小枝灰褐色，有凸起锈色皮孔，幼时密被柔毛；侧芽很小，常两个叠生。叶互生，奇数羽状复叶，小叶11～25，卵形，狭椭圆形，先端圆形，全缘，叶内有透明油腺点。总状花序密集顶生或要枝端腋生，花轴密生短柔毛，萼钟形，常具油腺点，旗瓣蓝紫色，翼瓣，龙骨瓣均退化。荚果弯曲短，长7～9mm、棕褐色，密被瘤状腺点，不开裂，内含1种子，种子具光泽，千粒重10g。花果期5～10月。

紫穗槐是耐寒、耐旱、耐湿、耐盐碱、抗风沙、抗逆性极强的灌木，比较耐涝，在荒山坡、道路旁、河岸、盐碱地均可生长，可用种子繁殖及进行根萌芽无性繁殖，萌芽性强，根系发达，每丛可达20～50根萌条，平茬后一年生萌条高达1～2m，2年开花结果，种子发芽率70%～80%，见图2.14。

图2.14 紫穗槐

2. 分布

原产北美洲，约在20世纪初引入我国，现广泛分布于东北中部以南、华北、西北，南至长江流域，海拔1000m以下的平原、丘陵、山地。

3. 用途

紫穗槐用途很广，是一种优良的肥料、饲料、燃料及固沙保土的灌木树种。紫穗槐种植后受益快，每亩割枝条量为：1年生100kg，2年生200kg，3年生就能割500kg以上，20年不衰。

（五）梭梭

梭梭，学名：*Haloxylon ammodendron*（C. A. Mey.）Bunge；科：藜科。

1. 特征和特性

梭梭为小乔木，有时呈灌木状，高1～4m，树皮灰黄色，干形扭曲；枝对生，有关节，当年生枝纤细，蓝绿色，直伸，节间长4～8mm，2年生枝灰褐色，有环状裂缝。叶退化成鳞片状，宽三角形，对生，稍开展，先端钝，腋间有绵毛。花扒两性，单生于2年生枝条的狈性短枝叶腋；小苞片宽卵形，边缘膜质；花被片5，矩圆形，花后增大，果时自背部先端之下1/3处生膜质翅；翅半圆形至近圆形，宽5～10mm，系、伸或平展，有黑褐色纵脉纹，全缘或稍有缺刻，基部心形；花被片在翅以上部分稍内曲，并围抱果实。胞果半圆球形，顶部稍凹，果皮暗黄褐色，肉质；种子扁圆形，直径2.5mm，见图2.15。

图2.15　梭梭

分布区的气候为极端大陆性。年平均温2～11℃，1月平均温－18～8℃，7月平均温22～26℃，极端最高温42℃，极端最低温－42℃；年降水量30～200mm或更低。它不仅能生长在干旱荒漠地区水位较高的风成沙丘、丘间沙地和淤积、湖积龟裂型黏土，以及中、轻度盐渍土上，也能生长在基质极端粗糙、水分异常缺乏的洪积石质戈壁和剥蚀石质山坡及山谷。梭梭具有冬眠和夏眠的特性，喜光性很强，不耐蔽荫。抗旱力极强，根系发达，在气温高达43℃而地表温度高达60～70℃甚至80℃的情况下，仍能正常生长。抗盐性很强，幼树在固定半固定、土壤含盐量0.2%～0.3%的沙丘上生长良好，而在含盐量0.13%以下者反而生长不良。花期7月，果期9月，10～11月种子成熟。

梭梭有两种，一种是黑梭梭，另一种是白梭梭。造林时要注意两种梭梭不同的适生条件。黑梭梭适于盐渍化的沙地和黏、砾质丘间低地栽植；白梭梭宜在半固定和流动沙地造林，它的耐盐能力远不及黑棱梭。

2. 分布

黑梭梭生于中亚温带沙漠，从中国西部和蒙古到黑海，从中东、小亚细亚到北非的热沙漠都有生长。白梭梭原产以色列、阿拉伯、伊拉克、伊朗、阿富汗处。我国广泛分布于内蒙古、甘肃、宁夏、青海、新疆的干旱荒漠地区。但由于长期不合理的放牧、樵采及挖掘肉苁蓉，破坏极其严重，分布面积日趋缩小。

3. 用途

梭梭材质坚重而脆，燃烧火力极强，且少烟，号称“沙煤”，是产区的优质燃料，又是搭盖牲畜棚圈的好材料。嫩枝是骆驼赖以度冬、春的好饲料，又为重要药材肉苁蓉的寄主。还可用来防风固沙。故具有重要的经济价值。在人工栽培条件下，每亩有梭梭树 200～250 株，可产薪材 2～2.5t。

（六）花棒

花棒，学名：*Hedysarum scoparium*；别名：细枝岩黄芪、花子柴、花帽和牛尾梢；科属：蝶形花科，岩黄芪属。

1. 特征和特性

花棒属落叶大灌木，枝绿色，小叶 7～11，植株上部小叶常退化，小叶矩圆状椭圆形或条形，长 1～4cm，两面被平伏柔毛；花冠紫红色，见图 2.16。

花棒为沙生、耐旱、喜光树种，它适于流沙环境，喜沙埋，抗风蚀，耐严寒酷热，枝叶茂盛，萌蘖力强，防风固沙作用大。主、侧根系均发达。树龄可达 70 年以上。

图 2.16　花棒

2. 分布

花棒是荒漠和半荒漠耐旱植物。在我国分布于内蒙古、宁夏、甘肃、新疆等省（区）的乌兰布和、腾格里、巴丹吉林、古尔班通古特等沙漠。

3. 用途

花棒是固沙造林的优良树种之一，也是优良的薪炭林树种之一。枝干含有油脂，火力大，干湿均能燃烧。可用于编织；树干可作农具柄；茎皮纤维强韧，可搓麻绳；嫩枝叶可用于饲料；种子可榨油。

（七）胡枝子

胡枝子，学名：*Leapedeza bicolor* Turcz.；别名：帚条，随军茶，二色胡枝子。科属：蝶形花科，胡枝子属。

图 2.17　胡枝子

1. 特征和特性

胡枝子为落叶灌木，高达 3m。分枝多、细长，常拱垂。有棱脊，微被平伏毛。小叶 3 枚，卵形至卵状椭圆形或倒卵形。端圆钝或微凹。有小尖尖。基部圆形，表面疏毛，背面毛较密。总状花序腋生，花紫色。荚果斜卵形。花期 8 月，果熟期 9～10 月。见图 2.17。

胡枝子喜光，稍耐阴，耐寒性强，耐干旱瘠薄、耐涝、萌蘖性强。根系发达，耐刈割。生长迅速，具根瘤菌。果期 9～10 月，生于山坡、山谷灌丛或林缘。耐旱性较强，为保持水土的良好树种。

2. 分布

产于我国东北、陕西、宁夏、甘肃、内蒙古、山东、浙江、安徽、河南、湖北。日本、朝鲜、西伯利亚东部也有分布。

3. 用途

胡枝子用途很广，价值较高，其生态效益、社会效益和经济效益都很明显。

1）胡枝子具有生长快，分蘖力强，固土力强等特性。这种薪炭林能减缓、分散、拦截和吸收地表径流，减少水土流失。

2）胡枝子落叶多且易于腐烂，其根系上的根瘤菌能把土壤中游离态的氮素固定，增加土壤含氮量，提高土壤肥力。

3）胡枝子易燃烧且耐燃烧，灰分少，热值高。实生三年干枝条（含水率 29.5%）发热量达 4502kcal/kg，是优质薪炭林。

4）枝叶无机养分含量高，易腐烂，可压绿肥，也可做饲料，是马、牛、羊的优质饲料之一。

第三节　油料能源林

一、油料能源林资源状况

木本油料能源林可分为两类：一类是利用果实制备生物柴油的资源；另一类

是利用木本含淀粉果实制备燃料乙醇的资源。

世界上油料林木种类达万种以上，其中有的含油率很高，如木姜子种子含油率达66.4%，黄脉钓樟种子含油率高达67.2%，其他还有苍耳子、油棕榈树、南洋油桐树、澳大利亚的阔叶木棉等。满足生物柴油行业的原材料需求对于全球来说将是一个巨大的挑战，油料林木果实是未来生产生物柴油的主要原料来源之一。我国油料林木种类丰富，可用作建立规模化原料基地的乔灌木种近30种，其中分布集中，并能利用荒山、沙地等宜林地进行造林，建立良种供应基地的油料林木有10种左右。据国家林业局造林司统计，目前我国有丰富的土地资源和油料林木资源，为我国发展人工油料林木提供了雄厚的物质基础。我国现有木本油料林400多万公顷，主要油料树种果实年产量在200万t以上，其中不少是可以转化为生物柴油的原料。

除油茶、油桐、核桃等少量油料资源已开发食用或工业用途外，大多数油料植物基本上没有被开发利用，如能收集加工，可得到数量可观的生物柴油。目前，具有良好的资源和技术基础并可规模化培育的油料能源林约有10种，如黄连木、麻疯树、光皮树、文冠果、油桐、乌桕等。

我国境内重要的木本油料植物，如大戟科的麻疯树（*Jatropha carcas* L.）、漆树科的黄连木（*Pistacia chinensis* Bunge）、山茱萸科的光皮树（*Cornus wisoniana*）、无患子科的文冠果（*Xanthoceras sorbifolia* Bunge）、山茶科的油茶（*Camellia oleifera*）等，都具有巨大的开发潜力和广阔的发展前景。不同种类油料林木含油率差异大，如麻疯树种子含油率达35%～40%，黄连木种子含油率在42.5%左右，光皮树干果含油率在30%以上，文冠果种子的含油率在45%以上，绿玉树种子含油率为17%，清香木种子含油率为11.8%。

下面重点介绍我国主要油料树种麻疯树、黄连木、光皮树、文冠果、油桐和乌桕。其产地分布、种植面积、平均产出、主要产区和可利用土地见表2.5。

表2.5 几种重要的油料林木资源分布统计表

种类	分布	种植面积	平均产出(t/hm^2/年)	主要产区	可利用土地
麻疯树	广东、广西、云南、四川、贵州、福建、中国台湾、海南	在四川超过16 000hm^2	9.75	主要在热带地区、亚热带地区	至少200万hm^2
黄连木	河北、河南、安徽、陕西	约66 700hm^2	7.5	集中在太行山，河北中南部，河南北部	至少30万hm^2
光皮树	湖南、湖北、江西、贵州、四川、广东、广西	约10 000hm^2	4.5～9.0	主要产于南方省份	至少200万hm^2
文冠果	陕西、山西、湖北、内蒙古、宁夏、甘肃、河南	约25 000hm^2	45	主要在中国西北部和北部	至少400万hm^2

二、木本油料能源林主要树种

（一）麻疯树

麻疯树，学名：*Jatropha carcas* L.，别名臭油桐、小桐子、芙蓉树，是大戟科麻疯树属落叶灌木或小乔木，见图2.18。

图2.18 麻疯树

1. 特征和特性

麻疯树人工造林容易，天然更新能力强，还耐火烧，可以在干旱、贫瘠、退化的土壤上生长。适宜在热带、亚热带以及雨量稀少、条件恶劣的干热河谷地区种植，是保水固土、防沙化、改良土壤的主要选择树种。麻疯树具有极强的生育繁殖能力，枝叶浓密，林地郁闭快，落叶易腐不易燃，改良土壤能力强。生长在陡坡上的麻疯树林成为良好的生物防火隔离带。麻疯树为喜光阳性植物，喜暖热气候，枝、干根近肉质，组织松软，含水分、浆汁多、有毒性而又不易燃烧，抗病虫害，根系粗壮发达，具有较强的耐干旱瘠薄能力，在石砾质土、粗骨土、石灰岩裸露地均能生长，可用于荒山造林。麻疯树林3年可挂果投产、5年进入盛果期。果实采摘期长达50年，种子含油量为35%～40%，种仁的含油量高达50%～60%。野生麻疯树的干果产量为300～800kg/亩，平均产量约660kg/亩。虽然它的种子含油量多，但是它的种子有毒，一般忌食。由于其种子含油率高，且流动性好，所以与柴油、汽油、酒精的掺合性很好，相互掺合后，在长时间内不分离。它作为热带地区最适宜的、可再生的生物燃料资源，具有较好的发展前景。

2. 自然分布

原产美洲，现广泛分布于亚热带及干热河谷地区，我国引种有300多年的历史，主要分布于两广、琼、云、贵、川等地，以及非洲的莫桑比克、赞比亚等国，澳大利亚的昆士兰及北澳地区、美国佛罗里达州的奥兰多地区、夏威夷群岛地区等均有分布。干热河谷野生状态下的种子，一般一年一熟，少有一年两熟，枝、干具再生能力，种子发芽率在90%以上。麻疯树生长迅速，生命力强，在部分地区可以形成连片的森林群落。由于该树种植可用杆插法繁殖，而且成活率高，生长速度快，头年就有收成，产量逐年增加，果实采摘可达50年。近年来，由于退耕还林的推动，各地大量种植。目前仅四川一地的麻疯树资源量即在26万亩以上，可产种籽17万t，可提炼麻疯树油6万t。显示了一定的资源潜力。

未来全国麻疯树种植面积至少可达3000万亩以上，预计可产柴油580多万吨（按每亩每年产干果650kg，每千克果可榨取0.3kg柴油计），显示了良好的资源开发利用前景。

麻疯树是国际上研究最多的能生产生物柴油的能源植物之一，是世界公认的生物能源树。

3. 利用价值

麻疯树有很高的经济价值，是国际上研究最多的能生产生物柴油的能源植物之一，是世界公认的最有可能成为未来替代化石能源的具有巨大开发潜力的树种，被认为是极具柴油开发潜力的一种。最近用麻疯树油作燃油的研究取得了较大进展，经改性的麻疯树油可适用于各种柴油发动机，并在闪点、凝固点、硫含量、一氧化碳排放量、颗粒值等关键技术上均优于国内零号柴油，达到符合欧Ⅳ标准的生物柴油，成分接近石化柴油，油流动性好，其中含有油酸、亚油酸、棕榈油酸等不饱和脂肪酸。

据研究，3kg麻疯树种子可提炼1kg生物柴油，含油率高的品种每2kg多种子就可提炼1kg生物柴油。丰产期的一亩可年产种子1200kg以上，每亩可生产提取出0.3～0.5t左右的生物柴油。大力开发麻疯树资源，不但可以形成生物能源产业，而且可以给农民提供增加收入的渠道。麻疯树与石油不同，麻疯树油具有可再生、清洁和安全三大优势。燃烧麻疯树油或者由其制成的生物柴油，比燃烧化石燃料更清洁，因为燃烧前者产生的二氧化碳更少。作为生物柴油它具有更加清洁和高效的优势，其性能明显优于普通柴油。以尾气排放为例，麻疯树生物柴油燃料排放的尾气中，二氧化碳含量比一般柴油低5～8倍，而且由于生物柴油本身源自植物，排放的尾气更容易被植物吸收，有利于环保。

以麻疯树为原料制取生物柴油得到重视始于石油危机之后。1995年在洛克菲勒基金和德国政府支持下，巴西、尼泊尔、津巴布韦开始了对麻疯树油用做燃料的开发。印度计划委员会于2002年7月成立了生物燃料领导小组，起草了生物柴油国家发展规划，计划在2011～2012年，实现生物柴油替代20%石油柴油的目标，届时，麻疯树的种植面积将达到500万hm^2。2003～2007年是示范项目阶段，在此期间，政府作为首要推动者，负责所有环节的规划和运作。该阶段的主要工作是探讨种植、脱粒、提炼、转化、调和、市场开发、产品质量和制度安排等环节存在的问题和解决办法。2007～2012年是自主发展、扩大生产阶段，目标是实现大规模种植麻疯树，并把种植范围扩大到全国，从而能够生产出足够多的植物油来生产生物柴油。按照实施路线图，到2007年，印度将生产150万t麻疯树种子，榨取48万t麻疯树油，在种植环节创造1.244亿个人工，在脱粒环节每年创造3680万个人工，使55万个农村家庭脱贫。

从1993年起，我国就已经成为石油和石油产品净进口国，2005年我国进口原油又超过 1 亿 t，而我国一半以上的进口石油来自中东地区，但这一地区长年处于动荡不安的局面，长期大量进口石油会对我国的能源供应和能源安全造成很大威胁。因此，专家认为，提高生物柴油产量对我国农业结构调整、能源安全和生态环境综合治理有十分重大的战略意义和现实意义。据了解，“十一五”期间，我国规划生物柴油原料林基地建设规模 83.91 万 hm^2，原料林全部进入结实期后，将形成年产生物柴油 125 多万吨的原料供应能力。目前，已有一些颇具实力的企业和国外大型能源企业进入麻疯树生物柴油这一领域，在各地筹建起有相当规模的生物柴油生产企业，预计未来全国麻疯树种植面积至少可达 3000 万亩以上，显示了良好的资源开发利用前景。

四川省攀枝花市、四川大学生命科学学院、四川省长江造林局和长江科技有限公司加大合作力度，利用麻疯树开发生物柴油取得成效。目前，已掌握了加工麻疯树原油制取生物柴油的相关技术。同时，经四川省农机产品及车辆配件质量监督检测站、汽车产品试验站试验检测，麻疯树生物柴油被证明可以替代 0 号商用柴油，作为柴油机燃料用油。四川攀枝花独特的气候条件十分适宜麻疯树生长。目前，四川省长江造林局已经在攀枝花建起 200 亩麻疯树种苗基地，4000 亩麻疯树基因库。攀枝花市从 1985 年起，先后完成野生麻疯树资源调查以及野生麻疯树驯化及人工种植试验、示范，完成了麻疯树油的工艺开发和应用试验。四川建成了设计能力 10 万 t 的麻疯树柴油加工厂，现年生产 2 万 t，并制定了企业标准。

同化石柴油相比，麻疯树油是一种绿色柴油，它对环境友好（麻疯树油硫含量低，SO_2 和硫化物排放量比 0 号柴油低 10 倍），低温启动性能好（无添加剂冷凝点达－20℃），润滑功能强（喷油泵、发动机缸体和连杆的磨损率低，使用寿命长），安全性能高（闪点高，不属于危险品，运输、储存方便），燃料性能佳（十六烷值高，燃烧性能好于柴油，燃烧残留物呈微酸性，使催化剂和发动机机油的使用寿命加长），而且具有可再生性。

（二）黄连木

中国黄连木，学名：*Pistacia chinesis* Bunge，别名楷木、楷树、黄楝树、药树、药木、黄华、石连、黄林子、鸡冠果、黄连茶、黄连头、黄木连、鸡冠木、洋杨、烂心木、臭椿皮和木蓼树等，是漆树科黄连木属落叶乔木。

1. 特征和特性

树高可达 30m，胸径可达 2m。叶互生，偶数羽状复叶，小叶 10～14 枚，卵状披针形，长 5～8cm，宽约 2cm。花单性，雌雄异株，花期 3～4 月，果实 9～10 月成熟，铜绿色为实种，红色为空粒种，见图 2.19。黄连木在荒地、路边、丘陵、山谷、溪边林中、山坡林中、石灰岩丘陵、石灰岩山林中、石灰岩山坡、石灰岩山石缝、石坡林中以及疏林中皆可生存。黄连木是喜光树种，耐严寒。在酸性、中性、微碱性土壤上均能生长。对二氧化硫和烟的抗性较强，据观察，距二氧化硫源300～400m的大树不受害；抗烟力属Ⅱ级。抗病力也强。在光照条件充足的地方，生长良好且结实量增加。黄连木主根发达，深根性，抗风力强；萌芽力强，寿命可长达300年以上。对土壤要求不严，耐干旱瘠薄，对土壤酸碱度适应范围较广，是路旁绿化和荒山、滩地重要造林树种。种子含油率较高，是一种不干性油，可作工业原料或食用油。据近年对黄连木能源林的研究，黄连木种子含油量达40%以上，可以作为工业原料或食用油，果肉含油率在50%左右，2.5t黄连木种子可以生产1t生物柴油。不同地区的黄连木果实、果肉和种子含油率存在一定差异，分布集中的地区，如河北省中南部、河南省北部和陕西省南部地区的黄连木果实含油率最高。

图2.19　黄连木

2. 自然分布

中国黄连木有着极强的适应性，在温带、亚热带、热带地区均能够正常生长，是重要的荒山、荒滩造林树种，也是优良的油料及用材树种。

黄连木原产我国，分布很广，北自河北、山东、河南、陕西，南至江苏、安徽、湖北、湖南、江西、广东、广西，东到中国台湾，西南至贵州、四川、云南，都有野生和栽培。黄连木垂直分布一般在海拔2000m以下，其中以400～700m最多。

根据对中国24个省、市、区进行的初步调查结果，目前中国黄连木现有可利用资源量约200万亩，以每亩平均产500kg种子计，200万亩就能产种子10亿kg，以2500kg生产1t生物质燃料油计算，能够生产生物质燃料油40万t。黄连木种植5～8年可开花结实，果实产量较高，胸径15cm大树株产黄连木果50～70kg，胸径30cm以上大树，株产果100～150kg，最高达250kg。

3. 利用价值

黄连木是木本油料及用材树种。种子油可制肥皂、润滑油和照明、治牛皮癣等，也可食用。果、叶亦可做黑色染料。树皮、叶可入药，根、枝、叶皮也可做农药。鲜叶可提芳香油，可制茶。木材可供建筑、家具、车辆、农具、雕刻等用。环孔材，边材宽，灰黄色，心材黄褐色，材质坚重，纹理致密，结构匀细，不易开裂，气干容重0.713g/m^3，耐腐，钉着力强。叶含鞣质10.8%，果实含单宁5.4%，可提炼栲胶。鲜叶可提取芳香油；嫩叶可代茶，还可腌食，但酸值较高，其味欠佳，需经除臭处理（采收加工：8～9 月果由红、紫蓝色转绿黄色时采果，采后及时晒干，置于阴凉通风处，以免发酵霉烂）。嫩叶有香味，可制茶，名为黄连茶或称黄鹂茶，亦可腌制做菜，称黄连芽；榨油后的油饼是良好的饲料或肥料；枝、叶、皮或根可制农药，防治蚜虫、螟虫、青虫等；根皮治痢疾、霍乱 。黄连木油脂生产的生物柴油碳链长度集中在 C17～C20 之间，与普通柴油主要成分的碳链长度极为接近，黄连木油脂非常适合用来生产生物柴油。目前利用黄连木初油作原料生产的生物柴油已经达到美国生物柴油和国内轻柴油标准。

另外，黄连木树冠开阔，叶繁茂而秀丽，入秋变鲜艳的深红色或橙黄色，亦可作观赏绿化树种。黄连木全株利用潜力大、用途广泛，但至今还没有产业化开发。培育黄连木能源林，利用其果实提炼生物柴油是有关专家看好的黄连木产业发展方向。

（三）光皮树

光皮树，学名：*Cornus wisoniana*，别名：光皮梾木、斑皮抽水树，是山茱萸科梾木属落叶灌木或乔木，是一种理想的多用途油料树种。

1. 特征和特性

树皮白色带绿，斑块状剥落后形成明显斑纹。叶对生，椭圆形至卵状椭圆形，基部楔形，背面密被乳头状小突起及平贴的灰白色短柔毛。圆锥状聚伞花序顶生。花小，白色。核果球形，紫黑色。花期 5 月，果期 10～11 月，核果球形，紫黑色，见图 2.20。光皮树喜光，耐寒，喜深厚、肥沃而湿润的土壤，在酸性土及石灰岩土上生长良好。光皮树树干挺拔、清秀，树皮斑驳，枝叶繁茂，深根性，萌芽力强，抗病虫害能力强，寿命较长，超过 200 年以上。实生苗造林一般 5～7 年始果，人工林林分群体分化严重，产量高低不一，嫁接苗造林一般 2～3 年始果，结果早，产量高，树体矮化，便于经营管理。果实千粒重高于 70g，其果实（带果皮）含油率 33%～36%，盛果期平均每株产油 15kg 以上。果核、果肉均含油脂，干全果含油率在 30%以上，出油率 25%～30%。它适应性强，生长迅速。即使用实生苗栽植，6～8 年便可结实，12 年左右便可进入盛果期。立地条件好的单株产量可达 52kg 以上，在一般条件下每株产量可达 5～10kg。若以每亩 60 株计，亩产鲜果 300～600kg，折合油 42～84kg。

图 2.20　光皮树

2. 自然分布

光皮树分布广泛，在湖南、湖北、江西、贵州、四川、广东、广西等省（区）常分布于海拔1000m以下的疏林中。

3. 利用价值

光皮树的利用价值高，木材细致精密、纹理通直，纤维坚硬，容易干燥，车旋性能好，可作建筑、家具、雕刻、农具及工业制板等用。作为生物柴油基础原料油，光皮树油含油酸和亚油酸高达77.68%（其中油酸38.3%、亚油酸38.85%），所生产的生物柴油理化性质优（如冷凝点和冷滤点）；同时可以利用果实作为原料直接加工（冷榨或浸提）制取原料油，加工成本低廉，得油率高。

研究表明，以光皮树油为原料生产的生物柴油与0号石化柴油燃烧性能相似，是一种安全、洁净的生物质燃料油。此外，光皮树油渣是优质肥料，花是养蜂蜜源。光皮树具有喜钙耐碱、耐干旱瘠薄、萌芽力超强等生物学特性，可成为造林绿化困难的石灰岩山地造林绿化理想新树种。光皮树枝叶茂密、树姿优美、树冠开展，是优美的园林绿化行道树和庭荫树。随着光皮树油制取生物柴油相关研究的开展与深入，光皮树作为重要的生物柴油原料已经得到社会各界的广泛关注。

近年来，我国研究出了光皮树能源植物矮、密、丰高密度栽培及繁殖新技术。同时开展了光皮树油提取方法及制取生物柴油的研究。提出的超临界二氧化碳法是提取光皮树油的理想方法，并探讨了超临界二氧化碳法的最佳工艺程序。选用果实提取原油后通过酯交换反应制取了生物柴油，并对所得生物柴油的物化性质进行了测定，表明以光皮树油为原料通过酯化反应制取的生物柴油与0号柴油燃烧性能相似，是一种安全稳定（闪点＞105℃）、清洁环保（灰分＜0.003）的生物质能原料油。

据有关统计，在我国中部以南各省如湘、鄂、赣、黔、桂、粤、闽等地石灰岩山地总面积有3000万hm^2以上，如按10%面积栽植光皮树，可年产光皮树油5000万t，可以说在我国发展光皮树生物柴油的潜力空间巨大无比，光皮树是一个很好的木本油料树种。

（四）文冠果

文冠果，学名：*Xanthoceras sorbifolia* Bunge，别名：文冠木、文官果、土木瓜、木瓜、温旦革子，在植物分类学中是无患子科文冠果属落叶小乔木或大灌木，也可栽培为高大乔木。

1. 特征和特性

高可达 8m。树皮灰褐色，粗糙条裂；小枝幼时紫褐色，有毛，后脱落。奇数羽状复叶互生。文冠果是单种属。野生种的花色、花型、花序长短、心皮数量、果型、枝条色泽等有显著的形态变化。奇数羽状复叶，小叶9～19 片，狭椭圆形至披针形。总状花序长 15～25cm，由 30～50 朵花组成，杂性花，上部花不孕，雄蕊正常而子房退化；下部花可孕，雄蕊正常，但雄蕊不散花粉，两者的数量比例常因花序着生的位置和营养状况不同而有较大的差异，通常花多而结实很少。花瓣 5 片，白色，内侧基部由黄变红色，春季先叶开放，花朵繁茂，可供观赏。花盘 5 裂，裂片背面有一角状橙色斑点。蒴果长 3.5～6cm，绿色，圆形、扁圆形或长圆形。心皮 2～7 个，每室有种子 4～6 粒，最多达 8 粒，球形，种皮黑褐色，千粒重 850g 左右，种仁白色。文冠果喜光，也耐半荫；耐严寒和干旱，不耐涝；对土壤要求不严，在沙荒、石砾地、黏土及轻盐碱土上均能生长，但以肥沃、深厚、疏松、湿润而同期良好的土壤上生长好。深根性。主根发达，萌蘖力强，见图 2.21。文冠果 2～3 年即可开花结果，二年园即有 200kg 左右产量，五年园亩产文冠果种子达 500kg 以上。8～10 年后株产 20～40kg，个别单株达 50kg，亩产种子 2500kg 以上。文冠果寿命较长，1000 多年的大树仍花繁叶茂，硕果累累。其种子含油量达 50%～70%，历史上人们采集文冠果种子榨油供点佛灯之用，以后逐渐转为食用。本种花序大而花朵密，春天白花满树，花期可持续 20 多天，是难得的观花小乔木，也是很好的蜜源植物；抗性很强，是荒山绿化的首选树种；木材坚实致密，纹理美，是制作家具及器具的好材料。

图 2.21 文冠果

2. 自然分布

文冠果是我国特有的树种，原产我国北部干旱寒冷地区，内蒙古自治区的一些旧喇嘛庙内，至今仍有树龄较大的老文冠果树。文冠果在我国秦岭淮河以北、内蒙古呼伦贝尔以南均有分布，西北、东北、内蒙古等地有人工栽培，现有资源以陕西延安，山西临汾、运城和忻州，河北张家口和辽宁朝阳为多，其中以陕西、山西、河北、内蒙古比较集中。文冠果大多生长在海拔 400～1400m 的山地和丘陵地带。

3. 利用价值

文冠果全身是宝。其木材坚硬质密、色泽棕褐、纹理美观、抗腐性强，可制作家具。其果壳、叶子及木材的提取物有抗炎、改善记忆、防治心血管疾病、抗病毒、抗癌等功效，可制药。其叶子经加工可做一种健康的茶叶。但用途最大的部位应该是种子。文冠果种子含油率高，籽油以不饱和脂肪酸为主，可作高级食用油，在工业上还可以生产润滑剂、油漆、肥皂以及发蜡。据东北师范大学等单位的研究，用文冠果籽油制取的生物柴油符合现行的优质生物柴油指标。文冠果种子作为能源利用有很多优势，文冠果是我国北方唯一的木本油料树种，分布广，可栽培的面积大，果实采收容易，而且具有荒山绿化、水土保持、防风固沙和观赏等诸多生态功能。

早在1200年前，我国就有利用文冠果资源的记载。文冠果作为经济林营造，始于20世纪50年代中期，60年代发展较快，内蒙古翁牛特旗首先建立了文冠果林场，河北、山西、陕西等省相继扩大造林，积累了一定的造林和管护经验。

近年来，利用文冠果籽油制取生物柴油越来越受关注。中国工程院院士王涛研究员带领研究人员对我国11个省（区）的文冠果分布进行了调查，并在主要分布区进行优良类型选择。调查表明，虽然目前只有内蒙古有2万多亩野生林集中分布区，但是因其工厂化育苗技术已经过关，规模发展文冠果能源林已经没有任何问题。

东北师范大学、吉林省林业科学院和长春市亿高生态工程研究所联合开展了文冠果生物柴油的研究工作。据研究，由文冠果籽油制备的生物柴油相关烃脂类成分含量高，内含C18的烃类占93.4%，而且无S、无N等污染环境因子，符合理想的生物柴油指标。

现有文冠果资源以半野生状态为多，人工栽培大都为零星栽植和小片地造林。据统计，目前山西、内蒙古、辽宁和陕西有相对集中文冠果约8万亩。20世纪60年代，内蒙古、黑龙江、甘肃、陕西都有栽培文冠果成功的经验。近几年，文冠果试验性栽培在陕西延安、山东莱芜等地开展，出现了结果较好的品种。

国内近年来有不少研究单位开展了油料林木方面研究的工作，并建立了油料林示范基地，但同国家总体需求相比仍有很大的差距，需要继续深入研究和加快推广。

（五）油桐

油桐，学名：*Vernicia fordii* Hemsl.；别名：油桐树、桐油树、桐子树、光桐、三年桐、罂子桐、中国木油树、虎子桐。科属：大戟科，油桐属。

1. 特征和特性

油桐 4～5 月开花，果期 7～10 月；花后子房膨大，结球形核果，果顶端有短尖头；果内有种子 3～5 粒；种子具厚壳状种皮，宽卵形；种仁含油，含油量高达 70%。落叶乔木，高 3～8m。叶互生，卵形或宽卵形，长 20～30cm，宽 4～15cm，先端尖或渐尖，叶基心形，全缘或三浅裂。圆锥状聚伞花序顶生，花单性同株；花先叶开放，花瓣白，有淡红色条纹，5 枚；雌蕊子房 3～5 室，每室 1 胚珠。核果球形，先端短尖，表面光滑。种子具厚壳状种皮，见图 2.22。

图 2.22　油桐

2. 自然分布

四川、贵州、湖南、湖北为我国生产桐油的四大省份，四川的桐油产量居全国首位。重庆市秀山县的“秀油”、湖南洪江的“洪油”是我国桐油中的上品。

3. 利用价值

油桐是我国特有经济林木，它与油茶、核桃、乌桕并称我国四大木本油料植物。油桐至少有千年以上的栽培历史，直到 1880 年后才陆续传到国外。桐油是重要工业用油，可制造油漆和涂料，经济价值很高。桐油和木油色泽金黄或棕黄，都是优良的干性油，有光泽，不能食用，具有不透水、不透气、不传电、抗酸碱、防腐蚀、耐冷热等特点。广泛用于制漆、塑料、电器、人造橡胶、人造皮革、人造汽油、油墨等制造业。

（六）乌桕

乌桕，学名：*Sapium sebiferum*（Linn.）Roxb.；别名：蜡子树、木油树、又称木梓、油梓；科属：大戟科，乌桕属。

1. 特征和特性

乌桕为落叶乔木，高达15m，胸径60m。树冠近球形，小枝细，叶菱形、菱状卵形，先端突渐尖，基部宽楔形，全缘。叶柄细长，顶端有2腺体。花序顶生，花黄绿色。果扁球形，黑褐色，熟时开裂。种子黑色，外被白蜡，宿存在果轴上经冬不落。花期5～7月，果熟期10～11月，见图2.23。

图2.23　乌桕

乌桕喜光，耐寒性不强，年平均温度15℃以上，年降雨量750mm以上地区都可生长。对土壤适应性较强，沿河两岸冲积土、平原水稻土，低山丘陵黏质红壤、山地红黄壤都能生长。以深厚、湿润、肥沃的冲积土生长最好。土壤水分条件好生长旺盛。能耐短期积水，亦耐旱。适应酸性土、钙质土以及含盐量达0.25%以下的盐碱地，土壤pH5.5～8均能生长。

栽植后3年就能开花结果，成材后可收几十年甚至一二百年。一般的单株产量15～25kg，高的可达50kg。

2. 自然分布

产于我国秦岭、淮河流域以南，东至中国台湾，南至海南岛，西至四川中部海拔1000m以下，西南至贵州、云南等地海拔2000m以下，主要栽培区在长江流域以南的浙江、湖北、四川、贵州、安徽、云南、江西、福建等省。

3. 利用价值

乌桕是我国特有的木本油料植物，为工业用木本油料树种之一。乌桕的用途很广，是中国南方著名的工业油料树种，它的出油率高达40%以上，种子含脂肪油，油内有棕榈酸、月桂酸、肉豆蔻脂酸和珠光脂酸等，属于四大木本油料植物之一。

乌桕不仅是长江流域主要的观赏风景树，而且是一种效益较高的经济林。在园林绿化中可栽作护堤树、庭荫树及行道树。因抗污染力强，在工矿区可作防护林树种。

乌桕种子能加工成皮油和梓油。皮油具有硬度强、溶点高等一般植物油少有的特点，可以提取环氧树脂和硝化甘油，是国防工业的原料，也是制造汽车轮胎、电影胶卷、塑料薄膜、肥皂、高级蜡纸、日用化妆品的原料或辅料。梓油，又叫青油，属二等干性油，具有干燥快、光泽好、附着力强等特点，是制作油漆、油墨等产品的主要原料。浅色梓油还可制造绝缘漆、人造橡胶、人造皮革等。

榨油后的乌桕子饼可做饲料，也是一种优质有机肥料。据测定，每 100kg 桕子饼中所含的氮、磷、钾，比茶子饼、桐子饼中所含的氮、磷、钾要高；而且它有肥效长、结子壮、能改良土壤、抗病虫等优点。梓炭可用于冬天取暖，经久不熄。叶和根皮均可入药，有解毒消肿、逐水通便之功。乌桕叶是上等的黑色染料，因叶有毒，不宜种在鱼塘边，用其提取的浸出液，可作为农作物的生物农药，对防治棉蚜虫和红蜘蛛效果极佳。此外，乌桕因其水质纹理细密，可雕刻装饰板、图案和印章等。

乌桕适于制取生物柴油。随着石油的短缺以及开发生物质燃料油技术的成熟，乌桕等木本油料树种将成为制备生物柴油的重要原料资源。目前我国生物柴油的开发利用还处于发展初期，要从总体上降低生物柴油成本，使其在我国能源结构转变中发挥更大的作用，只有向基地化和规模化方向发展，实行集约经营，形成产业化，才能走符合中国国情的生物柴油发展之路。

三、木本淀粉能源林树种

（一）栎树

栎树，学名，*Querous.*。从植物学分类上属于被子植物门，双子叶植物纲，壳斗科（主要特征是坚硬的果实都长在碗状的硬壳内），栎属。栎树又称柞树、橡树，属于落叶阔叶树。

图 2.24　栓皮栎果实

1. 特征和特性

一般树干较黑，有些弯曲，顺风向有些倾斜，比较粗糙。栎树的分布与地势也有一定的关系，大多生长在坡、山上。栓皮栎果实见图 2.24。树皮鳞片状或深裂。具顶芽，芽鳞数片，覆瓦状排列。单叶互生，叶缘具锯齿、刺状锯齿或波状齿。花单性，雌雄同株。雄花呈下垂的柔荑花序。雌花常单生，也有数个集生于幼枝上，成熟时壳斗为杯状、碗状、碟状。苞片成鳞片状、披针形、锥形，覆瓦状排列，紧贴、开展或反曲，坚果，单生，被壳斗包住 1/2 或 2/3。栎树果实就是橡子，坚果单生，果皮内壁无毛，不发育的胚珠位于种子基部外侧。叶片在秋季落叶前会发红褐色，从远处看十分美观。

2. 自然分布

栎类树木有多种，如麻栎、栓皮栎、小叶栎等。中国有栎树 60 余种，南北各省均有分布。如栓皮栎、蒙古栎、辽东栎和槲栎等。栎树面积约有 1 亿多亩。以黑龙江、辽宁、吉林、内蒙古、山东、河南、贵州、广西、安徽、陕西、四川等省（区）为多。垂直分布从平地到海拔 3000m 的高山均能生长，在四川中部高山栎可生长在海拔 4600m 处。

3. 利用价值

栎树在我国分布比较广，适应性强，对土壤、气温等要求都不是很高。适宜大面积栽植，栎树的木材用途极广泛，栎树种籽利用的价值更高，栎树种籽的淀粉含量是众多林木种籽中最高的，这就决定了它的开发利用价值很高，其前景相当广阔。

栎树的叶含有水分、蛋白质、碳水化合物、脂肪、灰分、纤维素等成分，可用来养蚕。果实含淀粉较多，可用来制作橡胶、酒精、淀粉、橡油等，也可做饲料。从栎树树皮、叶片、壳斗、橡实中提取的单宁，是制革工业、印染工业和渔业上所必需的材料。栓皮的皮层较厚可作工业上的软木材料。栎树还可培养木耳、香菇和密环菌等多种食用菌。

目前，生物燃料乙醇的生产原料主要来源是粮食，随着国际上对粮食安全问题的关注，如果大规模使用粮食生产燃料乙醇，将出现“车与人争粮吃”的局面。开发生产生物燃料乙醇原料的替代品已成重中之重。这就为开发利用栎树种籽带来机遇，创造了优势。栎树从木材到种籽都可以利用，其木材用途极广，壳斗与树皮可提取单宁。特别是它的种子淀粉含量平均达 57%，比玉米稍低，每 50kg 约顶 41kg 玉米；3.5t 栎树种籽就可以生产出 1t 燃料乙醇。不考虑栎树的社会效益、绿化效益、固炭效益和材质的利用效益，仅从栎树种籽利用的角度估算，效益就很高。以我国承德市现有的栎树资源为例，承德市现有栎树面积为 885 万亩，产种籽的占 70% ，共有 619.5 万亩，按每亩地产种籽 225kg 计算，可产栎树种籽 139 万 kg，按现在的比价（玉米的价格）来估算，林区的农民一年可获利 16.73 亿元，其经济效益相当可观，极具开发利用价值。

现有的栎树大都是天然林，且分布在混交林中，较分散，产量有限，必须经过抚育、天然林改造后，其产量才能提高。现在栎树果实只是作为种子使用，用量很少。到目前为止，对其进行生产燃料乙醇的研究开发、利用还比较少见。

第三章　林木生物质的组成与性质

第一节　林木生物质的化学组成

一、纤　维　素

（一）纤维素的存在与分布

纤维素是构成植物细胞壁的结构物质，是由许多吡喃型 D-葡萄糖基在 1，4 位彼此以 β-糖苷键联结而成的高聚物。据统计，生活有机体的碳含量在整个生物界中约有 27×10^{10} t，而含在植物中的碳在 99%以上。含在植物中的碳，约有 40%结合在纤维素中，这意味着植物界中纤维素的含量约为 10.7×10^{10} t。在整个植物界，纤维素的分布非常广泛，从高大的乔木到原始生物如海藻、鞭毛和细菌等到处可见。

（二）纤维素的结构

1. 化学结构

纤维素的元素组成为：C＝44.44%，H＝6.17%，O＝49.39%，化学式为 $(C_6H_{10}O_5)_n$（n 为聚合度，一般高等植物纤维素的聚合度为 7000～15 000）。纤维素大分子的化学结构具有如下特点：

1）纤维素大分子仅由一种羰基组成，是β-D-葡萄糖基（六环）通过 1，4 连接的，即在相邻的两个葡萄糖单元 C_1 和 C_4 位上的羟基（—OH）之间脱去一个水分子而形成的，纤维素大分子可以被认为是一种线型的高分子。

2）纤维素链的重复单元是纤维素二糖基，长度约为 1.03nm。

3）除两端的葡萄糖基外，每个葡萄糖基具有三个游离的羟基，分别位于 C_2、C_3 和 C_6 上，所以纤维素的分子可以表示为 $[C_6H_7O_2(OH)_3]_n$。其中，第 C_2、C_3 的羟基为仲醇羟基，C_6 的羟基为伯醇羟基，它们的反应能力不同，对纤维素的性质具有重要影响，如纤维素的酯化、醚化、氧化和接枝共聚，以及纤维素分子间氢键作用，纤维素纤维的润胀与溶解等均与纤维素的羟基有关。

4）纤维素大分子两端的葡萄糖末端基的结构和性质不同。一端的葡萄糖末端基在 C_4 上存在一个仲醇羟基，另一端的 C_1 存在一个苷羟基，此羟基的氢原子易转移，与基环上的氧原子相结合，使氧环式结构转变为开链式结构，在 C_1 处形成醛基，具有潜在还原性，故有隐性醛基之称（图 3.1）。左端的葡萄糖末端是非还原性的，由于纤维素的每一个分子链一端是非还原性的，另一端具有还原性，所以纤维素分子具有极性和方向性。

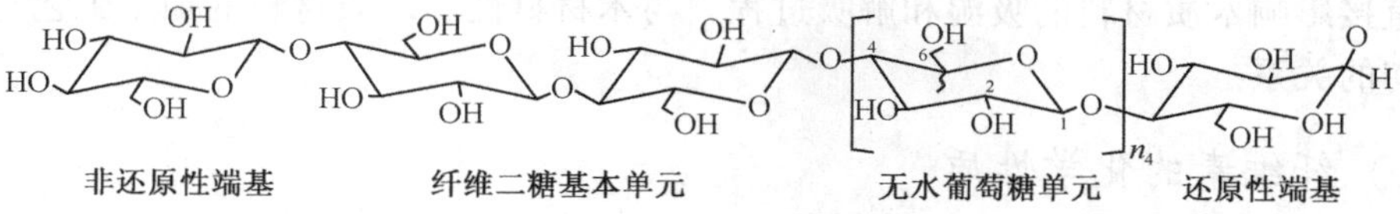

图 3.1 纤维素化学结构

5）除了具有还原性的末端基在一定的条件下，氧环式和开链式结构能够相互转换外，其余每个葡萄糖基均为氧环式结构，具有较高的稳定性。

2. 结晶度与可及度

纤维素结晶度是指纤维素结晶区占纤维整体的百分率，它反映纤维素聚集时形成结晶的程度。用 X 射线衍射法测得各种纤维素物料的结晶度见表 3.1。

表 3.1 纤维素物料的结晶度

纤维素物料	结晶度/%
云杉化学浆	68.8
云杉漂白硫酸盐浆	68.0
云杉漂白亚硫酸盐浆	67.8
杉木漂白亚硫酸盐浆	67.9
杉木漂白硫酸盐浆	59.9
马尾松木材纤维素	53.8

可及度是指只能进入无定型区而不能进入结晶区的化学药剂所能到达并发生反应的部分占其纤维整体的百分率。木浆的可及度通常在 50%～56%范围内。

纤维素是木材的主要组分，约占木材组分的 50%。因此，纤维素的结晶度和可及度与木材的物理力学及化学性质有着不可分割的关系，二者之间必然具有相关性。结晶度大，即结晶区多，则木材的抗拉强度、抗弯强度、尺寸稳定性也高。反之，结晶度低，即无定型区，上述性质必然降低，而且木材的吸湿性、吸着性和化学反应性也随之增强。

3. 纤维素的氢键

纤维素链上的主要功能基是羟基（—OH），羟基不仅对纤维素的超分子结构有决定作用，而且也影响其化学和物理性能。主要是—OH 基之间或—OH 基与—O—、N—和 S—基团能够形成联结，即氢键。大多数天然和合成高分子聚合物的超分子结构取决于氢键的形成与破坏。氢键的能量弱于共价键，但强于范德华力。水分子和纤维素之间形成氢键的能量约为 26kJ/mol。

氢键不仅存在于纤维素中的—OH 基之间，而且存在于纤维素与水的—OH

基之间，形成纤维素对水分子的吸着。纤维素不同部位的—OH 基之间存在的氢键直接影响木质材料的吸湿和解吸过程，与木材材性、木质材料的加工工艺有着密切的关系。

（三）纤维素的化学性质

因为纤维素 C_2、C_3、C_6原子上的羟基均为醇羟基，所以纤维素具有多元醇的反应性能，形成各种衍生物和其他产物，包括降解反应、酯化反应、醚化反应、置换反应以及接枝共聚等。

1. 纤维素的降解

纤维素在受到各种化学、物理、机械和光等作用时，大分子中的苷键和碳原子间的碳-碳键，都可能会受到破坏，结果使纤维素的化学、物理和机械性质发生某些变化，并且导致聚合度降低，称为降解。

1）纤维素的水解：纤维素在酸性水溶液中受热，会引起苷键断裂，聚合度降低，这种反应称为酸性水解。水解初期可得到水解纤维素，最后的水解产物是葡萄糖。葡萄糖经酶的作用发酵可以制得酒精。木材水解制取酒精便是基于这一机理。

2）纤维素的碱性降解：纤维在热碱溶液中能够发生剥皮反应、终止反应和碱性水解。剥皮反应开始于纤维素链分子的还原性末端基，在 150℃以下，剥皮反应是引起纤维素降解的主要原因，超过 150℃就会发生碱性水解。在 170℃左右，碱性水解反应激烈，引起苷键的断裂，生成碱化纤维素。

3）纤维素的氧化降解：纤维素经氧化剂作用后，羟基氧化成醛基、酮基或羧基，形成氧化纤维素。随着官能团的变化，纤维素的聚合度也同时下降。发生氧化降解后，纤维素的机械强度降低。

4）纤维素的热解：在热作用下，纤维素降解程度与加热温度、时间以及加热介质的组成相关。纤维素热解不仅引起分子链断裂，还有脱水、氧化等反应发生，在 220～240℃时，纤维素的结晶结构明显地受到破坏，聚合度下降。在 325～375℃时，纤维素热解迅速，生成大量的挥发性产物；400℃以上时，纤维素的残余部分进行芳环化；800℃以上时，逐步形成石墨化结构。

2. 纤维素的酯化和醚化

纤维素的聚合度高、分子取向度好、化学稳定性较强，利用葡萄糖基环中含有三个醇羟基的特性，可使纤维素发生多种反应。

1）纤维素的酯化：以乙酸纤维素制备为例。乙酸酐与纤维素的—OH 基作用生成的酯为纤维素乙酸酯或乙酸纤维，用化学反应方程式表示为：

$$[C_6H_7O_2(OH)_3]_n + 3n(CH_3CO)_2O \longrightarrow$$
$$[C_6H_7O_2(OCOCH_3)_3]_n + 3_nCH_3COOH$$

该反应为乙酰化或乙酸化，生成的乙酸酯为三乙酸纤维素，羟基酯化的程度称为酯化度，乙酸纤维素包括酯化度在1～3的一切品种，不同酯化度的乙酸纤维素的用途不同。对木材进行乙酰化处理，可使木材低酯化，改善尺寸稳定性。

2）纤维素的醚化：以离子型纤维素醚羧甲基纤维素为例。通常使用的是羧甲基纤维素的钠盐（CMC）。制备过程：纤维素与碱溶液反应生成碱纤维素，碱纤维素与一氯乙酸钠（或一氯乙酸）的醚化，综合反应如下：

$$[C_6H_7O_2(OH)_3]_n + {}_nClCH_2COOH + 2_nNaOH \longrightarrow$$
$$[C_6H_7O_2(OH)_2OCH_2COONa]_n + {}_nNaCl + 2_nH_2O$$

3. 纤维素的接枝共聚

接枝共聚是合成高分子化合物的方式之一，也是纤维素改性的一种途径。纸浆和纸中纤维素接枝共聚后，由于纤维素大分子结构发生了改变，羟基减少了，合成高分子的支链增加了，因此物理和化学性质有了很大改善。纤维素接枝共聚的方法主要有游离基聚合和离子聚合。纤维素的游离基聚合，如以过硫酸盐为引发剂，纤维素与乙烯基单体的游离基聚合反应如下：

过硫酸盐分解：$S_2O_8^{2-} \longrightarrow 2SO_4^{-}\cdot$

链引发：$2SO_4^{-}\cdot + Cell{-}CH_2OH \longrightarrow HSO_4^{-} + Cell{-}CHOH\cdot$

链增长：$Cell{-}CHOH\cdot + M \longrightarrow Cell{-}CHOHM\cdot$

$Cell{-}CHOHM\cdot + M \longrightarrow Cell{-}CHOHM_{n-1}\cdot$

链终止：$Cell{-}CHOHM_{n-1}\cdot + S_2O_8^{2-} \longrightarrow Cell{-}CHOHM_{n-1} + HSO_4^{-} + SO_4^{-}\cdot$

M为接枝单体。

根据聚合反应机理，纤维素的游离基法接枝共聚反应可归纳为两种，即游离基引发基接枝共聚和高能辐射接枝共聚。接枝共聚所选用的单体多为乙烯基化合物，如氯乙烯、丙烯腈、丙烯酰胺、甲基丙烯酸甲酯等。

二、半纤维素

（一）组成与结构

半纤维素是植物组织中聚合度较低（平均聚合度约200）的非纤维素聚糖类，可被稀碱溶液抽提出来，是构成植物细胞壁的主要组分。与纤维素不同，半纤维素不是均一聚糖，而是一类复合聚糖的总称，原料不同，复合聚糖的组分也不同。组成半纤维素的糖基主要有：D-木糖基、D-甘露糖基、D-葡萄糖基、D-半乳糖基、L-阿拉伯糖基、4-*O*-甲基-D-葡萄糖醛酸基、D-半乳糖醛酸基、D-葡萄糖醛酸基等，还有少量的L-鼠李糖基、L-岩藻糖基和乙酰基等。一种半纤维素一般由两种或两种以上糖基组成。大多带有短支链的线状结构。半纤维素中的单糖组成如图 3.2 所示。

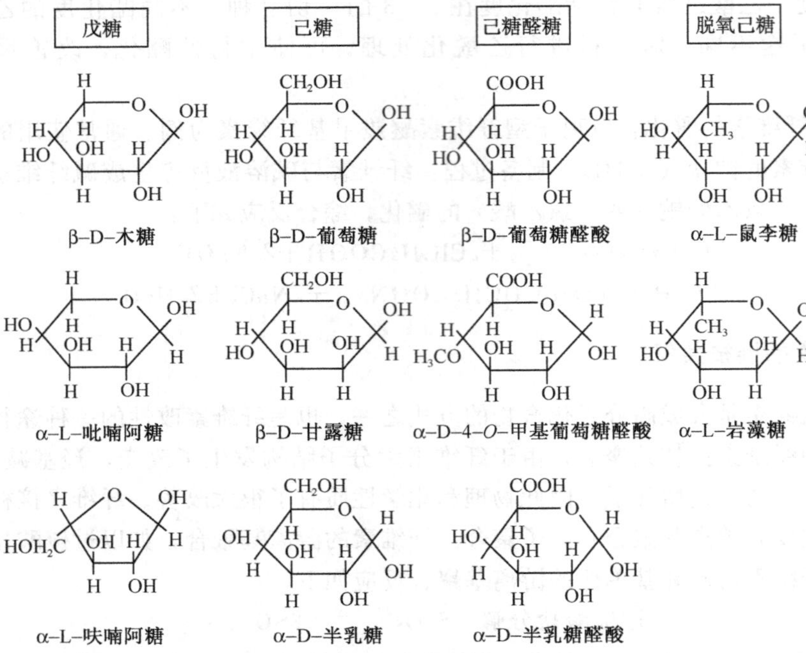

图 3.2　半纤维素中各种单糖的 Haworth 结构

另外一些植物中的聚糖不属于半纤维素。如果胶、淀粉、植物胶等。针叶树材、阔叶树材和草类植物的化学组成不同，除了纤维素含量不同、木质素含量和结构不同之外，三类植物中的半纤维素的含量和化学组成也不相同。

(二) 半纤维素的主要性质

由于半纤维素的化学结构和大分子聚集状态与纤维素有很大差别，在天然状态为无定形物，聚合度低，可反应官能团多，化学活性强，所以化学反应比纤维素复杂，副反应多，并且反应速度快。

与纤维素酸性水解一样，半纤维素的糖苷键在酸性介质中被裂开而使半纤维素发生降解。在碱性介质中，半纤维素也可发生剥皮反应和碱性水解。半纤维素的羟基可发生酯化和醚化反应，形成多种衍生物，也可发生接枝共聚反应，制备各类复合高分子材料。

分离的半纤维素的溶解度一般要比天然状态的半纤维素高。聚阿拉伯半乳糖易溶于水。针叶树材的聚阿拉伯糖-4-*O*-甲基葡萄糖醛酸木糖比阔叶树材的聚-*O*-乙酰基-4-*O*-甲基葡萄糖醛酸基木糖易溶于水。主要半纤维素的组成及其物理性质见表 3.2。

表 3.2　主要半纤维素的组成及其物理性质

半纤维素种类	含量	树种（占木材%）	组成			溶解性	DP_n
			单元	比率	联接		
聚半乳糖基葡萄糖甘露糖	针叶树材	5～8	β-D-吡喃甘露糖	3	1→4	碱、水*	100
			β-D-吡喃葡萄糖	1	1→4	—	—
			α-D-吡喃半乳糖	1	1→6	—	—
			乙酰基	1	—	—	—
聚（半乳糖基）葡萄糖甘露糖	针叶树材	10～15	β-D-吡喃甘露糖	4	1→4	碱性硼酸盐	100
			β-D-吡喃葡萄糖	1	1→4	—	—
			α-D-吡喃半乳糖（吡喃）	0.1	1→6	—	—
			乙酰基	1	—	—	—
聚阿拉伯糖基葡萄糖醛酸基木糖	针叶树材	7～10	β-D-吡喃木糖	10	1→4	碱二甲基亚砜*	100
			4-*O*-甲基-α-D-吡喃葡萄糖醛酸	2	1→2	水*	—
			α-L-吡喃阿拉伯糖	1.3	1→3	—	—
聚阿拉伯半乳糖	落叶松	5～35	β-D-吡喃半乳糖	6	1→3	水*	200
			β-D-呋喃阿拉伯糖	2/3	1→6	—	—
			β-D-吡喃阿拉伯糖	1/3	1→6	—	—
			β-D-葡萄糖醛酸	少量	1→3	—	—
聚葡萄糖醛酸基木糖	阔叶树材	15～30	β-D-吡喃木糖	10	1→4	碱	200
			4-*O*-甲基-α-D-吡喃葡萄糖醛酸	1	1→2	二甲亚砜*	—
			乙酰基	7	—	—	—
聚葡萄糖甘露糖	阔叶树材	2～5	β-D-吡喃甘露糖	1—2	1→4	碱性硼酸盐	200
			β-D-吡喃葡萄糖	1	1→4	—	—

* 为部分水解

三、木　质　素

（一）木质素的存在与分布

木材中除去纤维素、半纤维素和抽提物后，剩余的细胞壁物质为木质素。木质素是针叶树类、阔叶树类和草类植物的基本化学组成之一。

木质素、纤维素和半纤维素是构成植物骨架的主要成分，存在于高等植物之中，菌类、藓类和藻类中没有木质素。地球上木质素的数量仅次于纤维素，估计每年全世界由植物生长可产生 1500 亿 t 木质素。木质素主要存在于木质化植物的细胞壁中，强化植物组织，其化学结构是苯丙烷类结构单元组成的复杂多酚类高分子化合物，含有多种活性官能团。木质素一般可分为三种：阔叶树木质素、针叶树木质素和草类木质素。在木本植物中，木质素含量为 20%～35%，在草本植物中为15%～25%。

木质素在木材中的分布不均匀，一般采集部位越高，木质素含量越低。木质素在植物结构中的分布是有一定规律的，胞间层的木质素浓度最高，细胞内部浓度则降低，次生壁内层又增高，如用紫外显微分光法测定北美黄杉（花旗松）的胞间层木质素为60%～90%，细胞腔附近为10%～20%。

（二）木质素的结构

木质素是非常复杂的天然聚合物，其化学结构与纤维素和蛋白质相比，缺少重复单元间的规律性和有序性。研究表明，木质素是木质素的结构单元（木质素的先驱体）按照连续脱氢聚合作用机理，以几种形式相互无规则地连接起来形成一个三维网状的聚酚化合物。因此它不能像纤维素等有规则天然聚合物那样可用化学式来表示，木质素的结构是一种物质的结构模型，是按测定结果平均出来的假定分子结构。这些测定包括：元素组成、结构单元和比例、官能团、连接方式，从而推得结构模型。

1. 元素组成

木质素的基本结构单元是苯丙烷，苯环上具有甲氧基。因此，表示元素分析结果以构成苯丙烷结构单元的碳架 C_6-C_3（即 C_9）作为基本的单位来表示。木质素的元素组成随植物品种、产地和分离方法的不同而不同。表3.3列出了三种磨木木质素的元素组成。

表3.3 三种磨木木质素的元素组成

磨木木质素	云杉	山毛榉	桦木
元素组成	$C_9H_{8.82}O_{2.27}(OCH_3)_{0.95}$	$C_9H_{7.10}O_{2.41}(OCH_3)_{1.36}$	$C_9H_{9.05}O_{2.77}(OCH_3)_{1.58}$

由于甲氧基是木质素结构中特征官能团之一，并且比较稳定，在表示木质素的元素组成时往往列出。

2. 结构单元

苯丙烷作为木质素的主体结构单元，共有三种基本结构，即愈疮木基结构、紫丁香基结构和对羟苯基结构（图3.3）。

针叶树木质素以愈疮木基结构单元为主，紫丁香基结构单元和对羟苯基结构单元极少。阔叶树木质素以紫丁香基结构单元和愈疮木基结构单元为主，含有少量的对羟苯基结构单元，草类木质素与阔叶树木质素的结构单元组成相似。结构单元之间的连接方式主要是醚键，约占2/3～3/4，还有碳键约占1/4～1/3。

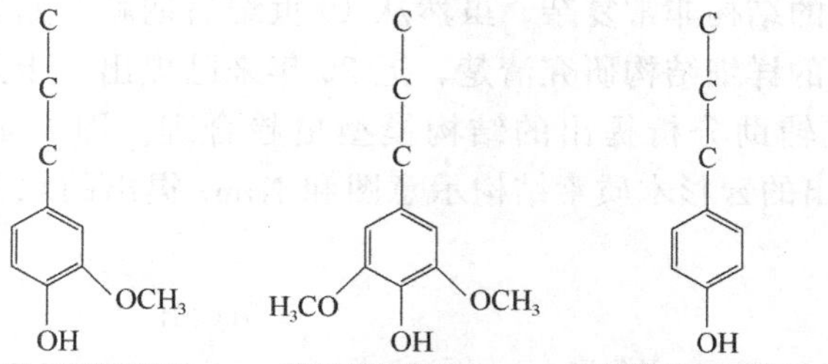

图 3.3　木质素结构单元的三种类型

3. 官能团

木质素结构中有复杂的官能团，其分布与种类有关，也与提取分离方法有关。

1）甲氧基：甲氧基含量因木质素的来源而异，一般针叶树材木质素中含13%～16%，阔叶树材木质素中含17%～23%。阔叶树材木质素中甲氧基含量高于针叶树材，因为阔叶树材木质素既存在愈疮木基结构单元，也存在紫丁香基结构单元。

2）羟基：木质素结构中存在较多的羟基，以醇羟基和酚羟基两种形式存在。木质素结构中的酚羟基是一个十分重要的结构参数，酚羟基直接影响木质素的化学性质和物理性质，如木质素的醚化、酯化和缩合的程度，溶解性能等。

磨木木质素中羟基总数是1.00～1.25/OCH_3，其中酚羟基是0.24～0.335/OCH_3，这些酚羟基又分为4种类型：非缩合型、缩合型、侧链位有羰基的共轭型和肉桂醛型的共轭型。木质素中游离羟基的含量可采用乙酰化方法测定，酚羟基的含量可采用气相色谱法测定。

3）羰基：木质素结构中存在约6种羰基，其定量通常用盐酸羟胺法，与芳香环共轭的羰基，可用紫外光谱法定量测定，磨木木质素的羰基含量为0.18～0.20/OCH_3。

4）羧基：一般认为木质素中是不存在羧基的，但在磨木木质素中存在0.01～0.02/OCH_3。

木质素中存在着不同的侧链结构，有醚键和酯键。

4. 木质素的结构模型

木质素是聚酚类的三维网状高分子化合物，不同于蛋白质、多糖和核酸等天然高分子，后者有规则结构可用化学式表示，而木质素只能用结构模型表达，这种结构模型所描述的也只是木质素大分子切出的可代表平均分子的一部分或一种假定结构。

由于木质素的结构非常复杂，虽然从19世纪后期就开始研究，但至今还没有将各种木质素的详细结构研究清楚，近20年来已提出了十几种结构模型，尤其是通过计算机辅助分析提出的结构模型更趋合理。图3.4和图3.5分别是Freudenberg提出的云杉木质素结构示意图和Nimz提出的水青冈木质素结构示意图。

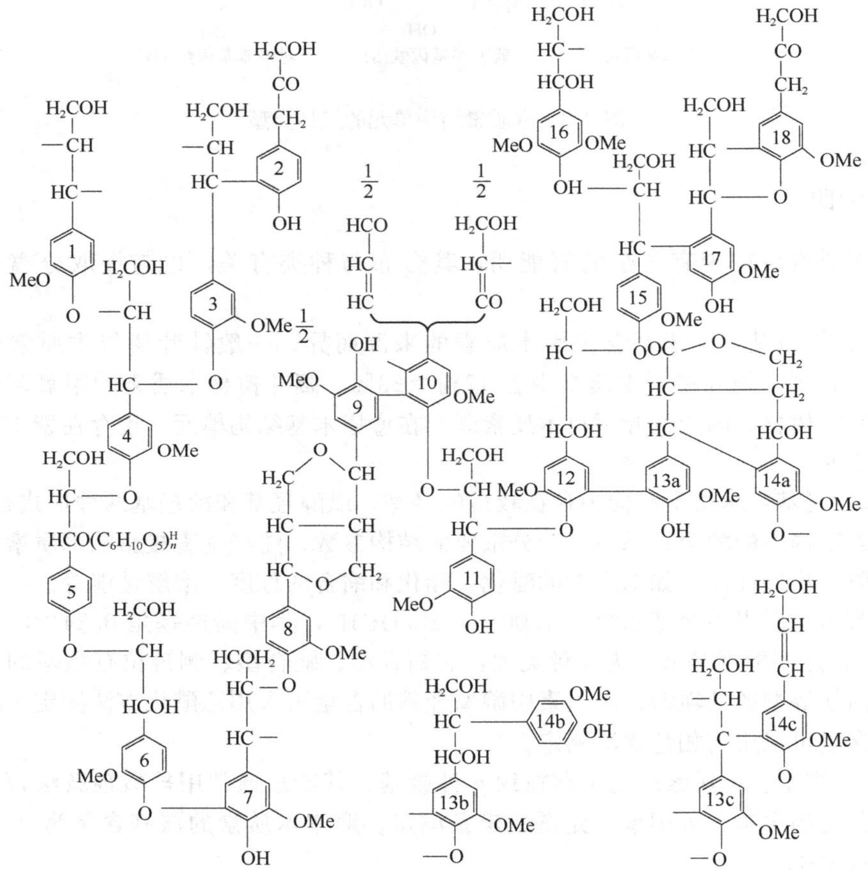

图3.4　针叶木材（云杉）木质素的结构示意图

（三）木质素的物理性质

1. 木质素的相对分子质量及其分布

通常的高分子化合物，相对分子质量一般是几十万、几百万甚至上千万，木质素虽然也是高分子化合物，但分离木质素的相对分子质量要低得多，一般是几千到几万，只有原本木质素才能达到几十万。相对分子质量的高低与分离方法有

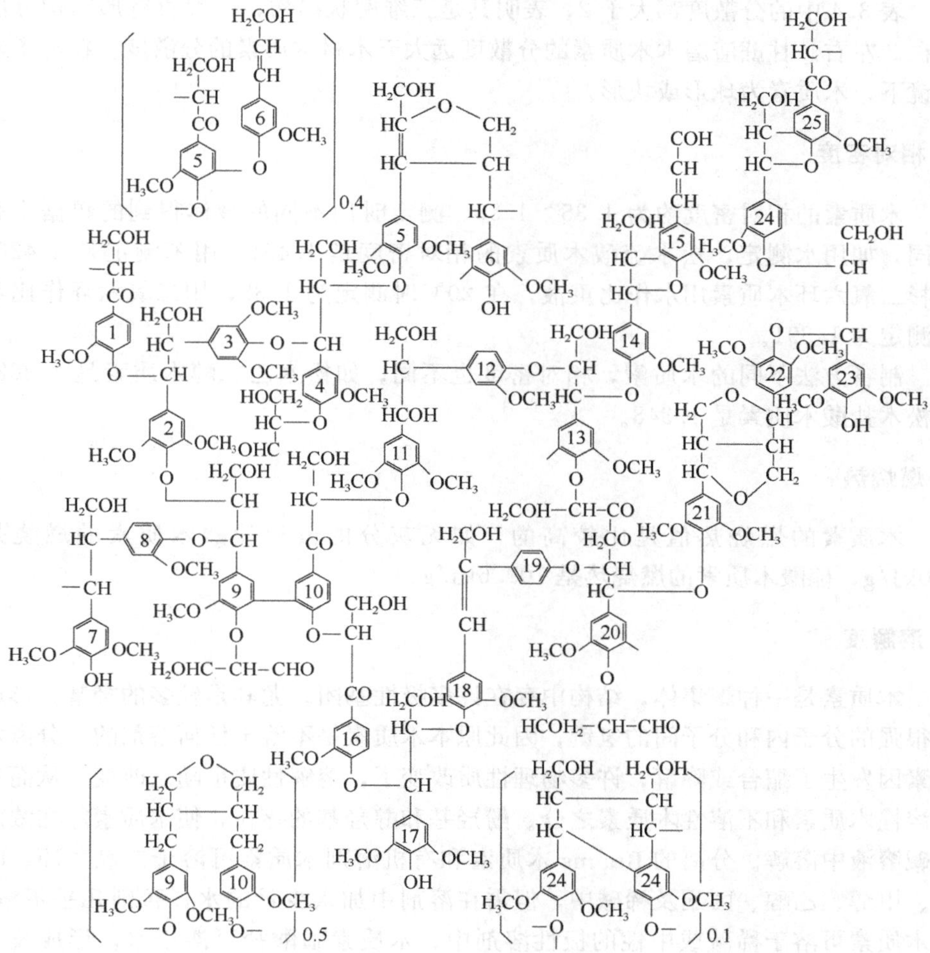

图 3.5　水青冈木质素的化学结构模型

关。表 3.4 所列各种方法分离的云杉木质素相对分子质量差异较大。

表 3.4　不同方法分离的云杉木质素的相对分子质量

分离木质素	Mw×10⁻³	Mn×10⁻³	Mw/Mn
Brauns 木质素	2.8～5.7	—	—
磨木木质素	20	8.0	2.6
磨木木质素	15.0	3.4	4.4
木质素磺酸	5.5～13.1	—	3.1
二氧六环木质素	4.3～8.5	—	3.1
硫木质素	—	3.5	2.2
甘蔗渣磨木木质素	17.8	2.45	7.28

表3.4中的分散度都大于2，表明其是三维网状结构，一般直链形结构分散度在2左右。甘蔗渣磨木木质素的分散度远大于木材木质素的分散度。在电子显微镜下，木质素为球形或块形。

2. 相对密度

木质素的相对密度约为1.35～1.50。测定时用不同的液体得到的数据略有不同，如用水测定，松木硫酸木质素的相对密度是1.451，用苯测定是1.436。云杉二氧六环木质素用水作比重液，在20℃时测定为1.38，用二氧六环作比重液测定为1.391。

制备方法不同的木质素，相对密度也不同，如松木乙二醇木质素是1.362，而松木盐酸木质素是1.348。

3. 燃烧热

木质素的燃烧热值是比较高的，如无灰分的云杉盐酸木质素的燃烧是110kJ/g，硫酸木质素的燃烧热是109.6kJ/g。

4. 溶解度

木质素是一种聚集体，结构中存在许多极性基团，尤其是较多的羟基，形成了很强的分子内和分子间的氢键，因此原本木质素是不溶于任何溶剂的。分离木质素因发生了缩合或降解，许多物理性质改变了，溶解性质也随之改变，从而有可溶性木质素和不溶性木质素之分。酚羟基和醇羟基的存在，使木质素能在浓的强碱溶液中溶解。分离的Brauns木质素和有机溶剂木质素可溶于二氧六环、吡啶、甲醇、乙醇、丙酮及稀碱中，但需在溶剂中加入少量的水，否则几乎不溶。碱木质素可溶于稀碱或中性的极性溶剂中，木质素磺酸盐可溶于水，形成胶体溶液。

（四）化学性质

木质素分子结构中存在着芳香基、酚羟基、醇羟基、羰基、甲氧基、羧基、共轭双键等活性基团，可以进行氧化、还原、水解和接枝共聚等化学反应。

1. 氧化反应

木质素结构中有多个部位可以氧化分解，分解产物十分复杂。可利用氧化反应研究木质素结构，如木质素的碱性硝基苯氧化可产生香草醛、紫丁香醛和对羟基苯甲醛，由此确定木质素的芳香性和木质素的基本结构单元比例。木质素也能被高碘酸盐氧化，生成一系列芳香酸，从而推断木质素的二聚体连接方式。

一般情况下，O_2不能氧化木质素结构，但在碱性条件下（O_2—NaOH），木质素酚型结构的酚羟基解离，给出电子而使 O_2 生成游离基，从而可与木质素发生游离基反应，即只能氧化酚型木质素结构，生成醌型等结构化合物。

臭氧具有很强的反应性，能与酚型和非酚型木质素发生亲电取代反应。在碱性介质中，H_2O_2 不能氧化木质素结构，但能氧化侧链的羰基结构和醌型结构，破坏木质素的发色基团，达到漂白的目的。

2. 还原反应

木质素的还原反应有两个目的：对还原产物进行分离和鉴定，可推断木质素的结构；通过控制还原条件，生产苯酚或环己烷等有价值的化工产品。木质素的催化氢化也有很多分解产物，常用的催化剂是氧化铜铬和来尼镍（Raney Nickl）。

3. 水解反应

木质素在热水中回流，也能发生部分水解，从这些水解产物中可鉴定出二聚物、三聚物和四聚物。50%的二氧六环水溶液回流也能使木质素水解。

木质素的水解在造纸制浆的过程中是一个重要的反应，通过各种方式的碱性水解，使木质素结构单元之间的连接断裂并使之溶解出来，从而可以与纤维素分离。

4. 接枝共聚反应

木质素的酚羟基能与环氧烷烃或氯乙醇反应，产物具有较高的胶合强度和优良的耐水煮沸性能。木质素与烯类单体在催化剂作用下发生接枝共聚反应，也是木质素重要的化学性质。已经研究了木质素或木质素磺酸盐与丙烯酰胺、丙烯酸、苯乙烯、甲基丙烯酸甲酯、丙烯腈的接枝共聚反应。其中研究最多的是木质素与丙烯酰胺的反应，因为丙烯酰胺在烯类单体中活性最大。所用的引发剂有铈盐、H202-Fe（Ⅱ）、高锰酸钾、过硫酸盐及 γ 射线照射等。

四、抽　提　物

木材中除了含有较多的纤维素、半纤维素和木质素等主要成分外，还含有多种少量成分，其中比较重要的是木材的抽提物。抽提物对于木材的材性、加工及其利用均产生一定的影响。

（一）抽提物的存在与分布

木材抽提物是采用乙醇、苯、乙醚、丙酮或二氯甲烷等有机溶剂以及水从木材中抽提出来的物质的总称。例如，用有机溶剂可以从木材中抽提出来树脂酸、脂肪和萜类化合物，用水可以抽提出来糖、单宁和无机盐类。

木材抽提物存在于边材薄壁细胞中，木质化阶段一结束，木纤维和管胞就死亡，而横向和纵向薄壁细胞（占木材体积4%～50%）却一直维持生活很多年，这些细胞作为水和无机盐类传导的通道，维持新陈代谢进程和贮存养料，经过一定时间后死亡，并逐渐形成心材。在此过程中，木材内部发生各种变化，形成大量抽提物沉积在细胞壁或填充在细胞腔和一些细胞组织中。

木材抽提物种类繁多，因树木的种类不同而差异很大，有些抽提物是各科、属、亚属等特有的化学成分，可以作为某一特定树种分类的化学依据。木材抽提物包含许多种物质，主要有单宁、树脂、树胶、精油、色素、生物碱、脂肪、蜡、甾醇、糖、淀粉和硅化物等。在这些抽提物中主要有三类化合物：脂肪族化合物、萜和萜类化合物、酚类化合物。

木材抽提物比较大量地存在于树脂道、树胶道、薄壁细胞中，它们的成因十分复杂，有的是树木生长正常的生理活动和新陈代谢的产物；有的是突然受到外界条件的刺激引起的。在树木生长过程中，由于薄壁细胞的死亡而逐渐形成心材，在由边材转变为心材的过程中木材发生了复杂的生理生化反应，同时产生了大量的抽提物沉积在木材的细胞组织中，因而心材中所聚积的较丰富的酚类化合物已成为心材的特征。

木材抽提物的含量及其化学组成因树种、部位、产地、采伐季节、存放时间及抽提方法而异，譬如含量高者超过30%，低者小于1%。针、阔叶树材中树脂的化学成分不同，针叶材树脂的主要成分是树脂酸、脂肪和萜类化合物；阔叶树材树脂成分主要是脂肪、蜡和甾醇。而单宁主要存在于针、阔叶树材的树皮中，如落叶松树皮中含有30%以上的单宁。木材中树脂含量的变化与生长地域和树干部位有关。据记载，生长在斯堪地纳维亚半岛北部的挪威云杉树木中树脂的含量要比生长在南部的高得多；同一树干树脂含量的变化很不规则，总地来说，心材比边材含有更多的树脂。在针叶树材中因树种不同其树脂含量差异很大，如红松木材中含有苯醇抽提物7.54%，马尾松木材中含有3.20%，鱼鳞云杉木材中仅含有1.63%。木材抽提物的含量一般约占绝干木材的2%～5%。

（二）抽提物对林木生物质利用的影响

木材抽提物是化工、医药及许多工业部门的重要原料，具有一定的经济价值。在木材加工工业中，抽提物不仅影响木材的某些性质，而且也影响木材的加工工艺，有的还关系到操作者的身体健康。

1. 抽提物对林木生物质渗透性的影响

据记载，假槛木材的心材含有较丰富的木材抽提物，因而木材的纵向渗透性较低。但分别经热水、甲醇-丙酮、乙醇-苯和乙醚等溶剂抽提后，其渗透性可提高 3～13 倍。一般来说，心材的渗透性小于边材，这是因为心材所具有的抽提物高于边材的缘故。

2. 抽提物对胶合性能的影响

1）抽提物使木材表面污染：抽提物是污染木材表面有碍木材胶合的最主要、最普遍的根源之一，常以下列方式降低木材的胶合质量：①大量抽提物沉积于木材表面，增加了木材表面的污染程度，从而降低界面间的胶合强度；②疏水性抽提物降低木材表面润湿性，破坏木材表面反应场所，不利于木材-胶黏剂的界面胶结；③抽提物的氧化会增加木材表面酸性的趋势，促进木材表面的降解，降低表面强度。

2）抽提物使胶黏剂固化不良：抽提物移向木材表面或接近表面时，可干扰胶-木界面的形成，在界面处形成障碍，从而可能阻止材面润湿或导致胶合强度变低；同时，还可以改变胶黏剂的特性、胶液的正常流动及其在木材表面的铺展，妨碍和延长界面间胶层的固化。有人研究了木材热处理对北美黄杉（花旗松）单板表面胶合的影响，认为单板在过分干燥时，于单板表面产生了疏水层，钝化了木材表面，从而阻止胶液润湿和渗入木材，使胶层固化不良。其原因在于在加热过程中木材抽提物向表面迁移使单板表面钝化而改变了木材表面的润湿性。

一般认为，抽提物对碱性胶黏剂固化及胶合强度的影响不十分敏感，而对酸性胶黏剂，抽提物可能会抑制或加速胶黏剂的固化速度，这取决于缓冲容量和树脂反应的 pH，如柚木和红栎的水溶性抽提物会延迟脲醛树脂和脲醛-三聚氰胺树脂的胶凝时间。

3. 抽提物对木材接枝聚合的影响

为改善木材的性质，常采用乙烯基单体与木材分子产生接枝共聚反应制造木塑复合材。在共聚反应过程中，发现某些酚类抽提物具有阻聚作用。如桦木抽提物中含有酚类化合物，水青冈木材抽提物中含有木素类化合物，龙脑香木材抽提物中含有培酸和单宁类化合物，它们对聚合反应均起抑制或阻碍作用。

4. 抽提物对木材加工工具的影响

木材中多酚类抽提物含量高者在木材加工过程中易使切削刀具磨损。当锯剖未经干燥的美国西部侧柏木材时，发现刀具的碳化物齿尖的钝化率特别高；切削柚木时易使刀具变钝，并有夹锯现象，锯剖面起毛，但刨后板面光滑，触之有油腻感；越南龙脑香木材因含树脂较多，在锯剖或旋切单板时，容易黏结刀锯，若此时向锯条或刀片上喷洒热水和动物油，可消除此现象。

5. 抽提物对工人健康的影响

有些木材抽提物含有毒性的化学成分，如松木心材抽提物中含有3，5-二羟基苯乙烯，具有较强的毒性。含有毒带苷性抽提物的树木或木材具有较高的天然耐久性，对腐菌、白蚁等危害木材的生物具有显著的抗侵蚀能力。由于心材含有的抽提物较多，因而心材的耐腐抗蛀能力优越于边材。

含有毒性抽提物的木材可能给木材加工操作人员带来某些疾病，所以在加工这些木材时应考虑采取适当的防护措施。据统计，世界上有100种以上的木材(其中大多数产于热带和亚热带）含有可引起人体过敏反应的木材抽提物，在红木、柚木、侧柏及、相思木等木材中均可发现这一现象。

第二节　林木生物质元素分析

一、元素组成

元素分析组成是指组成生物质的各种元素（主要是可燃物质的有机元素）——碳（C)、氢（H)、氧（O)、氮（N)、硫（S）等的组成。在实际工程计算中就以此作为燃料的成分，同时认为燃料就是由这些元素构成的机械混合物，而不考虑其中所含有的各有机化合物的单独性质。显然，这种处理方法不能完全反映出燃料的特性，也就不能以此来判断燃料在各方面的化学性质和燃料性能，但燃料中各组成元素的性质及其含量与燃料燃烧性能却是密切相关的，其影响也各不相同。

固体燃料和液体燃料的各元素组成：碳（C)、氢（H)、氧（O)、氮（N)、硫（S)、水分（M)、灰分（A)，通常用其相对质量（即质量分数）来表示，即：

$$C+H+O+N+S+A+M=100\%$$

二、碳和氢元素

(一）碳元素

碳是燃料中最基本的可燃元素，1kg碳完全燃烧时生成二氧化碳，可放出约33 858kJ热量，固体燃料中碳的含量基本决定了燃料热值的高低。例如以干燥无灰基计，则生物质中含碳44%～58%。

碳在燃料中一般与H、N、S等元素形成复杂的有机化台物，在受热分解(或燃烧）时以挥发物的形式析出（或燃烧)。除这部分有机物中的碳以外，生物质中其余的碳是以单质形式存在的固定碳。固定碳的燃点很高，需在较高温度下才能着火燃烧，所以燃料中固定碳的含量越高，则燃料越难燃烧，着火燃烧的温度也就越高，易产生固体不完全燃烧，在灰渣中有碳残留。1kg 碳不完全燃烧时生成一氧化碳，仅放出 10 204kJ 的热量。而当一氧化碳进一步燃烧生成二氧化碳时放出热量为 23 654kJ。

（二）氢元素

氢是燃料中仅次于碳的可燃成分，1kg 氢完全燃烧时，能放出约 125 400kJ 的热量，相当于碳的 3.5～3.8 倍。氢含量多少直接影响燃料的热值、着火温度以及燃烧的难易程度。氢在燃料中主要是以碳氢化合物形式存在。当燃料被加热时，碳氢化合物以气态挥发出来，所以燃料中含氢越多，越容易着火燃烧，燃烧得越好。含重碳氢化合物多的燃料在供氧不足的燃烧过程中燃烧不充分，易形成炭黑，既造成燃料损失，又污染大气。

三、氮　元　素

氮在高温下与 O_2 发生燃烧反应，生成 NO_2 或 NO，统称 NO_x。NO_x 排入空气造成环境污染，在光的作用下对人体有害。但是氮在较低温度（800℃）与 O_2 燃烧反应时产生的 NO_x 显著下降，大多数不与 O_2 进行化学反应而呈游离态氮气（N_2）状态。例如在锅炉热力计算中，计算煤的燃烧产物时，近似地认为煤中的氮元素最后只以氮气形式析出。

氮是固体和液体燃料中唯一的完全以有机状态存在的元素。生物质中的有机氮化物被认为是比较稳定的杂环和复杂的非环结构的化合物，例如蛋白质、脂肪、植物碱、叶绿素和其他组织的环状结构中都含有氮，而且相当稳定。氮在固体燃料、液体燃料中的含量一般都是不高的，但在某些气体燃料中氮却占有很大比例。生物质中的氮含量较少，一般在 3%以下。

四、硫　元　素

硫是可燃成分之一，也是有害的成分。1kg 硫完全燃烧时，可放出 9033kJ 的热量，约为碳热值的 1/3。但它在燃烧后会生成硫氧化物 SO_x（如 SO_2、SO_3）气体，这些气体可与烟气中的水蒸气相遇化合成亚硫酸（H_2SO_3）、硫酸（H_2SO_4），在一定温度下凝结在转化设备的低温金属受热面上，使之腐蚀；硫氧化物 SO_x 若随烟气排入大气中则会污染大气，是酸雨的成因之一，对人体、植物都有害。

从燃烧角度上亦可将硫分为可燃硫（挥发硫）和固定硫（不可燃硫）两类。将有机硫、无机硫中的硫化物硫和元素硫称为可燃硫。它们燃烧后以 SO_3、SO_2 气态形式存在于烟气中。将无机硫中的硫酸盐硫称为固定硫，因为它不可燃烧，最后仍以固态形式留在灰中。一般所谓的燃料中全硫，若不特别说明即指可燃硫，即有机硫和主要为硫铁矿硫的无机硫。固体燃料中的硫含量一般较少，生物质中的含硫量极低，一般少于0.3%，属于清洁燃料。

五、氧 元 素

氧不能燃烧释放热量，但加热时，氧极易使有机组分分解成挥发性物质，因此仍将它列为有机成分。燃料中的氧是内部杂质，它的存在会使燃料成分中的可燃元素碳和氢相对地减少，使燃料热值降低。此外，氧与燃料中一部分可燃元素氢或碳结合处于化合状态，因而减少了燃料燃烧时放出的热量。

氧是燃料中第三个重要的组成元素。它以有机和无机两种状态存在。有机氧主要存在于含氧官能团，如羧基（—COOH）、羟基（—OH）和甲氧基（$—OCH_3$）等中；无机氧主要存在于煤中水分、硅酸盐、碳酸盐、硫酸盐和氧化物中等。氧在固体和液体燃料中呈化合态存在。

六、其他元素

磷和钾元素是生物质燃料特有的可燃成分。磷燃烧后产生五氧化二磷（P_2O_5），而钾燃烧后产生氧化钾（K_2O），它们就是草木灰的磷肥和钾肥。生物质中磷的含量很少，一般在0.2%～3%不等。在燃烧等转化时，燃料中的磷灰石在湿空气中受热，这时磷灰石中的磷以磷化氢的形式逸出，磷化氢是剧毒物质。同时，在高温的还原气体中，磷被还原为磷蒸气，随着在火焰上燃烧，遇水蒸气形成了焦磷酸（$H_4P_2O_7$）。而焦磷酸附着在转换设备壁面上，与飞灰结合，时间长了就形成坚硬的、难溶的磷酸盐结垢，使设备壁面受损。而K_2O的存在则可降低灰分的熔点，形成结渣现象。但一般在元素分析中若非必要，并不测定磷和钾的含量。也不把磷和钾的热值计算在内。

综上所述，对于林木生物质，元素分析数据是其能源化利用装置设计的基本参数，它对转换能耗、热平衡的计算等都是不可缺少的。在高位及低位热值的计算中，必须应用硫含量与氢含量的值。硫含量对设备的腐蚀与烟气中二氧化硫是否构成对大气的污染有着直接的关系。在热力计算上，一般需要根据氮及其他元素的含量来求算氧含量，故提供可靠的元素分析结果在生产上有着重要的实际意义。

不同的生物质种类，其元素分析结果也不同，几种主要生物质的元素组成见表3.5。

表3.5 几种主要林木生物质的元素组成和热值

种类	元素分析结果					HHV_{daf} /(kJ/kg)	LHV_{daf} /(kJ/kg)
	C_{daf}	H_{daf}	O_{daf}	N_{daf}	S_{daf}		
杉木	51.40	6.00	42.30	0.06	0.03	20 504	19 194
榉木	49.70	6.20	43.80	0.28	0.01	19 432	18 077
松木	51.00	6.00	42.90	0.08	0.00	20 353	19 045
红木	50.80	6.00	43.00	0.05	0.03	20 795	19 485

续表

种 类	元素分析结果					HHV_{daf} /(kJ/kg)	LHV_{daf} /(kJ/kg)
	C_{daf}	H_{daf}	O_{daf}	N_{daf}	S_{daf}		
杨木	51.60	6.00	41.70	0.60	0.02	19 239	17 933
柳木	49.50	5.90	44.10	0.42	0.04	19 921	18 625
桦木	49.00	6.10	44.80	0.10	0.00	19 739	18 413
枫木	51.30	6.10	42.30	0.25	0.00	20 233	18 902

第三节　林木生物质工业分析

生物质工业分析组成是用工业分析法得出燃料的规范性组成，该组成可给出固体燃料中可燃成分和不可燃成分的含量。可燃成分的工业分析组成为挥发分和固定碳，不可燃成分为水分和灰分。可燃成分和不可燃成分都是以质量分数来表示的，其总和应为100%。元素分析组成是用元素分析法得出的组成生物质的各种元素（主要是可燃成分的有机元素如碳、氢、氧、氮和硫等）含量的多少，各元素含量加上水分和灰分其总量为100%。

工业分析的成分并非生物质燃料中的固有形态，而是在特定条件下的转化产物，它是在一定条件下，用加热（或燃烧）的方法将生物质中原有的极为复杂的组成加以分解和转化而得到的可用普通的化学分析方法去研究的组成。表3.6为几种常见林木生物质的工业组成分析。

表3.6　几种林木生物质的工业组成分析

种 类	水 分	灰 分	挥发分	固定碳
杉木	3.27	0.74	81.20	14.79
榉木	5.90	0.60	79.00	14.50
松木	6.00	0.40	76.60	17.00
杨木	6.70	1.50	80.30	11.50
柳木	3.50	1.60	78.00	16.90
桦木	11.10	0.30	70.00	18.60
枫木	5.60	3.60	74.20	16.60

一、水　分

由于水是维持生物质生存必不可少的物质之一，所以生物质都含有一定的水分，并且随生物质的种类、产地不同而有很大变化。生物质中的水分以其不同的形态分为自由水和结合水。前者附着于生物质颗粒表面及吸附于毛细孔内，后者和生物质中的矿物质成分化合。自由水又分外在水分和内在水分。

（一）外在水分

生物质的外在水分（surface moisture）是以机械方式附着在生物质的表面上以及在较大毛细孔（直径＞10^{-5} cm）中存留的水分。将生物质置于空气中，其外在水分就不断蒸发，直至外在水分的蒸气压力与空气中的水蒸气压力相平衡为止，此时失去的质量就是外在水分的质量。但由于失去的水的质量的多少取决于当时的空气相对湿度和温度。因此，同一生物质试样的外在水分数值并不是固定的，随测定时空气湿度和温度的变化而变化。通常认为室温下自然干燥而失去的水分叫外在水分。生物质中的外在水分变化可以很大，甚至可以高达60%。

（二）内在水分

生物质中以物理化学结合力吸附在生物质的内部毛细管（直径＜10^{-5} cm）中的水分为内在水分（inherent moisture）。由于内在水分的蒸气压力小于同温度下纯水的蒸气压力，所以很难在室温下除去，必须在105～110℃的温度下干燥才能除去。工业分析中，风干生物质在105～110℃下失去的水分为内在水分。生物质中内在水分的含量比较稳定，而且有近似的固定值（5%左右）。

（三）化合结晶水

结晶水（decomposition moisture）是与生物质中的矿物质相结合的水分，在生物质中含量很少，它在105～110℃下不能除去，在超过200℃时，才能分解逸出。如 $CaSO_4 \cdot 2H_2O$、$Al_2O_3 \cdot 2SiO_2 \cdot 2H_2O$ 等分子中的水分均为结晶水。由于当温度超过200℃时，生物质中的有机质才开始分解，所以结晶水不可能用加热的方法单独地测出，它的值不列入生物质的水分之中，与挥发物一道计入挥发分中。

生物质中的外在水分和内在水分含量高，对生物质的热化学转换影响大，一般所讲的生物质中的水分就是指这两种水分的和。新采获的生物质中含有大量水分，可高达40%～60%以上；当长期自然风干后可降低至15%。

一般地讲，水分是生物质中的杂质，它的存在使生物质中可燃物质的含量相对减少，热值降低。生物质中水分含量增高，增加运输费用，同时在输送过程中容易造成料仓、喂料器架桥、堵塞。含水多的生物质不易破碎，容易黏附在设备上，增加粉碎时的能耗。含水多的生物质着火困难，影响燃烧速度，使炉内温度降低，使机械和化学不完全燃烧的热损失增加。当煤中水分大于45%时，燃烧就非常困难。在燃烧过程中，水分因蒸发、汽化和过热要消耗大量的汽化热。水分多的生物质，其燃烧后的烟气体积较大，由于出炉烟气具有130～150℃左右的温度，因此随烟气带走的热量损失较多，炉灶的热效率就较低。此外，烟气体积增加，排风机所消耗的电能也随之增加。水蒸气可以在高温下与碳发生还原反应、与一氧化碳发生置换反应，由此开发出了水蒸气气化技术。水分含量也是生物质压缩成型、气化和快速热解等转化技术的重要影响因素。

二、生物质中的挥发分

把生物质样品与空气隔绝在一定的温度条件下加热一定时间后，由生物质中的有机物质分解出来的液体（此时为蒸气状态）和气体产物的总和称为挥发分(volatile matter)，但所谓挥发分在数量上并不包括燃料中游离水分蒸发的水蒸气。剩下的不挥发物称焦渣。

挥发分本身的化学成分是一种饱和的以及未饱和的芳香族碳氢化合物的混合物，是氧、硫、氮以及其他元素的有机化合物的混合物，以及燃料中结晶水分解后蒸发的水蒸气。挥发分并不是生物质中固有的有机物质的形态，而是特定条件下的产物，是当燃料受热时才形成的，所以说挥发分含量的多少，是指燃料所析出的挥发分的量，而不是指这些挥发分在燃料中的含量，因此称“挥发分产率”较为确切，一般简称为挥发分。

无论在科学研究或工业生产中，生物质的挥发分都是一个重要的指标。挥发分与燃料有机质的组成和性质有密切关系，它是用以反映燃料最好、最方便的指标之一。燃料中挥发分及其热值对生物质的着火和燃烧情况都有较大影响。挥发分的热值为燃料的热值和逸出挥发分后剩余焦渣的热值之差。对于热值高的挥发分，逸出的初始温度也高。当燃料受热时，挥发分首先析出，并着火燃烧。一般挥发分较多的燃料，易于着火，燃烧稳定，但火焰温度较低。

三、灰　　分

生物质中的灰分（ash）是指将生物质中的所有可燃物在一定温度（815±10℃）下完全燃烧以及其中的矿物质在空气中经过一系列分解、化合等复杂反应后所剩余的残渣。生物质中的灰分来自矿物质，但它的组成或质量与生物质中的矿物质不完全相同，它是矿物质在一定条件下的产物，所以被称为在一定温度下的“灰分产率”较为确切，一般简称为灰分。由于矿物质的真实含量很难测出，所以常用灰分产率作为矿物质含量的近似值。

灰分是生物质中不可燃的杂质，生物质和常规的化石燃料一样，或多或少地都含有不能燃烧的矿物杂质，它可以分为外部杂质和内部杂质。外部杂质是在采获、运输和储存过程中混入的矿石、沙和泥土等。生物质作为固体燃料，其矿物杂质主要是瓷土（$Al_2O_3 \cdot 2SiO_2 \cdot 2H_2O$）和氧化硅（$SiO_2$）以及其他金属氧化物等。

灰分是生物质中的不可燃成分。灰分越高，可燃成分相对减少，热值相对降低，燃烧温度也低。另外，由于灰分增加了生物质的量从而使采获、运输和粉碎的费用增加。生物质燃烧时，其表面上的可燃物质燃烬后形成的灰分外壳，隔绝了氧化介质（空气）与内层可燃物质的接触使生物质难以燃烧完全，造成炉温下降和燃烧不稳定。固体状态的灰粒沉积在受热面上造成积灰，熔融状态的灰粒黏附受热面造成结渣，这些将影响受热面的传热，同时还会造成不完全燃烧并给设备的维护与操作带来困难。生物质燃烧后，由烟囱中排出的大量 SO_2 和粉尘等会污染环境，危害人们身体健康。灰分虽是有害成分，但应化害为利，对生物质灰分进行综合利用，如可用作农田肥料等。

对于生物质的各种转化技术来讲，除了需要考虑生物质的灰分多少外，还要注意到灰分的熔点。例如燃烧时，如果灰分熔点过低，则炉灰容易在炉栅上结成大块（结渣），影响通风，同时也给清灰排渣带来困难，所以一般要求灰分熔点（或软化温度）不低于 1200℃。

灰的熔融性与其成分和含量有关。灰的主要成分有 Al_2O_3、SiO_2、各种氧化铁（FeO、Fe_2O_3、Fe_3O_4）、CaO、MgO 及 K_2O、Na_2O 以及其他金属氧化物、硫化物、氯化物等。木材灰分中的典型成分见表 3.7。这些成分的熔化温度各不相同，其范围为 765～2800℃，见表 3.8。

表 3.7　木材灰分中的典型成分

成分	SiO_2	Al_2O_3	Fe_2O_3	CaO	MgO	Na_2O	K_2O
含量/%	0.09	1.00～75.00	0.50～2.30	10.0～60.0	1.40～1.70	≤10.00	1.50～41.00

表 3.8　灰中各种成分的熔化温度

成分	熔化温度/℃	成分	熔化温度/℃
SiO_2	1460～1723	NaCl	800
CaO	2570	Na_2SO_4	884
Fe_2O_3	1550	Na_2S	920
FeO	1420	KCl	790
Al_2O_3	2050	$CaCl_2$	765
Al_2S_3	1100	$CaSO_4$	1450
MgO	2800	$MgSO_4$	1127
Na_2O	800～1000	FeS	1195
K_2O	800～1000	$MgO\cdot Al_2O_3$	2135
$CaO\cdot SiO_2$	1540		

当灰分熔化后，各种组成成分将结合成共晶体，它们的熔点比结合前的成分中最低的熔点还要低，从而降低了整个灰分的熔化温度。灰渣中主要共晶体属于 SiO_2-Al_2O_3-CaO-FeO 系统。同理，灰中的碱性物质、CaO、MgO、FeO 及 K_2O、Na_2O 等增多，也会使酸性灰的总熔化温度降低，如共晶体 $CaO\cdot SiO_2$ 的熔化温度只有 1540℃，比 CaO 和 SiO_2 的熔化温度都要低很多。

四、固 定 碳

挥发分逸出后的残留物称为焦渣，生物质试样燃烧后，其中的灰分转入焦渣中，焦渣质量减去灰分质量，就是固定碳（fixed carbon）质量。固定碳是相对于挥发分中的碳而言的，是燃料中以单质形式存在的碳，例如在灰渣中包含的未燃烧的碳一般就是这种碳。固定碳的燃点很高，需在较高温度下才能着火燃烧，所以燃料中固定碳的含量越高，则燃料越难燃烧，着火燃烧的温度也就越高。在柴草中固定碳的含量较少（14%～25%），挥发分较多，因此容易点燃，也容易燃烬。

五、分 析 基 准

由于燃料中的水分和灰分常常受到季节、运输和储存等外界条件的影响，故可燃成分的百分含量也随外界条件的变化而变化，即可燃成分随不可燃成分而变化。例如，水分含量增大时，其他成分含量相应地减少；反之，则增加。不管燃料中水分及灰分含量如何变化，其可燃成分与不可燃成分的总和仍为 100%。有时为了某种使用目的或研究的需要，在计算燃料成分的百分含量时，可将某些成分（如水分或灰分）不计算在内，这样，在不同成分组合下计算出来的燃料成分的百分含量就有较大的差别。

根据燃料所处的状态或者按需要而规定的成分组合称为基准。为了使燃料分析结果具有可比性，进行燃料分类，以及转化设备设计和其他应用的需要，就必须将燃料按一定基准来表示。如果所采用的基准不同，同一种燃料（如生物质、煤）即使取样时条件相同，在同样实验条件下同一种成分的含量所得的结果也不同，甚至差别很大。所以说，燃料的工业分析和元素分析值都必须标明所采用的基准，否则无意义。根据各种实际需要，燃料的工业分析和元素分析通常使用以下四种基准。

（一）收到基

以收到状态的燃料为基准，即包括水分和灰分在内所有燃料组成的总和作为计算基准，称收到基（或应用基），以下角标 *ar* 表示。用质量分数表示的各成分为收到基成分（应用基成分）。按收到基组成表示的燃料反映了燃料在实际应用时的成分组成，它相当于将送入转换设备（例如炉灶、气化器等）进行燃烧的燃料，在燃料的直接燃烧等应用时应按照收到基组成来进行计算。

燃料的收到基工业分析组成为：

$$M_{ar}+V_{ar}+FC_{ar}+A_{ar}=100\%$$

式中，M_{ar}为收到基水分含量；V_{ar}为收到基挥发分含量；FC_{ar}为收到基固定碳含量；A_{ar}为收到基灰分含量。

但是，燃料中的灰分和水分的含量常受外界条件的影响而波动，进而引起可燃成分的变化，此时收到基组成就不能够正确地反映燃料的本性，所以也就出现了所谓的空气干燥基、干燥基和干燥无灰基等组成表示法，这些都是在实验室分析、进行燃料分类和研究燃料特性时所经常采用的基准。

（二）空气干燥基

以实验室条件下（20℃，相对湿度60%）自然风干的燃料试样为基准，即燃料试样与实验室空气湿度达到平衡时的燃料作为计算基准的，称空气干燥基（或称分析基），以下角标 ad 表示。用质量分数表示的各成分为空气干燥基成分（分析基成分）。显然，空气干燥基组成排除了固体燃料中的外在水分，留在燃料中的只有内在水分。燃料的空气干燥基工业分析组成为：

$$\mathrm{M}_{ad}+V_{ad}+FC_{ad}+A_{ad}=100\%$$

式中，M_{ad}为收到基水分含量；V_{ad}为收到基挥发分含量；FC_{ad}为收到基固定碳含量；A_{ad}为收到基灰分含量。

由于固体燃料中内在水分含量相对稳定，因此采用空气干燥基组成主要是为了避免水分在分析过程中发生变动。为了正确判断和计算燃料中挥发分的多少，必须在无水的基础上进行分析比较，这就引入了另一个基准——干燥基。

（三）干燥基

以在烘箱中（102～105℃）烘干后失去全部游离水分（外在水分及内在水分）的燃料试样为计算基准，称干燥基，以下角标 d 表示。用质量分数表示的各成分为干燥基成分。由于燃料的组成中已不包括水分在内，所以燃料中水分即使发生变动，干燥基组成也不受影响。燃料的干燥基工业分析组成为：

$$V_{d}+FC_{d}+A_{d}=100\%$$

式中，V_d为干燥基挥发分含量；FC_d 为干燥基固定碳古量；A_d 为干燥基灰分含量。

因为燃料中的灰分含量同水分一样易受外界因素（如采获、运输、储存等）的影响，所以若把水分和灰分这类不稳定性较大的成分均去掉，不计入燃料的组成，就可得到不受外界影响的干燥无灰基组成。

（四）干燥无灰基

以去掉水分和灰分的燃料作为计算基准，称干燥无灰基（或可燃基），以下角标 daf 表示。用质量分数表示的各成分为干燥无灰基成分。燃料的干燥无灰基工业分析组成为：

$$V_{daf} + FC_{daf} = 100\%$$

式中，V_{daf}为干燥无灰基挥发分含量；FC_{adf}为干燥无灰基固定碳含量。

显然，干燥无灰基组成不受水分、灰分变化的影响，它可以比较真实地反映燃料的本质。故以干燥无灰基组成变化来表示燃料的组成是较为合理的。

第四节　林木生物质的物理性质

林木生物质资源在进行能源化利用时，它的一些物理特性，如密度、比热容、导热性、粒度及流动性等对转化利用技术过程有较大的影响，下面分别做简单介绍。

一、密度和堆积密度

林木生物质的密度是指单位体积林木生物质的质量，由于颗粒与颗粒之间有许多空隙，有些颗粒本身还有孔隙（如落叶松树皮等），所以固体颗粒状物料的密度有如下两种。

（一）颗粒的密度

它是颗粒本身的实有的密度，不考虑颗粒与颗粒间空隙。若颗粒本身是多孔性的，则它的密度还分为两种：①表观密度（apparent density），指包含颗粒本身空隙在内的单个颗粒的密度；②真密度（true density），指不包括颗粒本身空隙在内的颗粒物质的实有密度。在生物质热化学转化中，研究转换装置床层压降、颗粒的传热传质以及颗粒的分离行为时，常用到这两种密度。物体的真密度与同体积的101 325Pa（1atm）、4℃的纯水的真密度之比称实质相对密度。木材的实质相对密度大致相同，约为1.5g/cm^3。

（二）粒群的堆积密度

它是把颗粒与颗粒间的空隙算作物质的体积所计算的物质密度，在自然堆积时，单位体积物料的质量就是堆积密度（bulk density）。在生物质热化学转化中，计算物料的堆积容积、确定料仓的尺寸、设计进料装置和反应器时都用粒群的堆积密度。含水量也在很大程度上影响着生物质的堆积密度。

表3.9给出了部分林木生物质的堆积密度。从中可以看出，不同形态林木生物质原料的堆积密度差别较大：硬木片、成型颗粒及木炭等堆积密度较高，而软木片、木屑及刨花等的堆积密度相对较低。

表 3.9　不同林木生物质原料的堆积密度

种　类	堆积密度(daf)/(kg/m³)
硬木片	230
软木片	180～190
成型颗粒	560～630
木屑	120
刨花	100
木炭	250

二、比　热　容

比热容是使某物体的温度变化1℃所吸收或放出的热量。因为木材是多孔性有机材料，其比热大于金属，但明显小于水。木材的比热与树种、木材密度、木材在树干中的部位等因子无关，但与温度、含水率等因子有较为密切的关系。

(一) 绝干材的比热

绝干材的比热随温度的升高而增大，在 0～100℃之间木材绝干材比热与温度关系的经验公式（F. Dunlap，1913）如下：

$$C_P = 4.2\times(0.266+0.116t)[\mathrm{kJ/(kg\cdot ℃)}]$$

式中：t 为木材温度（℃）。

(二) 湿木材（含水木材）的比热

湿木材的比热随含水率的增加而增大。其原因在于，水的比热远大于绝干材和空气的比热，所以含有水分的湿木材，其比热大于绝干材。湿木材的比热 C_W 可用下式近似计算：

$$C_W = 4.2\times\frac{W+100C_p}{W+100}[\mathrm{kJ/(kg\cdot ℃)}]$$

式中：W 为木材含水率（%）；C_P为绝干材的比热[kJ/(kg·℃)]。

中国林业科学院和东北林业大学采用热脉冲法测定了 55 种国产木材在室温和气干状态下的比热，55 种木材的比热平均值为 1.71kJ/(kg·℃)，最低值为 1.55 kJ/(kg·℃)，最高值为 1.89 kJ/(kg·℃)。

三、导　热　性

生物质是多孔性物质，孔隙中充满空气，空气是热的不良导体，所以生物质的导热性较小。生物质导热性除受温度影响外，还取决于木材的密度、含水率和纤维方向。生物质导热性随着密度或含水率的增加而提高。生物质在顺纤维方向的热导率比在垂直纤维方向的大。三种木材在不同纤维方向的热导率，如图 3.6 所示。

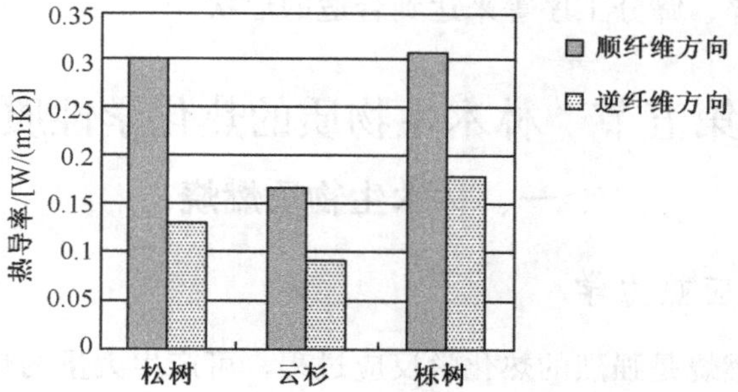

图 3.6　三种木材在不同纤维方向的热导率

四、粒度、形状和流动特性

林木生物质的粒度是指颗粒的大小，用其在空间范围所占据的线性尺寸表示，是固体颗粒物料最基本的几何性质。粒度是颗粒几何尺寸在一维空间的描述，而复杂的、不规则的颗粒需要更多的参数来描述它的几何形状。颗粒的形状即是指一个颗粒的轮廓或表而上存点所构成的图像。

生物质的转化过程中，一般对生物质的粒度（和形状）都有一定的要求，例如，在直接燃烧时，为使生物质能够进入炉具，要对生物质原料进行劈开和折断等作业，同时为了能够使在燃烧过程中氧气供应充分，生物质物料也不能太细小；生物质成型中，往往需要对生物质进行粉碎，以达到所需要的粒度要求；在生物质气化中，推荐的粒度大小与气化器和原料有关，但无论是在固定床还是在流化床中，生物质的粒度大小直接影响气化器中的压力降，因此，必须有足够的动力来克服这些压力降。在小型的气化器中粒度大的物料易产生“架桥”现象，是导致气化器结渣的主要原因。在快速热裂解液化中，为了达到很高的传热传质速率，往往需要很细小的生物质原料。此外，生物质粒度的大小也是料仓中“架桥”的一个重要原因。生物质的形状往往对其转化的效果和转化系统的经济性有一定的影响。

由于实际的生物质颗粒系统并不是颗粒大小划一的单粒度体系（monodispere），而是由粒度不等的颗粒组成的，称为多粒度体系（polydispere）。因此，其粒度分布（particle size distribution）也是一个很重要的参数。通常，在生物质转换中，为了保证转换系统可运转，生物质的粒度分布应当尽可能小。例如，在生物质固定床气化中，生物质的粒度分布过大，这样在空气和反应所产生的气体通过床层时，会使细小的颗粒和粗糙的颗粒分离，从而导致原料层不均匀，形成热区和冷区，最终导致形成“通道”和结渣现象。此外，大量过于细小的生物质颗粒会降低气化效率。尽管不同的生物质原料和转化装置，粒度分布的要求也不同，但一般讲，过小和过大的颗粒的量不超过±10%。生物质大多形状极不规则，往往通过粉碎、筛分工序等来达到合适的形状。

第五节　林木生物质的热化学性质

一、林木生物质燃烧

（一）燃烧的反应热力学

林木生物质燃烧是强烈的热化学反应过程，可产生大量的热量。燃烧的进行除了要有燃料本身之外，还必须有足够的温度和适量的空气供应。生物质的燃烧过程可以分为预热、水分蒸发、析出挥发分和焦炭燃烧等几个阶段。

当生物质送进炉（或灶）膛后，用火种引燃生物质表面的可燃物，温度逐渐升高，生物质中的水分首先蒸发。干燥的生物质原料吸热升温发生热解，析出挥发分气体，形成浓度合适的挥发分与空气的混合物。当温度和浓度这两个条件都已具备时，挥发分首先着火燃烧并为其后的焦炭燃烧准备了条件。生物质表面燃烧所放出的热能逐渐积聚，通过传导和辐射向生物质内层扩散，从而使内层挥发分析出，继续与氧混合燃烧，并放出大量的热量。此时生物质中剩下的焦炭被挥发物包围着，灶膛中的氧不易接触到焦炭表面，只有当挥发物的燃烧快要终了时，焦炭周围的温度很高，一旦有氧气接触到炽热的焦炭表面，就可以产生焦炭的燃烧。随着焦炭的燃烧，不断产生灰分，把生成的焦炭包裹，妨碍它继续燃烧，这时人为地适当加以搅动或增加炉箅中的通风量，可以促进剩余焦炭的燃烧，否则灰渣中可能会残留未燃尽的焦炭。

以上几个阶段实际上是连续进行的，当挥发分气体着火燃烧后，气体便不断向上流动，边流动边反应形成扩散火焰，在扩散火焰中，由于空气与可燃气体混合比例的不同，形成各层温度不同的火焰。混合比例恰当，燃烧就好、温度就高；反之，燃烧就不好、温度就低。所以，进入炉膛的空气不能过多，也不能过少，否则都会造成火焰熄灭。

碳的燃烧，理论上可按下列反应式进行，但实际上氧气在高温下与炽热的焦炭表面接触时，将同时产生一氧化碳和二氧化碳，即基本上按下列方式发生氧化反应：

$$4C+3O_2 \rightarrow 2CO_2+2CO$$

$$3C+2O_2 \rightarrow 2CO+CO_2$$

一氧化碳和二氧化碳这两种气体产生量的多少由温度的高低和空气供给的多少决定，当温度处于 900～1200℃范围时，反应生成的二氧化碳比较多，当温度高于 1450℃时反应生成的一氧化碳比较多。

在温度较高（如超过 700℃）的情况下，生成的一氧化碳向外扩散时遇到氧气，则会继续燃烧生成二氧化碳，即：

$$2CO + O_2 \rightarrow 2CO_2 + 570.865 MJ$$

若温度更高，当生成的二氧化碳在扩散过程中遇到炽热的焦炭，就会产生碳的气化还原反应，产生一氧化碳，即：

$$CO_2 + C \rightarrow 2CO + 162.297\ MJ$$

这种反应会促使固定碳的氧化。

由于炉膛中尚有一些水蒸气存在，它也会向焦炭表面扩散，当与炽热的焦炭相遇时，也会发生碳的气化还原反应，产生氢气或甲烷，即：

$$C + 2H_2O \rightarrow CO_2 + 2H_2$$

$$C + H_2O \rightarrow CO + H_2$$

$$C + H_2 \rightarrow CH_4$$

水蒸气比二氧化碳对碳的气化作用快，所以炉膛或热解反应炉中有适量的水蒸气，可以促进固定碳的燃烧或转化。

（二）发热量

生物质发热量又称生物质的热值，是衡量生物质燃料燃烧性能优劣的一个重要指标，可以分为高位热值（HHV）和低位热值（LHV）。高位热值是指单位质量的生物质燃料完全燃烧后能够产生的全部热量，包括燃烧产物（烟气）中水分的汽化潜热。一般生物质燃料装置如锅炉等的排烟温度都大于100℃，烟气中的水分处于蒸气状态，这些水蒸气从生物质燃料燃烧释放出的热量中吸取了汽化潜热。因此，从生物质燃料高位热值中扣除这部分汽化潜热后才是燃烧装置可能利用的热量，称此热量为燃料的低位发热量，即低位热值，生物质燃料燃烧装置的热力计算以低位发热量为依据。

相同生物质燃料的高、低位发热量的差别仅在于水蒸气吸取的汽化潜热，考虑到烟气中的水蒸气是由两部分水分组成的，即燃料中固有的水分和氢氧元素化合而成的水分。而后者由下列化学反应产生：

$$H_2 + 1/2O_2 \rightarrow H_2O$$

生物质的热值除与它的种类（主要是所含成分）有关外，还与其含水量的关系较大。含水量越高，燃烧时水分蒸发摄取的热量也越多，净得热量就越少，低位热值也就越低。表3.10所列是部分林木生物质的低位热值与其含水量的关系。

表3.10 部分林木生物质低位热值与其含水量的关系

含水率/%	5	7	9	11	12	14	16	18	20	22
柳树枝/(MJ/kg)	16.32	15.93	15.52	15.13	14.93	14.54	14.13	13.74	13.34	12.95
杨树枝/(MJ/kg)	14.00	13.61	13.26	12.91	12.74	12.39	12.04	11.69	11.35	11.00
马尾松/(MJ/kg)	18.37	17.93	17.49	17.05	16.83	16.38	15.94	15.49	15.05	14.61
桦木/(MJ/kg)	16.97	16.42	16.13	15.72	15.51	15.10	14.69	14.28	13.87	13.46
椴木/(MJ/kg)	16.65	16.25	15.84	15.44	15.24	14.84	14.43	14.02	13.62	13.21

表 3.11 几种树种的发热量

树木部分	发热量/(MJ/kg,干基)		
	松 树	云 杉	桦 木
树 干	19.28	19.08	19.08
树 皮	19.48	19.88	22.39
截 头	20.28	19.88	20.38
针 叶	21.19	19.88	

从表 3.11 可以看出，木质燃料的热值随树种不同和树的部位不同而略有差异。同样，木材的几种组分中，其热值也各不相同，如纤维素为 14.12MJ/kg、木质素为 26.66MJ/kg、树脂为 38.07MJ/kg。

生物质热值既可以实验测定，也可以通过计算获得。Channiwala 提出如下计算式：

$$HHV=0.3491C_d+1.1783H_d+0.1005S_d-0.1034O_d-0.0151N_d-0.0211A_d\ (MJ/kg)$$

二、林木生物质热解

林木生物质在加热过程中，它的组分变得不稳定并开始分解。对木材热解特性的研究发现，其组分在 150℃左右就开始有化学活性，半纤维素的起始热解温度为 150～350℃，纤维素为 275～350℃，木质素为 250～500℃。所以，一般认为木材的起始热解温度为 250℃左右。

（一）纤维素热解

在生物质的所有组分中，纤维素的热解特性得到了较多的关注，主要是由于它在生物质中的含量比较多（约 50%），结构为人们所熟悉，且提取过程比较简单。通常认为纤维素的一次热解有两条互相竞争的途径，一是纤维素脱水生成炭、CO_2 和 H_2O；二是纤维素破碎和解聚生成中间产物，主要是左旋葡聚糖。图 3.7 给出了纤维素在不同温度下的热分解途径，其过程受温度影响比较大。

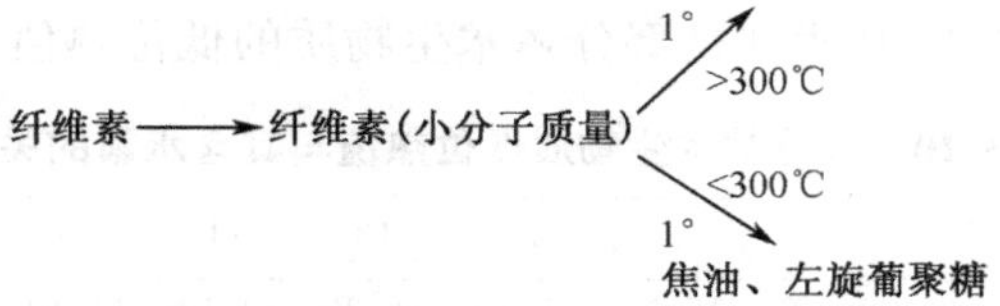

图 3.7 纤维素在不同温度下的一次热解

1°＝一次热解

当温度高于 300℃时，纤维素的热分解反应主要包括聚合度和分子质量的降低，自由基的形成，水分的脱除，羰基、羧基和羟基的形成，CO_2和 CO 的形成，以及最后焦炭的生成。当温度低于 300℃时，破碎和转糖基反应是热解过程的主要反应，在这个过程中，纤维素主要转化为液体产物，这种液体产物一般叫做焦油，主要由左旋葡萄糖和脱水糖组成，左旋葡聚糖是关键的中间产物。对转糖基反应一般有两种理论解释——自由基理论和异裂解聚理论，每种理论都有一定的实验支持，但到现在还没有统一的结论。第一种理论认为糖苷键是均匀地断裂的，在自由基理论的作用下发生解聚反应；第二种理论认为解聚作用是非均相的，在带正电的中间产物离子的作用下发生。

Scott 等（1984）最初认为羟基乙醛是由左旋葡聚糖转化得到的，左旋葡聚糖经过连续有序的分解得到羟基乙醛，但是后来他们已赞同 Richards 的观点，即羟基乙醛是由纤维素单体中的 C_5和 C_6生成的，剩下的葡萄糖碎片重新组合生成其他的产物如丙酮醇、甲酸、乙酸和乙烯乙二醇。Richards 的纤维素热解模型如图 3.8 所示。

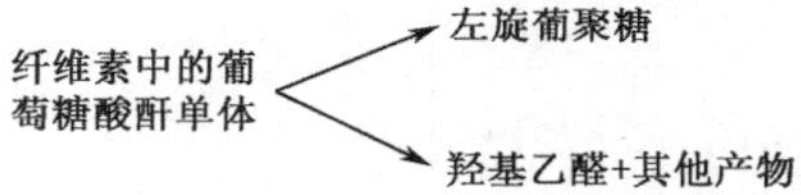

图 3.8　Richards（1991）的纤维素热解模型

在 Richards 的反应机理基础上，Scott 等提出了 Waterloo 模型，该模型主要考虑了在纤维素的热分解过程中存在着两条互相竞争的反应途径，每一条途径下都可以稍微改变反应形式而得到不同的热解产物，这些反应途径和产物如图 3.9 所示。

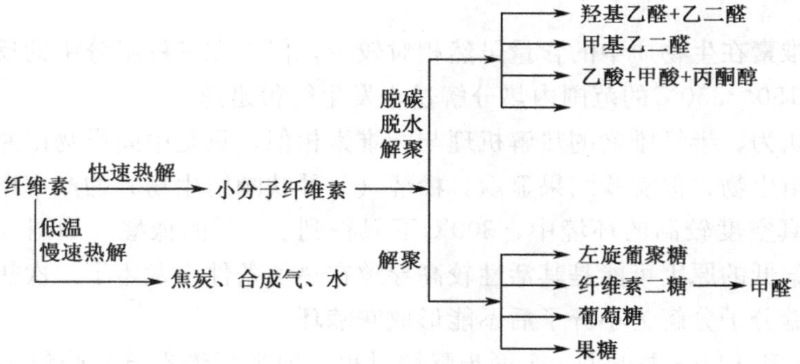

图 3.9　Waterloo 的纤维素热解模型

反应途径与纤维素的形态、缩聚的程度、碱性阳离子的存在以及其他因素如温度和加热速率有关，左旋葡聚糖是由纤维素分子链的解聚形成的，羟基乙醛则是由环的断裂形成的，其他次要的反应途径可与最主要的两条反应途径同时发生并生成一些产物。

反应途径和反应条件对纤维素的热分解过程有很大的影响，表 3.12 列出了纤维素在 500℃时的热分解产物。

表 3.12　纤维素在 500℃时的热分解产物

产物产率	wt%
有机液体	72.5
水	10.8
炭	5.4
气体	7.8
液体的主要成分	**wt%**
羟基乙醛	15.3
左旋葡聚糖	7.0
纤维二糖	4.0
葡萄糖	1.0
果糖	2.0
乙二醛	3.5
甲基乙二醛	0.8
甲酸	5.5
乙酸	4.9
乙烯乙二醇	1.7
甲醛	1.2
丙酮醇	2.2

注：热解是在流化床反应器中进行的，气相滞留时间为 0.5s。氮气氛围，颗粒粒径为 90mm。

（二）半纤维素的热分解

半纤维素在生物质中的含量虽然相对较少，但它在三种组分中的反应活性却最强，在 150～350℃的范围内热分解过程发生得很迅速。

一般认为，半纤维素的热解机理与纤维素相似，只是中间产物由左旋葡聚糖变为呋喃衍生物，但实验结果显示，糠醛（一种呋喃衍生物）的产率比较低，例如在一个真空度较高的环境中，300℃下只得到了 6%的糠醛。如图 3.10 所示，糠醛产率偏低的原因可能是其活性较高导致在热解条件下发生了二次热解，还可能是戊聚糖分子分解为小分子后不能形成呋喃环。

Soltes 和 Elder 提出了一个两步降解过程，即半纤维素首先降解为可溶于水的物质，然后分解为气体。与纤维素相比，他们认为半纤维素的热解过程会产生更多的气体、较少的焦油和基本上相当的水相物质，但没有数据来证实这一说法。表 3.13 给出了半纤维素热解的主要产物，其中甲醇和乙酸来源于甲基和乙酰基。

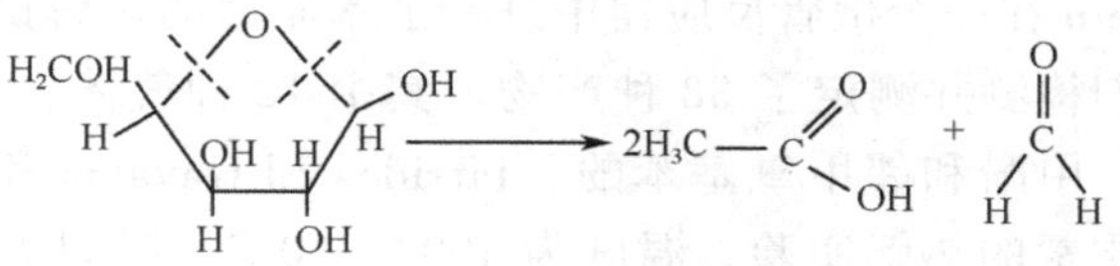

图 3.10 木聚糖生成乙酸和甲醛

表 3.13 半纤维素在 500℃时的热解产物

产物产率	wt%
炭	10.0
液体	64.0
水	7.0
气体	8.0
液体的主要成分	wt%
甲醇	1.3
乙醛	2.4
乙酸	1.5
1-羟基-2-丙酮	0.4
2-糠醛	4.5
丙酮-丙酸乙醛	0.3
3-羟基-丁酮	0.6

（三）木质素的热分解

木质素是生物质三种组分中最复杂和热稳定性最好的一种组分。木质素的初步热分解从热软化温度 200℃左右开始，由其氢键断裂和芳香基失稳所引起。随着温度的升高，首先形成高分子物质，这是由木质素结构中含烷基的分子链中双键的形成引起的，然后小分子物质开始形成，主要是轻芳香族物质如邻甲氧基苯酚等，当木质素的热分解达到顶峰之后小分子物质的形成过程便结束。

木材热解过程中生成的大部分炭都来自于木质素，这是由于木质素中的芳香环很难断裂，而纤维素和半纤维素中的糖苷键很容易断裂，在较低的反应温度（≤400℃）和较慢的加热速率（≤100℃/min）下，木质素热解可以得到超过50%的炭。Shaficadeh 等利用从 CP/MAS13C-NMR 得到的数据，指出高炭产率是由于木质素中存在的一些没有参与热解反应的甲基苯基官能团，他们在一个温度为 400℃，氮气氛围的加热炉上进行了实验，将木质素在其中加热 5min，最后得到 73.3%的炭产率，分子式可以表示为 C6H5.001.3，其结构是交叉的芳香族结构，与木质素有些类似。

木质素热解的液体产物中有芳香族物质，如苯酚、二甲氧基苯酚、甲酚等，这是在木质素热解过程中不同于缩合反应生成炭的另外一种分解反应所形成的。

Jegers 和 Klein 在一个微管反应器中进行了木质素的热解试验，控制温度为 300～500℃，他们检测并测定了 33 种产物，其中 12 种气体、水、甲醇和 19 种香族物质如苯酚、甲酚和邻甲氧基苯酚。Iatrides 和 Gavalas 利用一个密封的小反应器进行了木质素的热解实验，温度为 400～700℃，时间为 10～120s，得到了 60%的挥发分，其中有 3%～4%的单环酚类物质。Nunn 等在密封容器中进行了快速加热实验，在 500℃以上，最主要的产物是液体，在 625℃时，液体产物达到最大值 53%，液体主要是芳香族的，其中多环芳香物也是木质素热解的产物。

温度高于 600℃时，前面提到的产物会二次热解如分裂、脱氢、缩合、聚合和环化。分裂反应产生一些小分子物质如 CO、CH_4 和其他气态烃、乙酸、羟基乙醛和甲醇等，聚合和缩合反应则形成其他一些芳烃聚合物，稳定的可冷凝物如苯、苯基苯酚、香豆酮和萘等。

为了了解木质素的热解机理和反应动力学，常用的方法就是模型混合物研究。Klein 和 Virk 在复合物苯乙基苯基醚（PPE）热解实验研究的基础上提出了木质素的烷芳醚断裂模型，在动力学研究中，提出了协同周环氢转移机理（周环反应就是键的断裂或生成形成了环状物），与自由基理论相对立。

由于木质素的结构非常复杂并且还没有了解清楚，有些学者就利用数学模型去预测木质素的结构和热解特性，如“Monte Carlo”方法即可模拟木质素的结构和低聚物的降解，这种模拟连同模型混合反应途径和基于马尔可夫链（Markov-chain）的低聚物反应动力学，就可以预测液体中烃类、酚类、邻甲氧基苯酚和苯磷二酚的含量，但其准确性依赖于模型混合物反应速率常数和木质素结构参数。

利用木质素对“Monte Carlo”模拟中的联苯乙烷的模型速率的敏感性进行了研究。实验结果发现，对初级产物的形成速率，模拟预测的结果和实验结果基本相似，但在初级产物分解速率上却有很大的差异，其原因主要是对各个模型速率常数和木质素结构预测评价的准确度不够高。还有一些其他的木质素热解数学模型，如 Solomon 等的模型可以用来预测木质素热解液体中分子质量的分布，Anvi 等的模型在不考虑官能团如羰基和羟基影响的情况下可以模拟木质素热解气体的变化。

混合物研究和数学描述是常用的了解木质素热解机理和特性的方法，然而其准确性却依赖于模型混合物选择、模型混合物反应速率常数、木质素的结构参数以及这些模型综合在一起时的一些关联数据，由于这些参量的获取都是比较困难的，从而限制了这种方法的应用。因此，木质素的模型混合物研究和数学模型使用非常有限，仅在一些特定的条件下对生成一些高价值的产物如苯酚和 BTX（苯、甲苯和二甲苯）有一定的用处。

第四章　林木生物质能源化利用状况及发展趋势

本章从政府管理、政策、法规、技术研究、开发应用等方面介绍国内外状况、存在的问题和发展趋势。

第一节　概　述

1973 年石油危机以来，国外逐渐形成了大规模开发和利用林木生物质能源的潮流。30 多年以来，这个潮流日渐壮大、朝气蓬勃。在科学研究方面，已从最初混乱的摸索阶段，达到了形成全世界统一和公认的主要研究领域和主要研究课题的阶段。如果说前些年是储备性研究阶段，那么目前已进入了实质性研究阶段，即将进入大面积收获成果时期。特别是近几年来，无论是资源开发，还是利用及转换技术，新模式、新技术层出不穷，其中一些技术可能对林木生物质的开发利用产生深远的影响。但到目前为止，研究工作在发达国家开展得较多，发展中国家正在逐渐进入，并且重大实质性的突破还不多见。

开发利用林木生物质能源最直接的目的是节省石油，最终目的是向复合能源迈进。几乎所有国家的政府、国际机构和研究机构都对开发林木生物质能源给予积极的评价。尽管大家都清醒地意识到不可能企望通过林木生物质能源完全解决能源短缺问题，但至少解决百分之几、十几或几十是完全现实的。并且，发展林木生物质能源还具有超过它自身价位的、其他能源事业所不可能具备的多种附带好处。目前，林木生物质能源在发达国家是以小规模分散方式对大规模集中方式能源的一种补充和辅助，在一些经济比较落后的发展中国家则是一种基本能源，不可能由煤、石油所代替，它们特别迫切、特别适合开发利用林木生物质能源。

目前林木生物质资源及能源化开发利用现状，具有以下特点。

一、高度关注，战略规划

1973 年石油危机之后，世界各国开始重新审视林木生物质能源的价值，对研究和开发利用其取代石油作为能源给予高度重视，在法律、组织、行政、财政及科研等各方面采用多种措施予以支持。

1992 年在里约热内卢召开的世界环境与发展大会和 1997 年联合国全球气候变化会议上通过的《京都议定书》要求各国采取有力措施减少温室气体的排放，以缓解全球气候变暖对人类造成的灾难性影响，从而进一步推动了生物质能利用技术的发展和应用。目前发展以生物质能为代表的可再生替代能源已经成为世界各国能源发展战略的重要组成部分。许多国家都制定了相应的开发研究计划，如日本的阳光计划、印度的绿色能源工程、美国的能源农场和巴西的乙醇能源计划等，其中生物质能源的开发利用占有相当的比重。

二、政策优惠，促进发展

由于生物质能源的成本比较高，没有强有力的政策支持是难以发展的。为了促进可再生能源的发展，各国政府采取各种政策措施促进生物质能的开发利用，特别是欧美国家，制定了多种财政和税收优惠政策，促进生物质能产业的发展，如高价收购、投资补贴、减免税费和配额制度等；欧洲各国对替代燃料的立法支持、差别税收以及油料植物生产的补贴，共同促进了生物柴油产业的快速发展；西班牙 2002 年 12 月 30 日颁布法令，对生物燃料全部免征特别税，该税是浮动的，根据石油产品和生物燃料生产成本的变化进行调整。

三、重视原料，保障供给

据资料介绍，目前木质能源约占生物质能源的 80%。在林木生物质能源日趋重要的情况下，解决林业集约化的问题具有特殊的意义。营造专门的能源林、培育速生树种、缩短采伐周期（轮伐期 1～5 年）已经成为世界各国的共识，如 20 世纪 70 年代中期，瑞典国家能源委员会资助了一个“瑞典国家能源林计划”(NSEFP)，从国外引进 3000 多个以柳树为主的无性系树种进行筛选试验。1976 年，美国成功栽培了香槐和绿玉树两种“能源树”，每公顷可以提供的能源最高相当于 125 桶原油。

四、技术研发，趋于成熟

林木生物质能现代开发利用技术的研究与开发已经趋于成熟，不断取得有商业价值的研究成果。如生物质制备液体燃料（柴油、乙醇等）技术、气化技术、发电技术、压缩成型技术、快速热解技术以及直接液化技术等都已经得到确认。

五、商业应用，取得成效

一些生物质能转化技术和装置已开始商业化应用，实现了规模化产业经营。如在美国、瑞典和奥地利，生物质高品位能源的利用已具有相当可观的规模，分别占该国一次能源消耗量的 4%、16%和 10%。在美国，生物质能发电的总装机容量已超过 10 000 MW，单机容量达 10 ～25 MW；巴西是乙醇燃料开发应用最有特色的国家，实施了世界上规模最大的乙醇开发计划，目前乙醇燃料已占该国汽车燃料消费量的 50%以上。美国开发出利用纤维素废料生产酒精的技术，建立了 1 MW 的稻壳发电示范工程，年产酒精 2500t 的示范工程。

目前开发和利用林木生物质能源比较先进的国家有美国、加拿大、法国、芬兰、瑞典、新西兰、德国、丹麦、西班牙、南非、巴西、爱尔兰、印度、菲律宾、日本等。

第二节　国外生物质能源发展目标和促进政策

一、国外生物质能源发展目标

（一）美国

早在20世纪80年代，美国总统卡特就签署了生物质能源的有关法令。美国有11个政府部门和机构参与开发森林能源。能源部认为开发森林能源是开创一种新的能源事业，国会技术评价委员会要求给予“有力的政策支持”和“经济刺激”。美国的生物质能发展目标是：在2030年以前建立起完善的、经济上可行的生物质能源和生物质产品制造工业，为美国农业创造新的经济机会，保护和改善美国的环境，提高能源自给率，保障经济安全和为消费者提供相应的产品。1999年美国总统克林顿签署了开发生物质能的法令，其中生物柴油被列为重点发展的清洁能源之一。联邦政府、国会以及有关州政府也陆续通过政令和法案，支持生物柴油的生产和消费，并采取补贴等措施。

2000年6月，美国国会通过了《生物质R&D法案》，启动了开展利用生物质获得燃料、动力、化学品和原料的各项相关研究。根据该法案，美国成立了国家生物质R&D技术咨询委员会。该委员会确定的美国生物质利用的长期目标是：

1. 生物质动力

到2030年，工业部门的生物质消费量每年增长2%，从2001年的2.85×10^{15} kJ增加到2010年的3.38×10^{15} kJ，2020年和2030年将分别达到4.11×10^{15} kJ和5.06×10^{15} kJ；同时电力部门的生物质消费量将每10年翻一番。预计2010年和2020年的生物质动力将分别占整个工业和电力动力的4%和5%。

2. 生物质交通燃料

从生物质制取的交通燃料占美国交通燃料消费量的比例将从2001年的0.5%增加到2010年的4%（0.155×10^{15} kJ），2020年将达到10%（1.37×10^{15} kJ），2030年将达到20%（4.22×10^{15} kJ）。

3. 生物质化学品

2001年用生物质生产的化学品和原料占美国日用化学品的5%，到2010年这一比例将增加到12%，2020年达到18%，2030年达到25%。

在美国的新能源战略中，氢能占有十分重要的地位，即所谓的“氢经济”(hydrogen economy) 战略。氢能在利用过程中对环境没有任何影响，就这一点来说是前所未有的。利用矿物燃料、可再生资源和核能都可以制取氢，但从长远角度来看，从国内资源特别是可再生的生物质制取氢是最有前途的。氢能利用的主要方面是氢燃料电池技术。燃料电池具有广泛的应用前景，可以作为交通工具和分布式发电机组的燃料，也可为便携设备提供动力。美国政府每年都投入数亿美元用于燃料电池相关技术的研究。包括氢的制取、新材料和终端应用设备等。同时采用联合开发和技术转让等方式促使工业界早日将这些技术用于实际产品中，以推动新能源、新技术在大众中的普及。

美国能源部、汽车研究委员会与通用、福特和戴姆勒-克莱斯勒三大汽车公司正在进行新一代油（汽油）电（燃料电池）联合技术汽车的开发，目的是在提高轿车和载货汽车效率、降低运输成本的同时，消除大气污染，并降低对进口石油的依赖程度。美国现在每年石油需求的 53%依赖进口，其中约 70%用于生产交通燃料。美国政府将资助大学和政府实验室进行研究，三大汽车公司有权使用该项目的研究成果。

（二）欧盟

欧盟各国为了减少能源的对外依赖，保证能源供应安全，占领世界能源技术的前沿，同时也是为了履行《京都议定书》规定的到 2012 年与 1990 年相比减少温室气体排放 8%的义务，欧盟制订了相应战略，积极开发新能源和可再生能源，实现可持续发展、保障能源安全、改善生态环境、减少二氧化碳排放。1997 年欧盟发布的《欧盟战略和行动白皮书》中提出了可再生能源在一次能源中的比重要由 1997 年的 6% 提高到 2010 年的 12%（其中发展的重点是生物质能），2020 年的 20%，到 2050 年可再生能源在整个欧盟国家的能源构成中要达 50%，将成为重要的战略能源。还对各种可再生能源提出了明确目标，如风电要达到 4000 万 kW，太阳能发电要达到 300 万 kW，生物质能的利用量要达到 2 亿 t 标准煤。白皮书所提到的行动计划包括时间表和行动计划，以及欧盟内部的市场手段，进一步鼓励可再生能源利用的政策，加强成员国之间的合作，鼓励各国在可再生能源领域内的投资，并加强可再生能源的信息服务，以及可再生能源的信息传播。

2001 年，欧盟生物质能占一次能源消费的 3%～4%。15 个成员国中有 4 个国家的比例超过了 10%，它们是芬兰（16%）、瑞典（14%）、波兰（13%）和奥地利（11%）。白皮书计划 2010 年欧盟的生物质能产量将达到 135 百万吨油当量，为目前的 3 倍，而同时的可再生能源总量为 182 百万吨油当量。另外生物质发电将从 2000 年 37 TWh，占全部发电量的 1.5%，增加到 2010 年 230 TWh。白皮书还要求各国对生物质能的研究和应用进行资助，对相关产品给予税收减免。例如欧盟各国给予生物质发电的补贴为0.4欧分/度电～14欧分/度电。

欧盟在2002年发表的绿皮书《朝着欧盟能源供应安全的战略》指出，按照目前的发展速度，如果不采取措施，到2030年，进口能源比例将从现在的50％增加到70％。温室气体的排放量将无法满足气候变化的挑战和《京都议定书》规定的减排义务。

绿皮书计划欧盟生物质燃料的比例2005年至少达到2％，2010年增加到5.75％；到2020年，替代燃料将占到汽车燃料的20％，其中生物质燃料将占到8％。欧洲议会和欧盟在《推动交通工具使用生物质燃料的指示》中要求每个成员国到2005年必须达到规定的生物质然料的最低比例要求，成员国必须每年向欧盟报告其生物质燃料替代传统燃料的进展情况。

2005年12月，欧盟通过了一项生物质能计划，将使生物质能源的比重翻一番，从4％达到2010年的12％。该计划将有助于降低欧盟对进口燃料的依赖，同时减少温室气体排放量。2006年6月15日，委员会又通过了一个五年计划，以提高欧洲林业的竞争力。这个计划致力于在林业的多元功能（经济、生态、旅游）间建立适当的平衡。

为了达到欧盟的要求，各成员国对生物质燃料的生产和使用都给予了政策倾斜。生物质燃料主要分为生物柴油和生物酒精两类，目前在欧盟注册的汽车大多可以使用含15％生物酒精的混合燃料，40％的新汽车采用的是柴油发动机。

目前生物柴油的成本是传统柴油的2～3倍，尽管这样，通过税收减免等措施，以及环保的促进，生物柴油还是得到了推广应用。1999年奥地利生产生物柴油298 000t，占欧盟总产量的34％，其中约7％作为汽车燃料。德国1999年生产生物柴油130 000t，占欧盟总产量的15％，预计2001年和2002年的产量将分别达到250 000t和500 000t。作为欧盟新成员的捷克已经建立了16家生物柴油厂，拥有70 000t的生产能力。其中最大的一家生物柴油厂的生产能力为30 000t。另外，捷克对生物柴油实行税收全免的政策。

2001年欧盟发布的《促进可再生能源电力生产指导政策》指出，到2010年欧盟电力总消费的22％来自可再生能源，并制订各成员国要求达到的目标，如德国为12.5％、瑞典为60％、丹麦为29％、意大利为25％。2003年欧盟又发布了《欧盟交通部门替代汽车燃料使用指导政策》，要求生物液体燃料，包括生物柴油和乙醇，在交通运输燃料消费中的比例要分别达到：2005年为2％，2010年为5.57％，2015年为8％。

德国和英国承诺，2010年和2020年可再生能源发电量的比例将分别达到10％和20％。西班牙表示，2010年其可再生能源发电的比例将达29％以上。北欧部分国家提出了利用风力发电和生物质发电逐步替代核电的战略目标。德国政府2002年承诺，在5年内投入10亿欧元与其发展伙伴进行可再生能源的开发。2004年，德国政府再次承诺，在未来5年中，再投入5亿欧元用于支持发展中国家的可再生能源开发。欧洲银行将能源投资额度的50%用于可再生能源的开发利用。

德国是化石燃料资源缺乏的国家，主要从中东、俄罗斯进口化石燃料。作为《京都议定书》签定国之一的国家，德国已经通过了《可再生能源法案》，该法案为德国有效利用可再生能源提供了法律依据。德国在2003年颁布法规，准许自2004年起，无需标明即可在石化柴油中最多加入5%的生物柴油。

芬兰工业贸易部于1999年10月制定了可再生能源执行计划，其目标是到2010年将可再生能源的利用在1995年的水平上（610万吨石油当量）增长50%（增加300万吨石油当量）；其中生物质能占90%，可再生能源在总能耗中所占的比例较1995年的21.3%增长5%～6%。同时规定了到2025年可再生能源的发电量达到1995年的2倍。

2001年芬兰政府通过了《国家环境战略》。在此战略中，可再生能源占据重要地位，同时实施可再生能源资源行动计划以及能源转换和废弃物管理行动计划，以达到减少一半的减排目标，力争于2008～2012年达到《京都议定书》规定的温室气体排放目标。2003年，芬兰的“可再生能源国家行动计划”正式启动，其目标是将可再生能源的使用量再提高30%，这意味着到2010年，生物能源的发电量将占到芬兰整个电力消费的31.5%。

丹麦政府在1993年提出的《生物质能协议》，为丹麦生物质能发展设定了到2000年年利用秸秆120万t、林木及其废弃物20万t的目标。

根据意大利的《国家生物质可再生能源计划》和《国家农林生物质能保护价格计划》，到2010年实现年农林生物质能产量8百万吨标准油（约折合1.14千万吨标准煤）到1千万吨标准油（约折合1.43千万吨标准煤），到2012年实现生物质发电装机容量4000MW。

（三）日本

日本每年的废弃生物质（如食物残渣、建筑木材）干重约为5600万t，其能量相当于240亿L原油。未利用生物质（如秸秆、树皮）干重约为1200万t，其能量相当于55亿L原油。针对前一种生物质资源，日本制订了《食品再生法》和《建筑材料再生法》进行回收利用；针对后一种生物质资源，日本将在2010年前建立回收机制。另外，到2020年左右，将生物质转化为能源和产品的效率将会显著提高，其成本将可以与矿物燃料竞争，日本计划用废弃土地种植“能源作物”，每年产量约1900万t（干重），其能量相当于54亿L原油。到2050年，废弃生物质、未利用生物质和能源作物的总能量将相当于350亿L原油。

二、国外发展生物质能源促进政策

生物质能源的研究开发、生产成本比较高，必须有强有力的政策支持和保障，并给予资金的帮助才能有效培育市场、吸引投资和促进生物质能源的发展。为此，世界各国都把生物质能源作为可再生能源发展的优先领域并制订了具体的促进政策。

（一）美国

相对于其他可再生能源来说，美国对生物质能比较偏重。目前生物质能占美国能源供给量的3%，成为其国内最大的可再生能量来源。美国生物质能技术研究与开发委员会规划了建设生物质能源系统的长期目标。美国对生物质能源发展的促进措施和政策主要有以下几个方面。

1. 研究与开发投入的管理

美国政府用于可再生能源的研究和开发的科技投入较大。在运作方式上，美国能源部不直接管理实验室，而是通过公开招标管理公司进行管理，实行私有化管理模式，管理公司负责项目经费的管理和控制，并吸引社会资金加入，缩短研究开发周期。

2. 提供产出补贴

1992年美国的《能源政策法》规定了一项优惠内容：通过国会年度拨款为免税公共事业单位、地方政府和农村经营的可再生能源发电企业，每生产1 kWh的电能补助1.5美分。此外，美国政府还加大对生物质能发电计划的投入，1999年度财政投入为3.08亿美元。

3. 实施政府采购

美国联邦政府有关法律要求政府必须购买国产高能效产品和“绿色”产品，如要求联邦政府在2005年购买10万辆洁净汽车，其中就包括生物质燃料汽车。

4. 直接减税

对生物质能发电实行为期10年的产品减税，即每发电1kWh减少1.5美分，1997年已增长到每千瓦时1.65美分。但这一政策仅适用于1999年6月1日前投入运行的可再生能源设备，而且只在投入运行后的前10年内有效。2005年8月8日通过的新《国家能源政策法》明确规定，美国将在未来10年内，向全美能源企业提供146亿美元的减税额度，鼓励能源行业采取节能及洁能措施。

5. 加速折旧

根据1978年的《能源税收法》，可再生能源生产企业可以获得各种各样税收优惠政策和5年的加速折旧方案。

6. 企业所得税抵免

企业所得税抵免的范围包括：①技术开发抵税。开发利用太阳能、风能、地热和潮汐的发电技术，投资总额的25%可以从当年的联邦所得税中抵扣，同时其形成的固定资产免交财产税。②生产抵税。风能和闭合回路生物质能发电企业自投产之日起10年内，每生产1kWh的电能可享受从当年的个人或企业所得税中免交1.5美分的待遇。2003年，美国将抵税优惠额度提高到每千瓦时1.8美分，享受税收优惠的可再生能源范围也从原来的两种扩大到风能、生物质能、地热、太阳能、小型水利灌溉发电工程等。

美国在液态生物质燃料税收激励方面最为突出。1979年颁布的能源安全法规定，联邦乙醇减税额最高为60美分/gal[①]，该额度正比于混合的百分比（例如，E10混合的燃料为6美分/gal）。在2004年，通过法案使这种减税制度延长到2010年。现在增加了对生物柴油的减税，大约每1%柴油的混合百分比就有1美分的减税（也就是说，B2混合的为2美分/gal）。美国有若干个州也为乙醇生产和销售提供减税和其他激励措施。

（二）欧盟

欧盟提出了明确的可再生能源发展目标，各成员国也结合各国的实际情况提出了各自的目标和要求，并采取了积极务实的政策和措施，主要有减免税费、高价收购、投资补贴和配额制度等。

1. 减免税费

减免税费是欧盟国家促进可再生能源发展的重要措施。欧盟国家对能源消费征收较高的税费，税的种类也比较多，有能源税、二氧化碳税和二氧化硫税，特别是对石油燃料消费的征税额非常高，接近占到汽油和柴油价格的2/3。欧盟各国都对可再生能源的利用免征各类能源税。如瑞典是能源税赋比较重的国家，税种包括燃料税、能源税、二氧化碳税、二氧化硫税等，2003年从能源税得到的收入就达到622亿瑞典克朗，占政府总收入的10.2%。如果全部免征所有能源税，相当于提供每千瓦时2欧元的优惠电价。因此，瑞典通过税收政策，即对生物质能开发项目及产品免征所有能源税，有力地促进了生物质能开发利用。目前，欧盟国家的汽油价格约为每升1欧元，其中2/3为燃料税，而对于使用生物燃料乙醇或生物柴油则免征燃料税，促进了生物液体燃料的发展。

2. 高价收购

高价收购是欧盟国家促进可再生能源发展的共同做法，也是最有效的措施，

---

① 1gal=3.785 43L

称之为“购电法”。就是根据各种可再生能源的资源状况、技术特点，制定合理的可再生能源上网电价，通过立法的方式要求电网企业按国家核准的电价全额收购。瑞典在1997年开始实行固定电价制度，对生物质发电采取市场价格加每千瓦时0.9欧分的补贴，另外，还在全国建立起绿色电力交易市场之前，政府再给予每千瓦时1.3欧分的补贴，将来由绿色证书来替代这一部分，所以实际上的生物质能上网电价是每千瓦时5.4欧分，并给予10年保证期；德国实行固定电价机制，生物质发电的上网电价根据电站装机规模不同而设置不同的电价，小于500kW的为每千瓦时10.1欧分，500kW～5000kW为每千瓦时8.9欧分，5000kW以上的每千瓦时8.4欧分。

3. 投资补贴

投资补贴是欧盟国家促进生物质能开发利用的重要措施，如瑞典从1975年开始，每年从政府预算中支出3600万欧元，支持生物质能源直接燃烧和转化技术，主要是技术研发和商业纯前期技术的示范项目补贴。从1997到2002年，对生物质能热电联产项目提供25%的投资补贴，5年总计补贴了4867万欧元。另外，从2004至2006年，瑞典政府对户用生物质能采暖系统（使用生物质颗粒燃料），每户提供1350欧元的补贴；丹麦从1981年起，制定了每年给予生物质能生产企业400万欧元的投资补贴计划，这一计划使目前丹麦生物质能发电的上网电价相当于每千瓦时8欧分；德国从1991年到2001年，联邦政府在生物质能领域的投资补贴总计为2.95亿欧元。从1990年开始，德国的银行也为私营企业从事生物质能开发提供低息贷款，比市场利率低50%。

4. 配额制度

配额制度是一项新的促进可再生能源发展的制度，是对电厂或供电公司规定在其电力生产中或电力供应中必须有一定比例的电量来自可再生能源发电，并通过建立“绿色电力证书”和“绿色电力证书交易制度”来实现。所谓“绿色电力证书”，就是可再生能源发电商在向电力市场卖电的同时，还能得到一个销售绿色电力的证明，即“绿色电力证书”；所谓“绿色电力证书交易制度”，就是要建立“绿色电力证书”自由买卖的制度。电力生产商或电力供应商如果自己没有可再生能源发电量，可以通过购买其他可再生能源企业的“绿色电力证书”来实现，同时，可再生能源发电企业通过卖出“绿色电力证书”可以得到额外的收益，这样，就会促进可再生能源发电的发展。目前，瑞典、丹麦和意大利都在推他可再生能源配额制。瑞典20世纪90年代开始以各种政策制度支持用可再生资源生产电力，包括对用生物质、风力和水力发电提供投资补贴，还有对风力发电进行环保补贴。2003年5月1日开始对可再生能源采用一种新的扶持制度，以可再生电力的电力证书为基础进行贸易。证书交易制度的目标是促进国家的能源体系中可再生能源电力占更大的比例，在 2002 年到 2010 年增加 10TWh。所有的电力用户必须按照一定的比例购买可再生电力，能源密集型的加工业除外。这个制度的目的是降低可再生电力的成本，增加各种可再生电力的竞争力并逐步提高其比例。瑞典 2003 年规定用户的可再生电力的购买比例是 7.4%，这个比例要逐步增加，到 2010 年将达到 16.9%。如意大利 2000 年规定发电企业或电力进口企业必须至少有 2%的电力来自可再生能源发电，这种配额要求逐年增加，到 2007 年将达到 3.1%。

5. 重视生物质能利用技术的开发研究

欧盟各国都非常重视生物质能源技术研发，不仅欧盟建立了联合研究中心，每个国家都设有国家级生物质能源技术研发机构，在德国的巴伐利亚州也建有研究中心，全面系统地对生物质原料培育、生产、各种转化技术、产品、市场需求进行研究和示范应用，而且特别加强产业化应用。据统计，2002 年法国科研机构的能源研发总经费为 9.4 亿美元，其中 5000 万美元用于发展可再生能源。从 2004 年开始，德国政府还制定了市场刺激措施，用优惠贷款及补贴等方式扶持可再生能源进入市场，迄今已投入研究经费 17.4 亿欧元，目前政府每年投入 6000 多万欧元用于开发可再生能源。瑞典的气候投资计划从 2003 年开始，是地方投资计划的延续，这些计划在 1998～2002 年已经投入 25 亿瑞典克朗作为长期的气候研究和投资。这个延续计划是遵照《京都议定书》达到瑞典气候目标的工作的一部分，它允许地方政府和其他组织进行长期投资来减少温室气体的排放、帮助改组能源系统和对可能取得这些目标的新技术提出异议，这些许可还适用于公司，虽然他们采取的措施不止涉及瑞典一个国家。在 2003 年 12 月向 14 个项目首次发放基金，共计 3 亿瑞典克朗提供给交通和能源部门采取措施，这些项目还包括总数为 11 亿瑞典克朗的环境投资。这将会使二氧化碳的排放每年减少 11.4 万 t，并使每年能源的使用减少 2.6 亿 kWh。

欧盟国家为了解决可再生能源开发利用投资成本高、产品初期成本高、风险大的问题，各国政府在科研投入、技术应用和市场化等各个环节做出了巨大支持，以降低可再生能源产品和相关服务的成本和价格，培育、扩大市场。多年来，法国政府一直采取投资贷款、减免税收、保证销路等措施扶持企业投资可再生能源技术应用项目，以解决可再生资源技术应用初期运营成本高、风险大的问题。德国作为能源长期依赖进口的国家，为促进可再生能源的开发，德国政府 2000 年出台的《可再生能源法》规定，电力运营商有义务以一定价格向用户提供可再生能源电力，政府根据运营成本的不同对运营商提供金额不等的补助。

另外，2001 年，欧盟发布了《促进可再生能源电力生产指导政策》，要求到 2010 年欧盟电力总消费的 22%来自可再生能源，并规定出了各成员国要达到的目标，如德国为12.5%、丹麦为29%、瑞典为60%、意大利为25%。2003年，欧盟又发布了《欧盟交通部门替代汽醇燃料使用指导政策》，要求生物液体燃料，包括生物柴油和乙醇，在汽车燃料消费中的比例要达到：2005年为2%，2010年为5.57%，2015年为8%。

为了达到欧盟规定的目标，欧盟各国还结合自己的国情制定了促进可再生能源发展的相应具体政策。比较有代表性的有英国、德国和芬兰。

(三) 英国

面对新时期能源供应与结构安全的挑战，英国政府制定了一个可再生能源计划，旨在通过对可再生能源的开发利用，解决污染问题，摆脱对矿物燃料的过分依赖，建立一个多样化、安全和可持续供应的新能源产业。

1. 加大研究与开发的投入

21世纪以来，英国政府加大了可再生能源的研发投入。企业和研究机构开发新产品或从事创新技术的开发与研究，政府将提供其费用总额的70%进行资助。2000～2001年，英国贸易与工业部用于可再生能源的研发经费从1998～1999年的970万英镑增加到1400万英镑。工程与物理学研究理事会每年也增加350万英镑，用于可再生能源的研究。

2. 提供产出补贴

政府向供电公司征收矿物燃料（包括核电在内）发电税，用于补贴包括生物质能在内的可再生能源发电，税率的多少则因不同地区和时期而异，英格兰和威尔士的税率原为1%，现在已提高至2.2%。苏格兰的税率也由原来的0.7%提高至0.8%。

3. 提供销售补贴

可再生能源电力发展商通过竞争得到合同后，按奖励价格出售其电力，价格的高低则由技术状况和竞争结果决定。原则上这种补贴价应随着合同的延续而降低，直到取消政府补贴，将技术完全推向市场为止。

4. 强制性罚款

由于英国的供电和发电系统已经在1990年成功地实现了私有化，因此所有供电商都必须履行责任和义务，从可再生能源发电企业购买合格电力，达到当年规定的可再生能源电力份额。如果完不成任务，电力监管局规定，供电商将要交纳最高达其营业额10%的罚款。

5. 实施政府采购

如果可再生能源发电企业的配额有剩余，则表明可再生能源电力市场处于卖方市场状态，电力监管局可以收购剩余部分，收购价格为每配额 30 英镑，实际上这一价格相当于政府确定的可再生能源电力的底线价格。在实际操作中，为了维持可再生能源电力一个相对较高的市场价格从而鼓励投资商投资于可再生能源发电，需要保证政府每年确定的可再生能源电力份额目标略高于实际可能份额。

此外，英国还通过对小企业实行研发税减免政策鼓励企业特别是新兴中小企业的研究与开发。英国的政策有特别之处，那就是对违反可再生能源政策措施的企业实行罚款措施，对非可再生能源通过征收矿物燃料发电税来补贴可再生能源的发展。

（四）德国

德国政府多年来一直重视生物能源的开发利用。在生物柴油生产和消费方面，德国在欧洲乃至世界都处于领先地位，成为全球生产和使用生物柴油最多的国家，并且做到了政策立法。德国政府鼓励使用生物柴油，对生物柴油的生产企业全额免除税收，使其价格低于普通柴油。2004 年德国已有 1800 个加油站供应生物柴油，并已颁布了德国工业标准（EDIN51606）。此外，德国 2000 年出台的《可再生能源促进法》被实践证明是有效的，它促进了该国可再生能源的发展。该法律规定，电力运营商有义务以一定价格向用户提供可再生能源发电，政府根据运营成本的不同对运营商提供金额不等的补助，该政策是全球首创，现已被各国竞相效仿。

德国具有完善的环境财税体系。德国环境财税政策的实施主要是通过政府投资和改革完善环境税收和收费政策来实现的。政府投入方面，联邦政府统一各部门用于环保的预算，其中一部分由联邦环境部组织实施，并列入环境部预算，其他分散在联邦各职能部门。2005 年列入环境部的预算为 7.69 亿欧元，主要用于可再生能源促进资助，如用木材取暖设备购置资助、新技术开发、太阳能热水器等。但联邦政府用于与环保相关的支出为 74.38 亿欧元，约占联邦总预算的 4％。除政府投资外，2005 年民间投资大致为 78 亿欧元。

1999 年起德国采取“燃油税”附加的方式，收取“生态税”。其主要目标是通过征收生态税，使石化燃料对气候和环境所造成的危害的治理成本内部化，即治理费用纳入消费者购买石化燃料产品的价格中。并将大部分生态税收入用于补充职工养老金，使企业养老金费率降低，从而起到降低雇员劳动成本、增加就业的目的。此外，还可以减少石油消耗，降低能耗和二氧化碳排放。生态税的征收对象是汽油、柴油、天然气等。不同用途、不同品种采用不同的税率，平均税额占油价的 12％～15％。所得收入的 90％用于补充企业和个人的养老金，10％用于环保措施投入。

1993年以来，德国开展了以绿色能源、生物质能源和生物质能源材料为中心的发展战略研究，每年安排大笔资金用于研究、示范和推广有关技术。2000年，财政拨款5100万马克，用于生物质能源材料的研究和开发利用。2004年6月，德国消费者保护部部长在波恩举行的国际会议上表示，消费者保护部在今年向作为项目承包者的生物质能源材料研究中心拨出1950万欧元，用于研究开发生物质能源。

（五）芬兰

芬兰林木生物质能源政策为：

1. 税收政策

初期的林木生物质能源投资成本是化石能源的3～4倍，这是林木生物质能源发电与化石燃料发电相比的主要缺陷。这项成本明显转嫁到了林木生物质能源消费者的身上，体现在实际支付的价格上。

为了缩小与化石燃料的差距，在税收上，一方面芬兰政府对化石燃料征收能源税。芬兰是世界上第一个根据能源中碳的含量收取能源税的国家。例如对矿物燃料供热征收二氧化碳税18.1欧元/t。芬兰每年收取的能源税近30亿欧元，约占芬兰整个税收的9%。收取能源税的目的是控制能耗的增长，支持能源技术的开发，进一步提高能源的使用效率，并引导能源生产和能源消耗朝着减少CO_2排放量的方向发展。这种能源税制度增加了各种化石燃料排放SO_2和CO_2的价格，也使得林木生物质能源更具竞争力。另一方面，芬兰政府对林木生物质能源实行退税和税收补贴，生物质能源发电退税4.2欧元/MWh，木片发电的税收补贴为6.9欧元/MWh，其他木质燃料为4.2欧元/MWh，为鼓励和支持小型生物质能源发电厂的发展，对每年供热量低于2.5万MWh的发电厂生物质燃料免征能源税。

2. 补贴政策

芬兰设立投资和采伐补贴费。生物质燃料供暖和发电可以得到的国家补贴最高为总投资额的40%。森林燃料生产的采伐补贴为3.5欧元/MWh，削片（或切块）补贴为2欧元/MWh。农业和森林部对于采伐能源林的补贴（原木和木片）为每立方米7欧元，贸易和工业部为新的林木生物质能源技术项目提供投资援助，共同出资30%的费用。

芬兰还非常重视对可再生能源的科研投入。近年来，芬兰对包括林木生物质能源在内的可再生能源的研发和全国性的技术项目投入高达每年1000万欧元。芬兰生物质能源的研发很大程度上由国家技术局（Tekes）拨款，贸易和工业部投资支持新技术研究，支持能源工业企业在有利于环境的生产方面进行投资，鼓励使用新能源等。2005年，芬兰政府用于这方面的经费达到3120万欧元。

3. 建立基金和加强国际合作

在注重应用新技术的同时，芬兰政府认为，在新的能源形势下，要有长远的眼光进行高水平的科学研究。因此，建立研究基金并有较大的比例安排开发新能源、新技术，降低二氧化物的排放，提高生物能源使用效率等。芬兰贸易和工业部也设有专门的扶持基金，对这类项目所提供的支持资金一般占项目总费用的25%，最高可至40%。仅2002年，芬兰用于这方面的扶持资金就达到2800万欧元，仅国家技术局就提供了大约700万欧元的生物质能源研发资金。芬兰对林木生物质能源研究的国际合作非常重视。目前芬兰政府参与了国际能源署IEA的9项工作，每一项工作都有一个国家示范工程。这使得芬兰研究人员有机会更多地参与到这种合作中来。在IEA生物质能源网络所提供的平台上，芬兰开发利用林木生物质能源的水平又上了一个台阶。

在生物质燃料方面，为了达到欧盟设定的交通用生物燃料目标，芬兰贸易和工业部生物燃料工作组提交了有关建议和激励措施的备忘录，以鼓励生物燃料的使用和生产。工作组建议逐年提高生物燃料在交通燃料中的比例，到2008年达到1%，2009年达到2%，2010年达到3%。能源供应商可以自行决定如何达标，未达标者要予以罚款。

（六）巴西

巴西的“ProAlcool”项目已经进行了25年，这使巴西在生物质燃料领域占据领先地位。“ProAlcool”项目中的政策包含强制混合要求、零售分销要求、生产补贴以及其他措施。自1975年以来，巴西要求在所有出售的汽油中混合乙醇。虽然混合程度频繁地在调整，但是基本都保持在20%～25%的范围内，所有加油站都要求出售混合乙醇的燃料（E25）和纯乙醇（E100）。而使用纯乙醇的车辆则享有优惠的税率。几家汽车制造厂制造的“灵活燃料”车辆新近上市，并且非常畅销，首要的因素不是政府制定了相应的政策，而只是因为政府对车辆执照税特惠政策范围的扩大，除了原先包括的纯乙醇燃料车辆，现在也包括了使用灵活燃料的车辆。巴西最近开始在其国内着力推广使用生物柴油，来源主要是其国内豆油的生产过程。巴西新近通过的一项法律允许从2005年1月开始，在柴油燃料中混合2%的生物柴油。这个比例可能还会在2013年增加到5%或者更多。

（七）印度

印度是发展中国家中可再生能源利用发展较快的国家。为减少对石油等不可再生能源的过度依赖，印度已开始重视生物质燃料的开发。首先在广大农村推广使用包括生物质能在内的各种可再生能源，并正在实施用麻疯果生产生物柴油的计划。

1）提供低息贷款。主要是建立可再生能源投资公司，该公司专门为可再生能源技术的开发提供低息贷款，以及帮助可再生能源项目进行融资。此外，印度政府还宣布了一揽子特殊的财政优惠政策。负责提供财政支持的主要是非常规能源部和可再生能源开发署。

2）提供投资补贴。印度政府为降低可再生能源企业的运行成本，特别为其提供 10%～15%的装备投资补贴。

3）税收优惠。主要有免缴增值税、关税优惠、加速折旧、所得税抵免。

从 2003 年开始，印度政府要求所有 28 个邦中的 9 个邦和 7 个联邦地区中的 4 个地区（均为甘蔗产区）在车辆燃料中混合 10%的乙醇（E10）。

第三节　国外林木生物质能源化利用状况及趋势

一、国外林木生物质能源化利用状况

目前，世界上一些发达国家在林木质能源开发利用方面已经形成了成套的技术体系，包括林业“三剩物”的收集与利用技术、能源林培育的速生丰产技术、成型颗粒工厂化生产技术、林木生物质能源利用技术等。特别是热电联产技术、林煤混烧利用技术等已得到了普遍应用。从技术应用方面看，瑞典颗粒成型燃料生产和直燃发电技术应用广泛。而丹麦的农业秸秆直燃热电联产技术成绩显著，德国和意大利在生物质综合开发利用和液体燃料开发利用方面较为普遍。

（一）欧盟

1. 总体情况

林木生物质资源是欧盟可再生能源最重要的组成部分。2003 年欧盟所有成员国利用木材获得的能量达到 4300 万 t 标准油当量，比上一年同期增长 6.1%。其中 83.4% 用于供热，16.6%用于发电。法国通过木材获取的生物能为 928 万 t 标准油当量，为欧盟之最。瑞典和芬兰分排其次，这些国家有充分的林业生物质资源和利用木材能源的传统。

在各国支持可再生能源发展的政策推动下，欧盟生物质能利用技术发展很快，生物质能在能源中比例迅速提高，特别是生物质气化或直燃发电供热技术、颗粒成型技术等应用已非常广泛，同时在生物质柴油、燃料乙醇等生物质液体燃料方面进行了深入研究开发和产业化应用，生物质供热发电、生物质联合循环发电（IGCC)、生物质合成柴油等技术处于世界领先水平。

在生物质能源技术研发方面，北欧各国都非常重视。每个国家都设有国家级

生物质技术研发机构，全面系统地对生物质原料生产、转化技术、产品市场进行研究和推广。在生物质能源产品市场方面，欧盟强化了对生物能源产品标准化的研究，从固体颗粒燃料到生物柴油和燃料乙醇都有严格的质量标准；同时对使用生物质能源产品的燃烧器（锅炉）、汽车等也进行研究、改造和示范，大众、奔驰、沃尔沃、甚至美国的通用、福特等汽车公司都推出了使用生物柴油和燃料乙醇的汽车；还建立起较完善的生物质能源产品市场服务体系，有力地促进了生物质能源的推广使用。

此外，利用农作物秸秆和木材加工剩余物进行直燃发电也是当前欧盟生物质能利用最成熟的技术之一。目前，以生物质为燃料的小型热电联产（装机多为10～20MW）已成为瑞典和德国的重要发电和供热方式。由于瑞典本国没有石油资源，随着能源的使用由石油转向电力，1970年以来能源消费结构也发生变化，原油和油制品减少了40%，电力的净生产量却增加了240%，结果是促进了核电站的建立和水电站的发展，生物质燃料的供应也增加了一倍多。瑞典2003年能源供应总量为6240亿kWh时，包括净进口的130亿kWh的电力，能源供应比例最大的是石油和核燃料，然后是生物质燃料和水力。2003年约560亿kWh的燃料用于区域供热，包括生物质燃料、水力、风力的可再生资源在2003年提供了约25%的电力，高于国际同期水平。

生物质能利用的另一种重要方式就是利用生物质制取液体燃料或气体燃料代替汽油或柴油。目前，利用粮食产品或油料作物，如大麦生产燃料乙醇或油菜籽生产生物柴油的技术已经成熟，在欧洲已比较广泛地代替汽油或柴油使用，但面临的主要问题是原料的供应。欧洲地区森林覆盖率高，林木资源十分丰富，因此，欧洲国家正在开发利用森林木质原料制取燃料乙醇的技术。瑞典的MTBE公司已在$10m^3$的发酵罐中进行木屑生产乙醇的中间试验，生产的乙醇已经以5%～10%的比例添加到当地的汽车用油中，鉴于制造成本的原因，目前瑞典的燃料乙醇75%从巴西进口；德国的科林公司开发的生物质加压气化合成柴油技术，已于2003年进行小型试验生产出生物柴油，目前正在建设较大规模的中型示范装置。

据统计，生物液体燃料目前在欧盟总消耗能源中所占的比例约为1%。欧洲议会明确提出大力发展生物燃料，要求各国尽快提高其在能源总消耗量中的比例，在2005年达到2%，而到2010年对应的数字将是5.75%。2003年欧洲生物液体燃料包括生物柴油、生物乙醇，总产量达到174万t，与2002年相比，增长幅度为26.1%，其中，生物柴油占据很大份额，达到了82.2%。欧盟是全世界目前生物柴油产量增长最快的地区。2003年欧盟生物柴油的产量达到143万t，年增长速率为34.5%，比1992年增长了25倍。即使目前欧盟可能存在生产能力过剩的问题，未来3年仍然要扩大产量，以期实现欧盟生物液体燃料的发展目标。

德国是欧盟最大的生物柴油生产国，产量为71.5万t。生物柴油在德国得到了迅猛发展，主要原因是立法支持、植物油原料低廉而石油燃料价格昂贵。法国在发展生物柴油方面进行了卓有成效的工作，其2003年产量为35.7万t。

2002年欧洲乙醇产量为31.7万t，而2003年产量为31万t，减幅为2.2%，主要原因是法国2003年夏天遭遇干旱，农作物特别是甜菜和谷物减产，从而导致乙醇减产，具体数量为7.0～9.1万t。西班牙是目前欧盟最大的乙醇生产国，2003年产量为18万t，主要原因是西班牙对使用乙醇实行免税制度。

欧盟"战略起飞"白皮书制订的2003年生物柴油发展目标为500万t标准油当量，实际产量仅149万t标准油当量，虽然目标没有实现，但是未来的发展依然保持乐观。按照白皮书要求，到2010年生物燃料产量达到1800万t。而按照目前的发展速度，到2010年生物燃料的产量在1100万t左右，这个结果还不能最后确定。如果要达到预期的发展目标，欧盟还将付出努力，比如充分利用欧盟的休耕土地（2003年面积为570万 hm^2）等。生物液体燃料的产量与农作物耕作面积有关，一方面植物油脂可以作为生物柴油的原料，其他生物质原料如木材、秸秆、纤维素、甘蔗渣等也可以作为加工生物液体燃料的原料。此外，新的成员国的加入，比如波兰和捷克等国家，也会给欧盟的生物燃料生产增添新的活力。

瑞典的生物质气化技术仍处于研发过程中。瑞典皇家工学院建有常压、加压两套小型生物质气化试验装置。技术先进的加压气化装置是在直径14 cm、压力250～1000 kPa的加压流化床中对木材和煤进行联合气化。由于反应活性的增加，灰中的炭含量减少，气体产量比单独气化木材和煤时都高。如果选择合适的混合比，焦油浓度也会显著减小。试验的主要目标是以生物质为原料生产出洁净燃气，用于发电和合成液体燃料。

2. 德国

德国2002年能源消费总量约5亿t标准煤，其中可再生能源为1500万t标准煤，约占能源消费总量的3%。在可再生能源消费中生物质能占68.5%，主要为区域热电联产和生物液体燃料。

(1) 生物质颗粒燃料

德国的生物质颗粒燃料已实现商品化生产并得到广泛应用。生物质固体颗粒的热值相当于普通煤炭，除定点供应发电和供热企业外，还可通过袋装的方式在市场上销售，成为许多家庭的首选生活用燃料。目前全德国有100多家颗粒成型燃料工厂，主要以木屑、木片、枝桠、边角料等生物质为原料。

德国特里尔市的一个木材加工厂主要生产木地板等木材制品，生产加工过程中产生大量木屑、刨花等废弃物，每年有2万 m^3 左右，工厂利用这些木材加工废弃物生产4000 t颗粒，替代煤炭和石油燃料，供应学校、医院、体育场馆等社区公共团体和家庭用于取暖。

颗粒燃料不仅使用方便，与石油燃料相比，更具有环境友好、CO_2 零排放、运输危险性小等优点。使用时由供暖设备自动加料和出灰，取暖费用比石油燃料更加经济，能量密度比原木更大，而且清洁安全，有较长的存储期。德国还制定了颗粒生产的国家标准，以保证产品质量。

（2）生物质热电联供

德国的生物质热电联供已实现企业化生产。热电联产是目前德国直接利用生物质能源较好的一种方式，生物质能年发电量从 1990 年的 222 GWh，猛增到 2004 年的 7197 GWh，生物质能源的原料主要有木片、木材枝桠、木屑、秸秆、木质垃圾等。作者参观了德国 RWE 能源公司下属子公司——德国 OIE 热电供应公司。该公司是一个年处理量 6 万 t 生物质能的热电厂，利用生物质直接燃烧供热和发电（公司生产绿色能源可获得政府补助），主要为附近的一所大学、城市设施提供区域性热能和电力，其供热能力为 28 MW，供电能力为 8 MW，每年运行 8000h 以上，已经连续运转多年，发电 6 亿多千瓦时。

（3）生物柴油

德国的车用生物质加压气化合成柴油技术处于领先地位。生物柴油是德国开发利用生物质能源比较成功的另一技术途径，目前德国已经成为欧盟最大的生物柴油生产国，2003 年生物柴油产量已达到 715 000 t。2005 年德国科林公司（Choren）联合汽车生产巨头大众、戴姆勒-克莱斯勒等研发成功了处于世界领先水平的生物质合成液体燃料技术，形成了较为成熟的技术工艺和生产设备，并建成了示范工厂和小规模的生产车间。

德国东部萨克森地区的弗莱贝格的科林公司是专门生产生物质合成液体燃料的一家集团公司。该公司从 1998 年起进行新型生物质气化工艺试验，2002 年开展各种原料合成液体燃料的研发和工业化生产，尤其在生产生物质液体燃料方面，科林公司经过多年的研发和试制，形成了较为成熟的技术、工艺和生产设备，并在弗莱贝格建成了示范工厂和小规模的生产车间，目前正计划建造可以大规模工业化生产生物柴油的生产基地。

科林的技术是利用木屑、木片、秸秆和木质废弃物等生物质原料生产生物柴油，每 3～5t 生物质可以生产 1t 柴油，生物柴油的成本约为每升 0.75 欧元，其价格与目前德国市场上销售的柴油相当，质量完全可以达到目前用石油原料生产的柴油标准，能够满足交通、工业生产的使用。科林认为尽管生物柴油项目被普遍看好，也有利于能源的可持续发展，并可促进社会经济的发展和生态环境改善，但是生物柴油的扩大生产和广泛使用还需要一个市场化的过程。大众、戴姆勒-克莱斯勒等汽车工业巨头，已经成为该公司的研发合作伙伴。

科林技术最主要的特点是：①原料的广泛适应性：气化设备及其配套系统可以气化各种生物质和煤炭；②进行生物质气化时，可以生产完全无焦油的燃气

(空气气化）或合成气（氧气气化），不需要复杂昂贵又敏感的焦油处理装置。气体内不含会破坏合成催化剂的有机硫化物，并且气化效率非常高（热效率95%～98%，气化效率 82%）；③低温炭化炉可以分散处理生物质，制取生物炭，提高生产的经济性。该低温炭化炉所产的燃气又可以为地方居民提供热能或者转化为电能；④已经利用生物质和科林小型设备生产过高纯度甲醇（纯度高达 99.9999%），当时是提供给戴姆勒-克莱斯勒公司的燃料电池项目，产率为0.5 t/天（试验装置）。但因为现在市场比较注重合成柴油，所以科林决定将设备的合成部分改装，用于生产提供生物柴油。科林合成柴油使用商业催化剂，固定床工艺；⑤科林的设备也可以用于发电。Nordrhein-Westfalen 州已经向科林购买了核心设备以及专利，目的是以生物质气化后，将燃气输入一座热电联供的发电厂。发电功率 10 MW，原料利用率高达 90%以上。

木质素类植物主要包括杨树、柳树、桦树等，作为能源植物，其经济的利用方式是生物质的直接燃烧。如何使其成为运输方便的商品，且清洁卫生、“可代替燃油和煤”、便于用户使用的新型燃料，这是德国科技人员研究和开发利用的重点。为此，他们做了多种尝试，将秸秆、木屑、树皮等高度压缩制成条块状燃料用来烧饭或取暖和发电。

3. 瑞典

瑞典的森林覆盖率很高，占国土面积的 67%，因此瑞典政府也将发展可再生能源的目光投向了极其丰富的林木生物质资源。目前瑞典 15%的能源供应来自生物质燃料（主要是森林采伐和木材加工剩余物，如树皮、木屑、木片和造纸黑液等），生物质燃料已为 50%以上的区域提供热能，区域供热部门使用的木质燃料自 1990 年以来增加了 5 倍。近期还将在哥德堡建立天然林生物质能热电联产生产线，其中一条是利用生物质气化技术热电联供，可能成为世界上最大的生物质能源厂。为发展可再生能源、保障能源安全，瑞典政府于 1997 年通过一项新的能源政策，1998 年成立了国家能源管理机构专门负责可再生能源的研发与示范项目。

瑞典国家能源管理机构的年度运转资金为 1.1 亿欧元，拥有约 160 名员工。机构的主要任务就是通过支持可再生能源资源和高效能源产品技术的研究开发，以及可再生能源项目的投资来实现其发展计划，以促进安全、高效、环保和可持续的能源供应和利用。该机构 1998 年启动了一个周期为 7 年、总投资为 2.6 亿欧元的项目，开展生态可持续的能源系统研究开发和示范。目前瑞典每年用于可再生能源研究开发和示范项目的总投资达 2.877 亿欧元，政府、电力公司和其他相关产业分别承担 1/3。

瑞典 2002 年的能源消费量为 7300 万吨标准煤，其中可再生能源为 2100 万吨标准煤，约占能源消费量的 28 %，而在可再生能源消费中，生物质能占了

55％，主要作为区域供热燃料。在1980年瑞典区域供热的能源消费90％是油品，而现在主要是依靠生物质燃料。

瑞典实施可再生能源研究开发和示范项目的最终目的是发展以可再生资源为基础的、低成本高效率的可再生能源体系，主要研究内容包括能源、气候和社会的关系，燃料能源体系，交通，电力生产体系，工业和建筑环境等6个方面。

1）能源、气候和社会的关系主要研究能源政策引导方式、能源市场的运行、行为科学和考虑如何被接受、创新与改良、能源对气候的影响、能源体系模型、地方与整体的问题等。研究目的是增强能源制度和国际气候政策的知识水平和竞争力。

2）燃料能源体系主要研究开发生物质燃料的生产技术和生产工艺，提高生物质燃料工业化生产的稳定性和降低生产成本，包括固体林产燃料的生产与利用技术、林业生物质能热电联产技术、生物质气化制取氢气的技术等，研究重点在生产方式、存储、处理和应用等方面，研究目的是提高现有技术的效率并开拓更高效率的新技术以减少对环境的破坏。

3）交通主要研究和开发以生物质为基础的动力燃料、燃烧发动机和电力驱动系统。从长远来看，以生物质为基础的动力燃料将会为瑞典提供多种燃料。

4）电力生产体系主要研究包括水力、风力、太阳能电池、潮汐能的发电及输送。电力系统的研究集中在建立安全、高效可靠的新工艺和生产方式。

5）工业节能主要研究提高能源利用效率的新技术，特别是针对高能耗工艺如制浆造纸和钢铁工业的节能新技术。瑞典专家认为造纸黑液的气化技术不仅能够为林产品工业提供额外的电力生产能力，还可以用于生产发动机燃料。

6）建筑环境主要研究热量、电力对家庭与建筑服务系统的供应和分配，建筑物服务系统的设计和运行。包括生物质燃料的小规模燃烧技术、区域供暖及制冷技术、热泵技术、太阳能加热等几个技术领域。研究目标是使家庭热水和建筑物服务系统所用的热量在40～50年内减少50％。

瑞典政府扶持能源林（速生柳）培育与热电联产。瑞典在生物质能的开发与利用方面有着先进的技术与丰富的经验，在速生能源林的培育与利用方面也非常成功，建有多家生物质能热电联产电厂、生物质能小区供热系统、户用生物质能供热系统、速生能源林等项目。恩雪平市的柳树能源林电厂由VARMEVER-KET公司投资建于1994年，每年供热230 000 MWh，供电95 000 MWh。主要以瑞典速生柳、木片、锯末、树皮等为原料，实行以供热为主的热电联供，供应全城100％的用热和60％左右的电量。1997年开始使用生物质原料，蒸汽锅炉是利用原来的燃煤锅炉改造而成的，采用炉排式直接燃烧产生热量、发电。由于采用高技术充分回收余热，使烟道气排出温度仅为50℃，大大提高了能量利用率，其燃烧效率高达98％以上，从热电厂到用户热损失低于5％。同时工厂采用自动控制技术，每班只需两人操作。该系统在生物质直接燃烧发电及区域供热方面有许多优点。整个工厂的设计与运行采用闭环系统，废水、废渣得到充分利用，同时将木质原料燃烧的灰分、冷却烟气所产生的污水污泥等经一段时间氧化，达到排放标准并与清水混合后灌溉速生的能源柳树，实现肥料和能源的循环利用。

瑞典 Agrobritnsle AB 公司专门种植和销售速生柳，培植速生柳种苗，收割速生柳及生产销售柳树木片，并开发污水污泥用于柳树种植以及生产种植、采伐柳树的机械设备及运输设备，为恩雪平市等供热发电厂提供柳树原料，在发展速生柳产业方面做了许多开创性工作，目前速生柳生长量（以干物质计算）已由 5 t/a提高至 13 t/a，主要用作热电联供厂的原料（政府对种植速生柳的农民给予一定的经济补偿），通过速生柳的种植和直接燃烧能源利用，还可以调节和改变土壤中的 CO、Cu 含量，有利于改善人居生活环境，是一种较为经济的重金属污染治理措施。

该项目使污水处理与速生柳培育和热电联供实现了三位一体的有机结合，就近供料、区域供热，提高了系统效率，保障了人畜环境，是一种先进的生物质能源热电供应系统，综合效益和环境保护特色比较突出，具有很好的示范效果。在工厂管理运转方面，热电厂与原料供应商签定长期及短期供料合同，既保证原料的及时供应，又无原料的积存，热电厂还与用户签订上网卖电合同，每天制定出次日的发电计划卖给电力公司，由于使用绿色能源，国家对其电力是免税的，而且电网按照核准的电价全部收购，起到良好的市场促进作用和示范效果，并且政府对于利用可再生能源供热发电有优惠政策，约 1/3 的建厂投资由政府补贴，大大降低了投资额，对企业家投资生物质能源开发有很大的吸引力。政府还对从事速生能源柳种植的农民给予补助，保障农民种植速生柳能够获益。

瑞典还有一座名为 Hasselby 的建于 1959 年的供热发电厂，为斯德哥尔摩郊区提供电力和供热，最初使用石油、煤炭作原料，1993 年开始其原料几乎全部使用产自北方森林的颗粒，是斯德哥尔摩地区第一家使用生物燃料的热电联产发电厂。

4. 奥地利

在奥地利，可再生能源供给该国能源消耗量的 27%，即 1143 PJ/a，生物质的供给占到其中的 13%。这些生物质几乎 98%来自薪材、树皮、木屑以及其他的森林工业副产品。这些能源的大部分用于 530 000 多台小型的木柴燃烧装置和 400 000 台的砖砌炉，以及 63 000 套大型的工业炉和 200 套区域热力厂；剩余的 2%来自沼气厂以及小规模利用的油菜籽甲基酯（0.4%或 0.6PJ），这些甲基酯是六套装置生产的生物柴油。最近，奥地利计划每年从面积为 150 000hm^2 的油菜籽种植园生产油菜籽甲基酯 1.5 亿 L，这相当于年产 500 PJ 左右的能源。另一项正在进行的发展计划是用稻草麦秸和速生林提供能源。

5. 丹麦

目前丹麦能源消耗量的6%是生物能，占该国可再生能源生产量的75%。尽管丹麦的森林覆盖率只有12%，但是70%的林业废料或5.1PJ正在用作能源，这些废料中的大部分都利用可移动设备加工成木屑。所有工业上的木材废料（0.15 Mt/a或13.2 PJ）都被制成成型燃料，用作能源。木屑和成形燃料主要用于以前用煤的区域供热厂。

为应对1973年的石油危击，丹麦特别强调能源的节约及替代燃料（石油、天然气及生物质燃料），以减少本国对石油进口的依赖性。更经济的区域供热系统取代了一家一户的供热系统，同时对石油和煤开始征收能源税，以提高化石能源的消费价格，税收所得的款项用于节能设备及现代生物质系统的研究。热电联供区域供热厂已改用农作物废弃物、木屑及垃圾作燃料，从1990年起禁止在田间焚烧麦秸。由于全球变暖的问题，政府在对那些分散的、利用可再生能源进行发电的发电厂进行奖励的同时，已开始征收二氧化碳排放税，另一激励措施是对那些燃用生物质的锅炉及沼气厂提供高达30%生产费用的资金，同时支持现代能源作物及现代能源系统的研究。

6. 芬兰

芬兰的可再生能源中，林木生物质能源使用量2003年为690.3万t石油当量（Mtoe）；2004年为723.2万t Mtoe，居欧盟第三。在2004年，芬兰林木生物质能源占初级能源消费的20.5%，相比2003年增长了4.8%。芬兰年人均木材消耗量2003年为1.32 t，2004年为1.39 t；人均林木生物质能源消耗2003年为1.21t，2004年为1.39 t。木质能源的用途主要有发电、供热和制造固体颗粒燃料，同时也生产酒精、柴油等液体生物燃料。

芬兰是开发利用林木生物质能源比较活跃的国家。林木生物质能源承担了全国供暖需求的50%和520万居民能源消耗的20%。

在北欧各国中，芬兰的耗电总量很高，仅次于瑞典，名列第二。但芬兰的居民电价在欧盟各国中只高于希腊，居倒数第二位，工业用电价格在欧盟各国中倒数第5。这主要得益于芬兰为提高能源利用率，开展了全方位的集约化经营，在全国范围内基本实现热电联产和集中供暖。目前，芬兰几乎所有的城镇和人口稠密地区都已实行集中供暖，在首都赫尔辛基，93%的建筑物都采用了集中供暖方式。芬兰政府为了促进林木生物质能源在热电联产方面的应用，从1999年开始，开展了一项重要的五年计划，即1999～2003年“木质能源技术计划”。这项计划的目的是发展大规模的木片生产和利用技术，以及开发大型的热电联产（CHP）木材锅炉设备。芬兰的林木生物质发电量和锅炉设备能力的相关数据表明，该计划已经取得了明显成效。2003年，芬兰的林木生物质总发电量为938.5万

MWh，2004 年为 1 018.3 万 MWh，居欧盟首位，增长率为 8.5%。截至 2004 年，芬兰的锅炉设备总能力已经达到 900 MW（集体锅炉设备 400 MW，工业锅炉设备 500 MW），芬兰拥有的热电联产安装设施，累计能力已达 1 万 MW 热功率（MWth）和 3500 MW 电功率（MWe），总发电能力为 1100 万 MWh。

芬兰生物燃料的主体为森林废弃物、人造能源林以及木材造纸和林产品加工的副产品和剩余物。这些资源的开发利用已进入了比较成熟的阶段。2003 年第 1 季度，芬兰利用生物能源生产的燃油占总燃油量的 25%。根据森林工业的生产水平和燃料的价格水平，依据现有的估计，芬兰工业可利用的木质燃料的增加量相当于 140 万 t Mtoe 左右，木材燃料为 60 万～220 万 tMtoe，废弃物燃料为 70 万～90 万 tMtoe，农业生物质燃料为 10 万～50 万 tMtoe，总量将达 140 万～500 万 tMtoe。而总用量目标将为 280 万 tMtoe，其中 50%为木材加工废料，30%为林木燃料，20%为回收利用燃料。

芬兰的固体生物质燃料包括球型颗粒燃料和砖型颗粒燃料。1998 年芬兰开始生产球型木质颗粒燃料。2003 年的球型颗粒燃料生产量为 173 000 t，其中 77%出口至瑞典和丹麦。2003 年国内使用量为 39 000 t。芬兰最大的两家球型颗粒燃料企业是 VapoOy 和 B iowatti Oy。2003 年砖型颗粒燃料的产量为 35 000 t，人均 0.17 t。国内共有 21 家固体木质燃料生产企业，其产品全部用于本国消费。

（二）美国

1978 年美国成立能源部并建立了橡树岭国家实验室（Oak Ridge National Laboratory），专门从事生物能源（bioenergy）的研究，已在能源植物选择和选育、栽培以及转化利用等方面做了大量的研究工作。美国以橡树岭国家实验室为主体，与有关大学、林业试验站等开展了合作研究，为不同气候条件和土壤条件选育出了众多的杨树杂交种和柳树无性系，并开发了高密度、短轮伐期、萌芽更新的经营体系。美国较重视木质能源在林产品工业中的利用，有些工厂将木材剩余物和低质木材转变为热能和电力，提供工厂自身所需的能量。

目前，美国木材能源的利用正以每年约 1.2%的速度稳步增长，2000 年已达 3000 PJ，大约 70%的木质燃料用于林产业自身，其余部分用于家庭供热以及发电。预计用木柴发电将会快速增长，2000 年消费的木柴发电量大约是 500 PJ，2010 年将达到 1000 PJ，到 2030 年可能达 3000 PJ。

木材发电在新英格兰北部及中西部地区的适当规模的设备上已取得了极大的成功。在过去的 10 年里，已建立了 30 个以上的热电联供电厂及电厂，可提供 700 MW 的电能。这些电厂大多都建在纸浆厂、造纸厂或其他林产业加工厂，它们既生产蒸汽，又生产电能。目前正在开发的新工艺是将燃煤锅炉改造成生物质燃料及煤共用的锅炉。

木质成形燃料可在商业用户和住户的窑炉/锅炉及柴灶中作为燃料被高效地

利用。例如，加工成球形的木质燃料，可以按照15%球形燃料与85%燃煤的混合比例供入锅炉中。采用这种低价值的辅助燃料可以帮助处理木材废料，可减少SO_2和其他有害气体的排放，同时也降低了化石燃料的消耗量。如果薪柴林的种植及砍伐的快速循环能像预计的那样在近20年里得以实现，那么在2020年以前，诸如薪柴这样的能源作物将会提供超过农业及林业废弃物的能量用于发电。在一些地区，有可能建立发电量为60～100 MW的相对较大的发电站，这些电站将比那些在欧洲建立的较小的系统具有更高的经济性。

美国正在采用快生快伐的循环速生林以及其他生物质来生产液体燃料，以满足其液体燃料需求的20%，该计划的主要目的是减少由农作物生产乙醇的成本，由1990年的每升0.33美元，2005年降至每升0.25美元以下，而到2010年每升应低于20美分。对于由纤维质废料生产的乙醇，其目标为：在2005年每升降为13美分，而到2010年将降为每升9美分。美国的研发战略与欧盟的不同，它确立了特别明确的目的和目标。

（三）东南亚国家

生物质能源在东南亚国家全部能源消耗中占有较大比重，且这些国家中有些是较发达的，有些是比较落后的。因此，这些国家的生物能利用及发展情况基本上能反映出发展中国家生物能源利用及发展状况，下面我们将对部分东南亚国家的能源及生物能利用状况做简要介绍。

在过去的25年里，东南亚国家对诸如石油、煤及电能等常规能源的消耗持续快速增长。在20世纪80年代，其消耗量增加了两倍多，年平均增长率为7%。与此同时，尽管与常规能源的快速增长相比，生物质能利用不太引人注目，甚至有些失色，但生物质能的消耗量也在持续增长。生物质能包括：木质燃料、木炭以及用做燃料的农业废弃物。

在以下五个亚洲国家——印度尼西亚、马来西亚、菲律宾、泰国、越南，生物质能是其重要的能量来源。1985～1994年，主要由于人口的增长，生物质能消耗量每年平均增长2%。由于大量的人口，印度尼西亚的生物质能消耗量最高，占其能源消耗总量的50%，然而，马来西亚和越南生物质能消耗量的增长率是最高的。

尽管消耗量有所增长，但在大多数国家，生物质能消耗占总能量消耗的份额正在减少，这就会造成一种误解：生物质能正在被现代能源所取代而被淘汰。事实上，常规能源主要是在一些新的工业领域、交通及家庭电力等方面的消耗量大大增加，而木柴和其他生物质能源在诸如烹调等的家庭活动中，以及许多传统行业中仍持续占据统治地位。

发展中国家生物质能利用的份额远高于工业化国家，总地来说，该份额随着工业化程度的提高而降低。近年来，随着常规能源消耗量的增加，各发展中国家的生物质能的消耗量也呈现逐年上升趋势。

二、国外林木生物质能源发展趋势

目前，欧盟许多国家把发展生物质能源作为解决本国就业、替代化石燃料和减少大气污染等问题的战略措施来对待。

研究表明，石油、煤炭、天然气、核能等传统能源产业相比，生物质能源产业能创造更多的就业机会。在工业化国家中，陆上石油业（包括开采、冶炼和销售）生产每百万吨标准油的能源需要的工作岗位为959个，煤炭业为925个，天然气业为430个，而生物质固体燃料业为3000～5000个，生物乙醇业为18 000～28 000个，植物柴油业为29 000个，生物质发电业为1650个。欧盟国家面临严重的失业问题，把发展生物质能源看作是解决本国就业问题的一个重要手段。

展望未来，预计全世界对林木生物质能源的开发研究必将日益深入地开展下去，利用空间必将继续扩大，一个世界规模的造林高潮将逐渐形成。对现有森林的经营和利用方式陆续发生变革，向全树、全部森林生物质的利用方向发展。

发展中国家将日益重视速生能源林；发达国家将更大规模地进行短轮伐期人工矮林试验，有可能走向工业化经营阶段，但不可能普及，而速生能源林将会普及。在不久的将来会出现完全利用树木获得生物柴油和乙醇，“绿色石油”将会改变世界的能源消费架构。发达国家木材工业及林区正稳步向能源自给的目标努力。气化可能在发达国家和部分发展中国家得到更多应用，液化最终也会实用化。制炭技术、甲烷发酵和戊醇发酵技术都有可能实现彻底革新。

利用生物质能源作为交通燃料具有很大的潜力。到2020年，世界汽油使用总量的1/10可以由巴西式乙醇生产替代，随着木质纤维加工成本的降低，这个数字会更大（OECD，2004）。生物柴油有可能会替代5%～10%的柴油使用量。现有的生物燃料使用是由政府政策和补贴推动的，相反，生物柴油是由农业推动的。

汽化技术的商业化是非常有前景的，可以在成本较低、规模更小的情况下，生产燃料和发电。利用生物质能生产二甲醚可以生产出一种LPG的替代物，可以使炊用炉灶现代化，不再依靠木柴和木炭。汽化技术也可以作为生物提炼厂的一个平台，同时生产能源和高价值的产品（USDOE，2003）。

尽管直接燃烧和共燃技术已经成熟。但是，用于生物质能发电的大量汽化器还在检测和优化。这些系统需要进一步示范并使其商业化来证明技术的可靠性和降低成本。小型生物质能发电系统在发展中国家已经被广泛应用，但是气体清除和可靠性阻止了这些技术的进一步推广。现在已经开始研究如何解决这些问题并就农村及离网应用进行技术示范。对改进型炊用炉灶进行研发已经将效率提高了一倍（Kammen，1995），减少了燃料进口，但是在减少有毒气体污染物排放方面取得的进展却是有限的（Ludwig，Marufu，et al.，2003）。这些排放物与急性呼吸道感染直接相关，是儿童疾病和死亡的主要原因。

厌氧消化技术在发达国家和发展中国家应用都很广泛。建立厌氧消化厂处理动物农场废弃物有不断增长的趋势。尽管这些系统是资本密集的，但是印度和尼泊尔已经在利用一些小型的、容易操作的、简单的系统。环境及能源收入效益使得利用这些系统成为可行的方案。

与石油燃料相比，乙醇和生物柴油的成本更高，因此，除巴西以外，各国用于交通的乙醇和生物柴油的份额都比较低。目前，各国正在研发利用廉价的木质纤维原料如废弃原料、快速生长能源作物替代价值高的糖和淀粉来生产乙醇和生物柴油。利用汽化和热化技术生产其他燃料（如氢）用于燃料电池和合成柴油机也在研发之中。

随着生物质能利用的增多，重视碳、水、主要营养物和生物多样化的生命循环周期平衡对于确保资源的可持续是非常必要的。

第四节　中国林木生物质能源化利用状况

一、中国开发林木生物质能的战略意义

我国目前的经济发展速度远远高于世界许多国家，并在发展经济的同时以巨大的资源消耗为代价。据估计，中国由矿物燃料产生的碳排量相当于 6.2 亿 t，是全球 GHG 总排量的 11.8%左右。中国未来的发展将面临能源与环境问题的严峻挑战，因此能源和环境是摆在各级政府面前比较棘手的问题，加快发展可再生能源，实现节能降耗和社会经济可持续发展已成为社会各界的共识。

（一）发展林木生物质能源是一种必然的选择

生物质能源是未来最有希望的替代能源之一，林业生物质能源是生物质能源的重要组成部分。长期以来，林木一直是农村的主要传统能源。过去大都是传统的炕灶直接燃烧耗能方式，转换效率低。随着农村经济的发展和生活水平的提高，传统的用能方式已发生了很大的变化，使林业生物质资源得以采用新技术实行工业化生产清洁高效能源，来替代化石能源。从能源的开发利用趋势上看，这是一种必然的选择。

（二）发展林木生物质能源不与粮争地、不与人争粮

我国人多地少，国情决定必须在确保粮食安全的前提下，积极发展生物质能源。林业生物质资源种植主要是利用宜林荒山荒地以及不适宜种植粮食作物的沙地、盐碱地等边际性土地，不需要占用农地，不与粮食争土地。而且，林业树种种类丰富，大多数能源树种适应性强，适合于在非农耕土地上大面积培育发展。

可以说发展林木生物质能源是我国生物质能源发展的基本特色。

（三）发展林业生物质能源能够实现产业与生态共赢

林业生物质能源大多利用林木果实和平茬（采伐）林木生物量，一次种植后可持续利用几十年，期间生长着的林木发挥着正常的生态功能，同样保护着环境。同时，林业生物质资源培育成林后，不用每年重新种植，可降低原料成本，从发展的角度看，能够有效提高林业生物质能源开发利用的经济性。

（四）发展林业生物质能源可加速造林绿化进程，提高森林质量

在荒山荒地、沙区、盐碱地等立地条件较差地区，培育具有较好外部经济性的能源林，增强这些地区造林绿化的源动力，可以有效促进植被恢复，加快荒山荒沙绿化，提高森林覆盖率；同时，通过利用林业“三剩物”和森林抚育间伐物发展林业生物质能源，可以有效拉动中幼龄林的抚育，提高森林资源利用效率和森林质量。

（五）发展林木生物质能源对解决我国“三农”问题具有重要的促进作用

培育和开发利用林木生物质能源，主要集中在农村地区，无论是用于发电还是生产液体燃料，能够有效地为农民开辟新的就业渠道，增加农民收入，繁荣农村经济（运输、加工），是实现“工业反哺农业、城市支持农村”和建设小康社会的一条现实有效的途径。

目前，发展林业生物质能源费用主要源于原料成本，一般估算在80%以上，但原料成本绝大部分可以转化为农民的收入。而且发展林木生物质能源，可以提供农民最熟悉、最直接、最可靠的就业和增收方式。

发展林木生物质资源的培育和高效利用，实现“林能工程”，即从加工利用的角度，选育和栽培新品种，研究开发适应不同区域的林业生物质资源，延长林业生物质资源利用的产业链，实现经济效益和生态效益双丰收。根据我国林业资源的现状和发展趋势，至少可以有2亿t的林业生物质资源可以作为能源利用，给农民增加150亿元/年以上的收入。如果在发展生物质能源的同时，结合林业生物质材料和化学品的研究开发，能够新增加GDP 1000亿元左右。

（六）发展林木生物质能源是吸收与减排二氧化碳的有效途径

《京都议定书》的生效，使全球更加关注“碳”的排放。《京都议定书》规则肯定了林业的造林再造林贮“碳”增“汇”作用。同时，开发利用林木生物质能源具有很好的减少“碳”排放功能。目前，国内已在开展林业碳汇工作和生物质发电“碳”减排工作。实践证明，发展林木生物质能源能有效固定“碳”和减少“碳”排放，是今后我国降低“碳”排放的一个重要渠道。

（七）开发利用林木生物质能是调整能源结构、保障能源安全的重要措施

我国工业化、城镇化进程不断加快，能源需求持续增长，中国正在面临常规能源资源短缺，尤其是石油、天然气资源严重不足的严峻挑战，能源已成为制约经济社会发展的瓶颈。大力开发利用林木生物质能源，有利于减少煤炭资源过度开采，对于弥补石油和天然气资源短缺、增加能源总量、调整能源结构、缓解能源供应压力、保障能源安全具有极其重要的作用。

我国林木生物质能资源丰富，每年有约 1.5 亿 t 森林采伐、木材加工等生物质废弃物，还有数百万吨的树木果实和天然树脂，数百万吨的废弃生物油脂，这些资源目前都没有得到有效的充分利用。另外，全国还有 4600 多万公顷宜林地，还有约 1 亿 hm^2 不宜农耕的荒废土地资源，适宜种植高产能源植物，如果利用其中 10% 的土地就可以结合生态建设，开发种植能源植物，每年产生的生物质量可达 2 亿 t，能生产的液体燃料年产量达 1 亿 t 左右。预计到 2020 年，全国每年可获得生物质量约 15 亿 t 标准煤。若将其中 30%的资源用于生产液体燃料，即可为我国石油市场提供 2 亿 t 液体燃料，能够减少目前 1/ 10 的化石能源消耗，可以为国民经济发展提供重要的能源补充。

（八）开发利用生物质能是保护环境、实现循环经济的重要途径

我国能源消费结构以煤为主，是世界第一大煤炭生产和消费国。大量燃用煤炭造成了严重的环境问题。据统计，全国有 1/3 的国土面积受到酸雨污染，生态环境、大气质量问题突出，已严重影响我国经济社会发展和人民生命健康。随着技术进步和经济社会发展，人们认识到开发利用生物质能有利于环境保护，同时还可以变废为宝、变害为利，弥补能源资源不足。因此，加快生物质能开发利用是有效替代石化能源、减少污染排放、保护环境、实现可持续发展的重要措施。

二、中国林木生物质能源发展目标及促进政策

近年来，我国对生物质能源的开发非常重视，出台了许多相关法规和促进政策。

（一）各项法规相继出台

2007 年 10 月 28 日发布了《中华人民共和国节约能源法》。

2006 年 1 月 1 日生效的《中华人民共和国可再生能源法》明确了今后将采取一系列措施，激励发展生物质能、地热能、海洋能等可再生能源，以保障经济社会发展的能源安全。

2007 年 9 月 4 日，国家发展和改革委员会公布了《国家能源中长期发展规划》，提出力争 2010 年使可再生能源消费量达到能源消费总量的 10%左右，到

2020 年达到 15%左右，其中燃料乙醇的年生产能力达到 1000 万 t，生物柴油的年生产能力达到 200 万 t，到 2020 年，可再生能源的发电量将由现在的 3% 提高到 10% 以上，以缓解国家能源短缺和确保经济社会的可持续发展。生物燃料产业发展规划为：2006～2010 年将主要实施技术产业化，2015 年以后大发展，争取 2020 年生物燃料占交通燃料消费总量的 15%。

十届全国人大第四次会议通过的《国民经济和社会发展第十一个五年规划纲要》中，确定了可再生能源的发展目标，提出要实行优惠的财税、投资政策和强制性市场份额政策，鼓励生产与消费可再生能源，提高可再生能源在一次能源消费中所占的比重。

2004 年科技部启动了“十五”国家科技攻关计划“生物燃料油技术开发”项目；2005 年，国家“十一五”科技支撑项目“农林生物质工程”开始启动。

（二）成立了专门的管理机构，为林木生物质能源开发利用提供组织保障

为了加强能源工作的统筹和协调管理，国务院于 2005 年成立了国家能源领导小组，并由温家宝总理亲自担任组长。能源领导小组主要负责对能源战略规划和重大政策、能源开发与节约、能源安全与应急、能源对外合作等前瞻性、综合性、战略性工作的领导。

为了大力发展林木生物质能源，国家林业局于 2005 年 7 月成立了林木生物质能源领导小组和林木生物质能源办公室，以加强对林木生物质能源开发工作的领导和协调，其工作主要集中在能源林的规划和培育。鉴于林木生物质能源的产业化需要多部门的参与和支持，可以借鉴巴西的做法，在国家层面成立综合性的管理机构，负责与相关部门协调基地培育、税收政策、收购政策、企业准入等方面的工作。

（三）制定了林木生物质能源利用规划

我国已经将规模化培育能源林列入了“十一五”林业发展规划，编制了全国能源林建设规划、林木生物质柴油原料林基地“十一五”建设方案，初步确定了培育能源林 1333 万 hm^2，以满足 600 万 t 生物柴油和装机容量 1500 万 kW 年发电原料供应的发展目标。

（四）加大了财税政策扶持，为林木生物质能源的产业化发展创造良好条件

国家发展和改革委员会会同国务院有关部门制定了一些财税扶持政策，例如，财政部、国家发展和改革委员会、农业部、国家税务总局、国家林业局《关于发展生物能源和生物化工财税扶持政策的实施意见》（财建［2006］702 号）明确了国家对生物质能源和生物化工起步发展阶段实施财税扶持的重点对象、范围与组织管理等政策措施，具体包括弹性亏损补贴、原料基地补助、示

范补助、税收优惠等四项政策。在《生物能源和生物化工原料基地补助管理暂行办法》中，规定用于生物能源开发的能源林每亩将得到国家财政 200 元补助。

1. 政府补贴

1）事业费补贴。中央财政不仅为中央和地方的专门管理机构的运转提供经费，同时也为这些部门的活动提供资金。

2）研究与发展补贴。中央政府通过国家发展和改革委员会和科技部对可再生能源技术的科技攻关提供资金。其中科技部“九五”期间的科技攻关费用约 6000 万元用于可再生能源的发展，平均每年约 1500 万元。“十五”期间，包括科技攻关、“863”计划和“973”计划都为可再生能源发展提供了大量的经费支持，总额已超过 3 亿元人民币。

3）投资贴息补贴。中央政府通过相关部门由中央财政对可再生能源技术的发展项目提供贴息。例如，国家经济贸易委员会每年拥有 1.2 亿元人民币的贴息贷款用于支持可再生能源产业发展。

4）项目补贴。中央政府也通过不同的渠道对可再生能源技术进行补贴，如户用沼气系统、省柴灶推广等。

2. 税收优惠政策

1）关税优惠。尽管中国没有关于生物质能技术的产品进口采用低税率的明文规定，但在实际执行中可参照风力发电和其他可再生能源技术所享受的政策：主要部件和整机进口关税都享受了优惠税率。由双边援助或多边援助，用于边远地区供电系统或扶贫项目的光伏发电系统一般可以申请免税。

2）增值税优惠。目前，对可再生能源还没有制定统一的增值税优惠政策，但有三个例外：一是人工沼气的增值税按 13%计征；二是水利发电增值税按 6%计征；三是规定风力发电的增值税也按 6%计征。

3）所得税优惠。企业利用废气、废水、废渣等废弃物为主要原料进行生产的，可在五年内减征或免征所得税。对中外合资、合作和独资企业实行的税收“三免两减”的政策，一般是对所得税而言的。当企业使用银行贷款时，所得税可以税前还贷或税后还贷。采取税前还贷，实际上是对企业减免所得税的一种方式。减免所得税的另一种方式是加速折旧，减少企业账面利润。

4）地方税优惠。地方税种主要有所得税、增值税附加、土地占用税等，目前还没有采取针对可再生能源企业的减免所得税政策出台，只是一些地方考虑以加快设备折旧的方式来减少企业的所得税赋。内蒙古对风能系统采取了降低增值税附加税率的措施（由 8%降低为 3%），大部分地区对风电机占地采取了减免土地税和土地划拨政策，实际上风机征地是零费用，生物质能比照该税率征收。

（五）加快能源林建设工作

2006 年 10 月 27 日，国家林业局植树造林司（林木生物质能源办公室）下发了关于开展能源林培育示范工作的通知。

通知指出：发展林业生物质能源是“十一五”时期林业的一项重要工作，能源林培育是发展林业生物质能源的基础。目前，随着林业生物柴油、林业生物发电等技术进入示范生产阶段，原料需求日益迫切，能源林培育备受关注，一些地方已经开展能源林培育工作。能源林培育是林业工作的新领域，为高起点高标准开展能源林培育工作，以能源林示范基地建设推动林业生物柴油、生物质发电开发项目发展。为此，国家林业局植树造林司（林木生物质能源办公室）决定开展能源林培育示范工作，并确定了首批能源林培育示范基地建设州（市）。

通知强调：在生物质能中，林业具有十分重要地位。国务院《今明两年能源工作要点》明确提出要开展能源林培育的试点示范工作。国家《可再生能源产业发展指导目录》要求对“能源植物种植”积极开展项目示范和投资建设活动。全国林业厅（局）长会议提出要抓住国家重视生物质能源发展的机遇，加快建立一批以生产柴油、酒精和发电为目标的林木生物质能源林基地。

开发林业生物质能源要求能源林的培育必须规模化、基地化、集约化和高产化。而能源林培育工作又是一项新的工作，因此开展能源林培育示范工作十分重要。通过能源林培育示范，研究探索能源林的培育利用模式、技术、途径和制定适宜的政策措施，推动林业生物质能源快速发展，对当前及今后我国应对能源需求和气候变化具有重大战略意义，也是在整个国家经济建设大局中拓展林业服务领域的体现，更是林业自身求得新发展的必然选择。

通知提出了首批能源林培育示范基地建设地点。根据开发利用技术基本成熟的树种分布区域、现有资源和土地潜力、地方积极性以及林业生物质能源开发利用项目分布现状，综合确定首批能源林培育示范基地建设地点。今后将根据发展需要，进一步增加示范基地，扩大示范建设地点范围。

1. 油料能源林示范基地建设地点

四川省攀枝花市、凉山州，云南省红河州、临沧市和贵州省黔西南州：建立小桐子培育示范基地。

河北省邯郸市、安徽省滁州市、陕西省安康市和河南省安阳市：建立黄连木培育示范基地。

湖南省永州市和江西省萍乡市：建立光皮树培育示范基地。

内蒙古自治区赤峰市和山西省太原市：建立文冠果培育示范基地。

2. 木质能源林示范基地建设地点

黑龙江省绥化市：建立以蒿柳、短序松江柳为主的能源林示范基地。

山东省菏泽市、东营市：分别建立以紫穗槐、柽柳为主的能源林示范基地。

内蒙古自治区通辽市：建立以柠条、沙棘、杨树为主的能源林示范基地。

湖北省黄冈市：建立以栎类、刺槐为主的能源林示范基地。

广东省惠州市：建立以黎蒴栲为主的能源林示范基地。

示范内容包括：

1）总结能源林培育配套技术体系

从良种选择、栽培、水肥管理、土壤管理、树形管理、病虫害预测防治、采收到储藏运输一系列作业中，进行示范，总结能源树种丰产集约培育方法，建立配套的栽培及经营技术体系。

2）探索能源林基地经营管理机制

根据各地实际情况，能源林基地的经营管理可以尝试不同的机制：加工企业带动建基地，造林大户牵头建基地，与碳汇项目，与林业其他重点工程结合建基地，政府（林业部门）-企业相结合的BTO模式建基地等。

3）研究能源林发展相关政策措施

对国家鼓励扶持政策、采伐政策、与国际合作方面政策、金融财税支持政策等进行研究和探索。

通知要求：

1）高度重视，切实加强组织领导

能源林培育示范是一项新工作，各级林业部门要高度重视。要把示范工作放到林业全局中统筹安排。要明确管理人员，建立管理办法，强化组织协调，要积极争取政府和相关部门的参与和支持，共同推动能源林培育示范工作。

2）编制实施方案，抓好具体措施的落实

各示范点要根据当地资源条件、经济发展和林业生物质能源开发项目进展等情况，编制示范工作实施方案并上报国家林业局林木生物质能源办公室。示范工作实施方案以州（市）为单位编制，主要内容包括：示范地区基本情况，示范基地主要分布范围、面积，示范建设主要内容、投资估算、产出分析和组织管理等。

3）以项目为载体，多种形式开展能源林培育示范工作

目前，国家对能源林培育示范工作尚无专项投资。国家林业局为推动能源林培育示范基地建设，已在现有工程中结合安排了部分示范点的能源林培育补助资金。各示范点可积极与开发企业合作，以项目为载体，推动资源培育、加工利用一体化发展。

4）加强信息报告制度

有关省林业主管部门和示范点地（市）、县要建立信息报告制度，及时将示范工作动态，包括工作计划、年度总结、发展进程、取得成效、存在问题和其他相关信息，报告国家林业局林木生物质能源办公室，以便组织信息和经验交流。

5）做好示范点考核和跟踪工作

能源林培育示范工作要发挥树样板、探路子、出经验的带头作用。根据各示范点建设条件和要求，国家林业局林木生物质能源办公室将加强考核和跟踪工作。必要时，将根据需要调整示范点。2007年，国家林业局又下发了关于做好林业生物质能源工作的通知，通知中要求：

1）充分认识发展林业生物质能源是新时期林业的一项重要工作

发展林业生物质能源，主要是利用宜林荒山荒地以及不适宜种植粮食作物的沙地、盐碱地等边际性土地进行开发建设，不与粮争地、不与人争粮，既可增加能源资源、减缓气候变化，又能加快造林绿化建设、提高森林质量，还可有效增加农民收入、促进新农村建设，一举多得。林业生物质能源品种十分丰富，可再生，能够持续利用，发展潜力巨大。发展林业生物质能源符合我国基本国情，是我国发展生物质能源的重要方面和基本特色。

随着林业生物质能源开发利用的不断深入，林业生物质能源在应对我国能源发展战略转型、解决能源与环境突出问题、维护国家能源安全、改善生态环境中的作用越来越重要、突出。加快我国林业生物质能源的发展，既是适应国家能源发展形势的需要，也是在整个国民经济建设大局中拓展林业服务领域的体现，更是林业自身寻求新发展的必然选择。各级林业主管部门要进一步提高认识，高度重视，切实将林业生物质能源工作摆上林业工作的重要位置，精心谋划，统筹安排，着力推动林业生物质能源发展。

2）稳步推进林业生物质能源开发利用

林业生物质能源开发利用是现代林业建设的一个崭新领域，目前尚处于起步阶段，其资源培育、技术推广、产业布局、保障机制等还相当薄弱。各地必须从

实际出发，有重点、有步骤地推进林业生物质能源发展。

开展资源调查与评价是发展林业生物质能源的基础性工作。各地要根据相关管理要求和技术规定，结合现有森林资源各类调查，组织开展好本地区林业生物质能源资源开发调查与评价，为林业生物质能源目标制定、发展布局和产业化开发提供基础保障。各省（含自治区、直辖市、集团公司、生产建设兵团，下同）要按照林业中长期发展规划的总体要求，针对经济社会发展对生物质能源的需求，结合本地区林业生产力布局和技术支持基础，抓紧编制本省林业生物质能源发展规划，明确发展目标，突出发展重点，稳步推进本地区林业生物质能源资源培育和开发利用工作。各省要及时将本地区林业生物质能源发展规划上报林业局。

3）加快林业生物质能源资源基地化培育

原料不能稳定供应是目前制约林业生物质能源产业化发展的主要瓶颈。现有林业能源资源丰富，但较分散，不符合林业生物质能源产业利用需求。发展林业生物质能源，不仅要合理利用现有资源，更要加快后备资源定向培育。各地要在现有国家林业生态重点工程建设中，在满足林业生态建设需求的条件下，根据本地区土地资源现状和开发利用情况，优先安排能源树种培育，逐步增加能源林的比重。各地要加快能源树种良种选育，确保能源林基地建设的基础发展和质量保证。“十一五”期间，国家在林木种苗良种建设项目中，将优先考虑能源树种良种繁育建设。力争“十一五”期间，使林业生物能源后备资源有较大发展，为林业生物质能源的持续快速发展打下坚实基础。

各地要根据财政部、国家发展和改革委员会、农业部、国家税务总局、国家林业局《关于发展生物能源和生物化工财税扶持政策的实施意见》（财建〔2006〕702号）（以下简称《实施意见》）和财政部《生物能源和生物化工原料基地补助资金管理暂行办法》（财建〔2007〕435号）（以下简称《暂行办法》）的要求，按照林业发展“十一五”和中长期发展规划的布局，加快建设能源林基地。根据《实施意见》和《暂行办法》对原料基地建设的要求，各级林业主管部门要积极主动同财政部门做好原料基地建设项目中央财政补助资金申报工作。指导建设单位编制好《林业生物质能原料基地建设项目实施方案》（以下简称《实施方案》），省级林业主管部门对建设单位《实施方案》审核通过后，要及时同省级财政部门向财政部申报，同时报送林业局。各级林业主管部门要加强对原料基地建设的行业管理与指导，做好国家能源林基地财政补助项目的造林质量、科技支撑、资金使用及项目成果的监测、评估和检查工作，能源林基地建设项目完成后，林业局将组织验收，确保能源林基地建设成效。

在加快林业生物质能源发展的实践中，林业局与中国石油、中粮集团等国有大型企业开展了发展林业生物质能源的战略合作，充分利用国有大企业的资金、技术与开发利用优势，加快推进能源林基地建设，积极探索从原料培育、加工生产到销售利用的“林油一体化”、“林电一体化”林业生物质能源发展新模式。各地要积极发挥林业行业特点，努力创新林业生物质能源发展模式，鼓励和支持各种所有制经济主体参与林业生物质能源的开发利用。

4）加快建立林业生物质能源资源培育开发科技服务体系

林业生物质能资源培育开发是一项技术密集型的高技术产业，目前从事林业生物质能源科技研究人员十分匮乏，技术研发还很薄弱。各地要把林业生物质能源的技术研发和自主创新作为林业科技发展规划的优先领域，保障科研经费，集中力量加强对优质速生高产能源植物的选育、栽培、林业生物质能源的高效转化和综合利用等技术攻关，尽快突破制约林业生物质能源发展的技术瓶颈。国家在中长期科学和技术发展规划纲要中已将生物质能源开发利用列为优先主题，“十一五”期间，林业局将优先实施主要能源树种丰产栽培技术和开发利用技术科研项目。各地要根据本地区林业特点与优势，支持开展发展潜力明显的能源林树种良种选育、丰产栽培和加工利用技术的科技攻关及推广应用，切实提高林业生物质能源科技水平。

林业生物质能源是林业发展的新领域，要以生产促进科技，以科技提高生产。各地在能源树种良种繁育、资源培育、开发利用等各个环节，都要确定科技支撑，明确科技支撑任务与目标，制定相应的科技支撑方案。通过能源林基地项目建设，逐步建立起林业生物质能资源培育开发技术服务体系，真正使林业生物质能资源培育开发依靠科学技术进步，实现资源培育、开发利用产业化。

5）切实加强对林业生物质能源工作的领导

各级林业主管部门尤其是主要领导同志，要充分认识到林业生物质能源将是现代林业建设的新亮点、新生长点。要抓住国家高度重视发展可再生能源的重要战略机遇，切实加强对林业生物质能源工作的领导，保障人员经费，建立和完善机制，强化管理职能，提升行业指导水平。要加强宣传、主动协调，主动服务，引导企业积极参与林业生物质能源培育开发。各级林业行政主管部门要主动当好政府参谋，积极争取相关部门的参与和支持，共同推动林业生物质能源发展。

三、中国林木生物质能源化利用状况

目前，中国在林木生物质能源开发利用方面尚处于刚刚起步阶段，大都在进行试验和示范，尚未开始实质性的产业化。

（一）油料能源林的开发利用

我国在应用农作物开发加工生物乙醇方面已有一定规模，但是在研究开发油料能源林生物柴油、生物乙醇方面大多还处在试验研制阶段。

我国林木生物质柴油开发利用发展较快，一部分科研成果已达到国际先进水平。一些科研院所和高等院校积极进行了能源植物的开发，已选育出几种含油量高、适应性强的木本燃料油植物新品种，并进行了一定面积的示范推广，在木本燃料油转化生物柴油技术方面也已具备良好基础。目前利用小桐子、黄连木和光皮树种子转换生物柴油技术已相对成熟，并有少量生产。

生物乙醇是近年来最受关注的石油替代燃料之一。目前基于粮食淀粉的生物乙醇已基本实现规模化生产，世界各国都将各类植物纤维素（包括速生林木、林业采伐及加工剩余物、农作物秸秆等）作为可供使用生产燃料乙醇丰富而廉价的原料来源，其中利用木质纤维素制取燃料乙醇将是解决原料来源和降低成本的主要途径之一。中国自 20 世纪 50 年代起，先后开展了生物质化学酸水解、纤维素酶水解法的研究和实践。在不久的将来，利用木质纤维素生产生物乙醇将有望实现大规模生产。

我国含油植物资源丰富，分布范围广，共有 151 个科、1553 种含油植物，其中种子含油率在 40%以上的植物有 154 种，但是可用作建立规模化生物质燃料油原料基地的乔灌木种却很少；能利用荒山、沙地等宜林地造林的可以集中成片建立规模化良种基地的生物燃料油植物较少。

中国林业科学院对我国可以作为生物质燃料油的主要木本能源植物的资源分布、生长及利用状况进行了调查研究和良种选育，在现有资源的基础上建立了原料供应基地和良种繁育基地，对木本能源植物的生物学特性和经济性状进行研究，与有关企业合作，对能源植物的性能、生产工艺、技术设备进行系统配套研究。他们与生物能源公司合作应用黄连木种子生产生物柴油的项目已通过国家经济贸易委员会组织的鉴定；通过在国家林业局立项的“黄连木等能源树木良种选育与推广”项目，开展了全国黄连木和文冠果资源普查与优良类型的选择，重点对全国 19 个省（市）42 个地区 53 个县的黄连木分布进行了调查，对陕西、河北、安徽、河南等省进行了重点调查，并对黄连木优良类型、商品性状进行了研究；同时对 11 个省（区）的文冠果分布区进行了调查，并在主要分布区进行了优良类型的选择。现阶段，他们正利用他们所开展的社会林业工程的全国网络，进行我国主要燃料油木本植物资源的普查、优良类型选择与示范基地的建立工作。

四川长江造林局与四川大学生命科学院合作已从麻疯树果实中提取并加工出与柴油相近但更加环保的生物柴油、生物农药、生物医药。其中对生物柴油进行的一系列实验结果表明，这种新型燃油可适用于各种柴油发动机，并在燃点、凝固点、含硫量、一氧化碳排放量等关键指标上均优于国内 0 号柴油，接近欧洲 2 号柴油的标准。经测试，野生麻疯树果实的含油量最高达 50%，超过油菜和大豆等常见油料作物。目前，人工种植经营麻疯树，每亩地平均可产果实 100～

300kg，可提取加工出约 30～100kg 燃油。

湖南林业科学院对光皮树、绿玉树等油料树种的筛选、良种选择、培育及其加工工艺和设备进行了较多研究，并取得了阶段性成果。

（二）木质能源林的开发利用

我国在开发林木生物质成型燃料方面，已有几十年的研发历史，一批小型高温成型加工设备已在生产中应用，这是我国当前开发利用林木生物质能源比较成熟的技术方式。根据对木材加工剩余物和沙生灌木进行的常温致密压缩成型试验和成型后的燃烧试验表明，对原料的处理要求简单，原料粉碎的颗粒度在 20cm 以下、含水率在 20%以下便可压缩成型，其成型的能耗低，而且成型燃料（木质煤）替代燃煤不需要对原有炉灶进行改造，可直接使用。应用林木生物质直燃发电是当前提高资源利用效率比较成熟的产业，目前国内已有多家企业开始建设林木生物质热电联产厂。

我国生物质直接燃烧发电技术比较成熟，已开始进行示范生产。一批林木生物质发电项目正在兴建，不久将会投入运营。在国家政策的鼓励下，企业开发林木生物质能源的积极性日益增加。中石油、中海油等国家能源龙头企业看好林木生物柴油发展潜力，在四川、云南、海南和贵州等地投资开展小桐子资源培育和开发工作。菲菲森旺等一批民营企业也已开展林木生物柴油原料林培育和开发工作。国能生物发电有限公司已经陆续在山东省单县、黑龙江省庆安、湖北省红安等地投资建设以林业生物质为主要燃料的生物发电厂。

各地发展林木生物质能源的积极性也正在显现。云贵川等省区近两年大力培育生物柴油小桐子资源，小桐子种植面积已达万余亩。河北、安徽、陕西等地在黄连木油料能源林培育技术，湖南等省在光皮树油料能源林嫁接丰产培育技术上都已取得了积极进展。山东、湖北、黑龙江、内蒙古等地也在积极开展能源柳、灌木能源林营造工作。

当前，随着国家对生物液体燃油替代石油的重点关注，林业油料树种如小桐子、黄连木、光皮树等培育开发步伐进一步加快，可以预计，林木生物柴油开发必将取得突破。

四、中国林木生物质资源及能源化利用存在的问题

（一）资源问题

尽管我国林木生物质能源种类资源十分丰富，但缺乏长期、系统、深入的研究，特别是对生物质能源收集、加工利用的成本以及能源平衡研究不够。实际上，虽然林木资源潜力巨大，但是可规模化利用的资源量少，分布分散，收集和运输困难，费用十分高。在科研机构投入人力、物力进行研究取得初步成果的时

候，未得到企业界的响应，因此很难形成规模效益。

生物质的用途不同，使生物质有不同的价值。同一树种，作为能源林的价值与作为经济林的价值可能差别很大，同时缺乏统一的转换系数和方法，造成了进行比较的困难和不可靠性，因此统一确定林木生物质利用的经济性是十分困难的。

在能源林建设上，目前比较突出的问题是：

1. 总量不足，尚不能满足燃料需求

尽管我国现有能源林数万公顷，且呈增长趋势，但是从比例上来讲，比重较小。从总量上来讲，面积也较小，薪材产出还不能完全满足当地，尤其是农村地区的燃料需求，能源林建设势在必行。有研究表明，能源林至少应供应薪材的28%以上才能基本满足当地的燃料需要，缓和薪材的供需矛盾。把28%作为供需比的临界点，供需比大于或等于28%，可认为薪材的供需矛盾比较小，而小于，则认为能源林的需求量有较大缺口。全国薪材资源量小于薪材消费量的省区有山西、山东、浙江、安徽、江西、江苏、湖北、湖南、河南、广东、广西、贵州、云南、四川、陕西、甘肃、青海等。特别是西部地区，由于其经济和社会发展状况的原因，对能源林的需求依赖更是重要。有资料显示，西北地区（川、陕、晋、甘、青、宁、新）现有薪材资源可开发量3500万吨，到2010年能源林面积增加225万hm^2，按每公顷产薪材7500kg，则产薪柴为1700万t，两者合计5200万t，而实际需要预计将达到6400万t，供需差额为1200万t，折合能源林的面积约为155万hm^2。可见，能源林建设虽然发展迅速，但仍不能满足对林木生物质能源的需求，能源林要真正发挥好它的能源库的作用，仍需要加快建设步伐。

2. 能源林经营理念存在问题，逆行演替严重

能源林建设的重要一点是要突出永续循环利用。而实际上在供求矛盾压力下，“焚林而猎，涸泽而渔”这种只顾眼前不看长远的做法在各地有不同程度的存在。

近年来，我国广大地区社会经济呈较快发展趋势，尤其是乡镇中小企业迅速兴起。工业对木材的需求大增，计划采伐量未能满足社会需求。如商品性薪材需求量骤增，供应紧俏。在高质量的可主伐林分不继的情况下，一些地方开始对中龄林进行采伐或对中、幼林择伐等，直接造成了后继林分生产力和质量降低，产生恶性循环，加剧供需矛盾。

在一些地方由于习惯和条件限制，存在忽视能源原料林后续资源培育的投入，未能合理适度地采伐、更新和永续利用，能源原料林资源匮乏。人们转而对天然阔叶林、次生林进行过度采伐乃至滥伐，成为天然林保护工程的一大隐患。

掠夺式的反复樵采，导致稳定的植物群落良性循环受破坏，水土流失加剧，土壤肥力下降，林分生产力锐减，发生逆行演替。

3. 能源林进入市场体系尚有差距

就能源林自身发展的角度来看，从单一取薪材到全林综合利用，本身是薪炭林自我经济支撑的一种方式，是林业产业发展的需要。但是现阶段，我国能源林的市场化程度还比较低。经营上，生产、采伐的自主性不够，指标化的程度较深。能源林流通环节价格体系不健全，地方性差异大，寻租现象比较严重。纵向来看，能源林的效益已大大提高。横向比较，无论是用材林、经济林的经营，还是其他商品能源开发，效益都比薪炭林高得多。薪炭林林地立地条件较差，薪材不便运输，堆放占用场地大，燃薪是低档次的能源利用等。这种种缺陷使能源林市场竞争力较弱。

（二）技术问题

开发利用林木生物质能源的技术同世界先进水平相比还存在一定的差距，特别是在技术设备的产业化和商业化生产方面的差距较为明显。目前国外有些技术基本上实现了工业化生产，如大中型沼气工程和直接燃烧木材发电供暖技术等。中国目前处于产业化的前期，许多停留在示范阶段，同时缺乏相应的技术和产品标准、规范。

由于林木生物质资源分散，收集手段落后，我国的生物质能利用的产业化规模很小，离大规模产业化尚有一段距离；设备管理水平差，设备利用率低，转换效率较低。

生物质能中的关键技术还未能完全解决，如厌氧消化产气率低、气化利用中的焦油问题、沼气发电与气化发电效率较低等。

（三）政策问题

由于林木生物质能源的开发目前还是一个新生事物，政府还缺少关于林木生物质能源的专门立法，相应的运行机制和促进政策还不够完善，一些政策效果还未得到充分的发挥。例如，虽然国家已出台生物质发电补贴 0.25 元/kW 的政策，但仍缺乏具体的实施细则和协调机制；对于农林废弃物混燃量小于总热值 80%的情况，国家规定不给予补贴，限制了混燃技术的推广应用。

（四）其他问题

对林木生物质能源的开发利用，除了资源、技术和政策方面存在一定的障碍以外，也需要考虑融资环境、市场潜力和政府引导的力度，以及公众环境意识与用户消费倾向、信息传播等方面。由于林木生物质能源基本上还是非商品能源，在市场渗入过程中需要克服很多障碍，如机会成本、生产成本、竞争产业等。当前林木生物质能源资源培育与加工企业建立也存在一定程度上的冲突，一些专家认为应该在加工厂附近就近培育能源林，而加工企业则认为目前没有能源林的地区不适宜建厂，这也大大制约了林木生物质能源加工企业的数量。另外虽然林木生物质能源相对于矿物燃料而言是典型的清洁能源，但是若大规模开发利用生物质能源，也必须注意保护生物多样性，保护自然风景区和环境敏感区，同时还要严格控制废水和废气的排放。

五、中国林木生物质资源及能源化利用发展趋势

（一）快速发展林木生物质能源时机已经成熟

大力发展林木生物质资源和开发利用林木生物质能源，是贯彻落实《可再生能源法》和促进实现小康社会的重要战略举措。具体表现在：一方面林木生物质能源在替代化石燃料，缓解我国能源需求压力，为国家撑起较大份额的能源补给方面具有重要的战略意义，而且随着经济的持续发展，其作用和地位将更加突显；另一方面在促进林业建设的全面健康发展，吸引农民投身于荒山造林绿化中，并将其作为创造经济收入的途径之一，在解决“三农”和林场职工脱贫问题中可以发挥不可替代的重要作用。

（二）我国林木生物质资源丰富，条件优越

我国林木生物质能源资源培育的宏观条件优越，各地有比较成熟的能源林培育模式和方法，能源林树种类型多、生物量大，可利用量将成倍增长。

我国每年现有可获得的林木生物质资源总量约8亿～10亿t，其中，可作为能源利用的生物量为3亿t以上，可替代2亿t标准煤。按照目前森林资源的自然增长、人工林营造速度和森林经营水平不断提高来计算，预计到2010年，我国每年可利用量将增加到8亿t，到2015年和2020年，每年可利用量将超过10亿t。

按林业区划类型区的自然、经济、人口和社会发展因素分析，东北及内蒙古林区、华北和中原地区、南方林区和华南热带地区是木质和油料能源林培育的优先区域，可以营造相思树、铁刀木、桤木、大叶栎、枫香、柳树、杨树、丛桦、胡枝子、沙柳、柽柳、沙棘、柠条等乔灌树种，发展乔灌混交的木质能源林，或营造油桐、麻疯树、乌桕、油翅果、文冠果、黄连木、棕榈等油料树种能源林。北方和西北干旱、半干旱及水分条件好的地区是培育灌木能源林的主要区域，可营造沙柳、柽柳、沙棘、柠条等灌木树种，发展以灌木为主的木质能源林。

（三）进一步培育国内外已有的一些比较成熟生物质能源开发利用技术

能源树种的遗传改良在我国还是一片空白，它在整个生物质能源开发中的地

位应加以探讨。当务之急是先为各生态区选定一批能源树种，开展种内相关性状的遗传变异研究。了解改良的潜力，确定改良的策略，进行群体改良，而非改良单一树种。除与能量直接有关的性状外，抗逆、广适和强生长势及高生产力依然是研究改良的重点性状。研究必须与能源转换技术开发结合，深入认识生物质材料的化学和物理性能与未来能转化产品的产量、质量及最佳转化技术的关系。同时还要找到快速、高效评价生物质原料能量的技术，把市场、实用性和比较效益作为研究的起始点和落脚点。

在有条件的地区，结合能源林建设，建立集约经营的能源林培育、林木生物质成型燃料的生产到发电、供热的大规模能源生产基地，实现热电联产一体化。同时，对有灌木资源而又没有进行其他开发利用的林场或区、县（如土地沙化比较严重地区），建立分布式小规模（投资小）生物质致密成型燃料生产厂，除解决当地的燃料问题以外还可以给附近的城镇供应代替煤炭的生物质致密成型燃料。

在油料树种资源丰富和发展潜力大的地区，可在积极发展油料树种的基础上，开展生物柴油加工技术。利用林木生物质纤维素开发生物质液体燃料具有广阔的发展前景，但是还需要在技术和设备上有新的突破后再积极发展。

（四）我国许多地区开发林木生物质能源可行性明显

随着社会经济的发展，在大多数地区，大多数生物质能源项目具有可行性，成为产业发展的条件基本成熟。林木生物质能源发展的市场可行性、资源可行性、技术可行性、经济可行性和社会生态可行性均已具备，主要表现在：一是我国目前基本具备了生物质能源产业发展的宏观条件和地区条件。预计我国林木生物质能源产业化将经过试点、实验、零星生产活动阶段，项目建设阶段和成熟的产业发展阶段三个步骤实现，估计大约经过5年左右的时间，其产业发展所需的资源、市场、技术条件逐渐成熟。但是我国林木生物质能源产业化发展尚处于起步阶段，还需要国家法律、政策、资金和技术等各方面的支持。只要上述条件具备，就能快速走出一条以林木资源发展和利用产业化与新型能源工业化结合的解决“三农”问题的新路子。二是具有规模化培植林木生物质能源林的土地资源优势和劳动力条件。我国目前还有5700万 hm^2 宜林地和近1亿 hm^2 边际土地资源，可以通过发展一定数量的能源林，达到实现绿化和提供能源的双赢目标。这些地区的剩余劳动力丰富且较为廉价，通过发展能源林可以就地消化。三是我国具有发展林木生物质能源的社会和消费需求。

（五）林木生物质能源发展目标

林木生物质能源发展目标是：以国家鼓励发展生物质能源为契机，充分发挥林木生物质能源的特点与优势，力争使林木生物质能源在国家生物质能源发展目标中占有更多的份额，为国家能源发展助力。

根据目前转化技术的成熟度、市场需求及产业化进程，“十一五”期间主要开展林业生物质能源示范建设，加速能源植物品种的遗传改良，通过大力培育油料能源林和木质能源林资源，为林木生物柴油和生物发电提供稳定、经济的原料，积极推动林木生物柴油和林木生物质直燃发电示范开发，加大极具发展潜力的植物纤维素转化燃料乙醇开发技术的研发力度。同时，通过发展林木生物质能源，进一步提高森林覆盖率，改善生态环境，促进山区农民脱贫致富，为我国林业发展和建设社会主义新农村做出应有的贡献。

发展林木生物质能源的布局重点是重点对麻疯树、黄连木、文冠果、光皮树、乌桕、油桐等主要木本燃料油能源树种进行良种化，加快现有低产低效林改造和丰产栽培示范。

六、发展我国林木生物质能源的讨论

目前，我国生物质能利用取得了很大成绩，但总体看，我国生物质能开发利用仍处在发展的初期阶段，还存在许多问题，主要是资源不清楚、技术不成熟、政策和市场不完善等。

（一）成立专门的管理机构，为林木生物质能源开发利用提供组织保障

鉴于林木生物质能源的产业化需要多部门的参与和支持，可以借鉴巴西的做法，在国家层面成立综合性的管理机构，负责与相关部门协调基地培育、税收政策、收购政策、企业准入等方面的工作。

（二）制定林木生物质能源发展战略规划

林木生物质能源的发展目标需要依据不同的内容、不同的项目并结合国内现有的林木生物质资源的状况和潜力，制定短、中、长不同时期的发展目标。生物质能源的大规模工业化生产必须要有足够的资源作后盾。要对我国可供利用的林木生物质资源存量、分布状况、后续发展潜力等进行深入研究评价，并在此基础上尽快制定科学的能源林培育规划和林木生物质能开发利用规划，并认真落实和执行规划，按照规划既定的目标任务和具体实施方案，扎实工作。根据我国不同区域的发展规划，充分考虑能源林的利用目的，结合生物质能源产业发展布局，加快建立生长速度快、生长量大的能源林基地。

为保证长期稳定的资源供应，需要政府根据不同时期的需要，确定鼓励投资的重点领域。由于我国不同地区地理位置、气候环境等的差异，林木生物质能源资源的分布也不同。适合直燃发电的灌木主要分布在西北各省区和山东等地；而南方地区的森林抚育间伐材也是发电和生产颗粒燃料的资源。但是目前生物质能发电的主要原料为农业秸秆，木质能源的利用尚少。从目前的资源情况看，中国

林木生物质能源发电的潜力较大。而以林木种子转化生物柴油的工作虽然在中国也是刚刚起步，但中国可开发利用的树种和宜林地资源的潜力是很大的。目前，国家林业局已经确定优先发展小桐、黄连木、光皮树、文冠果等油料树种。目前云南、贵州、四川等省都在适生分布区开始进行小桐子优良品种的选育和扩大种植。鉴于此，国家和省级林业主管部门应在深入调研的基础上，根据现有林地资源和当地社会经济发展状况，制定切合实际的林木生物质能源发展目标和规划，包括资源培育、生物柴油厂和发电厂的布局以及开发利用技术的推广和深入研究等。

（三）加大政策扶持力度，积极培育市场

国家应对林木生物质能源资源培育予以专项资金扶持。

林木生物质能源要实现产业化应用，降低林木生物质能源的制取成本是关键。原料价格对林木生物质能源的经济性起着第一位的作用。因此在发展林木生物质能源的起步阶段，国家应给予必要的专项资金扶持，引导能源林的定向培育。开发利用林木生物质能源是一个新生事物，在中国尚处于起步阶段，因此迫切需要政府的支持和引导。在资源培育、良种选育、转化利用、政策扶持、产业化模式等方面都需要进行试点示范以摸索经验。在中国，林木生物质能源发展的主要制约因素是原料短缺和收集成本过高。

目前的情况是，企业寻找有原料林基地的地方建厂，地方和老百姓又等待企业建厂后再发展原料林，处于互相观望和等待状态，制约了林木生物质能源的发展。因此需要政府采取相应的措施推动，一是建立能源林发展的专项资金，鼓励和引导地方和企业进行原料的规模化培育；二是通过税收、补贴、配额等政策手段鼓励和扶持生物质能源发展；三是制定相关的技术标准；四是促进产、学、研的结合，充分转化利用最新的科研成果，提高科技创新能力，进而增强林木生物质能源在国际上的竞争力；五是推进公司＋农户＋科研单位的开发利用模式。生产企业与农户和科研单位分别签订合作协议，由企业提供树苗、一定的生产扶持资金和技术辅导等，引导农民种植能源林，并负责以最低保护价收购；农户负责按照企业的要求，培育种植能源林；大学等有关科研单位成立专门实验室，研究能源林丰产技术和改进转化利用的工艺，从而提高产量及迅速开发出适销对路的产品，形成紧密的产、加、销一体化的经济实体。随着我国林木生物质能源林基地的建设和发展，可以借鉴巴西和欧洲国家的做法，制定生物质能源的生产配额和消费配额，通过政府手段刺激林木生物质能源的生产和消费，促进林木生物质能源的产业化进程。

目前我国缺少关于林木生物质能源的专门立法，也缺少相应的运行机制来达到既定的目标，不能确保政策的效果得到充分的发挥。可以借鉴德国、瑞典在实践中已经证明是有效的政策措施和成功经验，结合我国的实际情况，研究制定市

场经济体制下能够推动我国生物质能源快速发展的有效措施和激励政策。出台并实施绿色电力信用证制度及配额管理政策等，以解决目前我国生物质发电、供热等可再生能源电力上网困难及上网电价低的问题。由于生物质能开发利用在增加能源供应、保护环境的同时，还将直接带动农村经济的发展，改善农村生产生活条件，有效增加农民收入，是解决“三农”问题的有效措施。因此，国家要从能源发展战略和解决“三农”问题的高度出发，制定明确的促进生物质能资源培育的政策措施，给农民一个合理的生物质收购价格，这样既可以有效增加农民收入，调动农民的积极性，又可以促进生物质能源发展。

林木生物质能源在进入市场过程中需要克服很多障碍，如机会成本、生产成本、竞争产业等。作为一种清洁能源，在其产业化发展初期，政府应加大市场引导力度。尤其是目前我国林木生物质能源还缺乏相应的技术和产品标准、规范，政府应首先组织相关部门制定全国的生物燃料生产标准和质量标准，为其进入市场创造条件。

（四）把林木生物质能源的开发与国家的可持续发展目标结合起来

巴西和印度把林木生物质能源的产业开发与农村地区的可持续发展、区域间的平衡发展、社会弱势群体的扶持等问题统筹考虑，制定综合性的产业开发政策，收到了良好的效果。我国在推动林木生物质能源产业化进程的过程中，也需要将其与林业的可持续发展、新农村的建设，以及扶贫开发等方面结合起来，在国家可持续发展目标的框架下制定相关政策和规定。

（五）重视生物质能源的原始创新研究

要加快林业生物质能源的发展，必须要高度重视相关基础理论与转化利用的高技术研究，加大支持力度，提升原始创新能力和水平。重点开展生物质能源化学、木质纤维原料化学和生物转化等基础研究；培育高效能源林木转基因新品种，研究优质能源化丰产林培育技术、林业生物质能源高效转化技术，加强生物质合成生物柴油，生物质直接液化、间接液化和生物质纤维素制取乙醇燃料等创新研究，为生物质能源发展提供坚实的基础理论和创新技术支撑。

（六）加强共性技术的集成研究与开发

对于生物质能源发展的关键共性技术问题给予足够重视和持续支持。如能源林优良品种培育技术，规模化能源林培育与经营技术，能源林低成本采收、及时削片与储运等成套技术和设备；林业生物质能源热解气化、液化和成型等高效转化利用技术及设备研发等应予以重点支持。深入开展木质原料的乙醇制取技术研究，通过自主创新取得该领域的重大突破，获得自主知识产权，通过不断加强科学技术的研究与开发，切实推进林木生物质能源的快速发展。

在生物质液体燃料发展方面，应该大力发展油料能源林。生物质燃料油产业近十几年来已成为一个全球性的新兴产业。目前多数国家是以油料作物或食用油所产生的废油为原料，而我国人均耕地不到0.1hm^2，要完全以农产品为原料生产生物质燃料油并不现实。但我国广大的山区以及沙区、干旱河谷地区等劣质土地，均可栽种生物质燃料油原料的乔、灌木油料植物，以发展生物质燃料，在这些地区发展生物质燃料植物不仅可以为我国的生物质燃料油工业提供丰富的可再生原料，还可改善生态环境，增加农民收入，并为促进农民增收和农村小康社会的建设提供一条新的途径。生物质燃料产业的发展方向应该将发展生物质燃料与振兴山区经济和改善农民生活相结合，采用小型、分散、统分结合的模式发展。能源林业与新兴能源工业的有机结合，使之形成生物质产业链。发展生物质燃料产业的社会、环境和战略价值远大于经济价值，它将引导一条具有中国特色的林业工业化之路。以生物质燃料生产为基础的新型林业是林业与工业协调发展的必然产物，它必将为减少石油进口和温室气体减排做出贡献。

要发展我国的生物质燃料产业，应该加强对生物质燃料油树种的调查和品种选育，建立生物质燃料油原料基地与良种繁育基地，在此基础上，对其油料性能、生产工艺、技术、设备进行系统配套。

（七）强化引进、消化吸收再创新

加强与生物质能源发展较快的国家合作，积极引进生物质能源优良品种和先进转化利用技术，利用国外援助资金和国内研发经费，进一步强化引进、消化吸收再创新。通过开展国际合作研究，在速生能源林集约经营与机械化收割、削片、储运，在生物质气化技术、液化技术、焦油裂解技术等转化技术和设备开发方面尽快取得突破，以快速提升我国生物质能源开发的技术水平和产业化能力。

（八）开展规模化生产技术研究与试验示范

生物质能利用的技术途径很多，技术的成熟程度也不一样，除生物质转化利用技术本身之外，还要重视对生物质能源发展相关领域进行拓展性研究。根据技术需求的紧迫性和限于环境条件的制约性，当前首要的是要结合我国实际，通过科技攻关和技术引进区分不同情况进一步加强林业生物质能源相关技术的研究开发与试验示范，为我国林木生物质能源快速发展提供强有力的科技支撑。应重点研究速生丰产能源林培育技术和生物质热化学、生物化学转化、物理利用等三个方面的高效转化利用技术，包括固体成型、热解气化（发电、热电联供和气炭联产等）、液体燃料（尤其是车用液体燃料）等。针对生物质资源分散、收集困难的特点，应大力开展小型生物质利用设备的研制和推广，因地制宜，建立分散、独立的生物质能源系统。

要集聚优势资源深入开展规模化、区域化的生产、供应和应用等系统性研究与试验示范，重点以生物质液体燃料、快速热解生物油、生物质热解气化（发电、热电联供等）、成型燃料等主要产品为龙头，建立起具有一定规模的生物质能源示范生产线，为规模化、产业化发展生物质能源奠定基础。

利用生物质原料制取液体燃料的技术在世界上已有许多实践和成功的例子。我国应加大对麻疯树、黄连木、光皮树等高油林木的开发利用，加强林木生物柴油的生产技术研发，开展规模化、低成本的生产试验和示范，以实现石油的部分直接替代。

生物质成型颗粒既可在城市分散供热方面代替煤炭，也可以在农村地区作为农民的基本生活燃料，还可以在大型发电燃煤锅炉中与煤混合燃烧。目前，生物质固体颗粒成型技术是相对成熟的，燃烧生物质颗粒的锅炉技术也是成熟的，主要问题是缺少市场需求，要通过政府支持培育市场，尤其要面向广大农村和小城镇，研究开发低成本的小型颗粒成形设备和使用木质颗粒燃料的节能气化炉，使林业废弃物转化为生物质固体颗粒，满足基本生活能源需要。同时选择一些地区将燃煤锅炉改造为燃烧生物质颗粒的锅炉，并建立相应的生物质颗粒加工厂，为生物质颗粒燃料锅炉提供颗粒燃料，初步加大生物能源的供应能力。

林木生物质快速热解技术在国内外已经比较成熟，被国际上认为是生物质能源领域最具发展前景的利用技术，具有其他利用方式不可比拟的优点。特别是在热解油替代苯酚改性酚醛树脂方面，北京林业大学经过多年的研究，实现了全油替代55%苯酚以上，制备的热解油-酚醛树脂储存期30天以上，在国际上独具一格，具有明显特色，在热解油高附加值利用上走出了一条新的途径，具有显著的经济效益。应该重点推进其产业化示范。

（九）加快建立林木生物质研发中心，培养创新团队

林木生物质能源转化利用是一个新兴产业领域，提高资源转化效率和产品使用效益、降低生产成本是生物质能源发展的关键技术瓶颈，而突破技术瓶颈的关键在于人才。因此建议在现有基础上集聚优势力量形成林木生物质研发中心，加强林木生物质能源研究开发的科研条件和能力建设，创新管理运行机制，构建开放、协作、高效的创新平台，鼓励多学科、产学研联合攻关，加快研发进程，提高研发技术水平，加快培养创新团队，为提高林木生物质能源转化技术研发水平提供人才保障，以适应我国生物质能源发展的需要。

（十）进一步加大财税优惠政策

国家应对开发利用林木生物质能源实施财政贴息和税收减免政策。我国林木生物质能源的生产和开发利用刚刚起步，与发达国家尚有较大的差距。为鼓励企业和民营资本进入林木生物质能源领域，参照国外发展经验，国家应当对开发利用林木生物质能源实行贷款财政贴息和税收减免政策。

从世界各国的经验看，运用财税政策解决能源和环境问题的主要手段有价格政策、税收和收费政策、补贴政策等。这些经验对于我国发展生物质能工程很有借鉴意义。财政作为促进生物质能源发展最重要的政府激励制度之一，给予适当的财政投资或补贴，保证投资主体合理的经济利益，是发展生物质能的动力，是激励投资主体扩大生产规模的关键因素。同时也应注意，国家财税扶持政策也应限定支持对象、控制支持范围、把握支持力度，以引导产业健康有序发展。

1. 优惠政策

1）建立风险基金制度，实施弹性亏损补贴。生物质能是石油的替代品，石油价格波动会引起生物质能供求及价格变化。为化解石油价格变动的风险，为市场主体创造稳定的市场预期，应建立风险基金制度与弹性亏损补贴机制。当石油价格高于企业正常生产经营保底价时，国家不予亏损补贴，企业应当建立风险基金，当石油价格低于保底价时，先由企业用风险基金以盈补亏。如果油价长期低位运行，将适时启动弹性亏损补贴机制，对生产企业给予适当补贴。

2）原料基地补助。保障原料供给是发展生物能源与生物化工的前提。国家应鼓励开发冬闲田、盐碱地、荒山、荒地等未利用土地建设生物能源与生物化工原料基地。开发原料基地首先要与土地开发整理、农业综合开发、林业生态项目相结合，享受有关优惠政策。对以“公司+农户”方式经营的龙头企业，国家将视情况给予适当补助。

3）示范补助。生物能源与生物化工的发展最终要靠技术进步。国家鼓励纤维素乙醇等具有重大意义的技术产业化示范，以增加技术储备，对示范企业予以适当补助。

4）政府采购。在政府采购的安排中，可以适当向生产生物质能产品的厂商倾斜，在政府采购招标方案安排中多包含它们的产品，对生物质能产业或项目既可形成财力的注入，又可在社会上产生政府做出的示范效应，从而鼓励、刺激其发展。

5）促进生物质能项目资金的多元化。环保项目的最大特点是公益性强、见效慢、投资回收期长、回报低，很大程度上适合政策性银行来融资。因此，应从国家宏观政策和金融手段等方面支持国家开发银行等金融机构投资于环保项目。

6）鼓励社会中介力量参与环保项目实施。社会中介组织在项目咨询、技术论证、融资方案比选等方面发挥重要作用，要支持类似机构的发展，调动他们在组织项目实施中的积极性。

7）实施生物质能配额制。这种配额制建立在证书交易的基础上，用于提高生物质能源在电力产品上的使用。首先，国家以法律形式规定有效的绿色电源的种类。政府制定出各发电公司绿色电力的份额目标，要求绿色电力在总电力供应量中占有一定比例。其次，要求电网公司按零售电价的90%购买各发电公司提供的绿色电力。对于绿色电力高出常规电价的差价，实行经济优惠政策和全社会分摊原则，即在政府给予经济优惠政策支持的基础上，对于绿色电力仍高出常规电价的价差，采用消费者分摊原则，体现绿色电力的环境和社会价值。最后，设立一个客观公正的认证和监督机构，确保发电企业和电网企业能够切实可行地实施。

8）征收系统效益收费（system benefit charge，SBC）。从收费特点上看，这种收费类似我国征收的电力建设基金和三峡建设基金。系统效益收费是在销售的每度电价格的基础上额外征收一小部分（大约为基础电价的3‰左右）。征收该费用的目的是为了扶持目前还不能与常规能源竞争的可再生能源的发展，对所有电力用户具有强制性。这种收费往往通过基金的形式进行运作和管理。对于生物质能来说，系统效益收费扶持的范围应包括以下几个方面：一是支持生物质资源评估项目；二是用于生物质能制造技术和关键部件的研发；三是为生物质能大型建设项目（如生物气化发电站）提供长期低息贷款。

2. 税收政策

1）投资生物质能项目的税收优惠。在企业所得税中，除对以废气、废渣、废液和垃圾为原料生产的产品实现利润给予免税外，对投资生物质能项目的企业实行投资抵免和再投资退税政策进行鼓励，可以允许企业在所得税前的实现利润中抵扣一定比例的投资额，对企业用所得税后利润投资于上述项目的，退还其全部或部分已缴纳的所得税，以鼓励和引导更多的企业重视、参与生物质能的开发利用。要鼓励研制开发生物质能新产品，在生产初期给予一定时期的免税支持，对生物质能产品的生产者给予适当的税收减免补偿，对生物质能型固定资产允许加速折旧。即使是生产型外商投资企业，若不符合条件则不应给予减免优惠条件。对于科研单位和企业研制开发出来的新的技术成果及产品的转让销售所得收入，在一定时期内可以给予减免营业税和所得税的照顾。

2）改革资源税。我国现行的税制体系中基本上没有用来制约化石燃料消费的税种，从资源能源利用效率提高和节约以及解决环境污染问题的目标出发，建议一要在推进矿产资源、能源资源有偿取得制度的同时，着手建立资源、能源企业环境恢复保证金制度；二要尽快研究开征“燃油税”，开征后，在该税基础上征收“生态税”或“环境税”作为附加税。如暂时不能开征，可考虑在现行消费税中解决或设立新的“环境税”。对开采者所发生的环境保护或恢复支出在计税时给予扣减；三要整合并逐步消减国家对煤炭、石油的各类补贴，并采取配套措施防止价格上涨；四要建立经济增长率与能源利用率挂钩的约束机制，将能源利用率作为考核政府企业的重要指标。

我国是否应征收碳税还是一个值得商榷的问题。但是，各国生物质能产业发展的经验证明，在产业发展初期，对生物质能征收较低的税收对整个产业发展是有利的。因此，我国应继续实施现有的减免税政策，但运作方式应加以改进。现阶段生物质能发电成本较高，征收增值税后的上网电价将更高。另外，生物质能发电不消耗燃料，没有进项税或进项税少，增值税不能抵扣或抵扣很少。因而可再生能源发电的增值税实际征收额远远高于常规能源发电。建议实行与小水电一样的增值税税率，即6%。

（十一）要处理好两个关系

1. 处理好粮食安全和能源安全的关系

首先，粮食安全和能源安全有统一性。前几年农民种粮的积极性不高，主要是粮食价格太低，甚至低到种粮亏损的地步。要提高农民种粮的积极性，必须有市场拉动。如果粮食只作食物，市场容量有限。如果既作食物，又作能源，市场容量将拓展1/3以上，从这个意义上讲，发展能源农业将是促进农民增收、调动农民种粮积极性的有效措施。其次，粮食作物和能源作物有很大的互补性。能源作物种类较多，这些作物都是高产作物，既能满足粮食安全的需要，又是很好的能源作物。如果粮食丰收，小麦、水稻的陈化粮可用来生产酒精。如果粮食歉收，可将玉米、甘薯、马铃薯等能源作物转为粮食作物。第三，能源农业开发的领域很广，可以做到不与或少与粮食争地。利用养畜场粪便，农产品加工企业的废水、废物开发能源，既能增加农民收入，又为粮食生产提供优质肥料，是生产清洁能源、促进粮食生产、保证粮食安全和能源安全的双赢举措。

2. 处理好市场配置资源机制和国家扶植的关系

为促进能源农业的健康发展，国家应给予必要的扶植。但是仅靠国家的扶植，不依靠市场的力量和企业的积极参与，形不成发展能源农业的大产业。特别是要吸引民间资本进入能源农业，以使能源农业具有较大的活力。为此，建议政府制定发展能源农业的相关产业政策，创造能源农业发展的环境。如制定排放标准，对环境友好企业给予激励政策，减排污染气体的企业可以得到补偿，超排污染气体的企业应受到惩罚。实施积极的投融资政策和税收政策，生物质能源企业可优先得到优惠贷款，生产清洁能源的技改项目可获得贴息贷款，生产清洁能源的企业可得到税收优惠，以弥补较高的生产成本。创建能源农业产业化科技园区，实行产供销一体化经营，创造良好的发展环境。

（十二）把规模化培育放在林业生物质能源发展突出位置

我国现有能源林资源丰富但比较分散，原料成本较高，不能满足林业生物质能源开发利用需要，必须实行规模化培育能源林。把能源林规模化培育放在发展林业生物质能源的突出地位，针对我国适宜培育能源林的宜林荒山荒地和边际性土地资源广阔的实际，根据土地资源现状和开发利用情况，超前谋划，尽早安排能源林培育工作。要结合天然林保护、退耕还林、速生丰产林、防沙治沙等国家林业重点工程，建设能源林基地，扩大能源林发展。

第五节　国际能源利用公约中有关林木生物质能利用的设想规划简介

联合国及有关国际组织机构对全球未来能源及环境问题给予了高度关注，并对未来的能源需求进行了预测和分析。为应对化石能源短缺及温室气体的排放问题，均强调指出了生物质能源的重要性。生物质能源占全球能源供应的份额将逐渐增加。

一、可再生能源——全球加强利用能源的公约

1992 年联合国气候及环境署里约热内卢环境与发展宣言强调了生物质能在 21 世纪的重要作用。公约建议：到 2050 年，可再生能源将占到世界电力市场的 3/5，直接利用的燃料市场的 2/5，全球 CO_2 的排放量将降到 1985 年水平的 75%。这种收益应在没有附加费用的情况下取得。公约要求生物质应提供全球直接利用燃料的 38%以及电力利用的 17%。

二、2020 年环境一致性能源公约

2020 年环境一致性能源公约（ECES）设想过去的技术经济结构改变的趋势将来在某种程度上应继续以经济及环境目的为优先。到 2020 年，世界一次能源供应量预计为 12.7 Gt，其中来自废弃物及其残余物、能源作物种植园及其农作物以及森林的生物能将占到 11.6%，这还不包括发展中国家传统使用的非商品生物能。

三、无矿石能源公约

无矿石能源公约（FFES）是绿色和平组织关于全球能源及气候变暖的研究中的一部分，其预言在 2030 年，生物质将提供全球一次能源供应（384 EJ）中的 24%（91 EJ）。

四、世界能源委员会的能源案例审查

世界能源委员会（WEC）对四种有关 2020 年全球能源需求的案例进行了审查，这四种案例的结论有相当大的差异，以生态为导向的案例低至 475 EJ，非常高的为 722 EJ，具有参考价值的为 563 EJ。在以生态为主导的案例中，传统

生物质能可提供全部能源供应的大约9%，与此同时，现代生物能则提供全部能源供应的5%，这等于24 EJ或者561Mt。

五、壳牌国际可再生能源

壳牌国际石油公司对本公约进行了分析：当新能源发展到相当程度，且与化石能源可比时，2020年后，什么将是最主要的新能源。2020年后，在其业务持续增长的情况下，可再生生物质能、风能、太阳能及地热能将成为能源的主要的新提供者，按其保守的设想，在需要较少的新能源的情况下，生物质能将是主要的能源提供者，而其他新能源则起较小的作用。

在2060年，全球总的能源需求量将超过1500 EJ（目前为400 EJ），生物质能将提供221EJ，占总需求量的14%，而其中179 EJ的能源将来自能源作物种植园，而不是传统的非商品生物能源；而太阳能和风能将分别提供260 EJ及173 EJ。按其保守估计，全球总能源的需求量低于940 EJ，其中矿石能源和核能将提供总能源需求的41%；生物质提供207 EJ（占总量的22%），而生物能源作物将提供157 EJ。作为其核心业务的一部分，壳牌国际石油公司至今已成立了“壳牌国际可再生能源”，在未来的五年内将对生物能及太阳能投入5亿美元。

六、政府间气候变化工作组的五项决议

为减轻气候变化，政府间气候变化工作组（IPCC）已经考虑过大量的可选择方法。在其所有决议中，都在未来能源供应中增加了生物质的利用。在其五项决议里都提出，在21世纪中，生物质能在总能源供应中将占越来越多的份额，2100年将达到25%～46%。在强化利用生物能公约中指出，在2100年，生物能将要提供总能源供应的46%，因而将大气中CO_2的含量控制在目前水平的目标将是可以达到的。每年CO_2的排放量将从1990年的6.2 Gt碳降到2005年的5.9Gt碳以及2100年的1.8Gt碳。以此推算，1990～2100年累计的CO_2排放量将为448 Gt碳，如不增加生物能用量，则累计的CO_2排放量将为1300Gt碳。

七、“世界能源展望”研究

国际能源机构（IEA）1998年进行了“世界能源展望”的研究，在其每年两次的展望报告中首次阐明了生物能在目前的作用及其未来的潜力。据估计，到2020年生物能将提供60 EJ的能源，其等于总能源供应的9.5%（目前生物能的供应量估计为44 EJ，其等于总能源消耗的11%）。

1995～2020年，生物能提供量每年的增长率为1.2%，而相比之下，常规能源供应量的增长率为2%。

从上述研究中可以看出：在2025年，生物能的贡献将为59～145 EG，而到2050年时，其贡献将达到94～220 EG。而目前，总的能源消耗量为400 EG，其中55 EG来源于生物质。预期生物能在未来的能源供应中将发挥巨大作用，这是因为考虑到与农业相关的几种主要因素。首先，在目前能源供应的构成中，生物质燃料能够或多或少地直接替代化石燃料。其次，由于可利用的不需要生产粮食的土地以及农业食品产量的继续增加超过了人口的增长率，所以潜在的资源量很大。第三，在发展中国家，由于人口的增加、都市化和生活标准的提高，对能源的需求在迅速增加。众所周知，预测未来能源需求和供应是困难的和不准确的。但是，从研究可明显得知，所有情况都表明，生物质可以作为一种现代化的燃料对将来能源的供应做出主要的贡献，同时作为一种传统的燃料发挥重要的作用，也就是传统与现代相结合的作用。在21世纪中，可贡献出多少生物能将取决于多种因素，而在目前阶段，预测所有这些因素都是困难的。

第五章　林木生物质直接液化技术

相对于其他林木生物质能资源转化利用技术而言，直接液化技术具有反应条件较为温和、转化效率高、产品可部分生物降解等特点，是近年来发展较快的一门新兴技术，具有较大发展潜力。本章首先介绍了林木生物质直接液化技术及其分类，对国内外研究状况及发展趋势进行了综述，然后从林木生物质主成分的反应、聚合与分解反应的竞争、液化溶剂的作用三个角度探析了直接液化的机理，分析了液化溶剂、催化剂、反应温度、反应时间、气相氛围及压力等直接液化的影响因素，然后对苯酚液化、多元醇液化以及超临界流体液化等典型的直接液化技术进行了较为详细的论述，最后总结了林木生物质直接液化产物制备生物质胶黏剂、模压材料、聚氨酯发泡材料、碳纤维材料等的应用情况。

第一节　概　　述

一、林木生物质直接液化技术简介

林木生物质直接液化技术是近年来迅速发展起来的一门新兴技术，它是指在化学液化溶剂的存在下，以常压或加压的方式将林木生物质由固态直接转化为液态混合物的热化学过程。通过直接液化技术可以将固态林木生物质大分子降解成分子质量分布较为广泛、具有反应活性的液态小分子，作为燃料或化工原料被使用，产品可以替代传统石化产品，用于制造胶黏剂、模压材料、发泡塑料、聚氨酯薄膜和碳纤维等。相对于其他林木生物质能资源转化技术而言，直接液化技术具有反应条件较为温和、设备简单、产品可生物降解等特点，具有较大发展潜力。

从工艺流程上看，林木生物质直接液化实际上是将生物质加一定的溶剂和催化剂等放在反应釜中，在适当的温度和压力下将生物质直接液化的技术过程。各种直接液化技术由于所选用的溶剂及催化剂不同，使得其反应温度、反应时间、压力等工艺参数都有所差异，但是其基本流程大体相同。图 5.1 为林木生物质直接液化基本工艺流程。

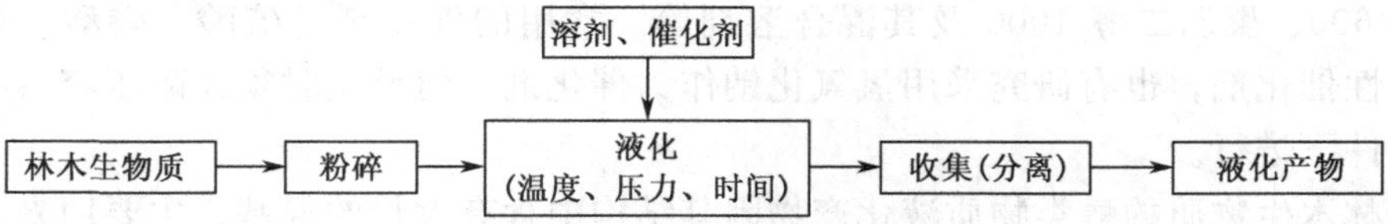

图 5.1　林木生物质直接液化工艺流程框图

从影响因素上看，直接液化技术中最重要的两个因素是液化溶剂和催化剂，液化溶剂的作用是提供一定的液化环境及条件以使生物质得到液化，而催化剂的作用则是促进液化反应的进行。目前，广泛采用的直接液化方法是利用有机化学液化溶剂（如酚类物质、醇类物质等），在酸性或碱性催化剂存在的条件下，将林木生物质进行常压或中高压液化。其中，最常用的方法是在酸性条件特别是硫酸或磷酸催化下，用苯酚作为液化溶剂进行直接液化。也有在酸性催化剂的作用下，以多元醇如聚乙二醇和甘油等为液化溶剂进行的直接液化。近年来，还有人将超临界技术引入到林木生物质的直接液化中，在高压条件下进行木材的快速液化。此外，对采用环碳酸盐作液化溶剂的林木生物质直接快速液化也有学者进行了尝试。

二、林木生物质直接液化的分类

不同种类液化溶剂的直接液化反应所采用的催化剂不一样，液化产物的利用途径也不尽相同。根据林木生物质直接液化过程中所采用的液化溶剂的不同，通常可将其分为以下几类。

（一）酚类物质为溶剂的直接液化

酚类物质直接液化是研究最多、发展历史最长的直接液化技术。酚类物质液化溶剂主要包括：苯酚、杂酚油、四氢萘和邻环己基苯酚等。常用的催化剂主要有硫酸、盐酸等强酸和磷酸、草酸等中强酸或弱酸。强酸做催化剂时液化反应容易进行，以中强酸或弱酸做催化剂时液化反应进行较慢且残渣率高。目前，用硫酸作为催化剂的苯酚液化是酚类物质为溶剂直接液化的主要形式，被许多研究者广泛采用。

以酚类物质为液化溶剂的直接液化产物通常用来制备酚醛树脂，其中包括可用作人造板胶黏剂的热固性酚醛树脂和用作其他用途的热塑性酚醛树脂。另外，也有用作模压成型材料的树脂基体，制备模压材料。还有研究利用其纺丝性能用来制备碳纤维材料。

（二）醇类物质为溶剂的直接液化

醇类物质的直接液化技术是继酚类物质直接液化技术之后发展起来的。醇类物质液化溶剂主要包括：乙二醇、丙三醇、聚乙二醇 200、聚乙二醇 400、聚乙二醇 600、聚乙二醇 1000 及其混合溶剂等。常用的催化剂是硫酸、磷酸、草酸等酸性催化剂，也有研究采用氢氧化钠作为催化剂，但反应时须在耐压容器中高温条件下进行。

林木生物质的醇类物质液化产物因其结构中含有大量的羟基，主要用来制造聚氨酯泡沫材料和聚氨酯胶黏剂等产品。据报道，此类聚氨酯泡沫材料具有较低的表观密度、较高强度和很好的受压变形恢复能力；聚氨酯胶黏剂不仅其胶结性能可以满足使用要求，而且具有一定的生物降解性。

（三）环碳酸盐类物质为溶剂的直接液化

环碳酸盐类物质以其高介电常数和高沸点等特点，逐渐被应用到林木生物质直接液化领域中。这类物质主要包括：碳酸乙烯酯（EC）、碳酸丙烯酯（PC）等。对于在非水溶剂中的酸催化反应来讲，酸强度的大小取决于溶剂的介电性，溶剂的介电常数越高，酸强度就越大。EC 和 PC 的介电常数高，在达到同样液化效果的前提下，酸用量较少，不仅降低了生产成本，而且可以避免酸加入量过多而引起的木质素聚合反应。对于碳酸乙烯酯和碳酸丙烯酯等的直接液化反应，常用的催化剂是以硫酸为主。

目前，使用环碳酸盐作液化剂的最大问题就是其价格偏高，反应后几乎完全损失，无法回收再利用。环碳酸盐类物质液化溶剂的直接液化产物主要用途是作为化工原料，如与异氰酸酯合成树脂等。

（四）超临界流体为溶剂的直接液化

超临界流体液化是近年来发展起来的直接液化新技术，可以达到低温快速液化的目的。相对于酚类物质、醇类物质以及环碳酸盐类物质等常规有机液化溶剂而言，超临界流体是一类高效液化溶剂，反应过程中通常不需要加入催化剂。可用作超临界流体的物质通常是小分子的有机或无机物，如：水、乙烷、丙烷、乙烯、氨、二氧化碳、二氧化硫、乙醇、丙酮等。超临界流体（supercritical fluid，SCF）是物质被压缩和加热至临界温度（Tc）和临界压力（Pc）以上，气液两相性质非常相近，以至无法分别，同时具有液体和气体的双重特性的一类特殊流体。SCF 既具有与气体相当的高扩散系数（比液体大 10～100 倍）和低黏度，有利于传热传质和对物质的渗透与扩散，又具有与液体相近的密度，对溶质具有很强的溶解能力。

超临界流体直接液化产物常用作化工原料，制备各种功能型树脂，如发泡材料、模压材料等，也有研究将其改性精制后用作生物燃油。

三、国内外研究状况及发展趋势

（一）国内外研究状况

林木生物质直接液化最早的研究者之一是 Fierz。1925 年，Fierz 等开始了木材液化方面的研究工作，当时主要采用的是高温和高压的液化条件，试验过程是模拟煤的液化过程，直接将木材粉末进行液化，制备出了生物质液体燃料。其后，国内外学者相继开展了此项研究，其中比较有代表性的研究如下：

Appell 等（1971）对木片的直接液化进行了试验研究。该研究是在一氧化碳介质中，采用碳酸钠水溶液作为催化剂，在 280 个大气压和 350～400℃的条件下，对木片进行液化，得到了 40%～50%的液态产物。

Calimli 等（1978）开展了四氢呋喃、二氧六环、甲苯和超临界丙酮液化木材的研究，发现二氧六环液化的液态产物产率最高，而超临界丙酮液化的液态产物产率最低。

Tsujimoto 等（1984）进行了乙酰化木材苯酚液化产物用于制备碳纤维的研究。该研究得到了碳纤维的如下制备工艺：将乙酰化木材溶于苯酚时，加入六次甲基四胺，加热到 120℃，生成具有一定拉丝性的树脂化溶液，拉丝后以一定速率加热使其硬化，最高的硬化温度为 250℃；之后将纤丝进一步炭化，以制备碳纤维，最后在电加热炉中以 5.5℃/min 速率加热直至最高为 900℃，完成炭化，即获得满意的碳纤维。按日本工业标准 JIS-R7601 测定其抗拉强度为 1GPa，与通用的沥青碳纤维相当。

Vasllakos 等（1985）进行了四氢萘作溶剂、Pd 为催化剂液化纤维素的实验研究。研究发现：在该实验条件下，反应温度为 320℃时液化产物的最大产率为 54%（质量分数），在 320～360℃范围内液化产率受温度影响不明显，当温度超过 360℃时，液化产率降低。

Goto 等（1990）对纤维素在超临界叔丁醇中的热分解过程进行了研究，发现生成木炭的速率要比常规热分解过程的低得多。

白石信夫等（1993）在无催化剂的条件下用苯酚直接液化木材，研究了液化温度、液化时间、液料比、木材中的含水率等因素对液化反应的影响。结果表明，在 250℃的情况下，苯酚可以完全将木材转化为能溶于二氧六环和水混合溶剂，且在室温下具有流动性的物质。研究发现：温度对液化速率的影响很大，反应温度每增加 10℃，液化速率将提高 90%；最优的液料比为 7/3～8/2；水能加速液化，含水率为 80%～150%生材（新砍伐下来的木材）的液化产率高于含水率为 10%的干燥材。

Alma 等（1995）采用 36.5 %的盐酸水溶液作催化剂，对桦木木粉苯酚液化进行了研究，并且采用常规方法将产物制成用于模型浇注的材料。研究表明，该材料的静曲强度、弹性模量、吸水厚度膨胀率和表观溶解系数等性能，随液化后结合酚含量（即液化时与桦木木粉反应的苯酚量）的不同而存在差异。

Kurimoto 等（1999）进行了以甘油-聚乙二醇（平均相对分子质量 400）作为液化试剂液化木材的研究。研究表明：以甘油-聚乙二醇（平均相对分子质量 400）作为液化试剂，在硫酸作催化剂的条件下，于 150℃反应 75 min，可将木材液化，所得液化产物羟值 278.6～329.1 mg KOH/g，黏度为 0.33～31.6 Pa·s (25℃)。

Kobayashi 等（2001）研究了液化木/环氧树脂的物理力学性能。研究发现液化木/环氧树脂加了三亚乙基四胺（TETA）后其剪切强度类似于环氧树脂，黏合性能良好，无需严格的胶合条件。

张求慧等（2005）研究了低浓硫酸、磷酸、盐酸、草酸等四种无机酸催化剂中对木材苯酚液化的效果，结果表明：低浓硫酸（浓度 36%）和磷酸（浓度 85%）对木材苯酚液化的催化性能较好；盐酸（浓度 37%）具有较强的挥发性，催化效果不如前两者，特别是在高温条件下，其催化效果呈明显下降趋势；酸性弱的草酸（浓度 99.5%）催化性能最差，即使在 180℃的高温条件下也很难取得理想的液化效果。

蒋启海等（2006）采用均匀设计法，通过 DPS 统计软件，研究了反应温度、反应时间、催化剂、液料比对杉树皮常压快速液化反应的影响，得到最佳液化工艺为：反应温度 130℃，反应时间 120min，催化剂 4g，液料比 8.5。液化产物的羟基值分析表明产物可替代聚乙二醇与异氰酸酯合成聚氨酯。

乐治平等（2007）通过水热合法制备了固体超强酸催化剂 Cl^-/Fe_2O_3，并将其应用于稻壳、毛竹和玉米秸秆等生物质的催化液化。考察了催化剂用量、反应温度、反应时间等对催化剂性能的影响，试验表明在 300℃、反应时间 3h、催化剂用量为原料质量分数的 4%时，可以获得较好的液化效果。以玉米秸秆为原料的催化剂寿命试验结果还表明，该催化剂可以多次重复使用。

王刚等（2008）在小型高压反应釜中以四氢萘为溶剂，氢气和合成气为液化反应气，通过对不同液化条件下所得液化产物的收率及性质分析，考察了不同液化条件（反应温度、反应时间和反应气压力）对锯屑高压液化行为的影响；同时在相同液化条件下，通过液化产物收率和性质的分析，考察了气氛对锯屑高压液化行为的影响，探讨了用合成气代替氢气进行液化的可行性。结果表明，在氧气和合成气气氛下，随着反应温度的升高、反应时间的延长或反应压力的提高，液化油的收率都是增加的；各种条件对液化油收率的影响程度不同，温度影响最大，时间影响次之，而液化气压力的影响最小；氢气和合成气下所得产物的收率及性质相近，用合成气代替氢气液化具有可行性。在此条件下优化的液化反应条件为，以四氢萘为溶剂，反应温度为 300℃，气体压力为 2MPa，反应时间为 30min，转化率为 75.1%，液化油收率高达 48.4%。

邹献武等（2009）在不锈钢高压釜中进行了杨木粉在酸化正辛醇中的液化反应，对液化产物先后用丙酮，正己烷萃取，得到液化残渣、重质油和轻质油。通过对液化残渣、重质油和轻质油的红外光谱分析考察了木材中纤维素、半纤维素和木质素的液化规律和转化机理。结果表明，木材液化油品是复杂的混合物，含有羟基、羰基、甲氧基、芳基和醚类化合物；纤维素和半纤维素比木质素更容易液化；纤维素/半纤维素主要转化为轻质油，而木质素液化产物主要是重质油；在 150℃木质素液化降解生成小分子芳烃，继续升高液化温度导致小分子芳烃重聚合。

综上所述：国内外对直接液化技术的研究主要集中在实验室层次上液化机理的探索、液化溶剂的选择、液化工艺的确定及液化产物的利用等方面，到目前为止，直接液化的反应机理还不明晰、液化技术还不成熟，工业化生产及产物的商业化利用还未见报道。

（二）发展趋势

纵观国内外的研究状况及发展动态，直接液化技术有以下几个发展趋势：

1. 液化机理的深入探索

直接液化的目的是最大限度地将林木生物质中的活性基团转化为液态的有机物质加以利用，所以明晰在不同的液化条件下，林木生物质主成分液化的反应路线、活性基团的产生途径和液化生成物的结构与分布至关重要，这也是控制液化路径必须具备的理论依据。采用核磁共振波谱法、气相色谱-质谱连用分析法、红外吸收光谱法等现代化分析手段进行机理分析是一个重要的发展趋势。随着液化机理的进一步深入研究，设计、控制液化产物中的构成与分布将逐步成为可能。

2. 绿色液化溶剂及催化剂的研制

目前，直接液化主要采用酚类或醇类化学溶剂，相对应的催化剂是硫酸、磷酸等。采用这些溶剂和催化剂直接液化所得产物虽然可应用于制造胶黏剂、模注材料和碳纤维等，但均存在不同程度上的环境污染、反应速率慢、生产效率低等问题，尽快开发新型绿色液化溶剂和催化剂十分必要。超临界流体既有类似气体的强扩散能力、易传热传质，又有类似液体的良好溶解能力，用作液化溶剂时，无环境污染、反应速率快、残渣率低，具有较大的发展空间。在催化剂的研发方面，液态的酸根离子和固态的无机酸性化合物复合而成的超强酸多相催化剂，不腐蚀反应器、催化效率高、寿命持久，被认为是一种具有发展潜力的绿色催化剂。

3. 液化工艺及设备的产业化开发

目前，对于直接液化技术的研究主要集中在实验室层次上的探索。为推进该技术的产业化应用，有必要深入进行工业规模上液化工艺和设备的研发。在液化工艺上，主要的研究内容是低温快速液化。降低液化温度可以减少能量消耗，防止对环境的热效应，而缩短液化时间可以提高生产效率。为拓展原料范围和产物特性，有必要开展林木生物质和废弃塑料、轮胎等的共液化技术研究。在液化设备上，研发高效、稳定、易于工业放大的液化设备也是需要进一步研究的内容。

4. 液化产物的高效利用

采用精细化学合成技术，最大限度地拓展林木生物质直接液化产物的应用范围，制备可生物降解的高附加值产品，探索成熟的制备工艺，是直接液化产物高效利用的发展发向。具体而言，有以下几个方面：改进现有的配方及合成工艺，制备环保、阻燃的低成本树脂胶黏剂；将液化产物与纳米材料复合，开发具有特殊物理力学性能的林木-纳米功能性材料；研发新型高强度结构材料，制备碳纤维、聚氨酯发泡材料、木陶瓷等。

第二节　直接液化机理

直接液化机理是了解直接液化技术本质、确定液化工艺的基础。国内外学者对林木生物质直接液化机理做了许多研究工作，关于直接液化机理的认识和描述主要有林木生物质主成分的反应机理、聚合与分解反应的竞争机理、液化溶剂的作用机理等三个方面。

一、林木生物质主成分的反应机理

林木生物质的三大组分——纤维素、半纤维素和木质素化学结构和组成均很复杂，而这些复杂的结构决定了它们的反应历程和反应活性，通常以对纤维素、木质素的简化模型化合物来进行其液化反应机理研究。

（一）纤维素的液化反应历程

Yamada（1996）等分析了在无催化剂、有水存在条件下，棉纤维素苯酚直接液化反应中间物的特征及相应的反应机理，并采用凝胶渗透色谱（GPC）和^{13}C核磁共振光谱（^{13}C-NMR）测定了产物中低分子质量的组分（LMWF），认为该组分主要包括5-羟甲基糠醛（HMF）低聚糖和葡萄糖。由此，他推断苯酚液化时，纤维素首先在高温湿热条件下降解为低聚糖，而后者又继续降解成葡萄糖，HMF则是葡萄糖经连续脱水后的产物。这一反应生成物的形成也许导致其与苯酚之间最后形成含有呋喃环结构的化合物，进一步的反应还可能产生聚合物的交联，如图5.2所示。

山田等（2001）利用液化纤维素缩聚反应过程中的5-羟甲基呋喃（HMF）和乙酰丙酸两种关键中间体，作为研究纤维素液化的模型化合物。结果发现，纤维素在液化中，首先被降解为葡萄糖酐，然后被降解为HMF的衍生物，而HMF衍生物则进一步降解成乙酰丙酸酯衍生物。

Yamada等（1996；1999）进行了纤维素在乙二醇、碳酸乙烯酯分别作液化剂时的液化试验。研究小组分别采用了HPLC、CNMR、傅里叶转换红外光谱

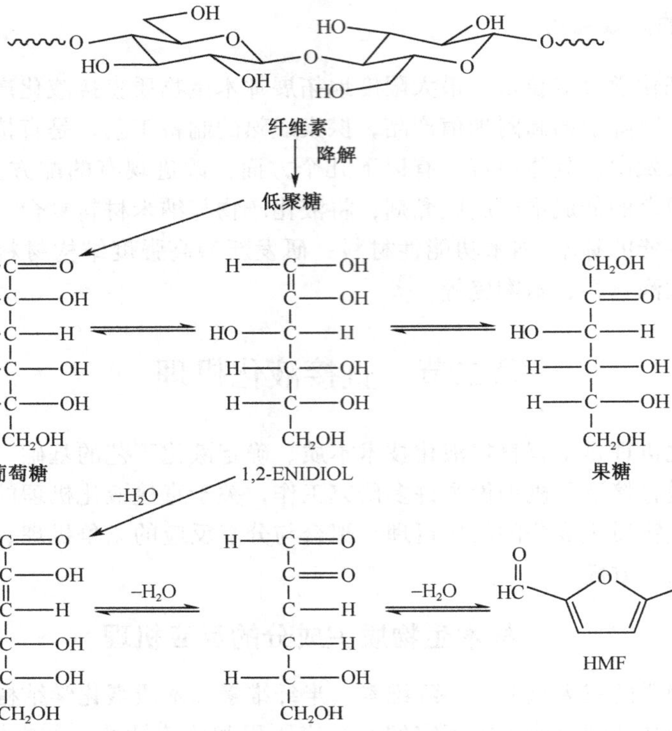

图 5.2 纤维素在苯酚存在下的液化降解机理（Yamada et al，1996）

（FTIR）等技术对液化反应生成物进行成分和结构分析。碳酸乙烯酯的液化试验研究结果表明，其纤维素的液化产物为块茎糖酸化合物，该产物也是纤维素乙二醇液化后的产物。其反应路径主要为碳酸乙烯酯首先在水的作用下降解为乙二醇，而后纤维素在乙二醇作用下继续降解形成液化产物，该产物为葡萄糖酐，它进一步分解为块茎糖酸乙二醇酯（图 5.3）。

（二）木质素的液化反应历程

Lin（1997）等采用了凝胶渗透色谱（GPC）、核磁共振色谱（NMR）和气相色谱与质谱联用色谱（GC-MS）等现代仪器分析方法，以愈创木基甘油-β-愈创木基醚（GG）为木质素模型化合物，分析在无催化剂存在条件下，木质素模型物的液化反应机理（图 5.4）。试验结果表明，木质素模型物 GG 液化时首先产生低分子质量的中间产物，而后，这些产物又继续被逐渐转化为聚合物。采用液相色谱分离技术，可以辨别出其中的 28 种主要反应中间物的结构，基本上主要为愈创木酚化合物和各种松柏醇的酚化产物，如二苯基丙稀、苯基香豆满、苯基香豆酮和苯基黄烷。木质素模型物在无催化剂情况下，苯酚液化反应的路径可大致描述为：GG 先在其 β-O-4 处发生均相裂解，产生了松柏醇和愈创木基自由基，而支链上带有共扼双键的松柏醇自由基将会继续发生反应，主要是与苯酚自由基反应，产生一系列相应的酚化产物。通过采用 GPC 分析方法追踪 GG 反应中间物的缩聚现象，得到的研究结果说明，这些反应中间物之间的自缩聚将会产生相对分子质量为几百至几千的共聚体，用 GPC 和红外光谱（IR）分析这些共聚体的结果表明，苯酚在抑制反应中间体的自缩聚中具有重要作用。在后续研究中，Lin（2000，2001）等又采用 GG 为木质素模型物，分析酸性催化剂（硫酸、磷酸或草酸）存在条件下，木质素的苯酚液化机理。结果发现，有大约 30 种主要的反应生成物出现，而且有催化剂时苯酚液化反应生成物明显不同于无催化液化时的产物，其主要生成物为愈创木基甘油-α-苯基-β-愈创木基醚，以及愈创木酚、三苯基乙烷、二苯基甲烷、苯并环丁烷和苯基香豆满。这些主要反应产物的结构特点表明，苯酚与 GG 在其 C-α 位置上的缩聚以及进一步在 β-O-4 键上和 Cβ-Cγ，键上的裂分是主要的反应路径。研究结果还指出，GG 的液化反应路径是相当特定的，很少受酸的种类影响。

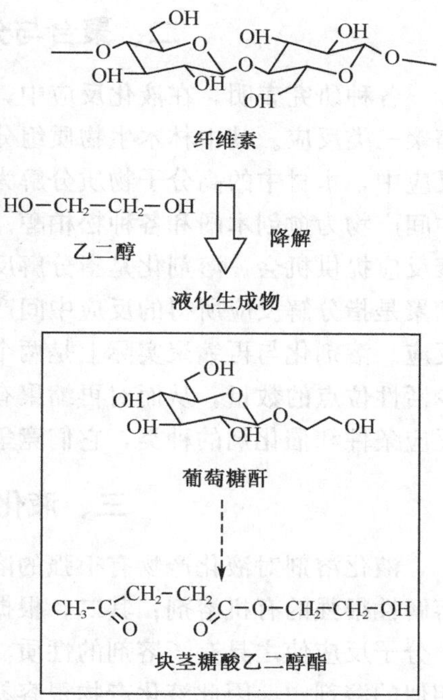

图 5.3　采用乙二醇液化时纤维素的降解机理（Yamada et al，1996）

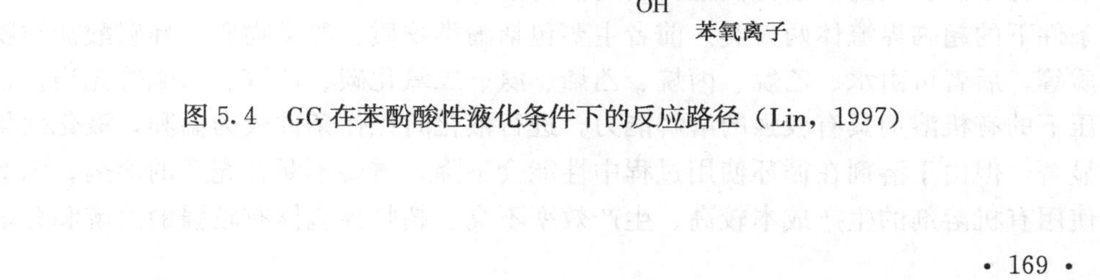

图 5.4　GG 在苯酚酸性液化条件下的反应路径（Lin，1997）

二、聚合与分解反应的竞争机理

各种研究表明，在液化反应中，林木生物质组成主要发生分解、溶剂化和再缩聚三类反应。其中林木生物质组分的分解在液化反应初期即开始进行，在分解反应中，木材中的高分子物质分解为低分子质量的中间产物，例如木质素液化的中间产物为愈创木酚和各种松柏醇。它们具有更高的反应活性，为溶剂化和再缩聚反应提供机会。溶剂化是指分解反应所得的中间产物与溶剂酚之间的反应，再缩聚是指分解反应所得的反应中间产物之间相互缩合重新形成新的高分子物质的反应。溶剂化与再缩聚实际上是两个竞争反应，因为中间产物与溶剂的反应会减少活性位点的数量，从而对再缩聚有抑制作用。以上三种反应的强度主要取决于反应条件和催化剂的种类，它们竞争的结果决定着最终液化产物的结构特性。

三、液化溶剂的作用机理

液化溶剂对液化产物有很强的溶解性，原因有二：其一，液化溶剂本来就是溶解性很强的有机溶剂；其二，根据相似相溶原理，液化溶剂与降解出来的生物小分子反应使之具有了溶剂的性质。据相似相溶原理，物质较易溶解在同它结构相似的溶剂中。因此液化产物很容易溶解在所选定的液化溶剂中，这就间接地阻碍了这些木质素组分小分子再次缩聚，使得液化朝正的方向发展。Alma（1995）用盐酸作催化剂，苯酚等作为液化溶剂进行液化反应时发现，在同样的液化条件下，如不加苯酚则降解的木质素和降解的半纤维素都极易发生缩聚反应，这表明苯酚有一种抑制中间产物自缩聚的作用，溶剂的主要作用是溶解和防止液化产物重新结合。

第三节　直接液化的影响因素

影响林木生物质液化反应过程、产物结构与分布的主要因素为液化溶剂、催化剂、反应温度、反应时间、气相氛围及压力等。

一、液化溶剂

液化溶剂的种类和用量是影响直接液化反应过程、产物结构与分布的首要因素。林木生物质直接液化反应所用的液化溶剂分为常压下的有机溶剂和高温高压条件下的超临界流体两大类。前者主要包括酚类物质、醇类物质、环碳酸盐类物质等，后者可由水、乙烷、丙烷、乙烯、氨、二氧化碳、乙醇、丙酮等充当。常压下的有机溶剂具有较强的溶解能力，进行液化时操作条件较为温和，液化效果显著，但由于溶剂在循环使用过程中性能会下降，需要不断补充新的溶剂，因此使用有机溶剂的生产成本较高、生产效率不高。超临界流体有较强的溶解和分散能力，可以将生物质快速液化，但其反应温度较高、反应压力也较大，反应条件较为苛刻。

表征液化溶剂用量多少的参数是液料比。液料比是指液化溶剂与反应物料的质量比，它不仅影响残渣率的高低、反应产物的分布等，而且影响反应温度、反应时间等其他工艺参数。由于液化溶剂在林木生物质液化中具有重要影响作用，使其成为影响液化反应和液化林木生物质树脂特性的重要因素。其主要表现在以下三个方面：①液料比决定着反应产物的分子质量分布，反应产物中聚合物的百分含量及平均分子质量随液料比的降低而升高；②液化反应速度随液料比的增大而增大；③液料比对残渣百分含量和液化产物的化学成分都有显著影响。

二、催 化 剂

催化剂是影响林木生物质直接液化反应程度的另一个重要因素。催化剂是指在直接液化反应中加速液化溶剂对林木生物质的液化反应速率，而本身不发生变化或者不参与反应的试剂。直接液化反应通常需要加入催化剂，否则液化反应速度较慢而且所得的液化产物黏度很高，不易转移利用。目前，在生物质直接液化技术研究中所采用的催化剂包括均相催化剂和多相催化剂：均相催化剂为可溶于溶剂中的酸、碱、碱式盐等，而多相催化剂为金属催化剂或负载型催化剂。

催化剂的主要作用是一方面是促使林木生物质中天然高分子聚合物润胀，破坏其结晶结构，提高化学反应的可及度，从而在高温下使其断裂、分解，最终达到液化的目的；另一方面，可以适度地降低反应温度、压力，加快反应速度，提高液化产物的产率。它对林木生物质液化的影响主要表现在：①催化剂强弱不同，直接液化反应所需温度不同，如以硫酸为催化剂时反应温度为60～150℃，以磷酸、盐酸、草酸及其混合物为催化剂时，反应温度则相对较高，有时可高达250℃；②催化剂的强弱程度也严重影响液化反应的形式，例如磷酸与硫酸相比，以硫酸为催化剂能加快液化反应速率，液化木材中化合酚的含量也高。③低液料比时，催化剂用量对液化影响比高液料比时大，即低液料比时通过增加催化剂的量来提高液化效率是一种比较有效的方法；④对于磷酸等较弱的酸来说，在一定范围内，浓度的增加只会加速木材组分的初反应速度，但对反应形式和所得液化木材的结构性质无显著影响。

三、反应温度

反应温度也是影响林木生物质直接液化反应速率和进程的重要因素。反应温度的确定和液化溶剂及催化剂的选择是紧密联系的，当选用高效液化溶剂和强性催化剂时，所需的反应温度可相对较低，但当选用普通液化溶剂和弱性催化剂时，反应温度必须高一些，否则不利于直接液化反应的顺利进行。反应温度不仅影响液化反应的速率，也影响分解反应和所得液化产物的分子特性，具体而言，其作用一般体现在以下三个方面：①反应温度越高液化反应速度越快，产物分子质量趋于稳定的时间越短；②相同条件下，反应温度越高，产物的平均分子质量越低；③一定范围内（如低于100℃），反应温度越高，液化反应效率越高，反应残渣量越少。

四、反应时间

反应时间是影响生物质直接液化产物结构与分布的重要因素。对于特定条件下的生物质直接液化反应而言，反应时间存在一个中间最优值：反应时间时间太短，则反应不完全，但反应时间太长又会引起中间体的缩合和再聚合，从而使液体产物中重油产量降低。合适的反应时间应该是当反应结束时液体产物的产率较高，而固体残渣和气态产物较少。

与反应温度一样，反应时间也与液化溶剂和催化剂的选择以及反应温度有关：当选用高效液化溶剂和催化剂、较高的反应温度时，反应时间可较短；反之，则需要较长的反应时间。一般地，反应时间对直接液化反应的液化产率及液化产物的结构与分布的影响体现在以下三个方面：①在一定范围内，随着反应时间的增长，液化产率逐渐提高，残渣量逐渐减少且最终趋于一定值：②在一定范围内，液化产物的平均分子质量随反应时间的增长而减少，最终趋于稳定；③液化反应的效率随反应时间的增长而增加，当反应时间达到一定值时液化效率趋于一定，这从反应时间对残渣量的影响也能看出。

五、气相氛围和压力

气相氛围是指在反应过程中，一定种类及浓度的气体所提供的气态环境。一般而言，常规有机溶剂的直接液化反应是在常压下进行的，气相氛围及压力不需要严格的控制，但对高压液化、超临界流体液化等直接液化反应而言，气相氛围及压力是重要的影响因素，需要严格控制。高压条件和合适的气相氛围可加快反应速率，反之则不利于直接液化反应的顺利进行。气相氛围及压力对直接液化反应的影响主要体现在以下两个方面：

1）在惰性气氛或还原性气氛的中压条件下反应速度较快，使用还原性气体有利于生物质降解，提高液化产物的产率，改善液化产物的性质。在氢气气氛下进行生物质液化时，可以降低残渣的生成量，提高液化产物的生成量，降低液化产物中氧的含量。

2）反应压力对不同温度范围内液化产物的生成量影响也不同。一定温度范围内，压力增加，可提高溶剂密度，同时引起介电常数、极化度增大，使溶剂与溶质分子间的作用力加强，从而增加了溶解能力和反应速度；但温度超过一定范围时，提高压力会降低液体产物生成量；温度继续升高至接近溶剂的临界点，则压力的增加有利于液体的生成。

采用较高的反应压力对液化反应装置的要求比较苛刻，以致提高了液化过程的操作难度和生产成本。在实际生产过程中应综合考虑各方面的因素，通过优化计算来确定合适的反应压力。

第四节 林木生物质直接液化典型技术

关于林木生物质直接液化的方法较多，其中较为典型的是苯酚液化、多元醇液化以及超临界流体液化等。

一、苯酚液化技术

林木生物质苯酚液化技术是直接液化中目前研究最多的技术，应用非常广泛，可用来液化木材、竹材、农作物秸秆，产物常用来制备酚醛树脂等高分子材料。苯酚液化是指在一定的温度条件下，以苯酚为液化溶剂，借助酸性或碱性催化剂的作用将林木生物质由固态直接转变为液态混合物的过程。催化剂的合理选择可以起到降低反应温度和压力、加快反应速度等作用，是苯酚液化技术中的关键。可用的催化剂包括硫酸、盐酸等强酸和磷酸、草酸等中强酸或弱酸。

（一）沙柳、柠条和杨木的苯酚液化工艺

在以苯酚作液化剂，稀硫酸作催化剂的条件下，与沙柳、柠条相比，杨木的液化效果较好，这是由于杨木的化学成分中木质素的含量较高，而木质素在组成木质材料的三大主成分中最容易液化。随着温度、液料比、催化剂用量的增加以及反应时间的延长，杨木、沙柳和柠条的残渣率都出现下降的趋势，但下降的程度不同，影响杨木液化效果的条件依次为温度、催化剂的用量、液料比、时间。影响沙柳和柠条液化效果的条件依次为温度、液料比、催化剂用量、时间。当温度、液料比、催化剂用量、时间增加到一定值时液化产物会发生缩聚现象而导致残渣率的升高。具体研究结论如下。

（1）在适宜的液化条件下，沙柳、柠条和杨木均能达到理想的液化效果，且杨木比沙柳和柠条更易于液化。

（2）反应温度对液化过程的影响最大，液料比、催化剂用量等对液化过程也有不同程度的影响。

（3）杨木液化适宜的工艺条件为：温度 150℃，液料比（酚木）为 3，催化剂质量分数 7%，时间 120min；沙柳和柠条适宜的液化工艺条件为：温度 150℃，液料比（酚木）为 4，催化剂质量分数 7%，时间 120min。

（二）竹材的苯酚液化工艺

将所取样品竹材加工剩余物原料在植物粉碎机中加工成网筛孔径 0.9～

0.18mm的竹粉。在103℃下干燥12h，然后放入干燥器中留作液化原料和分析用。

将竹粉、苯酚按照一定质量比加入装有冷凝器的500ml三口烧瓶中，将油浴升温，同时开启搅拌器，待三颈烧瓶内的温度升至与设定温度相差30℃时，加入一定质量的浓硫酸。当三口烧瓶内的温度达到设定温度时开始记时，反应到预定时间后将反应物迅速冷却至室温。结合对竹材液化产物甲醛树脂胶黏剂的性能进行分析测试，竹材苯酚液化的工艺有以下研究结论（孙丰文等，2007）。

1）硫酸催化作用下，竹粉可以很好地在苯酚中液化。竹材苯酚液化过程中，液化温度对液化效果的影响最为显著，其次分别为苯酚与竹粉的质量比、液化时间和催化剂用量。在试验范围内，温度越高、苯酚用量越大、时间越长、催化剂用量越大，竹粉的液化效果越好。

2）单因素试验和正交试验的结果表明，竹材加工剩余物苯酚液化的优选工艺为：苯酚与竹粉质量比3.5、催化剂用量4%、液化温度145℃、液化时间60min，在此工艺下竹材液化率为99.1%。

二、多元醇液化技术

林木生物质多元醇液化是指采用多元醇类物质作为液化溶剂，借助酸性或碱性催化剂的作用在一定的温度条件下将林木生物质由固态直接转变为液态混合物的过程。多元醇是分子中含有三个或三个以上羟基的醇类。大多数多元醇都具有沸点高，对极性物质溶解能力强，毒性和挥发性小等特性的黏性液体或结晶状固体。选用不同的多元醇作液化溶剂时发现，平均分子质量较小的多元醇液化效率较低，与酸催化下在高分子醇中混入分子质量较小的丙三醇中可以降低残渣率的结果相反。不管用何种多元醇液化，液化产物的pH都接近中性，这是因为纤维素在高温下降解形成大量酸性低分子物质，正好中和了多云醇的弱碱性。

对于多元醇类物质作液化溶剂来说，混合醇类的溶剂的效果往往比单一溶剂理想。采用聚乙二醇400-甘油（质量比为7∶3）的混合溶剂，在浓硫酸的催化下150℃液化雪松木粉，残渣率最低可达1%，而单独使用聚乙二醇400时残渣率大于20%，单独使用甘油残渣率大于32%。这是因为在PEG400的混合体系中，随着液化时间的延长会出现再缩聚现象，如果加入一定量的甘油，则溶解产物的再缩聚可以得到明显的控制。而对木质素含量较高的软木，采用混合溶剂（碳酸乙烯酯和乙二醇）也比使用单一溶剂的液化效果好。

林木生物质多元醇液化除了采用酸催化液化外，也可以用氢氧化钠为催化剂，但用氢氧化钠作为催化剂时，需将木粉、多元醇、氢氧化钠和水放入密封的耐压反应管中，在高温下进行液化反应。Maldas（1996）等在氢氧化钠催化下，较详细地研究了反应温度、时间、催化剂浓度、液料比和多元醇类型对木粉液化反应的影响，结果发现，以聚乙二醇-400（PEG-400）为液化试剂时，随着液化温度从 150℃上升至 250℃，残渣率由 90%降至 0。因为纤维素为半晶体结构，大量氢键的存在使纤维素较难溶于常规的溶剂，氢氧化钠催化剂可以使纤维素的结晶区发生润胀作用，破坏其结晶结构，从而促进纤维素的溶解。但温度低于 170℃，纤维素的糖苷键对碱液比较稳定，只有当温度超过 170℃时，糖苷键断裂引起纤维素聚合度显著降低，最终导致纤维素的溶解。残渣率随着反应时间的延长逐渐降低，当反应时间超过 1h 后，木质素缩聚反应的发生将导致残渣率上升。选用不同的多云醇作液化溶剂时发现，平均分子质量较小的多元醇液化效率较低，与酸催化下在高分子醇中混入分子质量较小的丙三醇可以降低残渣率的结果相反。不管用何种多元醇液化，液化产物的 pH 都接近中性，这是因为纤维素在高温下降解形成大量酸性低分子物质。

三、超临界液化

超临界流体（supercritical fluid，SCF）是物质被压缩和加热至临界温度（Tc）和临界压力（Pc）以上，气液两相性质非常相近，以至无法分别，同时具有液体和气体的双重特性。SCF 兼有气液两相的双重特性，既具有与气体相当的高扩散系数（比液体大 10～100 倍）和低黏度，有利于传热传质和对物质的渗透与扩散，又具有与液体相近的密度，SCF 的高密度意味着它对溶质具有很强的溶解能力，便于流体与溶质的分离，低黏度和高扩散系数则有利于传热传质。可作为 SCF 的物质很多，如乙烷、丙烷、丁烷、戊烷、乙烯、氨、二氧化碳、二氧化硫、甲醇、乙醇、丙酮、水等，不同的物质其临界点所要求的压力和温度各不相同。

Yoshida（2001）等研究了纤维素、木聚糖、木质素混合物在 400℃、25MPa 的超临界水中的汽化反应，气体主要成分为 H_2、CO_2、CH_4 和少量乙烯，混合物中木质素的存在会降低气体的产量。S. H. Lee 等利用超临界苯酚（其超临界状态下的温度和压力分别为 421℃和 6.14MPa）能使木材在 30s 内液化，液化率可达 90%以上。钱学仁（2000）等以超临界乙醇对木材进行萃取，当混合溶剂中水的质量分数为 60%，温度为 290℃和液料比为 15∶1 时 能获得最高的木材转化率和萃取物产率，大约 90%的木材变成了可溶组分。

以超临界流体为介质可使液化反应快速、环境友好、产物易于分离，液体产率高，更符合绿色化学与洁净化工生产的发展方向。采用半连续、非等温液化的方法是研究生物质液化机理的十分有效的途径。如果能使生物质在水中进行快速液化，将会得到更多的液体产物。

四、超临界流体液化工艺

超临界水直接液化技术是指在一定的温度和压力条件下使水处于超临界状态，借助其 将林木生物质由固态直接转变为液态的过程。以超临界水为介质可使液化反应快速、环境友好、产物易于分离，液化产物得率高，符合绿色化学与洁净化工生产的发展方向。与常规条件下的林木生物质液化相比，超临界水液化具有转化速度快、残渣率低的优点，值得大力开展深入系统的研究工作。

左承基等（2006）在高温高压反应釜（CWYF-Ⅰ型，容积500ml）内，进行超临界和亚临界条件下水中直接液化木质生物质试验，温度范围为280～380℃、压力范围为2.8～30MPa，反应时间为40min。结果表明，50g生物质和250ml蒸馏水给料比率、温度310℃和反应时间40min的试验条件下，木焦油产量最高达到14.4g；在温度380℃、压力23.2MPa和反应时间40min的试验条件下，有机溶解物产量最高为10.3g。采用的水中直接液化木质生物质试验是以水为溶剂（临界压力为22.09MPa、临界温度为374℃），在较高压力的亚临界和超临界条件下，不加催化剂对木质生物质进行直接液化。

试验流程如图5.5所示。用物理天平称取样品50g，装入高温高压反应釜内。量筒量取250ml蒸馏水倒入釜内，排出空气，控制一定的压力，快速加热至反应温度并停留一定时间后，自由冷却至室温，然后放出气体生成物，取出固、液体产物。

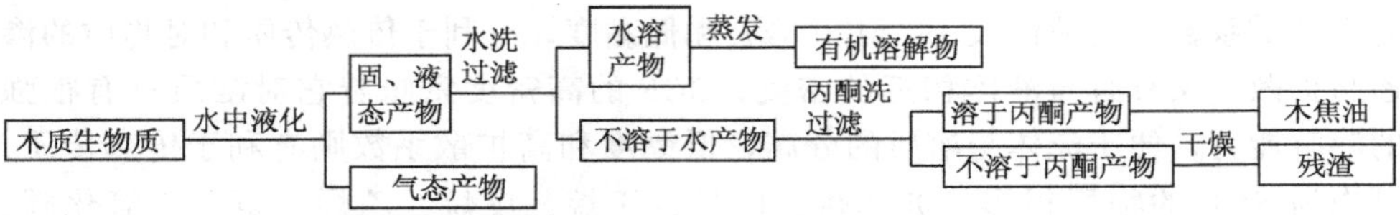

图5.5　超临界水液化木质生物质试验流程图（何建辉，2006）

为了解温度、压力对木质生物质在水中直接液化的影响，何建辉等进行了不同温度（280～380℃）和不同压力（2.8～30 MPa）条件下的液化试验，其中反应时间均为40min。取得如下研究结论。

1）在温度为300～330℃时，木焦油产量较大（310℃时，最大值为14.4g）；

2）在试验压力范围内，木焦油产量在某压力时具有最大或最小值；

3）有机溶解物产量随温度升高而增大，随压力变化有一最大值。在380℃、23.2Mpa时，有机溶解物产量达到最大为10.3g；

4）木质生物质在水中的直接液化反应过程是由物理萃取、化学转化和结焦炭化过程组成的。

第五节　液化产物的应用

林木生物质液化产物可用于制备生物质胶黏剂、模压材料、聚氨酯发泡材料、碳纤维材料。

一、制备生物质胶黏剂

林木生物质直接液化产物的一个重要应用方向是制备生物质胶黏剂，主要包括酚醛树脂胶黏剂、环氧树脂胶黏剂、聚氨酯胶黏剂等。制备出的胶黏剂与常规的酚醛胶和环氧树脂相比，其固化温度、黏度等均接近于线型树脂，具有更好的胶合性能、耐水性能和弯曲性能，压制的胶合板力学性能良好。此外，与常规方法合成的化学高分子聚合物相比，具备良好的生物降解特性。

以 NaOH 作催化剂，用乙基化木材的双酚 A 酚解产物在 95℃下与环氧氯丙烷缩合，反应 90min，制成乙基化木双酚 A 型环氧树脂黏合剂，并分别以乙二胺、二乙烯三胺、三乙烯四胺及聚酰胺作为固化剂研究了其胶合性能。乙基化木材环氧树脂具有与双酚 A 环氧树脂类似的固化性能，其乙二胺固化体系对铝/铝基材的胶合强度约为 6101 环氧树脂的 1/2 强，通过添加 60％的 6101 环氧树脂混合使用，其胶合强度即可接近 6101 环氧树脂的胶合强度（余权英，1998）。

二、制备模压材料

林木生物质液化产物可作为模塑材料的黏合剂而直接加以应用，一般按照以下步骤进行。首先，该工艺液化后无须过滤，直接与甲醛反应制得液化产物-苯酚-甲醛共缩聚树脂。共缩聚树脂的形成包括三个方面：第一，生物质液化产物直接当作类似的热塑性酚醛树脂；第二，液化后，剩余的苯酚与后期加入的甲醛在酸性条件下进行缩聚反应，得到热塑性酚醛树脂；第三，得到液化产物-残留苯酚-后期加入甲醛的共缩聚树脂。得到共缩聚树脂后，按一定比例加入填料（其中，液化残渣则作为模塑材料中的一部分填料加以应用）、固化剂、其他助剂等，在一定的工艺下得到模塑材料。对于基本工艺参数，有研究指出（Lin，1995），原料比例（重量）为：树脂 37.7％，填料（骨架物质）49.5％，固化剂（以六次甲基四胺为例）9.4％，固化促进剂（氢氧化钙）2.4％，润滑剂（硬脂酸）1.0％；模压工艺条件为：预热和排气 1min，在 185℃、38MPa 下模压 2min，冷却 10min。

三、制备聚氨酯发泡材料

由于林木生物质化学组成结构和液化剂多元醇均含有羟基结构，可与异氰酸酯的—NCO 产生化学键结合。因此，液化产物可进一步制成可生物降解的泡沫塑料。

有学者研究了利用烯丙基化木材溶于多元醇或双酚 A 所得产物制备聚氨酯发泡材料的技术。烯丙基木材溶于多元醇或双酚 A 中，以 35％的盐酸作为催化剂，100℃下反应 120min，得到褐色高黏性的胶状液体，用 40％NaOH 溶液中和后，加入等质量的10%MDI溶液，混合物在100℃下2min开始发泡，7min完成，制得表观密度为0.04g/cm^3、有相当强度的聚氨酯泡沫材料。而用双酚A代替1，6-己二醇可在更温和的条件下溶解烯丙基化木材，但获得的聚氨酯泡沫表观密度较高，为0.1 g/cm^3，而且强度不高。同时还发现甲基化木以及乙基化木同样可用相似的方法制备聚氨酯泡沫材料（Shiraishi，1985）。

也有学者将林木生物质粉末和淀粉按一定比例混合后以硫酸作催化剂共同液化，可制得综合性能较好的聚氨酯泡沫塑料。研究发现，林木生物质组分在其中起着维持泡沫体的尺寸稳定性的重要作用。由单纯的淀粉液化产物制得的泡沫塑料具有较高的抗压强度和弹性模量，但是相对较脆，变形恢复能力较差。而由林木生物质和淀粉共同液化制得的泡沫塑料虽然抗压强度和弹性模量略低，但是有着良好的弹性。由林木生物质液化产物制成的木质发泡体，其材料的环境特性也十分理想，将该材料的燃烧发热量、生物分解性和光分解性与木材、发泡聚乙烯、聚乙烯和聚丙稀比较，结果表明，其环境特性比天然木材稍差，但比其他塑料制品优异，如光分解性，当液化产物中的林木生物质含量达到40%时，其暴露在室外12个月后的重量损失减少率为28%，而相同条件下，普通的塑料发泡体（不含木材）则只有1%。

四、制备碳纤维材料

林木生物质苯酚液化产物可以用于制备碳纤维，制备过程大体可分为以下几部分。

（一）纺丝液的制备

在酸性催化剂条件下，将木材与苯酚混合加热进行液化。在液化物中加入少量反应剂如六次甲基四胺、甲醛等通过加热使液化产物调制成能够用于纺丝的纺丝液，该纺丝液具有一定的黏度和拉丝性，溶液中分子初步形成线性结构，可进行纺丝。

（二）熔融纺丝

通过N_2压在熔融状态供给纺丝设备，控制N_2压的大小调节纺丝液的流量，纺丝液在压力作用下从喷丝板毛细孔中挤出。在喷丝板和卷绕装置之间，丝条必须拉伸至需要的细度并充分冷却固化。丝条被收集在卷绕装置上，最终形成具有一定强度的初始纤维。

（三）纤丝固化

将初始纤维浸入主成分为HCl和HCHO的溶液中进行固化，使得纤维原丝在酸催化作用下进一步同甲醛发生加成缩合反应。加热到95℃保持数小时（溶液升温速度不超过5℃/min，否则初始纤维会由于来不及固化而被熔融），使纤维充分固化，然后将纤维水洗烘干。

（四）炭化

将固化后的纤维在惰性气体（一般用 N_2）保护下加热到800～1000℃左右使其炭化，最终得到含碳量在90%以上的碳纤维材料。在炭化过程中，炭化温度升温速度不能太快，一般控制在2～5℃/min。

第六章　林木生物质快速热解技术

快速热解技术具有原料适应性强、产物可完全利用以及应用范围广等特点，已经成为国内外研究的热点。本章首先对林木生物质快速热解技术及其国内外研究现状和发展趋势进行综述，然后对快速热解机理和主要影响因素进行分析，最后对林木生物质快速热解典型设备和热解产物应用进行归纳总结。

第一节　概　　述

一、生物质快速热解概念

生物质快速热解是指在完全没有氧气或缺氧的条件下，采用中等反应温度（500～650℃）、高加热速率（10^4～10^5℃/s）和极短气体停留时间（<2s），将生物质中的大分子热裂解变为小分子的过程。快速热解产物包括液、固和气三种，其中液体产物为生物油（又称热解油），固体产物为热解炭，气体产物为不凝结气体。生物油是一种含有水分和复杂含氧有机物的混合物，不仅可以作为燃料使用，而且还可以直接或提炼或精制成化工原料作为化石能源的替代物。热解炭可作为冶金工业的表面助熔化剂、渗炭剂和活性炭的良好原料，不凝结气体可作为清洁燃气。

与传统热解比较，快速热解具有以下特点：①反应时间短，热解速度快；②原料粒径小、加热速率快；③需要精准的温度控制；④极短的气体停留时间（<2s）；⑤热解产物以生物油为主，产油率可达80%。

林木生物质快速热解产物的产率与组成不仅与热解工艺及反应条件有关，还与生物质原料组成成分含量有关。林木生物质由纤维素、半纤维素和木质素三种主要组分组成，在快速热解过程中，纤维素和半纤维素主要产生挥发性物质和少量的炭，挥发分中可冷凝气体经冷凝变成液态产物——生物油；木质素是具有芳香族特性的、非结晶的、具有三维空间结构的高聚物，受热时分解较慢，主要形成炭以及液态产物中的大部分芳香族类化合物。

二、林木生物质快速热解工艺流程

一般快速热解工艺流程如图6.1所示。

（一）原料

林木生物质快速热解原料主要包括经济林、生态林和用材林的抚育间伐材，

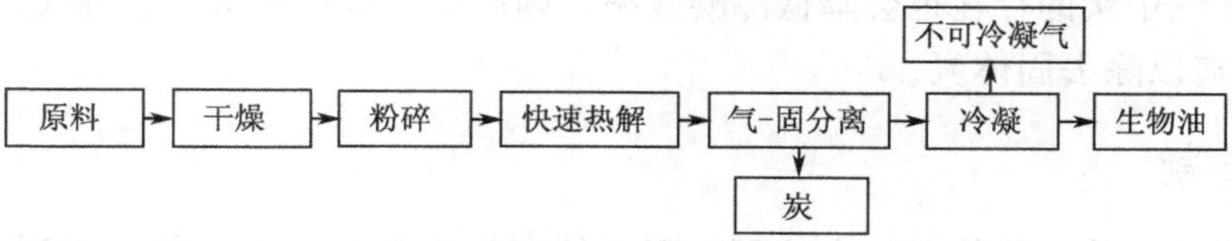

图 6.1 快速热解工艺流程

林业“三剩物”（森林采伐剩余物、制材剩余物和木材加工剩余物），林副产品废弃物（果壳、果核等）、木制品废弃物等。

（二）粉碎

原料粒径是影响快速热解的重要因素之一，为了满足快速热解过程中对升温速率及停留时间的需要，将林木生物质粉碎成适宜的粒径范围，这样有利于快速热解过程中的传热传质和生物油的生成。但是，原料粒径越小，加工成本就越高。

（三）筛分

粉碎后的生物质原料粒径存在一定的分布范围，并不都满足快速热解反应器的要求，需要进行筛分，这是原料预处理过程中的重要环节之一。不同类型反应器所要求的原料粒径大小不同，一般可控制在 1mm 左右。

（四）干燥

在快速热解之前需要对生物质进行干燥处理。其主要目的是降低原料的含水率，将其控制在一定范围之内（一般为 10%～15%以下），避免由于原料水分过多而增加不必要的能耗，影响生物质颗粒内部的传热传质以及将过多水分引入到生物油中。

（五）快速热解

快速热解是制备生物油的关键环节，直接影响生物油的产率和组成。适合于快速热解的反应器类型很多，均需满足高升温速率、极短气体停留时间和精准温度控制这三个基本条件。

（六）气-固分离

气-固分离的目的是除去热解气中携带的固体炭。否则炭的存在一方面会在热解气二次裂解中起催化作用，使生物油产率下降，另一方面混杂在生物油中的炭很难被分离出来，影响生物油品质，再者也不能充分分离炭，造成浪费。另外，热解气中炭的存在也会降低冷凝效率，因此从反应器出来的热解气必须进行气-固分离以除去固体炭。

（七）冷凝

冷凝的目的是将热解气中的可冷凝气体通过冷凝器变为液体，得到生物油。由于在高温条件下，热解气很容易发生二次热解，生成不可冷凝气体，使生物油产率降低，因此，从反应器出来的热解气需要骤冷，以最大限度地获得生物油。

（八）生物油与不凝结气体

热解气经过冷凝得到生物油和不凝结气体。生物油的产率和组成与快速热解工艺和反应条件有关，由于生物油组分多，成分复杂，置于空气中很容易发生化学反应，影响其稳定性，因此生物油的储存环境要适宜。

三、快速热解反应器类型

反应器是快速热解技术的核心，它的类型决定了快速热解技术的工艺路线。反应器类型可以按照有无气体载体和传热方式进行分类。

（一）按有无气体载体分类

按照有无气体载体可将快速热解反应器分为流化床式和非流化床式两类，如图 6.2 所示。

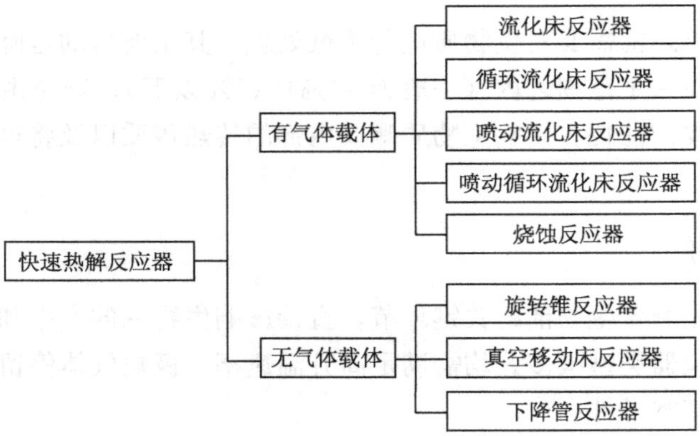

图 6.2　快速热解反应器分类

1. 流化床式

流化床式快速热解反应器的主要特点是：在反应器内，生物质颗粒和热载体

（如石英砂）主要依靠流化气体运动所产生的曳力进行碰撞和混合，以实现热量传递进行快速热解。这类反应器不含有运动部件，结构较为简单，但流化气体与热解气一起经历加热和冷却的过程，增加了设备系统能耗。

2. 非流化床式

非流化床式快速热解反应器的主要特点是：在反应器内，生物质颗粒主要依靠自身的位移运动与灼热的反应器壁面或热载体（如石英砂）进行摩擦、碰撞和混合，以实现热量传递进行快速热解。这类反应器的特点与流化床式反应器的特点正好相反，不需要流化气体，降低了系统的运行能耗。但是，这类反应器含有的内部构件一般都需要在高温和高粉尘的环境下工作，因此对反应器加工材料的要求比较高。

（二）依传热方式分类

按照传热方式可以将快速热解反应器分为机械接触式、间接式和混合式三类。

1. 机械接触式

机械接触式快速热解反应器的主要特点是：生物质颗粒通过与灼热的反应器表面直接或间接接触，温度快速升高，使其热解，这个过程中热量传递的主要方式为热传导。常见的有烧蚀热解反应器、旋转锥反应器等。

2. 间接式

间接式快速热解反应器的主要特点是：生物质颗粒在反应器内通过与温度较高的反应器壁面或热辐射器进行辐射换热，使其快速升温热解，这个过程热量传递的主要方式为热辐射。具有代表性的间接式快速热解反应器是热辐射反应器。该反应器采用氙灯作为热源，能够均匀地提供一维高强度热量给反应器内套管中的生物质颗粒，使其快速热解。这类反应器温度控制较为困难，并且对二次反应的抑制作用较差，同时需特殊高温热源，这使得实际应用受到限制，通常仅在机理特性研究时才采用。

3. 混合式

混合式快速热解反应器的主要特点是：生物质颗粒在反应器内借助热气流或气固多相流对生物质颗粒进行快速加热，热量传递的主要方式为对流换热。常见的有流化床反应器、快速引射床反应器、循环流化床反应器等。近年来，国内外对流化床快速热解反应器进行了许多研究，在反应器性能及降低成本方面取得了较大的进展。国内外快速反应器研发情况见表 6.1 和表 6.2。

表 6.1 国内快速热解反应器研发情况

研发单位	反应器	规模与尺寸/(kg/h)	文献发表年份
沈阳农业大学	旋转锥	50	1997
上海理工大学	旋转锥	10	2002
东北林业大学	旋转锥	200	2005
哈尔滨工业大学	流化床	内径 32mm,高 600mm	1997
浙江大学	流化床	5,20	2002
沈阳农业大学	流化床	1	2000
中国科学院广州能源研究所	流化床	5	2001
上海理工大学	流化床	5	2001
华东理工大学	流化床	5	2002
中国科技大学	流化床	1,120,600～700	2003
吉林农业大学	流化床	20	2006
山东理工大学	等离子体	0.5	2000
山东理工大学	下降管	50	2003
中国科学院过程工程研究所	循环流化床	50	2000
北京林业大学	喷动循环流化床	25,5,30	2007

表 6.2 国外快速热解反应器研发情况

研发单位	国家	反应器	规模/(kg/h)	现状
Union fenosa/Waterloo	西班牙	流化床	200	运行
Dynamotive	加拿大	流化床	50,1500	运行
Hamburg 大学	德国	流化床	50	运行
RTI	加拿大	流化床	20	运行
Alten	意大利	流化床	500	1992 年废弃
CRES	希腊	循环流化床	10	运行
VTT/Ensyn	芬兰	循环传输床	20	运行
Red Arrow/Ensyn	加拿大	循环传输床	1250	运行
ENEL	意大利	循环传输床	625	运行
Ensyn	加拿大	循环传输床	10,40,100	运行
Egemin	比利时	引流床	200	1992 年废弃
GTRI	美国	引流床	50	1990 年废弃
Castle Capital	加拿大	烧蚀管	2000	停用
BBC	加拿大	烧蚀床	50	停用
NREL	美国	烧蚀涡流	30	1997 年废弃
NREL	美国	烧蚀涡流	20	运行
Laval 大学	加拿大	真空移动床	50	运行
BTG	荷兰	旋转锥	200	运行
Twente 大学	荷兰	旋转锥	10	运行

第二节　林木生物质快速热解研究现状及发展趋势

一、林木生物质快速热解技术研究现状

自20世纪70年代后期至今，国外众多的研究机构和公司对生物质快速热解技术进行了大量的研究工作。北美洲对生物质快速热解技术的研究较早，80年代初期，加拿大Waterloo大学研制出流化床反应器快速热解技术，随后，美国国家可再生能源实验室开发出涡流烧蚀快速热解反应器，对该技术的研究起到了推动作用。80年代末到90年代初，将生物油作为锅炉等燃料的研究在欧洲、北美有了突破性进展。对该项研究比较有代表性的国家主要有加拿大、荷兰、英国、美国、瑞士和意大利等，目前已研究开发出十几种热解设备及相应的技术，特别是以林木生物质为原料的一些快速热解设备已达到商业化生产阶段。90年代初期，欧共体JOULE计划中的用生物质生产能源项目的很多课题的启动也显示了欧盟对生物质快速热解制取生物油技术的高度重视。1991年比利时Egemin公司建立200kg/h原料处理量的引射流反应器（Maniatis. K，1991），并于1992投入运行使用。1993年西班牙的Union Fenosa电力公司基于加拿大Waterloo大学快速热解技术建立了生物质处理量为200kg/h的热解示范厂（Curvas. A，1995）。90年代中期，在英国签订的第四个《无化石燃料公约》中包含了快速热解的内容，这提高了欧洲对于这项技术的认识并使其对这项技术产生了极大的兴趣。进入21世纪，加拿大DynaMotive Energy Systems Corporation公司研制了一套2t/d鼓泡流化床快速热解设备，生产的生物油用于汽轮机发电（Thamburaj. R，2000）。随后该公司于2002年在加拿大又建立了100t/d和200t/d生物油生产工厂，快速热解所得生物油除供应下游应用技术开发外，其余全部用于燃烧发电。BTG公司基于荷兰Twente大学的旋转锥反应器技术，2005年在马来西亚建成生物质处理量50 t/d的流化床生物油厂。2006年在加拿大安大略省西洛恩镇建成生物质处理量100t/d快速热解装置。近年来，国外在快速热解技术的研究上取得了突破性的进展，已经初步形成了一些产业化项目，但是由于快速热解技术的复杂性以及受到生物油下游产品利用和经济效益等问题的困扰，尚有很多问题有待解决，在反应器结构、过程控制、生物油品质、存储和原料适应性等问题上仍然存在很大的改进空间。特别是在快速热解设备方面还存在着进料不够连续稳定、冷凝效率低和气固分离不彻底等问题，这些问题的存在制约了快速热解的发展和工业化进程，急需进一步的深入系统研究。

相比较而言，我国在快速热解技术研究方面起步较晚。1995年沈阳农业大学从荷兰twente大学BTG集团引进一套生物质原料处理量为50kg/h的旋转锥式快速热解设备，标志着我国快速热解技术研究工作的开始；山东理工大学1999年用等离子体做热源进行了生物质快速热解技术的研究，生物油产率达到

50%，2001年又设计建造了原料处理量为200kg/h的以陶瓷球为热载体的下降管式快速热解工业示范设备（易维明，2003）；浙江大学2002年建立了处理量为5kg/h的小型流化床快速热解反应器，用木屑做原料时，生物油产率可达60%，并在此基础上，研发了原料处理量为20kg/h生物质整合式快速热解设备（王树荣，2002）；华东理工大学2002年利用小型流化床热解反应器研究了生物质快速热解制备液体燃料技术（任铮伟，2002）；东北林业大学在2005年研制出了原料处理量分别为50kg/h和200kg/h的两代转锥式生物质快速热解设备，并进行了该技术的工业化示范研究工作；北京林业大学2005年研制出25kg/h木质生物质喷动循环流化床快速热解设备，产油率可达60%，用于制备酚醛树脂胶黏剂（杜洪双，2006），并于2008年针对快速热解设备普遍存在的关键技术进行全面技术升级，又研制出了5kg/h和30kg/h两代新型喷动循环流化床快速热解设备，目前正积极从事工业化示范研究工作；中国科技大学2004年与安徽易能生物能源有限公司合作，成功研制出原料处理量20kg/h的流化床小试装置，2006年成功研制了原料处理量为120 kg/h的自热式流化床快速热解设备，并用多种生物质进行了实验，生物油产率最高达60%，2007年建立了原料处理量为500～1000 kg/h快速热解工业示范设备；中国科学院过程工程研究所在20世纪90年代就开展了生物质快速热解的技术研究，并建成了原料处理量为8 kg/h的实验室规模的喷动床快速热解设备，2003年又研制出了原料处理量为50 kg/h的循环流化床快速热解设备；华中科技大学2005年研制出原料处理量为2kg/h的小型流化床快速热解设备，并于2007年获得移动式生物质液化系统发明专利。有研究报道，该实验室正在研究处理量为100 kg/h的移动快速热解设备（王峰，2008）。近年来，上海交通大学、吉林农业大学、中国科学院广州能源研究所等单位、中南大学、重庆大学等单位也对快速热解技术进行了研究工作。总的来说，国内关于快速热解技术的研究基本上还处于实验室小试、中试阶段和工业化示范阶段，对于快速热解制备生物油工业化生产及应用还有待进一步的研究和开发。

二、林木生物质快速热解工艺研究现状

快速热解工艺影响因素较多，主要包括反应温度、升温速率、压力、气相氛围、气相停留时间、含水率、原料粒径、原料颗粒形状和原料种类等。国外在快速热解工艺方面的研究比较早，也比较系统。Horne（1996）在流化床快速热解反应器中对反应温度研究时发现，反应温度为400～550℃时生物油为低黏度和富氧的化合物，反应温度为500～550℃时生物油产率较大；Islam（1999）在利用流化床研究生物质快速热解时发现，当热解反应温度在550℃时，产油率最大，并且生物油中含有大量的富氧有机化合物，主要包括醛、酸、酮、酚类等。Chen（2003）研究气相滞留时间对快速热解产物影响时发现，气相滞留时间的

增加导致了二次反应的发生，不凝结气体产率增加，并且当气体滞留时间大于2～3s时，不凝结气体的产率增加比较明显；Ozlem Onay（2003）在管式携带床快速热解反应器上，考察了反应温度、物料粒径、载气速率对快速热解产物产率的影响，发现温度范围在550～600℃、物料粒径在0.6～1.25mm、载气流速在$100cm^3/min$、进料速率为2g/min时，最大产油率为73%；Li.S.（2004）研究升温速率对快速热解产物影响时发现，较高的升温速率（10^4℃/s）有助于生物油产率增加；Jacques Le'de'（2007）在旋风烧蚀反应器中对反应温度进行了研究，结果表明反应温度在627～710℃生物油产率最大为74%。

近年来，我国的一些专家学者对快速热解工艺也进行了较多研究。如徐保江（1999）采用旋转锥快速热解设备，以松木屑为原料进行了快速热解实验研究，结果表明，较高的升温速率和适宜的温度可提高快速热解液体产物产率。戴先文（2000）采用循环流化床快速热解设备，以石英砂作为循环介质，在反应温度500℃时考察了反应器内循环介质的循环量与气速、储料量、吹风量、吹风口位置及物料间的关系。结果表明，循环量随操作气速、吹风量及储料量的增加而增加，随物料密度、粒径的增大和吹风位置的提高而减小；曾忠（2002）采用旋转锥快速热解设备，以松木屑为例，对生产快速热解生物油相关工艺参数进行了研究；陈明强（2003）在喷动流化床快速热解设备上，研究了生物质特性与热解条件（温度、喷动气和流化气等）对快速热解产物气、液、固产率及生物油组成的影响，结果表明喷动气和流化气强化了反应器内的传热，使得生物油产率最高可达73.2%；刘守新（2004）在旋转锥热解反应器上，进行了快速热解实验研究，研究表明通过调节升温速率、停留时间、粒径等工艺参数可以控制热解最终产物成分；张春梅（2005）采用自制的小型流化床热解反应设备，利用农业废弃物（如玉米秸秆、稻壳、松木屑等）进行快速热解实验，考察了反应温度对快速热解工艺的影响，研究表明在450～550℃范围内，固体产率变化不大、呈缓慢下降趋势，气体产率变化较大、呈上升趋势，而生物油产率在475℃左右有一个最高值；朱锡锋（2006）以木屑为原料在自热式快速流化床生物质热解研究中发现，快速热解获得的生物油是一种复杂的含氧有机化合物和水组成的混合物，包含了几乎所有化学类别的有机物，研究中还发现减少原料携带的水分可有效降低生物油中的水分含量；杜洪双（2007）利用自制的喷动循环流化床快速热解反应器，考察了反应温度、物料粒径、循环气体流量、进料速率和含水率等热解条件对落叶松树皮快速热解工艺的影响，研究发现，反应温度是影响生物油产率的最主要因素，当温度为550℃时，产油率最大。

综上所述，国内外对快速热解工艺研究主要集中在快速热解产物分布规律方面，关于各因素对生物油中主要组分的产率及组成的影响研究较少。由于快速热解受诸多因素影响，各因素并不是单独作用于快速热解过程，而是相互关联、相互制约，共同影响反应进程的。因此，针对热解产物目标的不同，有必要进一步深入研究影响快速热解的各主要因素在热解过程中的共同作用，以便确定最佳的快速热解工艺操作条件。

第三节　快速热解反应机理及动力学

生物质热解过程十分复杂，伴随着一系列的化学和物理变化，包括分子键的断裂、分子异构化和小分子聚合等化学反应，同时还包括热量传递和质量传递等。因此，掌握生物质热解反应机理及有关反应动力学参数，将有助于对林木生物质热化学转换技术的理解，并为热解设备的设计、运行提供依据。

国内外对纤维素、半纤维素和木质素的热解机理和反应动力学进行了大量研究。但从分析相关研究资料可以发现，这些研究主要是集中在传统热解方面。虽然近年来有些学者尝试了快速热解机理和反应动力学的研究，但是采用的实验分析方法仍主要为热重分析法。由于这种方法升温速率较慢，难以准确地反映快速热解过程，所以其研究结果是否能够真实地揭示快速热解机理以及确切地描述快速热解反应动力学还有待商榷。到目前为止，在某种意义上关于快速热解机理和动力学的研究还没有成熟的研究成果和普遍认同的机理模型。因此，本节主要介绍目前国内外讨论比较多的热解机理和反应动力学。

一、林木生物质热解反应机理

目前，关于林木生物质热解反应机理的探讨主要集中在四个方面：原料的组成成分的变化、反应过程中的传热传质规律、反应进程及线性分子链的分解规律。

（一）从原料的组成成分角度

林木生物质主要由纤维素、半纤维素和木质素三种主要物质组成并且含有少量抽提物。通常假设三种主要生物质组成独立地进行热分解，半纤维素主要在225～350℃分解，纤维素主要在325～375℃分解，木质素在250～500℃分解。半纤维素和纤维素热解主要产生挥发分，而木质素热解主要生成炭。纤维素在林木生物质组成中占有较大比例，因此纤维素被广泛用作林木生物质热解基础研究的实验原料，最为广泛接受的纤维素热解反应途径模式如图6.3所示。

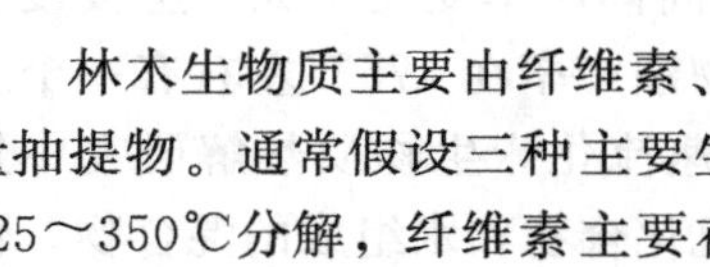

图6.3　纤维素热解反应途径模式

近些年来，一些研究者相继提出了与二次热解反应有关的生物质热解途径，但基本上都是以Shafizadeh提出的反应机理为基础的，其分解反应途径如图6.4所示。

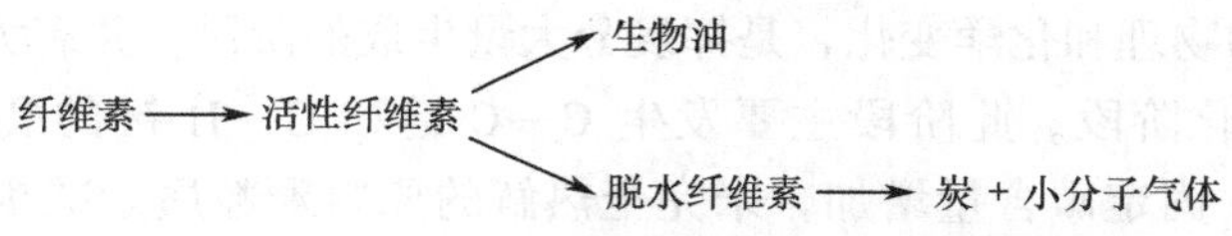

图 6.4 Broido-Shafizadeh 反应机理途径

（二）从传热传质角度

生物质颗粒在热解过程中，热量被传递到颗粒表面，并从表面传到颗粒的内部，热解过程由外至内逐层进行。生物质颗粒被加热后迅速分解成炭和挥发分，其挥发分中可凝结气体经过快速冷凝得到生物油。一次热解反应生成了炭、一次可凝结气体和不凝结气体。可凝结气体可能还将进一步热解，形成二次可凝结气体和不凝结气体，最后可凝结气体经过冷凝后生成生物油。反应器内的温度越高，则二次裂解反应越剧烈；可凝结气的停留时间越长，则二次裂解反应发生的频率越高。所以，为了减少二次裂解反应的发生，应该采取合适的反应温度和较短的气相停留时间。具体热解过程如图 6.5 所示。

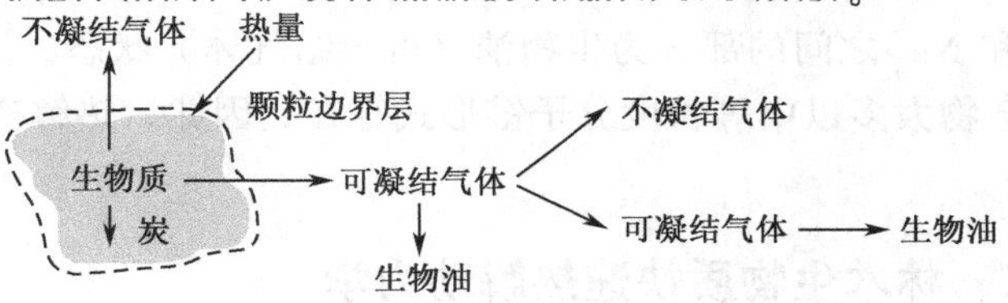

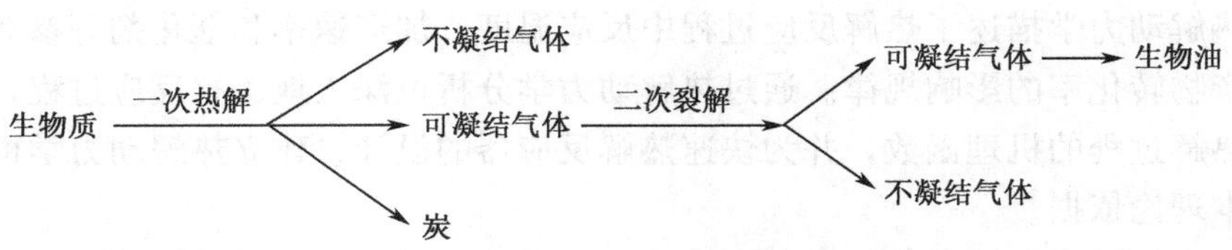

图 6.5 生物质热解过程示意图

与慢速热解相比，快速热解的传热过程发生在极短的原料停留时间内，强烈的热效应使生物质原料迅速热解，产生的可凝结气体通过骤冷最大限度地获得生物油。

（三）从反应进程角度

按照反应进程将生物质的热解过程分为四个阶段。

1）脱水阶段。此阶段基本上不发生热解反应，主要是脱除水分，是一个单纯的热质扩散过程。

2）热解初始阶段。此阶段生物质原料开始发生热解反应，化学组分开始发生变化，主要是半纤维素和少量纤维素开始发生分解反应，同时有少量炭的生成。

3）充分热解阶段。此阶段生物质原料进行充分的热解，主要是纤维素和木质素发生复杂的物理和化学变化，是挥发分大量生成的阶段，并有大量的炭生成。

4）完全炭化阶段。此阶段主要发生 C—C 键和 C—H 键的裂解反应，排出炭中挥发物质，固定碳含量增加，未完全热解的原料颗粒质量减少缓慢。

实际上，上述快速热解四个阶段的界限难以明确划分，各阶段的反应过程会相互交叉进行。

（四）从线形分子链角度

按照简单分子链的形势，利用蒙特卡洛法（即对无规则的数字应用数学算子进行一系列的统计实验以解决许多实际问题，这种方法既要考虑时间和样品空间，又要考虑物理空间，用线形分子链结构代替三维空间结构）建立模型来模拟反应过程，从而描述热解规律。

在假设的模型中，用 N 代表聚合物中的每个单体结构的结合总个数。用每个链的长度来代表所形成的气体、固体和液体状态，产物存在状态用两个参数来描述，保持气相状态的最大的链长度（Ng^+）和保持固相状态最小的链的长度（Ns^-），而长度在 Ng^+ 和 Ns^- 之间的部分为生物油（可凝结气体）状态。

在快速热解反应中产物大多以中等长度分子链形式存在，因此，热解产物中生物油所占比例较大。

二、林木生物质快速热解动力学

热解动力学描述了热解反应过程中反应温度、加速速率和催化剂等参数对原料或产物转化率的影响规律。通过热解动力学分析可深入地了解反应过程，确定描述热解过程的机理函数，并为快速热解反应器的设计、建立热解动力学模型提供基本理论依据。

动力学的研究对象包括以下三个方面：化学反应进行的条件（温度、压力、浓度及介质等）对化学反应过程速率的影响；化学反应的历程（又称机理）；物质的结构与化学反应能力之间的关系。在对化学反应进行动力学研究时，总是从动态的观点出发，由宏观的研究到微观的分子水平的研究，因而将动力学区分为宏观动力学和微观动力学两个领域。

快速热解属于非均相的气-固反应，热解过程一般可以表示为以下反应过程：

$$\text{A(固)}=\text{B(固)}+\text{C(气)}$$

一般定温非均相反应的动力学可以由以下方程来描述：

$$\frac{da}{dt} = k \cdot f(\alpha) \tag{6-1}$$

α 为转化率［其中 $\alpha = (m_0 - m)/(m_0 - m_\infty)$，即对于反应物 A 转化成生成物的相对百分数］。

m 代表反应到任意时刻样品的质量（下标 0 与∞分别代表反应初始与终止状

态)；m_0 为样品初始的质量；m_∞ 为样品反应终止的固体质量（计算动力学常数用到的最终质量 m_∞ 是随温度变化的参数)；k 为反应速率常数［k 可由 Arrheniu 方程表示：$k = A \cdot \exp(-E/RT)$］。

其中 A 为频率因子，A 和 k 有相同的因次，可以认为是高温时 k 的极限。E 为能量因子，称为反应活化能或者是阿氏活化能（activation energy)，R 为普适气体常数（8.314×10^{-3} kJ · mol^{-1} · K^{-1})，T 为热力学温度)。

Arrhenius 定理认为反应体系中通常分子吸收能量后活化形成为数不多的活化分子。而反应速率与活化分子的浓度成正比，由于能量大于活化能量的分子分数为 $\exp(-E/RT)$，因而反应速率常数 k 与 $\exp(-E/RT)$ 成正比，比例常数为 A。

虽然 A 事实上不是一个常数而是与温度有关的函数，但即使实验温度范围增大到 500K 区间，把它们看作常数引起的误差不大，但当温度继续增加，大到 1000K 以上就不能近似作为常数处理，对于快速热解，A 通常被认为是常数。

结合式（6-1)，对于非等温（即以一定的升温速率加热反应体系）非均相体系的常用热解动力学方程为：

$$\frac{d\alpha}{f(\alpha)} = \frac{A}{\beta} \cdot \exp(-E/RT)\,dT \tag{6-2}$$

其中，$\beta = dT/dt$ 为升温速率，t 为反应时间。

对式（6-2）变形有：

微分式：

$$\frac{d\alpha}{dT} = \frac{A}{\beta} \cdot \exp(-E/RT)\,f(\alpha) \tag{6-3}$$

积分式：

$$F(\alpha) = \frac{A}{\beta}\int_{T_0}^{T} \exp(-E/RT)\,dT = \frac{AE}{\beta R}P(y) \tag{6-4}$$

$$F(\alpha) = \int_0^\alpha \frac{d\alpha}{f(\alpha)} \tag{6-5}$$

$P(y)$ 是温度积分。

$$P(y) = \int_{-\infty}^{y} -\frac{\exp(-y)}{y^2}\,dy \tag{6-6}$$

式中，$y = E/RT$，$P(y)$ 在数学上无解，只能得近似解。

$f(\alpha)$、$F(\alpha)$ 是描述热解机理的方程，称为热解机理函数，其中 $f(\alpha)$ 为微分机理函数，$F(\alpha)$ 为积分机理函数。机理函数 $f(\alpha)$ 和 $F(\alpha)$ 与温度 T 和时间 t 无关，只与热解转化率 α 有关。

国内外对生物质热解的动力学研究较多，通常采用热分析技术中热重法（TG）和差热分析法（TGA）进行研究。由于热重法和差热分析法升温速率较低，并不能很好地反映快速热解过程，所以关于采用这两种方法用于快速热解动力学的研究还存在争议。

第四节 林木生物质快速热解的影响因素

林木生物质快速热解的影响因素，归纳起来可分为设备及工艺条件（反应温度、加热速率、压力、气相氛围和气相停留时间）和原料特性（含水率、原料粒径、原料颗粒形状和原料种类）两大类，具体介绍如下。

一、工艺条件

1. 反应温度

反应温度是指生物质原料在反应器内发生热化学反应时的温度，通常是指反应器控温的目标温度。反应温度是影响生物油产率及组分的主要因素之一，可以同时影响一次热解和二次裂解。当反应温度较低时，生物油产率降低，热解炭明显增多；当反应温度较高时，如果控制不当，二次裂解反应增大，热解产物中不凝结气体增多，生物油产率降低。因此，在其他条件一定时，存在一个最大产油率的适宜反应温度。这个适宜的反应温度主要与反应器类型、物料种类、物料含水率和粒径大小等因素有关。

2. 气相滞留时间

气相滞留时间是指快速热解过程中热解气在反应器中的停留时间。气相滞留时间是获得最大生物油产率的一个关键参数。为了获得最大生物油产率，在快速热解过程中产生的热解气应迅速离开反应器以减少可凝结气体分子的进一步断裂。通常快速热解气相滞留时间为0.5～2s。

3. 升温速率

升温速率是指生物质原料进入反应器后达到设定反应温度的速率，它是影响生物油产率及组分的另一重要参数。在快速热解过程中，为了达到充分热解，升温速率和物料停留时间，存在一个合理的匹配，高升温速率可以缩短物料颗粒达到热解所需温度的响应时间，从动力学的角度看，提高升温速率使颗粒内部、外部迅速达到预定的反应温度，缩短颗粒在低温阶段的停留时间，有利于快速热解的发生。但是升温速率越快对加热系统的要求也越高，能耗也越大，并且过快的升温速率导致热解气在一定时间内停留在高温的时间较多，会加剧可凝结气体二次裂解，使得生物油产率降低。所以，升温速率有个适宜的取值范围，通常快速热解升温速率为10^3～10^5℃/s。

4. 压力

压力是指在热解过程中反应器内部的压力。压力对生物质快速热解产物的影响也较大。对于大多数类型的反应器而言，压力的大小主要影响气相滞留时间。较高压力下，挥发分滞留时间增加，二次裂解增多；而较低压力下，挥发分可以迅速地从颗粒表面脱离，从而减少二次裂解反应发生的频率以及炭的生成，提高生物油产率。但在接触式反应器如涡流烧蚀反应器中，操作压力影响携带固体颗粒载气的密度，进而影响生物质原料与反应器壁的接触强度，适当地增加压力，有利于快速热解的进行。

5. 气相氛围

气相氛围主要是指反应器内生物质发生快速热解反应时的气相环境，包括气体种类和浓度等。气体可以是氮气、水蒸汽、氢气、氦气及热解产生的不凝结气体，或者几种气体的混合物。有关研究表明，在快速热解反应过程中，通常气相氛围对生物油产率影响不大。但是，对流化床式快速热解反应器，从载气获取途径和成本消耗角度来看，利用快速热解产生的不凝结气体作为流化气体是一种比较理想的载气，可避免使用价格昂贵的氮气或氦气等惰性气体。

二、原料特性

1. 含水率

快速热解过程中，生物质中的水分会消耗快速热解的热量，从而影响生物质颗粒的反应温度和升温速率。研究表明（杜洪双，2007；王鹏起，2009），原料含水率在10%～25%范围内，随着含水率的增加，生物油产率减少，不凝结气体和热解炭增加，这是因为水分的蒸发需要大量的热量，而用于快速热解反应的热量减少，使得升温速率降低，热解不完全，造成生物油产率降低。但当原料含水率超过25%时，生物油产率反而增加，这主要是因为蒸发的水蒸气进入到生物油中，这种情况下的生物油品质差、易分层。因此，快速热解过程中原料含水率既不能过高也不能过低，过高影响生物油产率及品质，过低使得原料处理成本大幅度增加。通常生物质原料的含水率控制在15%以下，具体数值应综合考虑反应温度、物料粒径、升温速率及原料处理成本等因素来确定。

2. 粒径

粒径的大小主要影响快速热解反应过程中生物质颗粒内部的热质传递速率。一般认为，生物质粒径小于1mm时，快速热解过程受化学反应动力学控制，而当粒径大于1mm时，快速热解过程主要受热质传递过程控制。这是因为当颗粒的粒径大于 1mm 时，由于热量是从颗粒外面向内部传递，颗粒表面的升温速率远远大于颗粒中心的升温速率，这样在颗粒的中心可能处于低温热解，易生成炭。因此，在快速热解过程中，所采用的原料粒径应尽可能的小，以减少炭的生成量，从而提高生物油的产率。但原料粒径过小，会增加原料的处理成本，并且在某些类型的反应器当中（如在流化床式快速热解反应器），颗粒容易被载气携带快速地飞离反应器，使其在反应器内的停留时间过短，造成颗粒热解不充分。

3. 原料种类

不同林木生物质种类其纤维素、半纤维素和木质素三种组分比例也不同。纤维素是构成植物细胞壁的结构物质，是由许多吡喃型 D-葡萄糖基在 1→4 位彼此以 β-苷键联结而成的高聚物。与纤维素不同，半纤维素素不是均一聚糖，而是一类复合聚糖的总称，原料不同，复合聚糖的组分也不同。木质素是非常复杂的天然聚合物，其化学结构与纤维素和蛋白质相比，缺少重复单元间的规律性和有序性。由此可知，在同样热解条件下，原料种类不同热解产物产率及比例也不同。即使是同种原料不同产地，热解产物产率及比例也可能出现差异。生物质中各组分的比例及其结构特征对热解产物比例的影响较大，这种影响相当复杂，并且也与热解温度、压力、升温速率等外部特性共同作用相关。

第五节　林木生物质快速热解典型设备简介

一、流化床式快速热解设备

流化床式快速热解反应器最早由加拿大 Waterloo 大学研制，用于快速热解林木生物质材料。其工艺流程如图 6.6 所示。

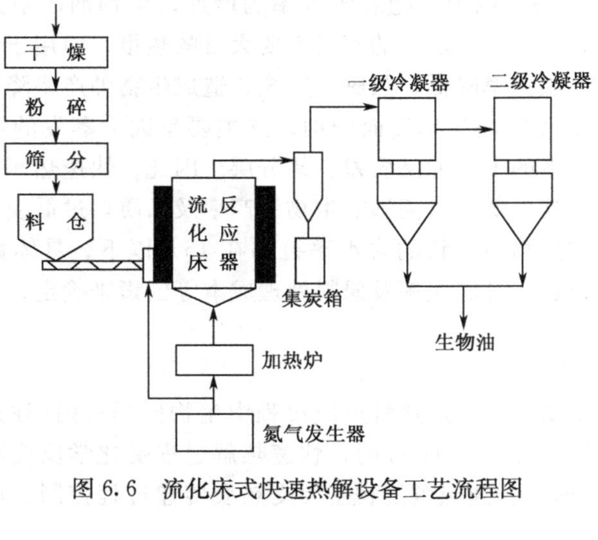

图 6.6　流化床式快速热解设备工艺流程图

流化床式快速热解设备主要由螺旋进料器、流化床反应器、预热装置、气-固分离器和冷凝装置等部分组成。

流化床反应器床料为石英砂（或沙子），流化气体通常为氮气。生物质原料经过干燥和粉碎以后通过螺旋进料器进入反应器进行热解。原料热解所需要热量的一小部分由经过加热的流化气体提供，其余的大部分由反应器外表面的加热装置提供。在快速热解过程中，流化气体首先加热石英砂（或沙子），利用热的石英砂与生物质颗粒充分混合，生物质颗粒快速升温气化热解。热解中生成的热解炭被流化气体和产生的热解气带出反应器，在旋风分离器内进行分离，然后流化气体和产生的热解气经二级冷凝，热解气中可凝结气体凝结为生物油。第一级可获得分子量较大的沥青类产品，第二级可获得分子量小的轻质生物油。

流化床式快速热解设备具有结构简单、处理量大、运行成本低等优点，但流化床反应器本身具有分层和节涌等缺点，而且用氮气作为流化气，增加了运行成本。

二、循环流化床式快速热解设备

希腊可再生能源中心（GRES）开发了循环流化床式快速热解设备。其工艺流程如图 6.7 所示。

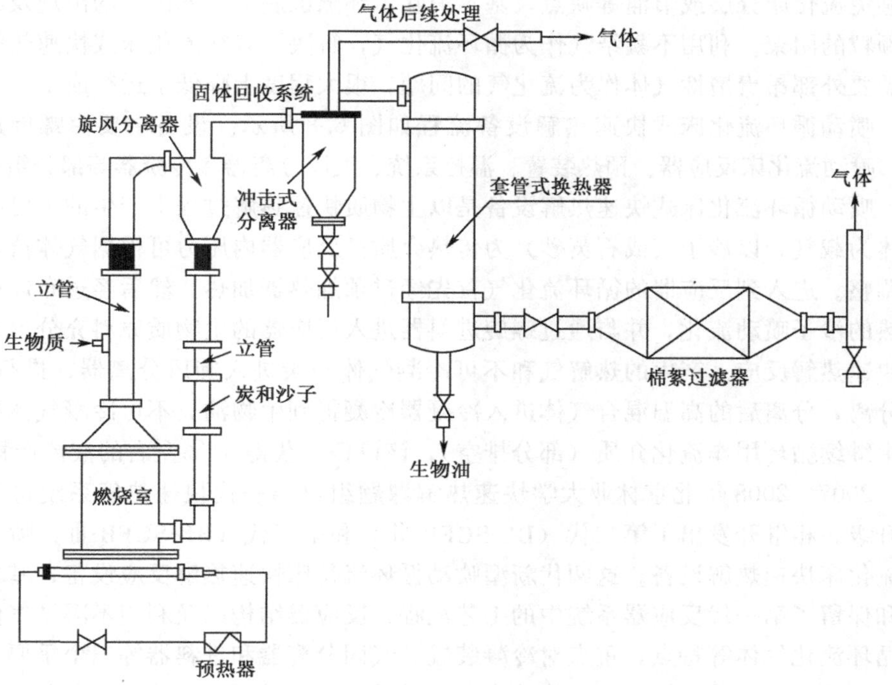

图 6.7　循环流化床式快速热解设备工艺流程图

循环流化床式快速热解设备主要由燃烧室、循环流化床反应器、旋风分离器、冲压式分离器和套管换热器等部分组成。

循环流化床式快速热解设备利用反应器底部的常规沸腾床燃烧加热床料（如沙子），热沙子随着燃烧生成的气体向上进入反应器与生物质颗粒混合并与生物质进行热量传递，从而使生物质快速升温，发生快速热解反应，生成炭和热解气。气流带出的炭和沙子通过旋风分离器分离，返回燃烧室，热解气通过冷凝装置获得生物油。

循环流化床式快速热解设备将提供反应热量的燃烧室和发生反应的流化床两部分合为一个整体，降低了反应器的制造成本和热量损失。循环流化床式快速热解反应器中的温度升高较快，热解气停留时间短，可有效抑制二次热解，使液相产物增加，但在循环流化床快速热解过程中，循环流化床中的沙子也参与了循环，增加了动力能耗。

三、喷动循环流化床式快速热解设备

北京林业大学从 2004 年开始研发喷动循环流化床式快速热解反应器，现已更新至第三代。本快速热解设备综合了“喷动”、“循环”和“流化”三者的优点，既克服了喷动床的环隙区内气固两相接触差和高床层下喷动不稳定的缺点，又避免流化床分层或节涌等缺点，基本消除了环隙区底部“死区”的出现及易粘结颗粒的团聚。利用不凝结气作为循环流化气，解决了以往流化床式快速热解设备需要外部昂贵惰性气体作为流化气的问题，很大程度上降低了运行成本。

喷动循环流化床式快速热解设备流程如图 6.8 所示。设备主要由螺旋进料器、喷动流化床反应器、预热装置、温控系统、气固分离器和冷凝器等部分组成。

喷动循环流化床式快速热解设备是以生物质快速热解过程中产生的不可冷凝气体为载气，以沙子（或石英砂）为传热介质。反应器内压力可根据气体流量进行调整。进入到反应器的循环流化气首先经过预加热器加热，然后经过布风板使灼热的沙子喷动流化，并与通过螺旋进料器进入反应器的生物质原料充分混合发生快速热解反应。产生的热解气和不可冷凝气体与炭进入旋风分离器，进行气-固分离，分离后的高温混合气体进入冷凝器冷凝得到生物油，不可冷凝气体在设备中继续循环用作流化介质（部分排空），该设备可获得 60%左右的液体产物。

2007～2008 年北京林业大学快速热解课题组对第一代快速热解系统进行技术升级，相继开发出了第二代（BL-SCFB-Ⅱ）和第三代（BL-SCFB-Ⅲ）喷动循环流化床快速热解设备。这两代新型喷动循环流化床快速热解反应设备，基本延续和保留了第一代反应器系统中的工艺流程、反应器结构以及利用不凝结气体作为循环流化气体等特点，重点对冷凝装置、气固分离器和进料器等三个重要部分进行了改进，有效地提高了生物油产率及品质，为喷动循环流化床工业化示范奠定了良好的基础。

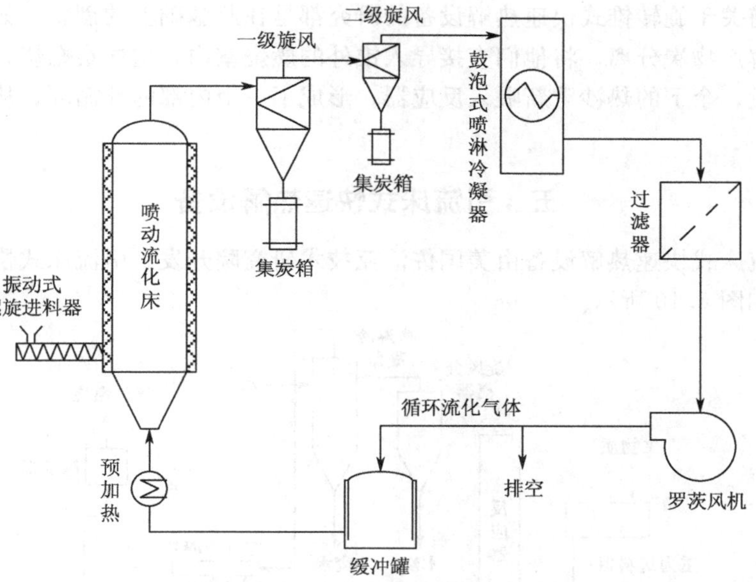

图 6.8　喷动循环流化床快速热解设备工艺流程图

四、旋转锥式快速热解设备

荷兰 Twente 大学研发出了旋转锥式快速热解反应器。其工艺流程如图 6.9 所示。

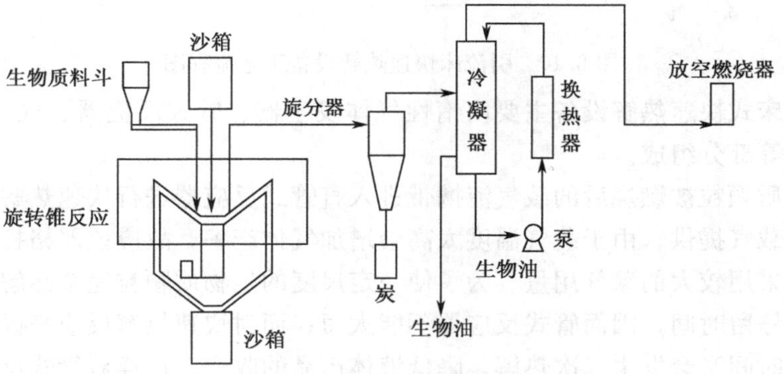

图 6.9　旋转锥反应器快速热解设备工艺流程图

旋转锥式快速热解设备主要由旋转锥反应器、沙子加热器、旋风分离器、冷凝器等部分组成。

生物质颗粒喂入到外加的惰性颗粒流中（如沙子或具有催化活性的颗粒流），在旋转锥反应器中快速热解，热解产物炭和少量的灰从锥的顶端排出。快速热解产生的热解气，经过旋风分离器，把气流中的炭、沙子分离出来，然后进入冷凝器，从而获得生物油。

目前关于旋转锥式快速热解设备的研究都是在此基础上的创新。如为了使沙子与热解产物炭分离，将他们直接导入锥外的燃烧室内，这样炭燃烧，为旋转锥提供热量，余下的热沙重新喂入反应器，形成了一个内部的沙循环，从而降低了能耗。

五、引流床式快速热解设备

引流床式快速热解设备由美国佐治亚技术研究院开发。引流床式快速热解系统流程如图 6.10 所示。

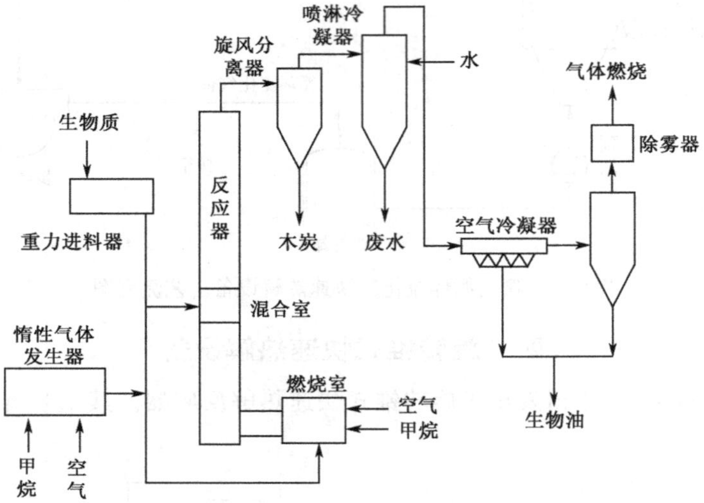

图 6.10　引流床快速热解设备工艺流程图

引流床式快速热解设备主要由惰性气体发生器、管式反应器、气-固分离器和冷凝器等部分组成。

生物质颗粒被燃烧后的载气流携带进入直管式反应器进行快速热解，反应所需热量由载气提供，由于载气温度太高会增加气体产率，故应该严格控制进口处温度，并采用较大的载气用量。为了使一定尺度的生物质颗粒完全热解，需要足够的固相停留时间，因而管式反应器不能太短；而对快速热解反应来说，过长的气相停留时间又会发生二次热解，降低液体产品的收率，这样对管式反应器尺寸要求就相当严格。

引流床式快速热解设备需要大量的载气，增加了设备运行成本，并且大量载气的存在使后期热解气快速冷凝和收集的难度加大。

六、真空移动床式快速热解设备

真空移动床式快速热解设备由加拿大 Laval 大学开发。其工艺流程如图 6.11 所示。

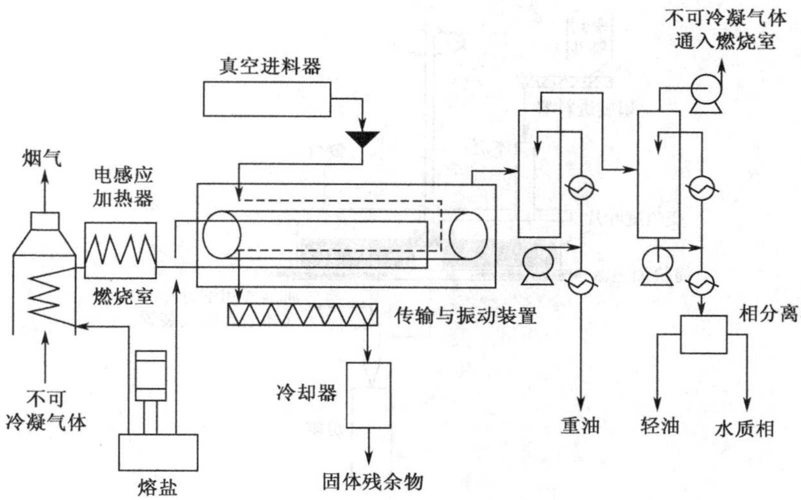

图 6.11　真空移动床快速热解设备工艺流程图

真空移动床式快速热解设备主要由真空进料器、燃烧室、传输与振动装置和冷凝装置等部分组成。

生物质原料在干燥和粉碎后，由真空进料器送入反应器。原料在水平平板上被加热移动，发生热解反应。融盐混合物加热平板并维持温度在530℃左右。热解反应生成的热解气体由真空泵导入两级冷凝装置，不可冷凝气体通入燃烧室燃烧，释放出的热量用于加热熔盐，冷凝得到的重油和轻油被分离，剩余的固体产物离开反应器后立即被冷却。

真空移动床式快速热解设备，气体停留时间极短，产生的热解气很快逸出反应器，极大地提高了生物油产率，但整个设备的真空度需要性能优良的真空泵及很好的系统密封性来保证，这就加大了制造成本和运行的难度。

七、烧蚀反应器式快速热解设备

烧蚀反应器式快速热解设备由英国 Aston 大学研发，现正在进行设备的放大研究，其工艺流程如图 6.12 所示。

为了解决快速热解时原料和产物热解气对停留时间要求的矛盾，美国太阳能研究学会开发了专用于生物质快速热解的涡旋烧蚀式快速热解设备。其工艺流程如图 6.13 所示。

涡流烧蚀反应器式快速热解设备主要由螺旋进料器、涡流反应器、旋风分离器和冷凝装置等部分组成。

生物质颗粒被预热的载气携带进入涡流反应器内，在该反应器圆柱型的加热壁面上沿螺旋线滑行，生物质颗粒与壁面间的滑动接触产生了极大的传热速率，

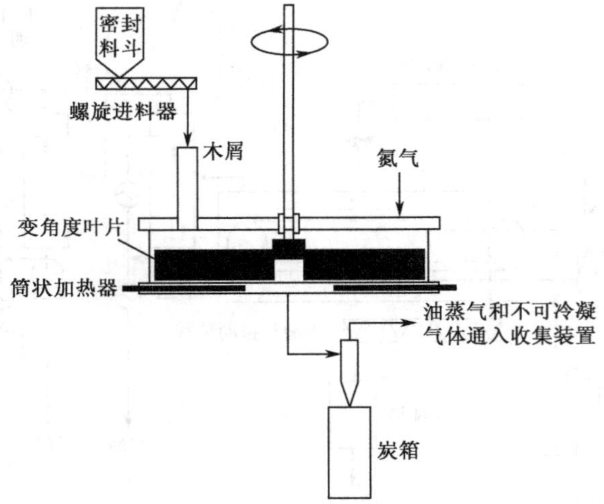

图 6.12　烧蚀快速热解设备工艺流程图

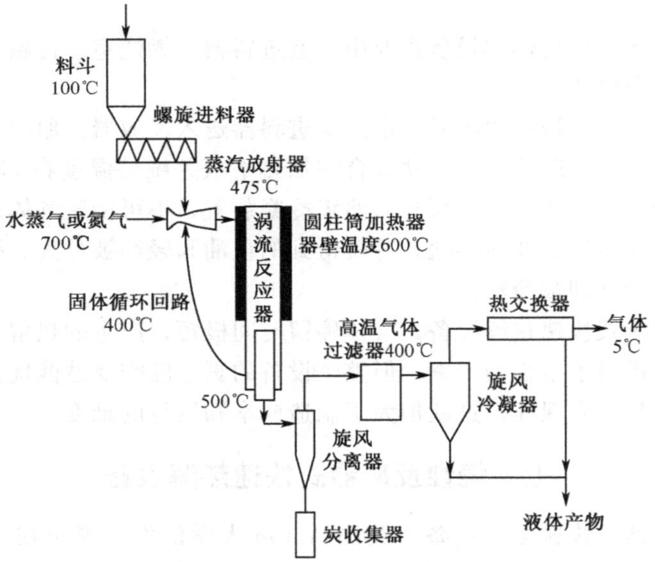

图 6.13　烧蚀涡流反应器快速热解设备工艺流程图

发生快速热解反应，产生的热解气和炭与载气一起沿切线方向离开反应器，进入旋风分离器，在旋风分离器内进行气-固分离，气体最后进入冷凝装置。这种烧蚀式快速热解反应设备所采用的载气为氮气或水蒸气，通常载气与进料生物质的质量比为 1∶1.5。

烧蚀式快速热解设备加热速率快，生物油产率高，但烧蚀式快速热解设备采用氮气作载气运行成本高，并且用该方法获得的生物油氧含量较高，生物油易氧化、不稳定，不利于储存和运输。

八、下降管式快速热解设备

下降管式快速热解设备由山东理工大学研发，下降管式快速热解设备工艺流程如图 6.14 所示。

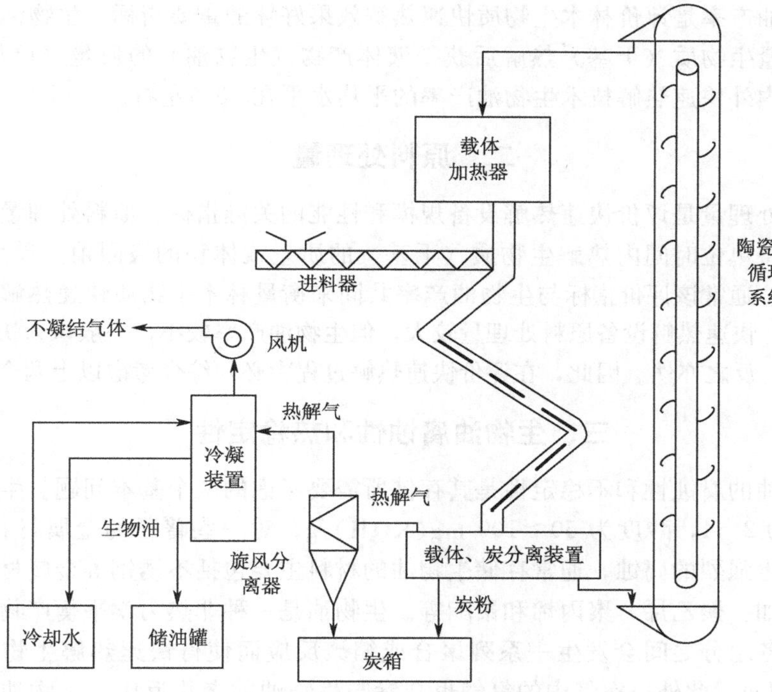

图 6.14　下降管式快速热解设备工艺流程图

下降管式快速热解设备主要由热载体加热炉、喂料装置、反应管、离心分离装置、旋风分离器、冷凝装置和提升机等部分组成。

该设备采用陶瓷颗粒为热载体，其热容为相同体积气体的 1000 倍，传热性能好。生物质和热载体通过提升机提升到反应器顶部，热的陶瓷颗粒与粉碎成细粉的生物质原料在设备顶部直接接触向下滑动，生物质被迅速加热至 500℃左右，发生快速热解反应，生物油产率可达 40%以上。

下降管式快速热解设备由于热解过程中没有混入其他气体，进行冷凝时只需将快速热解产生的热解气冷却，冷凝装置的负载小。下降管作为热解反应器，结构简单，可实现热载体的循环利用，设备总体能耗小，但在下滑的过程中气体停留时间稍长，可能会影响生物油产率。

第六节　快速热解评价指标

在评价林木生物质快速热解效果时，通常考虑以下性能指标。

一、生物油产率

生物油产率是评价林木生物质快速热解效果好坏的重要指标。生物油产率是指单位质量生物质（干基）热解后获得液体产物（生物油）的质量（单位 kg）。目前，国内外快速热解技术生物油产率的平均水平在 55%左右。

二、原料处理量

原料处理量是评价快速热解设备规模和性能的关键指标。原料处理量是指快速热解设备单位时间内热解生物质（干基）的质量或体积的极限值（单位 kg/h 或 m^3/h）。通常该评价指标与生物油产率共同来衡量林木生物质快速热解设备优略，例如：快速热解设备原料处理量较大，但生物油产率较小，一般认为快速热解效果较差，反之亦然。因此，在评价快速热解过程中必须综合考虑以上两个因素。

三、生物油腐蚀性和热稳定性

生物油的腐蚀性和不稳定性是其存储所需要考虑的两个基本问题。生物油的 pH 一般为 2～4，酸度为 50～100 mg(KOH)/g，对一些普通的金属材料如铝、碳钢等产生强烈的腐蚀，通常存储生物油的材料主要包括不锈钢等金属材料，各种聚合物如：聚乙烯、聚丙烯和聚酯等。生物油是一种非热力学平衡产物，在保存过程中各组分之间会发生一系列聚合或缩聚反应而使得快速热解生物油具有“老化”倾向。此外，空气中的氧气也会参与生物油的老化反应。生物油的老化导致其黏度逐渐增大，最后出现水相和油相分离．从而影响其使用。一般而言，生物油应该在室温下存储于密封的不锈钢或聚合物制成的容器中，并避免阳光直射。由于生物油稳定性较差，一般要求生物油新制取后应尽快使用。但如果需要长时间保存（如 3 个月以上），一般采用添加 10%左右甲醇等助剂来提高生物油存储的稳定性。

四、生物油含水率

生物油含水率是评价快速热解液体产物品质的一个重要指标。生物油中含有一定比例的水，这些水来自于原料本身含有的水分和快速热解反应过程生成的水。生物油含水率与快速热解工艺、生物质原料等因素相关，一般在 15%～45%之间，甚至更高（Bridgwater A V，2000）。此外，有研究表明生物油含水率较高易发生分层和变质，PH 增大，黏度和热值降低，且含水率高达 35%～40%生物油会发生相分离现象。测定生物油含水率的方法通常采用卡尔-费休试剂法、甲苯夹带蒸馏法和气相色谱法等。

五、生物油热值

生物油热值是评价快速热解产物生物油用作液体燃料时主要技术指标，是决定炉膛热强度和燃料消耗量的主要因素。生物油热值是单位质量的生物油完全燃烧时所放出的热量（单位 kJ/kg 或 MJ/kg），其热值一般在 15～22MJ/kg。有研究表明，生物油较高的含氧量和含水率是使得生物油热值较低的主要原因。

六、生物油密度

生物油密度是快速热解产物生物油在储存、输送和利用中考察的重要指标。生物油密度是单位体积含有生物油的质量（单位 kg/m^3 或 g/cm^3），生物油（含水率较小<30%）密度值约在 1.1～1.3g/cm^3 之间。当生物油用作液体燃料时，生物油密度与原料密度的比值可以衡量热解产物生物油在容积能量密度上的优势。与传统燃料相比，生物油的密度比轻质燃油（0.850g/cm^3）要大。

第七节　快速热解产物应用

快速热解产物包括生物油、热解炭和不凝结气体（也称可燃气体）。对于快速热解来说其主要目的是获得生物油，但其副产物热解炭和不凝结气体也有较高的利用价值。本节主要介绍生物油的应用，同时也对热解炭和不凝结气体的利用加以简单介绍。

一、生物油利用

生物油是含氧量高的复杂有机成分的混合物，并含有一定的水分和微量的炭。生物油的理化特性对生物油储存和运输具有重要的参考价值，并影响到生物油的应用。在生物油中有机物种类有数百种之多，几乎包括了所有种类的含氧有机物，如：醚、酯、醛、酮、酚、有机酸和醇等，但目前还没有详尽的分析结果。林木生物质快速热解制备的生物油，其主要成分呈现大体相同趋势（姚向军，2004）。木屑快速热解生物油的典型特性见表 6.3。

表 6.3　木屑快速热解生物油的典型特性(刘荣厚,2005)

物理特性	典型值	物理特性	典型值
元素分析(干燥基)/%		含水率/%	15～30
C	56.4	pH	2.5
H	6.2	相对密度	1.20
O	37.3	高位热值(随含水率变化)(MJ/kg)	16～19
N	0.1	黏度(40℃,含水率 25%～30%)/mPa.s	40～100
灰分	0.1	固含物/%	0.5

生物油可以替代燃油进行发电或供热，由于其复杂的化学特性，可以用来提取或衍生制备包括食品调味料、合成树脂及肥料等多种化工制品。生物油主要用途如图 6.15 所示。

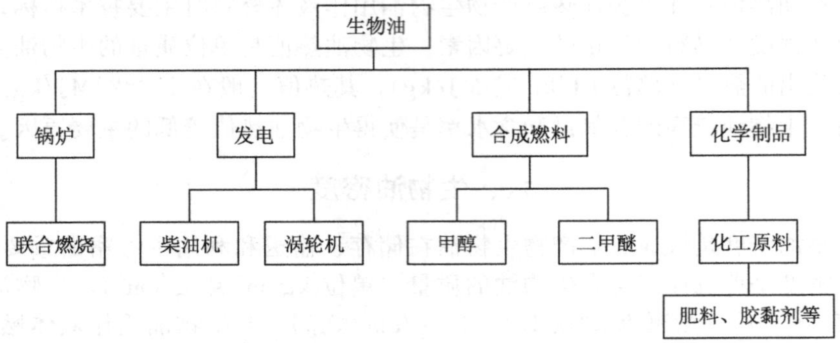

图 6.15　生物油主要用途

(一) 燃烧供热

由于水和大量含氧化合物的存在，生物油的热值比化石燃料油要低，但是燃烧火焰测试表明快速热解所得生物油可以代替重油和轻质油在工业锅炉中使用。现在生物油被很多研究机构或组织作为燃料应用在试验炉和商业上，目前已取得初步进展。如美国威斯康星州 Red Arrow 公司就用生物油和空气一起通过不锈钢喷嘴喷雾进入燃烧室燃烧，热蒸汽通过 $600m^2$ 的热交换器为全厂供热。

(二) 燃烧发电

生物油还有一个显著特点是它作为发电燃料时无需与其他物质耦合，并且一个较小的快速热解厂完全可以供大功率的发电，或将生物油输送到大型发电厂供发动机或涡轮机使用。与供热相比，用生物油发电具有更高的经济价值，而且易销售、经营和运作。电力生产作为生物油的一种应用越来越吸引人们的关注。

(三) 生产化学品

到目前为止人们已经在生物油中鉴定出几百种化合物，其中含有乙酸、丙酮、左旋葡聚糖、羟基乙醛和羟基丙酮等有氧化合物。人们对回收或利用这些化学物质的研究兴趣日益增加。左旋葡萄糖是纤维素的单体，已被证实的是可作为通用的化学耗材原料。它本身是一种柔软的纤维，常用于制取特殊聚合物、树脂、糖的表面活化剂。生物油中还含有葡萄糖醛、甘油醛、二羟基丙酮、丙酮和丁二酮等化合物，因此可以把生物油作为生产食用调味品和香精的原料。加拿大 RTI Ltd 在生物油制取化学品方面进行了相关研究并取得了一定的进展。此外，生物油还能用于生产生物降解型的防冰剂（主要成分为乙酸钙或乙酸锰等）。

（四）制备缓释肥

目前一项新的研究结果表明，生物油与含氮原料包括氨、尿素、蛋白质材料反应生成具有缓释功能的肥料。这种肥料对土壤中的碳具有络合作用，可显著减少大气中温室气体 CO 的排放量，另外，还可以减少因使用动物性肥料带来的氮流失问题。最近欧洲很多国家都在努力研发生物油的应用，英国 Aston 大学的 Tony Bridgewater 认为：生物质制取肥料中有效成分主要有三种来源，一是生物油中的含氮化合物；二是来自热解前生物质中含氮的衍生物；三是直接来自热解过程中形成的含氮化合物。通过与常规肥料在不同环境下的对比，证明生物油作为肥料是可行的，实现了可再生资源的循环利用。

（五）制备生物质胶黏剂

生物油中含有较多酚类物质，早期希腊 Adhesives research institute Itede 的研究人员对生物油进行了分析，并通过初步试验证明，生物油精制后的杂酚类化合物可替代苯酚制备生物油酚醛树脂胶黏剂。在国内，北京林业大学对生物油制备酚醛树脂胶黏剂进行了系统的研究，已成功地实现了 50%左右的苯酚替代率。随着生物质胶黏剂技术的日渐成熟与迅速发展，生物油制备环保型胶黏剂用于人造板的生产具有广阔市场发展前景。关于生物油制备酚醛树脂胶黏剂详见第十一章。

（六）其他方面的应用

生物油中含有一定量的乙酸、甲醛和醇类物质，具有较强的抑菌和消毒作用，可用于防止农作物病虫害。另外，有研究表明，生物油还具有抑菌、防腐效果。随着人们环保意识的逐渐加强，利用生物油取代现有农用化学品和化学防腐剂用于防腐和抑菌有着广阔的发展前景。

二、热解炭利用

（一）用于冶金工业

热解炭具有还原性，在冶金工业可以用来还原矿石冶炼金属。热解炭冶炼的生铁一般具有细粒结构，铸件紧密，没有裂纹等特点，适于生产优质钢。

（二）制造渗碳剂

热解炭中加入一定数量的接触剂可制成渗碳剂。热解炭渗碳剂是制备具有高硬度、高耐磨性和高韧性钢制品的有效助剂。

（三）生产二硫化碳

炭是制造二硫化碳的良好原料。一些种类的林木生物质热解炭具有容积大、灰分和水分含量小、固定碳含量高等特点，可作为制造二硫化碳的原料。

（四）制备成型炭燃料

将散状的热解炭压制成炭砖或炭棒可以提高热解炭作为燃料的品质。成型炭具有吸湿性和吸水性小、比重大和热值高等优点，使用时具有较高的机械强度，燃烧时无烟，不产生炭尘，可用于冶金和锅炉燃烧等。

（五）制备活性炭

快速热解处理生物质得到的炭，无需再经过炭化工序。用物理法制备活性炭的典型工艺流程为直接将热解炭加入到间歇式或连续式活化炉中，在700～1200℃下通入水蒸气或二氧化碳活化一定时间，得到具有孔隙结构和较大比表面积的活性炭产品，并可以通过增加酸洗工序降低活性炭中的灰分含量。

（六）作为土壤改良剂

土壤中施加炭粉后，由于黑色炭粒吸收太阳热能，可提高土壤温度（可升高3～5℃），促进种子发芽，提高发芽率；在土壤中施加炭粉后，在炭表面上可以生成根粒菌，因而形成适合植物栽培的农业土壤，避免了所谓“连续耕作障碍”，且炭对谷物、豆类和蔬菜的生长、色泽、食味都有明显的改量效果。

（七）制造农药或肥料的缓释剂

利用热解炭的吸附能力，可使使农药和有机肥料含量保持一个平衡状态，利用这一平衡效果可以使农药或肥料缓慢释放，保持时间更长，且不易随雨水流失。

三、可燃气体的利用

快速热解产物不凝结气体中含有 CO、H_2 和 CH_4 等可燃气体，是一种很好的清洁生物质燃气，可以直接燃烧或合成化学品用于集中供气、电厂发电、制备化工原料等。

第七章 林木生物质气化技术

本章首先对林木生物质气化技术及其国内外研究现状和发展趋势进行综述，并对生物质气化技术原理进行总结，之后介绍生物质气化的评价指标并分析气化过程的影响因素，最后归纳生物质气化产物的应用。

第一节 概 述

一、林木生物质气化概念

林木生物质气化是在一定的热力学条件下，以空气、水蒸气或氢气等作为气化剂（或称气化介质），通过热化学反应使林木生物质中较高分子质量的有机化合物降解，变成较低分子质量的CO、H_2、CH_4等可燃气体的过程。

林木生物质气化产出的可燃气热值主要随气化剂的种类和气化炉的类型不同而存在较大差异。林木生物质气化所用的气化剂大部分为空气，在固定床和流化床气化炉中生成的燃气热值通常在4200～7560kJ/m^3之间，属于低热值燃气；采用氧气、水蒸气或者氢气作为气化剂，在不同气化炉中热值为10 920～18 900kJ/m^3或22 260～26 040kJ/m^3（袁振宏，2004）。

林木生物质气化获得的可燃气可广泛用于炊事、采暖和干燥等行业，还可以作为内燃机、汽轮机等动力装置的燃料输出电力或动力，从而提高生物质的能源品位和利用效率。

二、林木生物质气化发展

气化技术最早出现于18世纪晚期。19世纪30年代俄国研发出世界上第一台气化炉——上吸式气化炉，到50年代伦敦建立了以煤和生物质为原料的燃气生产工业。80年代初欧洲的一些科研人员开始进行生物质燃气驱动内燃机的研究，并于20世纪20年代成功用于驱动卡车和拖拉机。但由于气化技术不够成熟、气化系统不完善、工作可靠性差、使用不方便等缺点而没有被广泛应用。第二次世界大战期间，为解决石油能源的短缺，用于内燃机的小型气化装置得到了进一步的研究和应用。二战以后，中东地区廉价的石油开采和利用使生物质气化系统逐步被放弃而处于停顿状态。20世纪70年代的石油危机使西方发达国家经济受挫，同时认识到常规化石能源的不可再生和分布不均匀性，使得林木生物质气化技术重新得到关注。到20世纪80年代初期，有15个生产厂商（主要在欧洲和北美）能够提供以木材和木炭为原料的小型气化发电系统（小于

250kW)。此外，在如中国、菲律宾、巴西、印度尼西亚和印度等发展中国家也开始实施林木生物质气化项目，建立了一些生物质气化试验示范装置。近年来林木生物质气化的主流技术是应用固定床和流化床气化炉气化林木废弃物产生可燃气体并用于发电。当前，在该领域处于领先水平的国家有瑞典、美国、意大利、德国等。国外林木生物质气化装置一般规模较大、自动化程度高、工艺较复杂、以发电和供热为主，如加拿大摩尔有限公司（Moore Canada Ltd.）设计和发展的固定床湿式上吸式气化装置、加拿大通用燃料气化装置有限公司（Omnifuel gasification system Ltd.）设计制造的流化床气化装置、美国标准固体燃料公司（Standard solid fuels Inc.）设计制造的炭化气化系统、德国茵贝尔特能源公司（Imbert energietechnik GMBH）设计制造的下吸式气化器内燃机发电机组系统等。

我国早在20世纪40年代，用气化炉发生气驱动的汽车就在我国许多城市使用。50年代初期，具有我国特色的一种“层式下吸式气化器”有效地简化了欧洲发明的下吸式气化器，利用生物质气化发电为加工厂提供电力，但只运行了大约10年的时间。直到70年代，我国对林木生物质气化技术的研究与发展才重新兴起，80年代以后发展速度较快。80年代初，中国农业机械化科学研究院研制成的ND系列生物质气化炉，以锯屑、树枝等为原料，用于烘干茶叶和木材及驱动锅炉，并先后在福建、湖南、北京等地被采用。其中ND-600型气化器进行较长时期的生产运行后取得了较好的经济效益。80年代中期中国科学院广州能源研究所研制出固定床和流化床两种类型的生物质气化炉，并对气化炉性能和气化原理做了大量试验，同时开展了生物质气化发电系统的实践工作。在90年代设计建造了产能为1MW的循环流化床（circulating fluidized bed，CFB）生物质气化发电系统投入商业运行。山东省科学院能源研究所在“七五”期间提出了生物质气化集中供气的设想，得到了农业部、科技部的支持，成功地研制了XFF型生物质气化机组及集中供气系统，到90年代中期，建成了全国第一个实际运行的集中供气的试点工程，并在全国得到推广应用。浙江大学、清华大学、辽宁省能源研究所等单位在生物质气化方面做了较多的研发工作。目前全国已经建设的几百个生物质气化集中供气工程连续运行实践表明，生物质气化集中供气技术在处理大量的生物质、减轻环境污染、实现低质能源的高档次利用等方面已经开始发挥积极的作用，正逐步成为农村能源的主要途径，展示出了良好的应用前景。然而尽管我国在生物质气化以及设备的开发上取得了一定的成效，但目前的技术水平与发达国家还存在着一定的差距，因此需要进一步加快对生物质气化过程的机理及其关键技术问题进行系统研究。

第二节 林木生物质气化原理

林木生物质气化是在一定的热力学条件下，将组成生物质的碳氢化合物转化为含一氧化碳和氢气等可燃气体的过程。为了提供反应的热力学条件，通常气化过程需要供给空气或氧气，使原料发生部分燃烧。气化过程和常见的燃烧过程的主要区别是：燃烧过程中供给充足的氧气，使原料充分燃烧，目的是直接获取热量，燃烧后的产物是二氧化碳和水蒸气等不可再燃烧的烟气；气化过程只供给热化学反应所需的部分氧气，而尽可能将能量保留在反应后得到的含氢、一氧化碳和低分子烃类的可燃气体中。

一、林木生物质气化反应过程

林木生物质气化反应过程比较复杂，目前关于这方面的研究还不够深入细致。气化炉的类型、工艺流程、反应条件、催化剂的种类、原料的性质以及粉碎粒径等不同，其反应过程也不尽相同。为了更清晰的理解和描述林木生物质气化过程，下面以目前应用广泛的下吸式炉的气化过程为例介绍生物质气化过程，如图 7.1 所示。

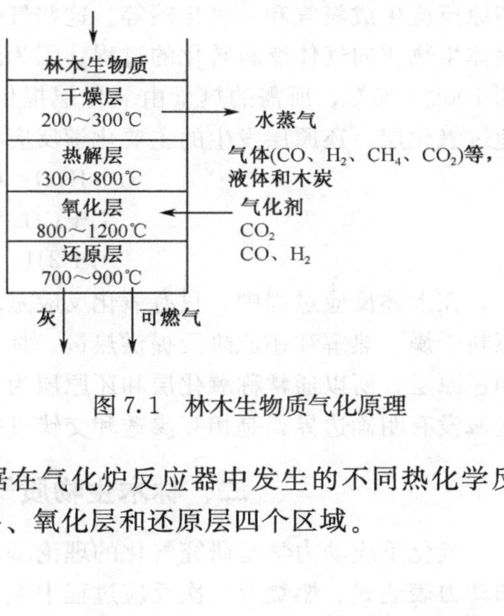

图 7.1 林木生物质气化原理

林木生物质从气化炉的顶部加入，依靠自身的重力逐渐由上部下落到底部，气化后形成的灰渣从底部排除。空气从气化装置的中部（氧化区）加入，可燃气从下部被收集。根据在气化炉反应器中发生的不同热化学反应，从上至下依次分为干燥层、热解层、氧化层和还原层四个区域。

（一）干燥层

林木生物质进入气化炉顶部后，进入干燥层加热至 200～300℃，此时原料中的水分蒸发从而得到干燥的原料和水蒸气。

（二）热解层（干馏层）

林木生物质干原料向下移动进入热解层，生物质在 500～600℃时挥发分大量析出，只残余木炭。热解反应析出的挥发分主要包括水蒸气、氢气、一氧化碳、二氧化碳、甲烷、焦油和其他碳氢化合物等。

（三）氧化层

氧化层反应速率较快，残余的木炭与引入空气中的氧气发生剧烈反应，同时释放大量的热，以支持其他区域反应的进行。氧化层反应速率较快。在氧化层，温度可以达到 1000～1200℃，挥发分参与燃烧后进一步降解。氧化层发生的主要化学反应为：

$$C+O_2=CO_2$$
$$2C+O_2=2CO$$
$$2CO+O_2=2CO_2$$
$$2H_2+O_2=2H_2O$$

（四）还原层

还原层中不存在氧气，氧化层中的燃烧产物及水蒸气与还原层中的木炭发生还原反应生成氢气和一氧化碳等。这些气体和挥发分等形成了可燃气体，完成了固体生物质向气体燃料转化的过程。因为还原反应为吸热反应，温度相应地降低到 700～900℃，所需的热量由氧化层提供，反应速率较慢，因此还原层的高度超过氧化层。还原层发生的主要化学反应有：

$$C+H_2O=CO+H_2$$
$$C+CO_2=2CO$$
$$C+2H_2=CH_4$$

在上述反应过程中，只有氧化反应是放热反应，释放出的热量为林木生物质原料干燥、热解和还原阶段提供热量。林木生物质气化的主要反应发生在氧化层和还原层，所以通常称氧化层和还原层为气化区。在实际操作过程中，上述四个区域没有明确边界，是相互渗透和交错进行的。

二、林木生物质气化反应动力学

气化反应动力学是研究气化的理论基础，研究内容主要包括热分解过程机理和动力表达式、燃烧及二次反应过程中主要化学反应及过程速率等。气化炉反应器内的主要反应是碳与气相之间的非均相反应和气相之间的均相反应，各反应的动力学参数见表 7.1 和表 7.2（刘荣厚，2004）。例如，对于如下非均相反应：

$$C+H_2O(g)=CO+H_2$$

$$v_c=kC_{H_2O} \tag{7-1}$$

式中 v_c 为反应速度；k 为反应速度常数；C_{H_2O} 为水蒸气浓度

各反应速率：

$$v_i=k_iC_B \tag{7-2}$$

$$k_i=k_{oi}e^{-\frac{E_n}{RT}} \tag{7-3}$$

式中 C_B 为气相反应物浓度。

而对于均相反应，反应速率：

$$v_i = k_{gi} C_A C_B \tag{7-4}$$

其中，气体反应速率常数：

$$k_{gi} = k_{goi} e^{-\frac{E_{oi}}{RT}} \tag{7-5}$$

式中 C_A、C_B 分别为反应物 A、B 的浓度。

表 7.1 非均相反应

反应	频率因子 k_{go}/(1/s)	活化能 E_n/(kJ/mol)
$C+H_2O(g)\longrightarrow CO+H_2$	0.0833	1.214×10^5
$C+CO_2\longrightarrow 2CO$	5.55×10^3	3.061×10^5
$C+2H_2\longrightarrow CH_4$	0.208	2.33×10^5
$C+O_2\longrightarrow CO_2$	2.25×10^4	1.113×10^5

表 7.2 均相反应

反应	频率因子 k_{go}/(1/s)	活化能 E_n/(kJ/mol)
$CO+H_2O(g)\longrightarrow CO_2+H_2$	2.978×10^{12}	3.695×10^5
$CO_2+H_2\longrightarrow CO+H_2O(g)$	6.245×10^{14}	3.983×10^5
$2CO+O_2\longrightarrow 2CO_2$	3.09×10^{14}	9.976×10^4
$2H_2+O_2\longrightarrow 2H_2O(g)$	8.83×10^5	9.976×10^4
$CH_4+2O_2\longrightarrow CO_2+2H_2O(g)$	3.552×10^{14}	9.304×10^5

从表 7.1 和表 7.2 中可以看出，气相之间的均相反应速率远高于碳与气相之间的非均相反应速率。因此，气化过程主要是碳和气化剂之间的非均相反应。两者之间的总反应速度除了与化学反应速度有关外，还与气化剂和中间生成气向炭表面的分子扩散速度有关。

当气化反应温度低于 600℃、炭与气相反应物之间的化学反应速度比较慢时，气体总反应速度完全取决于化学反应速度，比较缓慢，即处于动力学反应区。此时气相反应物也可充分进入炭的表面，其数量可以满足炭的外表面和碳粒内部反应表面的需要。

当气化温度升高到超过 800℃时，非均相反应的化学反应速度急剧加快，而扩散速度的增加却相对较慢，炭粒表面的气相反应物浓度大大降低趋向于零。此时，气化反应总速度取决于炭粒表面上的扩散速度，即处于扩散反应区，非均相反应的强度与碳粒表面的活性无关。此时若增加气流线速度并减小燃料颗粒则可强化气相反应物向扩散区的流动过程。当反应温度超过 1200℃时，燃料的反应活性趋于平稳，此时气相反应物的消耗主要取决于气流特性、气流速度和碳粒形状等因素。在还原层与氧化层之间的界面是氧含量等于零的界面。燃烧后的水蒸气和二氧化碳与碳发生还原反应生成氢气和一氧化碳，从而完成了固体生物质原料向气体原料的转化。还原层的反应受扩散和动力学反应的共同控制，包括二氧化碳和水蒸气向炭粒表面的扩散、一氧化碳自表面的解析、炭表面的反应活性及温度等因素。还原层高度也受到传热机制的影响，包括气固两相的热容量、气相的流速以及两相间的传热和传质等。当温度低于 600℃时，反应已相当缓慢，因此温度等于 600℃的界面就是还原层结束的界面。在燃烧学中已经对焦炭的还原反应进行过较为透彻的研究，但由于生物质物理性质的多变性，目前还没有普遍认为合理的计算方法。

林木生物质气化过程没有明显的动力学反应区和扩散反应区，而是在介于这两个区域之间的中间过渡区或边界区进行。所以，气化过程的总反应速度不仅与化学因素有关又与物理因素有关。尽管林木生物质气化反应的中间过程相当复杂，但最终产物均为分子质量较小的气体混合物。由于氧化和还原反应的自平衡机制，进入气化炉反应器的空气的量只对可燃气产量有影响，不会影响燃气成分和燃气的发热值。因此，固定床生物质气化炉设计时并不需要过多地考虑其中间反应的复杂过程，主要是能够建立稳定的反应条件及反应床层，可以通过控制进入汽化炉的空气的多少来调整气化产物的产量。

第三节　林木生物质气化类型、气化设备与工作原理

一、气 化 类 型

对于林木生物质气化过程的分类有以下几种形式。按照制取燃气热值的不同可分为低热值燃气制取方法、中热值燃气制取方法和高热值燃气制取方法；按照设备运行方式的不同，可以将其分为固定床、流化床和旋转床等；按照气化介质可分为不使用气化介质和使用气化介质两种。不使用气化介质的为干馏气化（又称热分解气化），使用气化介质的分为空气气化、氧气气化、水蒸气气化、水蒸气-空气气化和氢气气化等，如图 7.2 所示。

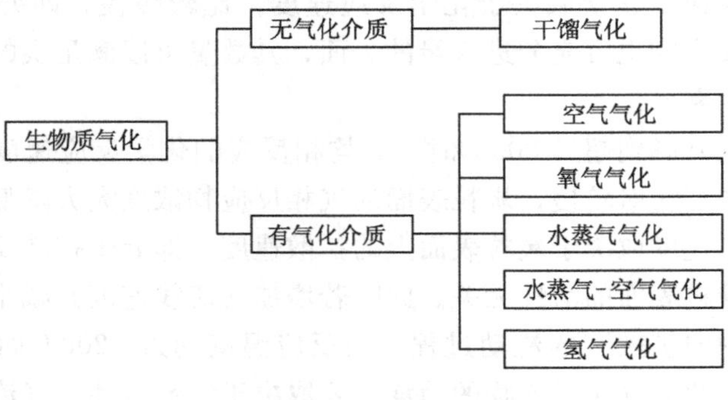

图 7.2　生物质气化分类

（一）干馏气化

干馏气化属于热解的一种特例，是指在无氧或少量供氧的情况下，林木生物质进行热转化的过程。主要产物为可燃气体、木焦油、木炭和木醋液等。可燃气体的主要成分是二氧化碳、一氧化碳、甲烷、乙烯和氢气等，其产量和组成与反应温度和加热速率有关。燃气的热值约为 15MJ/m^3，属中热值燃气。

（二）空气气化

空气气化是以空气作为气化剂的气化过程。空气中氧气与生物质中可燃组分发生氧化反应，提供气化过程中其他反应所需的热量，所以并不需要额外提供热量。由于空气比较容易获得，不需要消费额外能源进行生产，所以它是一种极为普遍、经济且容易实现的气化形式。

空气中含有 21%的氧气和 79%的氮气，氮气是一种不活泼气体，一般不参与化学反应，但氮气在气化反应过程中会吸收部分反应热，降低反应温度，阻碍氧气的充分扩散，降低反应速度。而且，不参与反应的氮气稀释了生物质燃气中的可燃组分，降低了燃气热值。在空气气化的生物质燃气中，氮气含量可高达 50%，燃气热值较低，属于低热值燃气，不适合采用管道进行长距离输送。

（三）氧气气化

氧气气化是以纯氧作为气化剂的气化过程。在此反应过程中，严格地控制氧气供给量，既可保证气化反应所需的热量，不需要额外的热源，又可避免氧化反应生成过量的二氧化碳。与空气气化相比，由于没有氮气参与，提高了反应温度和反应速率，缩小了反应空间，提高了热效率。同时，生物质燃气的热值提高到 15MJ/m^3左右，属于中热值燃气，可与城市煤气相当。但是，生产纯氧需要耗费大量的能源，故不适于在小型的气化系统中使用。

（四）水蒸气气化

水蒸气气化是以水蒸气作为气化剂的气化过程。在气化过程中，水蒸气与炭发生还原反应，生成一氧化碳和氢气，同时一氧化碳与水蒸气发生变换反应和各种甲烷化反应。一般林木生物质燃气产物中氢气和甲烷的含量较高，燃气热值也可达到17～21MJ/m^3，属于中热值燃气。水蒸气气化的主要反应是吸热反应，因此需要额外的热源，但是，反应温度不能过高。该项技术比较复杂，气化过程不容易控制和操作。

（五）水蒸气-空气气化

蒸气和空气联合气化可以用来克服空气气化产物热值低的缺点。从理论上讲，水蒸气-空气气化比单独使用空气或水蒸气作为气化剂的方式效果明显。因为减少了空气的供给量，并生成更多的氢气和碳氢化合物，提高了燃气的热值，一般燃气的热值为11.5 MJ/m³。此外，空气与生物质的氧化反应可提供其他反应所需的热量，不需要外加热系统。

（六）氢气气化

氢气气化是指以氢气作为气化剂的气化过程。主要气化反应是氢气与碳和水蒸气生成甲烷的过程。此反应可燃气的热值为22.3～26MJ/m³，属于高热值燃气。氢气气化反应的条件极为严格，需要在高温高压下进行，一般不常使用。

二、气化设备与工作原理

气化炉是林木生物质气化反应的关键设备。在气化炉中，生物质完成了气化反应过程并转化为生物质燃气。针对其运行方式的不同，可将气化炉分为固定床气化炉和流化床气化炉，二者又分别具有多种不同的形式，如图7-3所示。

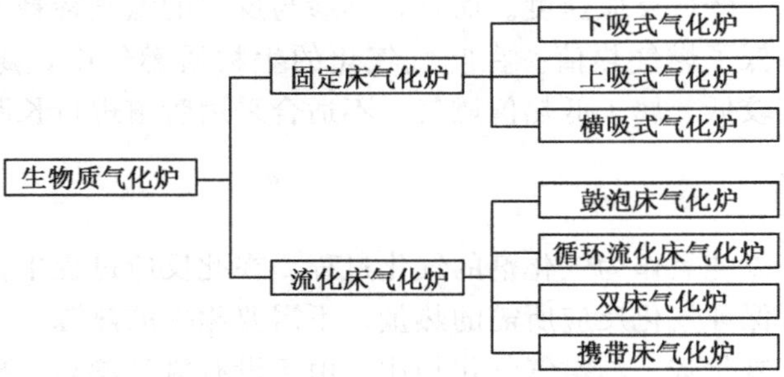

图7.3　生物质气化炉的类型

（一）固定床气化炉

固定床气化炉的气化反应一般发生在相对静止的床层中，生物质依次完成干燥、热解、氧化和还原反应。根据气流运动方向的不同，固定床气化炉可分为下吸式、上吸式和横吸式。

1. 上吸式固定床气化炉

上吸式固定床气化炉［图7.4（a）］中的生物质由上部加料装置装入炉体，然后依靠自身的重力下落，由向上流动的热气流烘干并析出挥发分，原料层和灰渣层由下部的炉箅所支撑，反应后残余的灰渣从炉箅下方排出。气化剂由下部的送风口进入，通过炉箅的缝隙均匀地进入灰渣层，被灰渣层预热后与原料层接触并发生气化反应，产生的生物质燃气从炉体上方引出。上吸式气化炉的主要特征是气体流动方向与物料运动方向是逆向的，所以有时又称逆流式气化炉。

因为原料干燥层和热解层可以充分利用还原反应气体的余热，可燃气在出口的温度可以降低至 300℃以下，所以上吸式气化炉的热效率高于其他种类的固定床气化炉。在气化过程中也可加入一定的水蒸气以提高燃气中的氢含量，提高燃气热值。但是，上吸式气化炉燃气中的焦油含量较高，需要做进一步净化处理。

2. 下吸式固定床气化炉

下吸式固定床气化炉［见图 7.4（b）］的特征是气体和生物质的运动方向相同，所以又称顺流式气化炉。下吸式气化炉一般设置高温喉管区，气化剂通过喉管区中部偏上的位置喷入，生物质在喉管区发生气化反应，可燃气从下部吸出。下吸式气化炉的热解产物必须通过炽热的氧化层，因此挥发分中的焦油可以得到充分分解，燃气中的焦油含量大大低于上吸式气化炉。它适用范围广、结构较为简单、运行方便可靠。由于下吸式气化炉燃气中的焦油含量较低，因此广泛应用于小型发电系统。

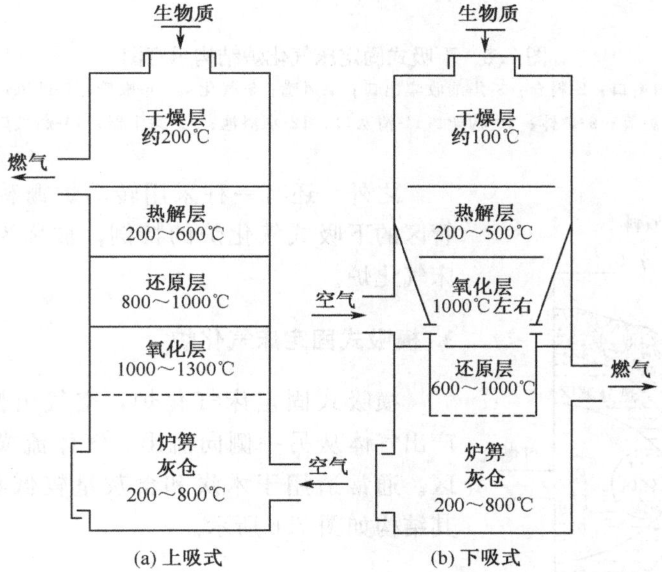

图 7.4　固定床气化炉原理示意图

下吸式固定床气化炉通常为圆形，具体结构见图 7.5。气化室用耐火材料作为炉衬，防止烧损。炉内装有炉箅、风道和风嘴，炉外上下分别设有加料口和清灰口。燃料从加料口加入，由炉箅托住，引燃后密封，向炉内鼓风即可产生燃气。由于受到物理条件制约，气化炉的直径不能过大，其容量的上限约为 500kW。

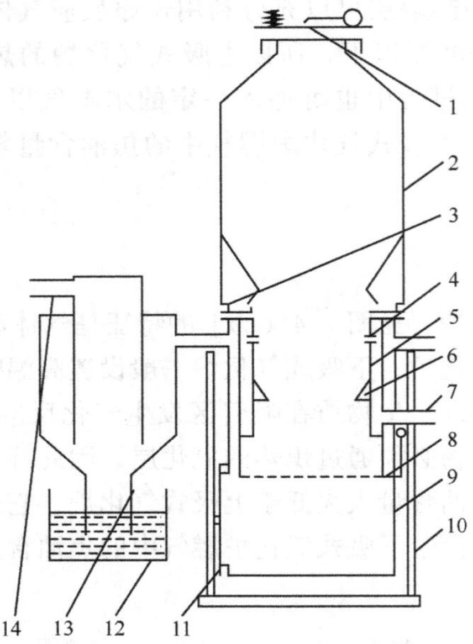

图 7.5　下吸式固定床气化炉结构示意图

1-加料口；2-料仓；3-焦油收集出口；4-风嘴；5-气化室；6-喉管；7-进风口；8-炉箅；9-炉体；10-构架；11-清灰口；12-水浴池；13-除尘器；14-燃气口

之外，还有一种采用转动炉栅替代了高温喉管区的下吸式气化炉的特例，被称为开心式固定床气化炉。

3. 横吸式固定床气化炉

横吸式固定床气化炉，空气由侧方向供给，产出气体从另一侧向流出，气体流横向通过气化区。通常适用于木炭和含灰量较低物料的气化，其结构如图 7.6 所示。

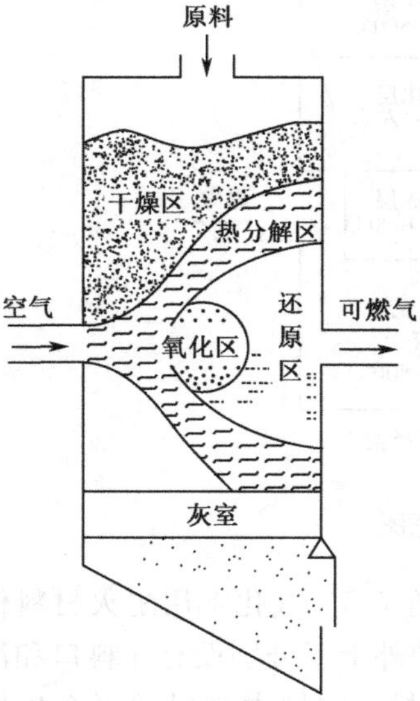

图 7.6　横吸式固定气化炉工作原理图

（二）流化床气化炉

流化床气化炉通常采用惰性材料（如石英砂）作为流化介质。首先使用辅助燃料（如燃油或天然气）将床料加热，然后生物质进入流化床与气化剂进行气化反应，产生的焦油也可在流化床内分解。流化床原料的颗粒度较小，以便气固两相充分接触反应，反应速度快，气化效率高。反应温度需要严格控制，一般为700～850℃。流化床气化炉按照形式不同，可分为鼓泡床气化炉、循环流化床气化炉、双床气化炉和携带床气化炉。

1. 鼓泡床气化炉

鼓泡床气化炉（图7.7）是最基本、最简单的气化炉，只有一个反应器，气化后生成的可燃气直接进入净化系统中。鼓泡床气化炉流化速度较低，适用于颗粒度较大物料的气化。由于其存在飞灰和炭颗粒夹带严重等问题，一般不适合小型气化系统。

2. 循环流化床气化炉

循环流化床气化炉（图7.8）流化速度较高，由于产生的可燃气中大量携带的固体颗粒经分离器分离后返回流化床重新进行气化反应，提高了碳的转化效率，适用于颗粒度较小物料的气化。

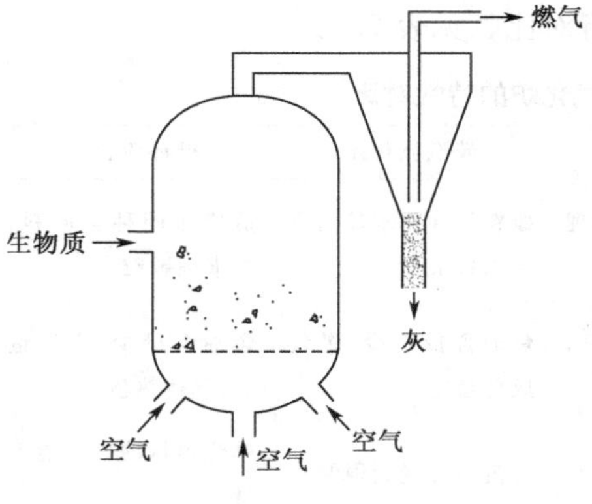

图7.7 鼓泡床气化炉示意图

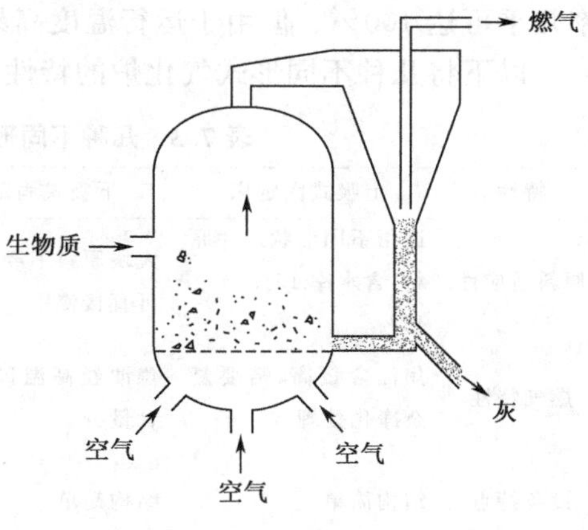

图7.8 循环流化床气化炉示意图

3. 双床气化炉

双床气化炉（图7.9）分为两个组成部分，分别为第1级反应器和第2级反应器。生物质在第1级反应器发生裂解反应，产生可燃气送至净化系统，生成的炭颗粒送至第2级反应器。第2级反应器中进行氧化反应，为第1级反应器提供已经加热的床料。双床气化床的碳转化率也很高，其运行方式与循环流化床类似，不同的是第1级反应器的流化介质被第2级反应器所加热。

4. 携带床气化炉

携带床气化炉是流化床气化炉的一种特例，它不使用惰性材料作为流化介质，由气化剂直接吹动生物质，属于气流输送。该气化炉要求原料破碎成细小颗

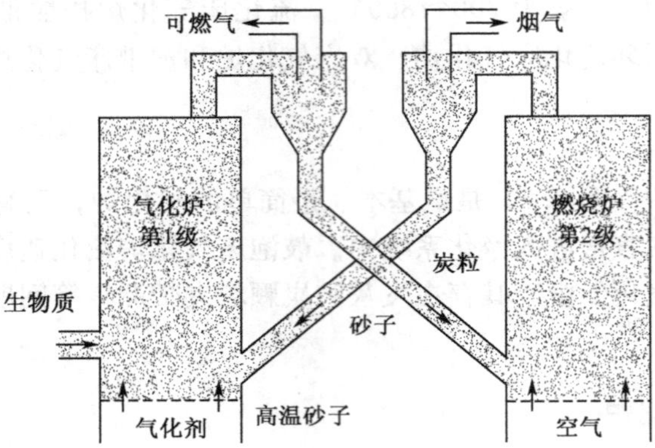

图 7.9　双床气化炉原理

粒，其运行温度可高达 1100～1300℃，产出气体中焦油成分含量很低，炭转化率几乎可达 100%。但由于运行温度高易烧结，故选材比较严格。

以下将几种不同形式气化炉的特性进行对比，见表 7.3。

表 7.3　几种不同形式气化炉的特性对比

特性	上吸式固定床	下吸式固定床	鼓泡流化床	循环流化床
原料适应性	适用不同形状尺寸原料，含水率 15%～45%	大块原料不经预处理可直接使用	原料尺寸要求较为严格<10mm	适应不同种类原料，要求细颗粒
燃气特性	焦油含量高，需要复杂净化处理	焦油经高温区裂解，含量少	焦油含量较少，燃气成分稳定	焦油含量少，产气量大，气体热值高
设备特点	结构简单	结构简单	气流速度受到限制	单位容积的生产能力最大

第四节　林木生物质气化评价指标和影响因素

一、林木生物质气化评价指标

在评价林木生物质气化效果时，通常采用以下五种指标。

（一）气体产率

气体产率是评价林木生物质气化好坏的重要指标。气体产率是指单位质量生物质气化所得的燃气体积（m^3/kg）。

（二）气化强度

气化炉中每单位横截面积每小时气化生物质质量［kg/（m^3·h)]，或气化炉中每单位容积每小时气化的生物质质量［kg/（m^3·h)]。

（三）气化效率

气化效率又称冷气体热效率，指单位质量生物质气化所得到的燃气在完全燃烧时放出的热量与气化使用的生物质发热量之比，是衡量气化过程的主要指标：

$$气化速率（\%）=\frac{燃气热值（kJ/m^3）\times 气体产率（m^3/kg）}{生物质发热量（kJ/kg）}\times 100\%$$

（四）热效率

热效率表示所有直接加入到气化过程中热量的利用程度。实际上，还应考虑气化过程中气化剂所带入的热量。当气化过程中焦油被利用时，焦油也应作为可利用的热量。热效率为生成物的总能量与总消耗能量之比。

（五）气体组成和热值

气体燃料的组成和热值体现出燃气的质量。气体燃料组成通常用容积分率或分压分率表示。其中 CO、H_2、CH_4、C_2H_4 等为有效组分，Na 为惰性组分，CO_2、H_2S 等为杂质。气体燃料的热值是指在标准状态下，其中可燃物热值的总和。生物质气化所得的气体燃料的低热值简化计算公式为：

$$LHV_g = 126.36CO + 107.98H_2 + 358.18CH_4 + 629.09C_nH_m$$

式中 LHV_g 为气体低位热值（KJ/m^3）（标准状态）；CO、H_2、CH_4、C_2H_4分别为 CO、H_2、CH_4以及不饱和碳氢化台物总和的体积含量（%）。

二、林木生物质气化过程中的影响因素

林木生物质的气化是复杂的热化学过程。影响气化指标的因素取决于三个方面，即原料的气化特性、气化过程的操作条件和气化炉的构造。

（一）原料的气化特性

原料的气化特性不但影响气化指标，而且也决定气化方法和气化炉类型选择。生物质作为气化原料比煤作为气化原料有突出的优点。

1. 挥发分高、固定碳低

煤的挥发分一般在 20%左右，固定碳在 60%左右。生物质固定碳在 20%左右，而挥发分则高达 70%左右。在较低的温度（约 400℃）时大部分挥发组分分

解释出，而煤在800℃时才释放出30%的挥发组分。

2. 炭反应性高

炭在较低的温度下，以较快的速度与CO_2及水蒸气进行气化反应。例如在815℃、2MPa（20个大气压）下，木炭在He（45%）、H_2（5%）及水蒸气（5%）的气体中，只要7min，80%能被气化，泥煤炭只有约20%被气化，而褐煤炭几乎没有反应。

3. 灰分少

炭灰分一般少于3%，并且灰分不易黏接从而简化了气化器的除灰设备。

4. 含硫量低

生物质含硫量一般比较低，不需要气体脱硫装置，降低了成本，又有利于环境保护。

生物质的热值明显低于煤，一般只相当于煤的1/3～1/2。气化原料不同时，所产生的可燃气成分不同。表7.4列出不同生物质气化后燃气的成分。

表7.4 不同生物质气化后燃气的成分

原料	燃气成分/%							低位热值（标准状态）/（kJ/m^3）
	CO_2	O_2	CO	H_2	CH_4	C_nH_m	N_2	
木材	8.9	1.5	23.1	7.2	3.3	0.9	55.1	5448
锯末	9.9	2.0	20.2	6.1	4.9	0.7	56.3	4544

（二）原料的挥发分

一般原料中挥发分越高，燃气的热值就越高。但燃气热值并不是按挥发分量呈比例地增加。挥发分中除了气体产物外，还包括煤焦油和合成水分。当这些成分高时，燃气热值就低。例如木材中的焦油比泥煤要多许多。泥煤挥发分中的焦油含量比无烟煤高，液体焦油带走的热量也较多。

此外，由于气体中的成分组成不同。如可燃气体和惰性气体的含量就明显影响热值。例如泥煤及木材的气体产物中的CO_2就比鹤岗烟煤多许多。

（三）原料的反应性和结渣性

反应性好的原料可以在较低温度下操作，气化过程不易结渣，有利于操作，也有利于甲烷生成。矿物成分往往可使燃料在燃烧层反应中起催化作用，例如将木灰（1.5%）喷在加热中的木材面上，就可使反应性加强，使其反应时间减少一半，如加入 CaO（5%）也具有同样效果，试验效果如图 7.10 所示。因为生物质和煤的灰的组成主要有 SiO_2、Al_2O_3、Fe_2O_3、TiO_2、CaO、MgO、K_2O 等，对于反应性和结焦性差的原料，应在较高温度下操作，但不得超过生物质灰分的熔化温度，以促使二氧化碳还原反应加强，提高水蒸气的分解率，从而增加煤气中氢和一氧化碳的含量。

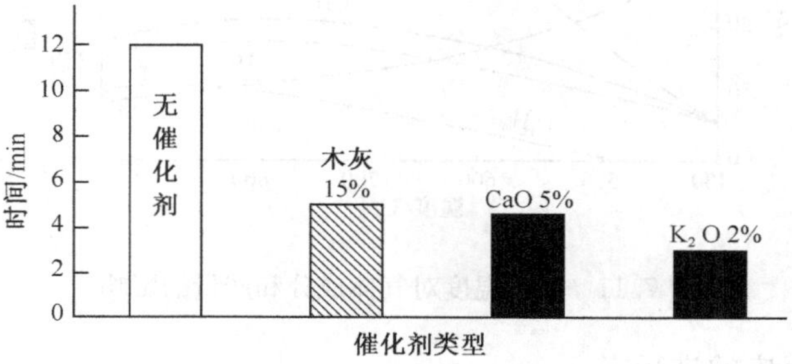

图 7.10　木材在 750℃时转换 95%所需的时间

（四）原料粒度及粒度分布

原料粒度及粒度分布对气化过程影响较大，粒度较小能提供较多的反应表面，但通过气化炉的压降大。颗粒粒度分布的均匀性是影响气流分布的主要因素。如果将未筛分过的原料加入固定床内，会造成大颗粒在床层中的分布不均，形成阻力较大和阻力较小的区域，造成局部强烈燃烧，温度过高，造成气化局部上移或烧结形成“架空”现象。严重时气化层可能越出原料层表面，出现“烧穿”现象。此时，从“烧穿”区出来的气化剂就会把器膛产生的气体燃料烧掉，严重降低气体燃料质量，使气化器处于不正常操作状态。因此，气化用原料必须经过筛分，原料最大与最小粒度比一般不超过 8 左右。有关研究表明避免燃料架空的条件是燃料最大尺寸与反应器内最小截面积尺寸之比最好控制在 6.8 以上。

（五）气化条件

反应温度、反应压力、物料特性、气化设备结构等也是影响气化过程中的主要因素。不同的气化条件，气化产物成分的变化很大，例如，图 7.11 显示了反应温度对气体成分和产量的影响。

从图 7.11 中可看出，CO_2 的含量随着温度的升高而急剧下降。在 400℃时，CO_2 含量达 30%，而在 800℃时，降至 10%；而其他可燃组分，如 CH_4、H_2、C_nH_m 等的含量，则均随温度的升高而增加。图中反应温度对气体产量的影响显示，最终的不可冷凝气体产量随着温度的升高而迅速增加。特别是当有活性介质（如氢气、水蒸气）存在时，可影响热分解反应和热分解产物的二次反应。综上所述说明，反应温度是影响气化过程的主要因素，在 400～900℃范围内升高温

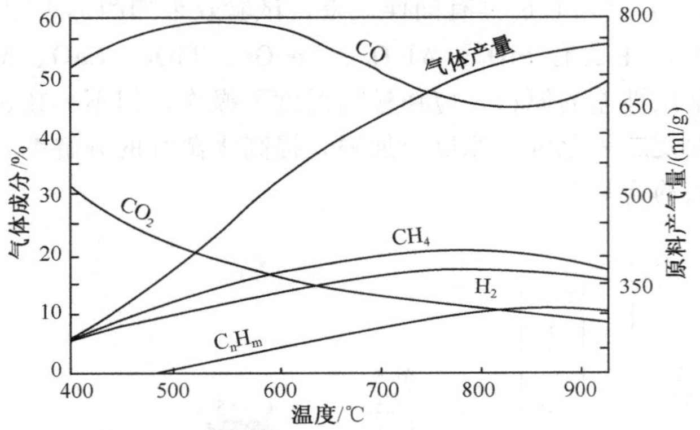

图 7.11　反应温度对气体成分和产量的影响

度有利于气化反应的进行。

第五节　林木生物质气化的应用

林木生物质气化技术应用主要有以下几个方面。

一、提供热量

生物质燃气经过燃烧后产生高温烟气，可为温室、大棚或暖房供热，为农村居民供暖或提供热水，或为干燥设备提供直接热源烘干物料（如木材、烟草、茶叶、橡胶、粮食、食用菌和中药材等）。生物质气化供热系统一般由气化炉、滤清器、燃烧器及附属设备构成，产生的可燃气不需要气体净化和冷却系统，直接送到燃烧器中燃烧，系统相对比较简单，燃料适用性广。

二、集中供气

生物质气化集中供气技术是近年来在我国发展起来的一项新的生物质气化技术的应用方式，它将农村丰富的林木生物质资源转化为使用方便而且清洁的可燃气体输送到居民用户用作炊事燃气。生物质气化集中供气系统一般是以自然村为单元的小型燃气发生和供应系统。从目前的应用状况看，这一技术还有许多方面有待于完善和提高。

三、气化发电

林木生物质气化发电适用于缺电且林木生物质资源丰富的地区（如山区、农场或林场）的照明或驱动小型电机。生物质气化发电是生物质清洁能源利用的一种方式，几乎不排放任何有害气体。生物质气化发电系统按发电规模可以分为小规模、中等规模和大型规模三种，小规模生物质气化发电系统适合于生物质的分散利用，具有投资小和发电成本低等特点，已经进入商业化示范阶段。大型规模生物质气化发电系统适合于生物质的大规模利用，发电效率高，已经进入示范和研究阶段，是今后生物质气化发电的主要发展方向。

四、化 工 原 料

通过林木生物质气化得到的合成气可用来制造一系列的石油化工产品，包括甲醇、二甲醚及氨等，如图 7.12 所示。

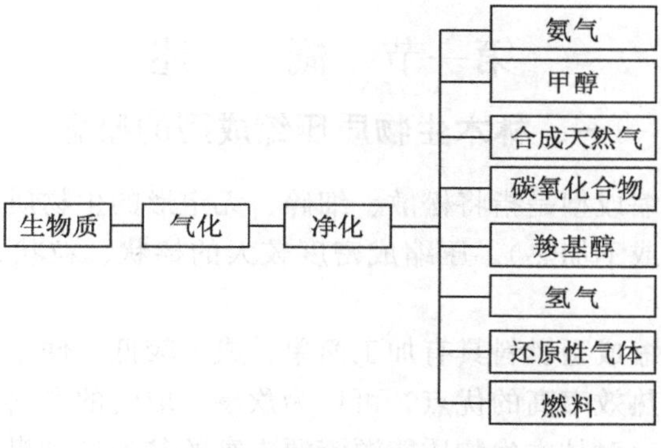

图 7.12　生物质合成气的主要产品示意图

林木生物质在高温下经一系列热化学反应以及蒸汽重整、水气转换和变压吸附（PSA）氢气分离等化工过程，可以生成高纯度氢气。中国科学院广州能源研究所（吕鹏梅等，2002）以锯末为原料，在流化床气化炉中探讨了催化气化制取富氢气体的一些主要参数。林木生物质气化制氢技术具有不同的途径，很有可能为大规模氢能制备提供一条潜在高效、清洁的途径。林木生物质经气化、气体净化、重整、H_2/CO 比例调节、甲醇合成及分离提纯等工艺处理后可以合成甲醇。美国、欧盟和日本等有很多公司和研究机构都致力于开发由生物质合成甲醇技术。

林木生物质气化技术的应用具有广阔的前景。应根据当地的资源状况、经济发展水平以及技术力量，选择合理的生物质气化应用形式，实现生物质资源的高效利用。

第八章　林木生物质压缩成型技术

本章主要概述生物质燃料成型技术的发展历史、现状、成型原理、影响因素、工艺类型、成型机型及成型方法等，并介绍成型燃料的理化和燃烧特性。

第一节　概　　述

一、林木生物质压缩成型的概念

林木生物质压缩成型是指将松散、细碎、无定形的生物质原料，在一定机械加压作用下（加热或不加热），压缩成密度较大的棒状、粒状、块状等各种成型燃料。

林木生物质压缩成型燃料具有加工简单、成本较低、便于储存和运输、易着火、燃烧性能好、热效率高的优点，可作为炊事、取暖的燃料，也可以作为工业锅炉和电厂的燃料。对林木生物质能源资源丰富的贫油、贫煤国家来说，是一种发展前景非常可观的替代能源。

二、林木生物质压缩成型技术的发展

早在 20 世纪 30 年代，美国就开始研究林木生物质压缩成型燃料技术，并研制了“圆锥形螺旋式”挤压机。该设备在温度 80～350℃和压力 100MPa 的条件下，能把木屑和刨花压缩成密度为 $1\sim1.2g/cm^3$，含水率为 10%～12%的固体压缩成型燃料。日本于 40 年代开始研究机械式活塞式致密成型技术处理林业废弃物，并于 50 年代对压缩成型技术进行了改进，形成了日本压缩成型燃料的工业体系，60 年代成立了木质压缩成型燃料行业协会。70 年代后期，由于出现世界性的能源危机，石油价格上涨，发达国家在工业上开始大量应用林木生物质压缩成型燃料。从 80、90 年代开始，亚洲许多国家如泰国、印度、菲律宾等也都先后研制成了生物质压缩成型机用于生产成型燃料。进入 21 世纪，国外生物质能固体成型燃料技术及设备的研发已经趋于成熟，相关标准体系也比较完善，形成了从原料收集、预处理到生物质固体成型燃料生产、配送、应用整个产业链的成熟体系和模式。近年来，世界生物质固体成型燃料产量已经超过了 420 万 t，其中美洲地区 110 万 t，欧洲地区 300 万 t。欧洲现有生物质固体燃料成型厂 70 余个，仅瑞典就有生物质颗粒加工厂 10 余家，单个企业的年生产能力达到了 20 多万吨（蒋剑春，2006）。

我国林木生物质压缩成型燃料开发研究工作起步较晚，20 世纪 80 年代，湖

南省衡阳市粮食机械厂研制了第一台 ZT-3 型生物质压缩成型机；随后江苏省连云港东海粮食机械厂引进了一台 OBM-88 棒状燃料成型机；90 年代，中国林业科学院林产化学工业研究所与东海粮食机械厂合作，完成了国家“七五”攻关项目——木质棒状成型机的开发研究工作，并建立了 1000t/年的棒状成型燃料生产线，随后全套机械出口马来西亚、埃塞俄比亚、印度尼西亚等国。在这期间，国内压缩成型生产线基本上都采用螺旋挤压式，以木屑为原料生产“炭化”块，但因螺旋机挤压头磨损严重、螺杆和套筒工作寿命短、成本高等原因，基本上陆续停产。“八五”期间，作为国家重点科研攻关项目，中国农业机械化科学研究院能源动力研究所、辽宁省能源研究所、中国林业科学院林产化学工业研究所、中国农业工程研究设计院等，对林木生物质冲压式和挤压式压块技术及装置、烧炭技术及装置、多功能燃烧炉技术进行了攻关，解决了林木生物质压缩成型的关键技术，使我国在该领域的研究和开发水平上了一个新台阶。90 年代中后期，湖南农业大学、中国农业机械化科学研究院能源动力研究所分别研究出 PB-1 型、CYJ-35 型机械冲压式成型机；河南农业大学研制出 HPB-1 型液压驱动活塞式成型机；中国林业科学院林产化学工业研究所研制了内压环模颗粒成型机，用以生产林木生物质成型颗粒燃料；21 世纪初，山东大学机械工程学院、华中科技大学化学与化工系、北京林业大学工学院等对生物质成型燃料进行了研究。其中，北京林业大学工学院对生物质常温高压成型技术进行了研究，研究表明：常温高压致密成型时，含水率最好控制在 5%～15%范围内，最高不能超过 22%；压力控制在 15～35MPa 之间即可满足存放、运输要求。此外，中国农业大学、东北农业大学和浙江大学等单位也进行了生物质压缩成型技术的研究。我国生物质固体成型技术的研究开发已有 20 多年的历史，研究主要集中在螺旋挤压成型机上，但存在着成型筒及螺旋轴磨损严重、寿命较短、电耗大、成型工艺过于简单等缺点，导致综合生产成本较高，发展停滞不前。目前，生物质固体成型技术得到明显的进展，成型设备的生产和应用已初步形成了一定的规模。随着这些林木生物质压缩成型技术和炭化技术研究深入及其成果的出现，我国林木生物质压缩成型产业有了长足的发展，研发和生产都已接近世界先进水平，具有了良好的发展环境和前景。

第二节　林木生物质压缩成型原理及影响因素

一、林木生物质压缩成型原理

林木生物质压缩成型过程包括密实填充、表面变形与破坏、塑性变形三个阶段，如图 8.1 所示。林木生物质原料通常都比较疏松，堆积时具有较高的空隙率，密度较小。这些松散的生物质颗粒在外力的作用下，空隙减少、颗粒间的接触状态发生变化，在密实填充中后期通常伴随着原始微粒的弹性变形和因相对位移而造成的表面破坏，此过程为表面变形与破坏。在外部压力进一步增大之后，由应力产生的塑性变形使空隙率进一步降低，密度继续增高，颗粒间接触面积的增加比密度的提高要大几百甚至几千倍，将产生复杂的机械啮合和分子间的结合力，此过程为塑性变形。

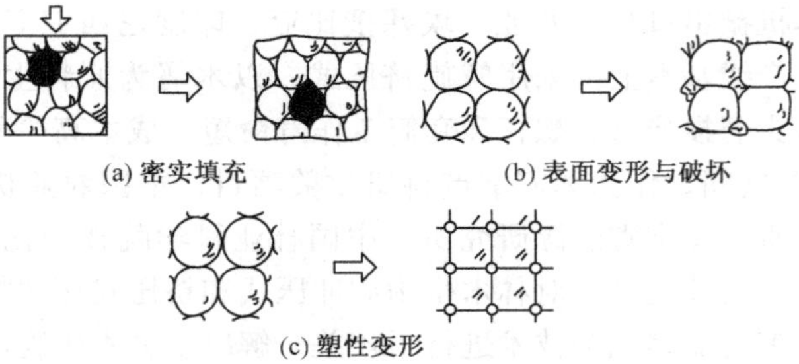

(a) 密实填充　　(b) 表面变形与破坏

(c) 塑性变形

图 8.1　林木生物质压缩成型机理

当林木生物质压缩后，由于弹性和内部压力的解除而产生微量的弹性膨胀，膨胀的大小依原料的特性而有所差异。为了防止压缩后的物料反弹回原来的形态，物料中必须有适量的黏结剂。这种黏结剂可以是在压缩成型过程中加入的，也可以是原料本身所具有的。从生物质的组成来看，生物质主要由纤维素、半纤维素、木质素等主要成分和树脂、蜡等少量成分组成。在构成生物质的各种成分中，木质素普遍认为是生物质固有的、最好的内在黏结剂。在常温下，原本木质素的主要部分不溶于任何有机溶剂，但木质素属于非晶体，没有熔点但有软化点。当温度达 70～110℃左右时软化，黏合力开始增加；当温度达到 200～300℃时木质素成熔融状，黏性高，此时施加以一定压力，可使其与纤维素、半纤维素等紧密黏结，同时与邻近的生物质颗粒互相胶接。生物质中的半纤维素由多聚糖组成，在一定时间的储存和水解作用下可以转化为木质素，达到黏结剂的作用。生物质中的纤维素分子连接形成的纤丝，在以黏结剂为主要结合作用的黏聚体内发挥了类似于混凝土中钢筋的“骨架”作用，可提高成型块强度。在水分存在时，纤维素可结合成团状，当含水率在 30%（质量分数）左右时，用较小的力作用即可使纤维素形成一定的形状；当含水率在 10%（质量分数）左右时，对其施加较大压力，才能使其成型，但成型后结构牢固。此外，林木生物质所含的树脂、蜡质等抽提物也是固有的天然黏结剂，且对温度和压力较敏感，当采用适宜的温度和压力时，也可在压缩成型过程中发挥一定的黏结作用。

此外生物质中的水分作为一种自由基，流动于生物质颗粒中和颗粒间，在压力作用下，与有机质如果胶或糖类等混合形成胶体，起黏结剂的作用，因此干燥的生物质原料通常情况下压缩成型较难。

对于木质素等黏弹性组分含量较高的林木生物质原料，可采用加压、加热的方式，使木质素达到软化点发生塑性变形，起到黏结剂的作用，使成型块维持既定的形状；同时，生物质原料加热软化，也利于减少成型时所需要的挤压压力。而对于木质素含量较低的林木生物质原料，在压缩成型过程中，可加入少量的黏土、焦油、废纸浆等无机、有机纤维类黏结剂，也可以使压缩后的成型块维持致密的结构和形状。

二、林木生物质压缩成型的主要影响因素

影响林木生物质压缩成型过程及产品性能的主要因素有：原料种类、粒度和粒度分布、含水率、黏结剂、成型压力及加热温度等。通常情况下，这些影响因素在不同压缩成型方式条件下的表现形式也不尽相同。

（一）原料的种类

不同种类的林木生物质原料压缩成型特性也不同。即使同一种生物质，由于不同生长部位、生长条件、成熟度等其压缩成型特性也有所差异。通常木材废料一般在压力作用下变形较小，很难压缩；而树皮等在压力作用下变形较大，易于压缩。但是在加热的条件下进行压缩成型时，木材本身的木质素含量高，在高温下能起黏结作用，因此易于成型。另外原料种类不仅影响压缩成型机的动力消耗和产量，还影响成型燃料的密度、强度和热值等。

（二）原料粒度

原料粒度影响成型机效率和成型物的质量。通常粒度较小的容易压缩，粒度大的原料较难压缩。这是因为粒度越小，流动性越好，在相同的压力下物料的变形越大，成型物结合越紧密，成型后的密度越大；但原料粒度过小，黏性大，流动性反而下降，会使成型块的强度降低。原料粒度较大时，成型机能耗大、产量低。但对有些成型方式，如冲压成型，要求原料有较大的尺寸或较大的纤维，原料粒度过小反而容易产生脱落。另外原料粒度不均匀时，成型物表面将易产生裂纹，并且密度、强度降低。因此，在生物质压缩成型前要进行粉碎或筛分作业，使生物质原料具有合适的粒度和粒度分布。

（三）原料含水率

林木生物质原料的含水率是压缩成型中一个关键影响因素。当原料含水率过高时，加热过程中产生的蒸汽不能从成型燃料中心孔排出，会造成燃料开裂，表面非常粗糙，甚至产生爆鸣；当原料含水率过低时，林木生物质压缩成型比较困难。一般认为林木生物质颗粒压缩成型燃料，要求原料的含水率为15％～25％；对于棒状成型燃料，要求原料的含水率小于10％。

（四）黏结剂

为了使林木生物质压缩成型燃料块在运输储存和使用时不致破损、裂开并具

有良好的燃烧性能，理想的黏结剂必须能够保证成型炭块具有足够的强度和抗潮解性而且在燃烧时不产生烟尘和异味，理想的黏结剂本身也是可以燃烧的。常用的黏结剂可分为无机黏结剂、有机黏结剂和纤维类黏结剂三类。

1. 无机黏结剂

无机黏结剂包括水泥、黏土和水玻璃等，虽然它们具有一定的黏结能力，但这类黏结剂会增大燃料的灰分含量，降低燃料的热值，而且在成型燃料燃烧时会产生开裂现象，因此使用效果较差。

2. 有机黏结剂

有机黏结剂包括焦油、沥青、树脂和淀粉等，也具有较强的黏结能力。淀粉类黏结剂使用量一般为4%左右，虽然在燃烧时不产生烟气，但其抗潮解能力较差；焦油、沥青和糖浆废料作为黏结剂使用时，用量约为30%，这一类黏结剂的抗潮解能力较强，但在燃烧时会产生一定的烟气。

3. 纤维类黏结剂

纤维类黏结剂包括废纸浆和水解木纤维等工业废弃物，价格低廉具有较好的黏结能力。

（五）成型压力与模具尺寸

成型压力是林木生物质原料压缩成型的重要条件。成型压力的作用主要有：

1）破坏原生物质的物相结构，组成新的物相结构；

2）加强分子间的凝聚力，使生物质变得致密均匀，以提高成型体的强度和刚度；

3）为生物质在模具内成型提供必要的动力。只有施加足够的压力，原材料才能被压缩成型。但成型压力与模具的形状尺寸有密切关系。这是因为大多数成型机都采取挤压成型方式，即林木生物质原料从成型模具的一端连续压入，又从另一端连续挤出，这时林木生物质原料挤压所需要的成型压力与容器内壁面摩擦力相平衡，而摩擦力的大小与模具的形状尺寸有直接关系。因此，成型压力与模具尺寸共同影响着原料的压缩成型。

（六）加热温度

加热温度也是影响林木生物质压缩成型的重要因素，一方面可使原料中含有的木质素软化，起到黏结剂的作用；另一方面还可以使原料本身变软，变得容易压缩。对于一般的燃料压缩成型机来说，加热温度一般调整为150～300℃较适宜，温度过低，林木生物质原料不能压缩成型，功耗增大；温度过高，成型物表面过热烧焦，烟气较大。

第三节　林木生物质压缩成型工艺和技术

一、林木生物质压缩成型的工艺类型

林木生物质压缩成型工艺可分为湿压成型、热压成型、炭化成型三种。

（一）湿压成型

湿压成型是将林木生物质在常温下浸泡数日，使原料湿润皱裂并部分降解，然后利用高压将其水分挤出，压缩成燃料块。有研究表明，这类机组的生产率可以达到 1t/h，该类压缩成型燃料在当地被称为“绿色炭”或“绿色燃料”，在燃料市场上具有一定的竞争能力。

（二）热压成型

热压成型是目前普遍采用的林木生物质压缩成型工艺。其工艺过程一般可分为原料粉碎、干燥混合、挤压成型和冷却包装等几个环节。由于原料的种类、粒度、含水率等因素对成型工艺过程有一定的影响，所以具体的生产工艺流程以及成型机结构和原理也有一定的差别。

（三）炭化成型

炭化成型有两种情况，一种是指先用成型机将物料压缩成燃料棒，然后用炭化炉将燃料棒炭化成木炭的过程，这种工艺并没有将林木生物质原料压缩成型与炭化过程结合起来，两者相对独立；第二种情况则是将压缩成型和热解炭化有机结合，使其前后连续采用柱塞式压缩成型机压缩，柱塞将物料沿着压缩套筒推入热解筒内，通过间接加热方式由电热炉向热解筒提供热量，物料在套筒设定的温度内被炭化，得到所需的相应产物。

二、林木生物质压缩成型工艺流程

林木生物质压缩成型生产的一般工艺流程如图 8.2 所示。

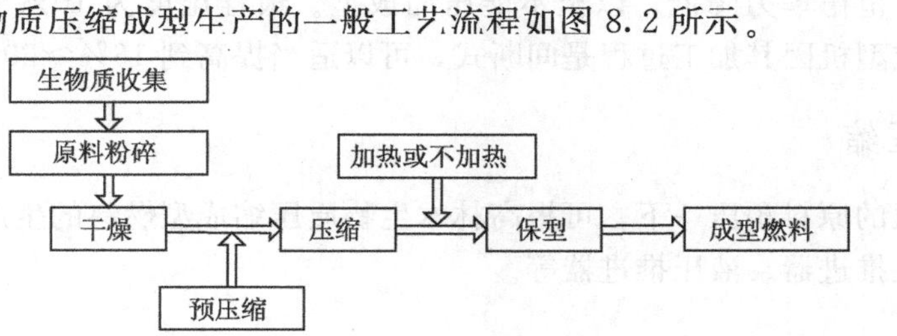

图 8.2　生物质压缩成型生产的一般工艺流程

（一）生物质收集

生物质收集是十分重要的工序，在工业化加工的条件下要考虑以下几个问题：①加工厂的收集半径；②供给加工厂原料形式，包括整体式和初加工包装式；③原料自然状态脱水程度。

另外，要特别注意收集过程中尽可能少夹带泥土，泥土多了，容易造成燃料燃烧时结渣，利用机械化收集可改善这种情况。

（二）原料粉碎

林木生物质粉碎是压缩成型前对原料的基本处理，粉碎质量好坏直接影响成型机的性能及产品质量。在颗粒压缩成型过程中，如果原料的粒度过大，则原料必须在粉碎机内碾碎以后才能进入成型机，这样成型机就要消耗大量的功率。在颗粒压缩成型过程中，成型机也能进行一定的粉碎作业，但效率低，因此要求粉碎作业尽可能在粉碎机上完成。

并不是对所有供给压缩成型的原料都要进行粉碎作业，如利用锯末进行热压成型时，往往只从原料中清除尺寸较大的异物，不进行粉碎即可直接压缩成型。但对于一般木屑、树皮等尺寸较大的林木生物质，都要进行粉碎作业，而且常常进行两次以上粉碎，并在粉碎的工序中间插入干燥工序，以提高粉碎效果，增加产率。

锤片式粉碎机是粉碎作业应用最多的一种粉碎机。对于树皮、碎木屑等林木生物质原料，锤片机能够较为理想地完成粉碎作业。粉碎物的粒度大小可通过改换不同开孔大小的凹板来实现。但是对于较为粗大的木材废料，一般先用木材切片机切成小片，再用锤片式粉碎机将其粉碎。

（三）干燥

干燥是压缩成型的重要工艺过程。原料中的水分影响较为明显，通常要求的成型原料水分含量都是经验数据，在压缩成型过程中，当水分含量超过某一指标时，随着温度升高，成型燃料体积会突然膨胀，易产生爆炸或造成事故；若水分含量过低，范德华力降低，以至不能压缩成型。最佳湿度为10%～15%，但活塞式压缩成型机因其加工过程是间断式，可以适当提高到16%～20%。

（四）预压缩

将松散的原料预压一下，可提高林木生物质压缩成型燃料的生产率。预压通常采用螺旋推进器、液压推进器等。

（五）压缩

压缩过程是压缩成型工艺中的最重要环节之一，其主要是在“成型模”内进行的。“成型模”的内壁是前大后小的锥形，原料进入模具后要受三种力作用，即机器主推力、摩擦力、模具壁的向心反作用压力。影响主推力大小的是原料的密度、直径等，影响摩擦力大小的是夹角和模具的温度。夹角越大，摩擦力越大，密度和动力也要加大，因此夹角设计至关重要，它随直径和密度、原料种类有不同要求。一般从 3°开始，用插入办法进行调试。

（六）黏结剂

压缩成型过程中加入黏结剂有两个目的：一是增加压块的热值，同时增加黏结力。例如加入 10%～20%的煤或炭粉，就可以达到这样的目的，但加入时一定要注意均匀度，防止因相对密度不同造成不均匀聚结；二是增加黏结力，减少动力输入。这要求生物质颗粒较小，便于黏结剂均匀接触，一般都在预压前输送过程中加入，易于搅拌。

（七）保型

保型是在生物质压缩成型后的一段套筒内进行的，其内径略大于压缩成型的最小部位直径，以便使已成型的林木生物质消除部分应力，随着温度的降低，使形状固定下来。保型套筒的端部有开口，用以调整保型筒的保型能力。如果保型套筒大于成型筒直径过多，生物质会迅速膨胀，容易出现裂纹；过小了，应力得不到消除，出口后还会因为温度突然下降，发生崩裂或粉碎。

三、林木生物质压缩成型设备

林木生物质压缩成型设备主要有螺旋挤压成型、活塞冲压成型和压辊式成型三种。

（一）螺旋挤压式成型机

螺旋挤压式成型机（图 8.3）开发应用最早，目前应用最为普遍。这类成型机运行平稳、生产连续性好，但突出问题是主要成型部件螺杆磨损严重，使用寿命短并且产品能耗高。为了解决螺杆首端承磨面磨损严重这一问题，现在大多采用喷焊钨钴合金，焊条堆焊或碳化钨，或是采用局部渗硼处理和振动堆焊等方法对螺杆成型部位进行强化处理。用于燃料成型的螺旋挤压机分为三种，双螺杆挤压成型、锥形螺杆挤压成型和外部加热的螺旋式成型三种。西欧和美国一般都采用前两种大型压块机，而印度、泰国、马来西亚等东南亚国家多采用外部加热的螺旋式成型。

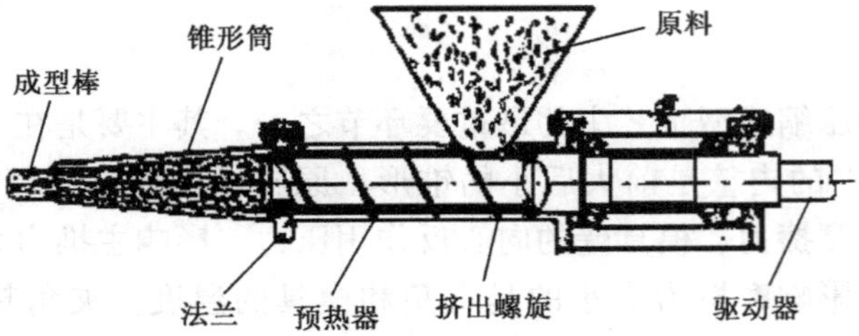

图 8.3　螺旋挤压成型部件结构示意图

1. 双螺杆挤压成型

双螺杆式成型机采用的是两个相互啮合的变螺距螺杆，成型套为“8”字形结构，在压缩过程中，由于摩擦生热使得生物质在机器内干燥，生成的蒸汽从蒸汽的超出口逸出，因此这种成型机对原料的预处理要求不严，原料粒度可在30～80mm 变化，水分含量可高达 30%，可省去干燥装置。根据原料种类的不同，生产率可达 2800～3600kg/h。但由于物料干燥需要由机械压缩来完成，所以与压缩干物料相比需要大型的电机，能耗较高。此外，双螺杆挤压机有两套推力轴承和密封装置以及一个复杂的齿轮传动装置需要维护保养，增加了生产成本。

2. 锥形螺杆挤压成型

林木生物质原料被旋转的锥形螺杆将生物质压入压缩室，然后被螺杆挤压头挤入模具，模具也可以是单孔的或多孔的。切刀将成品切成一定长度的成型棒。压缩成型压力为 60～100MPa，成型棒的密度为 1200～1400kg/m^3。生产能力为 600～1000kg/h，能耗为 0.055～0.075kW/kg，而同样生产能力的活塞式压缩机为 0.075kW/kg。

3. 外部加热的螺旋式成型

外部加热的螺旋式成型机的特点是：将林木生物质压入横截面为方形、六边形或八边形的模具内；模具通常采用外部电加热的方式。外部加热成型机的基本结构由驱动机、传动部件、进料机构、压缩螺杆、成型套筒和电气控制等部分组成。在成型筒外绕有电热丝，使筒温保持在 250～300℃，温度由热电偶监控，使温度维持在设定范围。

（二）活塞冲压式成型机

活塞冲压式成型机（图 8.4）的产品是压缩块，成型是靠活塞的往复运动实现的。按驱动动力可以分为两类：一类是机械驱动活塞式成型机，另一类是液压驱动活塞式成型机。这类成型机通常不用电加热，成型物密度稍低，容易松散，在北欧和美国生产的大型成型机采用这种形式的比较多，如瑞典 Bogma AB 公司生产的 M75 型成型机，美国 Hauamann 公司生产的 FH75/200 型成型机。我国也开展了此类机型研究，河南农业大学研制的 PB-Ⅰ型冲压式成型机等。与螺旋挤压式成型机相比，这类成型机明显改善了成型部件磨损严重的问题，但由于存在较大的振动负荷，所以机器运行稳定性差，噪声较大，润滑油污染也较严重。国内外一些活塞冲压成型机的主要技术性能见表 8.1 和表 8.2。

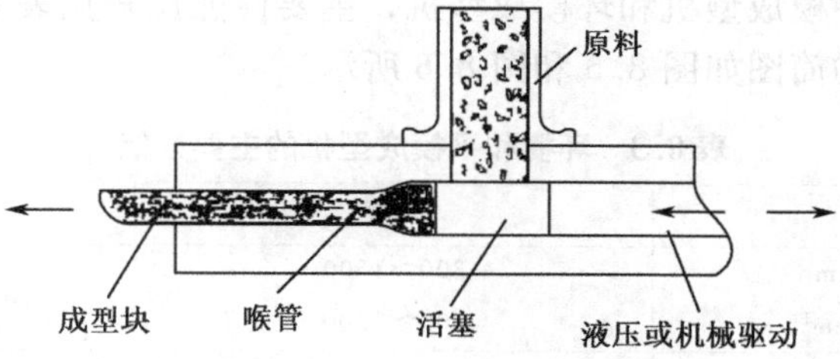

图 8.4 活塞挤压成型部件结构示意图

表 8.1 不同类型活塞冲压式成型机的主要技术性能

项目	成型机型号				
	PB-Ⅰ	HPB-Ⅰ	CYJ-35	W75	BHP5/50
装机功率/kw	7.5	18.5		63.5	7.5
生产率/(kg/g)	60～100	60～100	50～100	900～1200	80～100
维修周期/h	>200	>200	>200	>200	>200
能耗/(kw·h/t)	65	71	83.3	55	65
噪声	大	小	大	大	小
驱动力	机械	液压(双向)	机械	机械	液压
研究和生产单位	河南农业大学	河南农业大学	中国农业机械化科学研究院	瑞典 BogmaAB 公司	瑞典 BogmaAB 公司

表 8.2 螺旋挤压式和活塞冲压式技术对比

参　数	螺旋挤压式	活塞冲压式
原料最佳含水率/%	8～9	10～15
接触部位磨损	在螺旋处有较大的磨损	活塞和模具有轻度磨损
工作方式	连续	间断
能耗/[(kW·h)/t]	60	50
密度/(t/m^3)	1～1.4	1～1.2
维护费	低	高
燃烧性能	非常好	一般
炭化	适宜	不适宜
均匀性	均匀	不均匀

（三）压辊式颗粒成型机

压辊式颗粒成型机主要用于生产颗粒状成型燃料，不用电加热。该机型主要用于大型木材加工厂木屑加工或造纸厂秸秆碎屑的加工。美国在 1976 年前后利用饲料成型技术，开发了这种设备；日本在 1983 年前后从美国引进了该技术。到 1987 年，日本已有十几家颗粒燃料工厂投入运行。根据压模形状的不同，此类成型机可分为平模成型机和环模成型机，主要性能比较见表 8.3。平模成型机和环模成型机结构简图如图 8.5 和图 8.6 所示。

表 8.3　环模和平模成型机的主要性能

项目	平模	环模
压模直径/mm	300～1500	250～1000
压辊表面积/cm^2	500～7500	500～6000
生产能力/(kg/h)	200～8000	
能耗/(kw·h/t)	15～40	

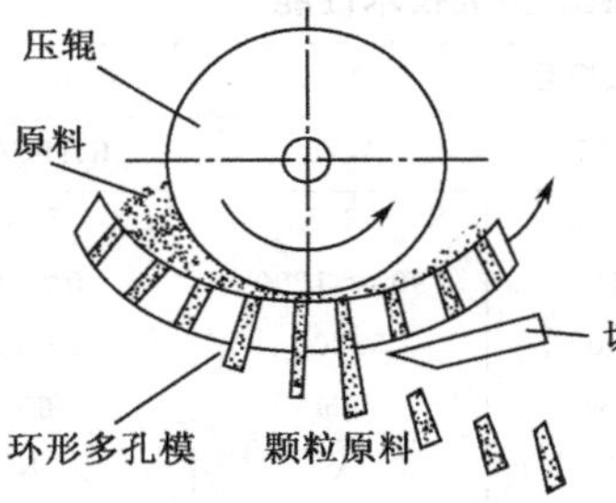

图 8.5　环模挤压成型部件结构示意图

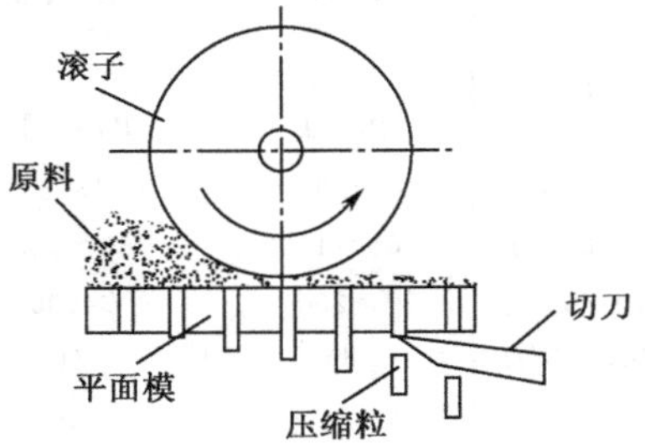

图 8.6　平模挤压成型部件结构示意图

第四节　林木生物质压缩成型燃料的理化特性

林木生物质压缩成型燃料具有两个基本特性，即化学特性和物理特性。化学特性包括热值、含水率、灰分、灰分熔点以及 Cl、N、S、K 和重金属含量，物理特性包括密度、耐久性和热值等特性。

生物质成型燃料特性及其影响见表 8.4。

表 8.4　生物质成型燃料特性及其影响

参　数	影响的因素
含水率	存储性、热值、自燃
热值	利用性、功能性
Cl	HCl、二　英和呋喃排放、对过热器的腐蚀性

续表

参　数	影响的因素
N	NO_2、HCN 和 N_2O 的排放
S	SO_2的排放
K	对过热器的腐蚀作用，降低灰分熔点
Mg、Ca 和 P	提高灰分熔点，影响灰分的使用
重金属	污染环境，影响灰分的使用和处理
灰分含量	含尘量，灰分的处理费用
灰分熔点	使用的安全性
堆积密度	运输和存储的成本、配送方案的设计
实际密度	燃烧特性（包括传热率和气化特性）
颗粒燃料尺寸	可流动性、搭桥的趋势

一、密　度

成型燃料的密度（又称松弛密度）是指林木生物质压缩成型块在出模后，由于弹性变形和应力松弛，压缩密度逐渐减小，过一段时间后密度趋于稳定时，成型块的密度。它是决定压缩成型燃料物理性能和燃烧性能的一个重要指标，同时对成型燃料的另一指标——耐久性有直接的影响。成型燃料的密度增大，其耐久性也将增大。林木生物质压缩成型燃料的密度与生物质的种类及压缩成型的工艺条件密切相关，不同林木生物质由于含水量不同、组成成分不同，在相同压缩条件下所达到的密度具有明显的差异。

成型燃料的最显著特点是其密度有了很大提高，一般比林木生物质原料提高几倍至十几倍。此外，压缩成型燃料形状规则、尺寸均匀、方便储运及使用。

二、耐久性

耐久性作为评价压缩成型燃料品质的一个重要特征，主要体现在压缩成型燃料的不同使用性能和储藏性能。耐久性又可分为抗变形性（主要指强度、抗破碎性、抗滚碎性）和抗吸湿性等几项性能指标，可通过不同的试验方法来检验。耐久性也是压缩成型燃料的黏结性能的体现，主要由成型燃料的压缩条件及松弛密度决定。

（一）抗变形性

林木生物质压缩成型燃料具有一定的抗变形性，即具有一定抵抗外力的强度，是其在运输、使用过程中能保持一定形状、体积不被破坏的必要条件。一般采用强度试验测量其拉伸强度和剪切强度，用失效载荷值表示成型燃料的抗变形性。

（二）抗破碎性

林木生物质压缩成型燃料的抗破碎性主要是对于颗粒压缩成型燃料，抗破碎性标志其运输、储存过程中不至于破损而保持原有形态的一个重要指标。抗破碎性又可分为抗跌碎性和抗滚碎性，分别由翻滚试验和跌落试验来检验，一般用失重率来反映成型块的抗碎性能。

（三）抗吸湿性

吸湿性是林木生物质压缩成型燃料的一个重要特征，一般都采用压缩成型燃料在环境湿度和温度条件下的平衡含水率作为评价指标。在湿度较高的环境下，成型燃料吸湿以后，会出现松散，以致变成粉末状而丧失原有的密实状态，所以在储存运输时必须注意防潮。

压缩成型燃料的吸湿性因成型原料的种类、含水率及成型方式的不同而异。一般说来，棒状燃料成型时加热温度高，本身含水率较低，所以容易从空气中吸收水分。有关研究表明，在环境温度25℃、相对湿度89%的环境下，原含水率7%的锯末成型棒经250h储放后，含水率会增加到11%；原含水率5%的树皮成型棒含水量会增加到9%。颗粒压缩成型燃料因本身含水率较高，不易从空气中吸收水分。但无论哪种成型燃料，都不能直接和水接触，否则遇水会很快膨胀软化，变成松散粉末失去原有密度和形态。

三、热　　值

林木生物质压缩成型燃料的热值因原料的种类不同有较大差异，就某一种成型燃料而言，尽管其高位热值不会比其原料的高位热值有多少变化；但其低位热值因成型时加热，原料水分散失比较多而比原料的低位热值高。另外，在颗粒燃料成型时，有时往原料中添加少量添加剂如沥青等，这样既可降低成型机的功率，也可以提高压缩成型燃料的热值。

第五节　林木生物质压缩成型燃料的燃烧特性

林木生物质成型燃料的燃烧性能优于薪柴，能量密度与中值煤相当，成型燃料的燃烧特性较成型前有明显改善，且储存、运输、使用方便，干净卫生，可代替矿物能源应用于生产和生活领域。

一、林木生物质压缩成型燃料的点火过程

林木生物质压缩成型燃料的点火过程是指林木生物质压缩成型燃料与氧混合接触后，从开始反应到产生剧烈燃烧前的一段过程。实现林木生物质成型燃料点

火的条件为林木生物质压缩成型燃料表面析出一定浓度的挥发物，挥发物周围要有适量的氧气和足够高的温度。

林木生物质压缩成型燃料点火过程描述如下（周春梅，2007）：

1）在高温热源的作用下，压缩成型燃料中水分被逐渐蒸发出燃料表面；

2）压缩成型燃料表层燃料颗粒中有机质成分开始分解，一部分挥发性可燃气体析出；

3）燃料表层颗粒析出一定浓度的挥发物于空气中并达到适当的温度，开始局部着火燃烧；

4）压缩成型燃料表层点火面渐渐扩大，同时也有其他局部表面开始燃烧；

5）压缩成型燃料表层点火面迅速扩大并有明显的火焰出现；

6）压缩成型燃料点火区域逐渐深入到燃料内部，完成整个点火过程。

林木生物质成型燃料由高挥发分的生物质组成，其结构限定了挥发分由内向外的析出速度，热量由外向内的传递速度减慢。因此林木生物质压缩成型燃料的点火性能比成型前有所降低，但仍远远高于煤的点火性能。

二、林木生物质压缩成型燃料燃烧过程

林木生物质压缩成型燃料燃烧属于静态渗透式扩散燃烧，从着火开始其燃烧过程如下：

1）林木生物质压缩成型燃料表面可燃挥发物燃烧，可燃气体和氧气发生放热化学反应，形成明显火焰；

2）压缩成型燃料表层部分的碳处于过渡燃烧区，形成较大火焰；

3）压缩成型燃料表层仍有少量的挥发分在燃烧，燃烧向燃料深层渗透；

4）压缩成型燃料燃烧进一步向更深层发展，在层内主要进行碳燃烧，在其表面进行一氧化碳的燃烧，形成比较厚的灰壳，由于生物质的燃尽和热膨胀，灰层中呈现微孔组织或空隙通道甚至裂缝，较少的短火焰包围着成型块；

5）压缩成型燃料燃烧进一步加强，可燃物基本燃尽，在没有强烈干扰的情况下，形成整体的灰球，灰球表面几乎看不出火焰，灰球变暗红色，至此完成了整个燃烧过程。

三、林木生物质压缩成型燃料燃烧特点

1）林木生物质压缩成型燃料密度大，从而限制了挥发物的逸出速度，延长了挥发物的燃烧时间，燃烧反应大部分只在林木生物质压缩成型燃料的表面进行，类似“颗粒燃烧模型”。一般炉灶供给的空气充足，没有燃烧的挥发分损失很少，黑烟明显减少。

2）压缩成型燃料挥发物逸出后剩余的炭结构紧密，运动气流不能将其分开，在燃烧过程中可清楚地观察到蓝色火焰包裹着明亮的炭块，炉温提高，燃烧时间

延长。

3）压缩成型燃料在整个燃烧过程中需氧量趋于平衡，燃烧稳定。

由此可见，成型燃料的燃烧性能较林木生物质原料有了明显的改善，燃烧的利用率（或热效率）得到了有效的提高。

第九章　林木生物质液体燃料制备技术

第一节　油料林木制备生物柴油技术

一、概　述

（一）生物柴油的特性及用途

生物柴油（biodiesel）的经典概念是指以大豆和油菜籽等油料作物、油棕和黄连木等油料林木、工程微藻等油料水生植物油脂以及动物油脂、废餐饮油等油脂为原料，与低碳醇经酯化或酯交换反应所得的长链脂肪酸酯。随着对生物柴油领域理论和应用研究的不断深入，生物柴油的概念发展为以生物质为原料，经过化学、物理和生物技术方法，制备成具有化石柴油相似性质，并且可以替代化石柴油应用于交通运输等行业的液体燃料油（蒋建春，2009）。

与化石柴油相比，生物柴油具有以下优点（表 9.1）：

表 9.1　生物柴油和化石柴油的性能比较

性质	生物柴油	化石柴油
冷滤点 CFPP(夏季产品)/℃	−10	0
冷滤点 CFPP(冬季产品)/℃	−20	−20
密度(20℃)/(g/ml)	0.88	0.83
运动黏度(40℃)/(mm^2/s)	4～6	2～4
闪点/℃	>100	60
十六烷值	≥56	≥49
热值/(MJ/L)	32	35
燃烧功效(柴油＝100%)/%	104	100
硫含量(质量分数)/%	<0.001	<0.2
氧含量(质量分数)/%	10	0
燃烧 1kg 燃料最小空气耗量(化学计算法)/kg	12.5	14.5
水危害等级	1	2
3 星期后生物降解率/%	98	70

1）优良的环保特性。由于生物柴油中有 11% 的含氧量，因此燃烧更充分，一氧化碳的排放与柴油相比减少约 10%（有催化剂时为 95%）；硫含量低，使得二氧化硫和硫化物的排放减少约 30%（有催化剂时为 70%）；生物柴油中不含对环境会造成污染的芳香族烷烃，因而废气对人体损害低于化石柴油。生物柴油的发动机废气排放指标不仅满足目前的欧洲Ⅱ号排放标准，甚至满足在欧洲颁布实

施的更加严格的欧洲Ⅲ号排放标准，而且生物柴油会改善由于二氧化碳的排放而导致全球变暖这一有害于人类的重大环境问题。

2）高生物降解性。生物柴油是一个更易降解的体系，在普通的环境中，21天内生物降解率达92%，水中的生物柴油28天内可降解85%以上，降解速度是化石柴油的两倍。

3）较好的润滑性。由于含硫量低会改善燃料的润滑性，生物柴油的含硫量仅为痕量，比新的EPA柴油标准还低，因此使用生物柴油可以减少柴油机的磨损，降低喷油泵、发动机缸体和连杆的磨损率低，延长使用寿命。

4）较高的安全性。由于闪点高，在运输、储存、使用方面具有较高的安全性。

5）良好的燃料性。十六烷值高，使其燃烧性好于柴油，燃烧残留物呈微酸性，使催化剂和发动机机油的使用寿命延长。

6）易混合性。生物柴油可以任何比例与化石柴油混合使用，可以降低油耗，提高动力性，并降低尾气污染。

7）可再生性。由于生物柴油是以可再生资源为原料生产，具有可再生性。

生物柴油的缺点是目前生产成本仍然偏高（高于化石柴油），生产规模和总体产量偏低，使用时存在一定技术制约（如棕榈油基生物柴油不适于低温寒冷地区使用）。

目前国际上尚无统一的生物柴油质量标准，一些国家根据自己的国情制定了相应的质量标准，如美国ASTM（美国材料试验标准）生物柴油质量标准（见表9.2），德国、法国等国家生物柴油质量标准（见表9.3），中国于2007年出台了《柴油机燃料调和用生物柴油BD100国家标准》（见表9.4）。通过比较可以发现，在生物柴油化学指标方面各个国家基本上没有太大的差异，但是在流动性和冷滤点方面各国的标准有所差异，这与各国所在的地理位置和气候等各方面的因素有关。

表9.2　美国生物柴油标准（ASTM D6751）

性质	检测方法	极值	单位
闪点	D 93	130.0，极小值	℃
水及沉渣	D 2709	0.050，极大值	%，体积
动力学黏度(30℃)	D 445	1.9～6.0	mm^2/s
硫酸盐灰分	D 874	0.020，极大值	%，质量
硫	D 5453	0.0015，极大值 或0.05，极大值	%，质量
铜条侵蚀	D130	No.3，极大值	
十六烷值	D 613	47	
浊点	D 2500	报告	℃
碳残余(100%，样品)	D 4530	0.050，极大值	%，质量

续表

性质	检测方法	极值	单位
酸数	D 664	0.80,极大值	mg KOH/g
游离丙三醇	D 6584	0.020,极大值	%,质量
总丙三醇	D 6584	0.240,极大值	%,质量
磷含量	D 4951	0.001,极大值	%,质量
蒸馏温度(90%回收)	D 1160	360,极大值	℃

表 9.3　德国、法国、澳大利亚等国生物柴油质量标准

标准	单位	澳大利亚	捷克	法国	德国	意大利	瑞典
规范		On c1191	Csn65	jou	Dine5160	Uni10635	Ss15543
产品名称		FAME	RME	VOME	FAME	VOME	VOME
密度(15℃)	g/cm^3	0.85～0.89	0.87～0.90	0.87～0.90	0.875～0.90	0.86～0.90	0.87～0.90
黏度(40℃)	mm^2/s	3.5～5.0	3.5～5.0	3.5～5.0	3.5～5.0	3.5～5.0	3.5～5.0
馏程(95%)	℃	—	—	<360	—	<360	—
闪点	℃	>100	>110	>100	>110	>100	>100
冷滤(fpp)	℃	0/−15	−5		0/−10/−20		−5
硫含量	%	<0.02	<0.02	—	<0.01	<0.01	<0.001
焦化值	%	<0.05	<0.05	—	<0.05	—	—
灰分含量	%	<0.02	<0.02	—	<0.03	<0.01	<0.01
水分含量	mg/kg	—	<500	<200	<300	<700	<300
总杂质含量	mg/kg	—	<24	—	<20	—	<20
十六烷值		>49	>48	>49	>49	—	>48
中和值	mg/g	<0.8	<0.5	<0.5	<0.5	<0.5	<0.6
甲醇含量	%	<0.20	—	<0.1	<0.3	<0.2	<0.2
甲酯含量	%	—	—	>96.5	—	>98	>98
单甘酯	%	—	—	<0.8	<0.8	<0.8	<0.8
二甘酯	%	—	—	<0.2	<0.4	<0.2	<0.1
三甘酯	%	—	—	<0.2	<0.4	<0.1	<0.1
游离甘油	%	<0.02	<0.02	<0.02	<0.02	<0.05	<0.02
总甘油	%	<0.24	<0.24	<0.25	<0.25	—	—
碘值		<120	—	<115	<115	—	<125
磷含量	mg/kg	<20	<20	<10	<10	<10	<10
碱含量	mg/kg	—	<10	<5	<5	<10	<10

表 9.4　中国生物柴油质量标准（BD100）（GB/T20828-2007）

项目		质量指标		试验方法
		S500	S50	
密度(20℃)/(kg/m^3)		820～900		GB/T 2540
运动黏度(20℃)/(mm^2/s)		1.9～6.0		GB/T 265
闪点(闭口)/℃	≥	130		GB/T 261
冷滤点/℃		报告		SH/T 0248

续表

项目		质量指标		试验方法
		S500	S50	
硫含量(质量分数)/%	≤	0.05	0.005	SH/T 0689
10%蒸余物残碳(质量分数)/%	≤	0.3		GB/T17144
硫酸化灰份(质量分数)/%	≤	0.020		GB/T 2433
水含量(质量分数)/%	≤	0.05		SH/T 0246
机械杂质		无		GB/T 511
铜片腐蚀(50℃,3h)/级	≤	1		GB/T 5096
十六烷值	≥	49		GB/T 386
氧化安定性(110℃)/h	≥	6.0		EN 14112
酸值(mgKOH/g)	≤	0.8		GB/T 264
游离甘油含量(质量分数)/%	≤	0.02		ASTM D
总甘油含量(质量分数)/%	≤	0.24		ASTM D
90%回收温度/℃	≤	360		GB/T 6536

生物柴油用途广泛，主要的应用领域有：直接作为车用优质柴油使用，即100%生物柴油（B100）；与石化柴油调配使用，品种有2%、5%、10%和20%，即B2、B5、B10、B20柴油；非车用柴油的替代品，如取暖、船用、农用、发电等；用作机械加工润滑剂和脱模剂；用作优质的溶剂，如用作脱漆剂(可代替二氯甲烷)、印刷油墨和清洗剂等。

（二）发展油料林木制备生物柴油的意义

生物柴油作为一种替代性环保燃料，能够直接使用或与化石柴油混合使用。是一种清洁的可再生能源，因此大力发展生物柴油对世界经济可持续发展，推进能源替代，减轻环境压力，控制城市大气污染具有重要的战略意义。中国化石资源储量有限，大量进口石油对中国能源安全造成巨大威胁，中国柴油目前存在着严重的供需平衡问题，2005年柴油消费10 967.7万t，其中1/3以上依靠进口。

植物油作为制备生物柴油的主要生产原料，包括草本植物油（如菜籽油、大豆油、花生油和棉籽油等）和木本植物油（如麻疯树油、黄连木油、光皮树油和棕榈油等），随着生物柴油需求量的迅速增加，植物油的来源限制了该产业的发展，例如，2008年初巴西生物柴油供应出现短缺现象，主要原因就是大豆油短缺造成价格飞速增长，并出现市场价格低于其生产成本的现象，因而发展以油料林木提取木本植物油制备生物柴油具有重要意义。

首先，“不与粮争地、不与人争粮”。对于任何国家来讲，保障粮食安全尤为关键，因此大量使用草本植物油生产生物柴油的可行性很小，而油料林木植物抗逆性强，管理粗放，栽种一次，收获多年，可以在条件较差的“边际性土地”上种植，不与粮食争地。2006年马来西亚和印度尼西亚政府宣称，分别分配1200万t

的棕榈原油（CPO）作为生产生物柴油的原材料，生产出的棕榈甲酯（PME）生物柴油以B5规格在4个部门试用效果良好。2007年中国政府紧急出台政策，禁止扩大以粮食为原料的生物液体燃料生产规模，要求发展生物液体燃料必须“不与粮争地、不与人争粮”，将生物液体燃料发展的重点转向林业生物柴油等以非粮食为原料的领域。在中国推广油料林木植物种植可以有效利用占其国土面积约69%的山地、高原、丘陵地区甚至沙地（程传智，2005）。

其次，环境效益显著。油料林木制备生物柴油除能减缓能源短缺危机和减少温室气体排放外，油料林木与草本植物相比，还可避免或减少化肥、农药、机械和水资源等投入，其发达的根系可以有效改良土壤和控制水土流失。例如，胡志远等（2006）以生命周期分析方法，分别对大豆、油菜籽、光皮树和麻疯树生物柴油的能源效率和温室气体排放进行了比较分析，结果表明：麻疯树和光皮树生物柴油生命周期温室气体排放下降幅度要大于大豆和菜籽油生物柴油。

最后，有利于农村产业结构调整，促进山区生态经济协调发展。利用山区丰富的土地资源大量种植油料林木，不但可以提高山区森林覆盖率，增强生态保护能力，而且可以为农村剩余劳动力提供就业机会，增加农民收入。例如，中国尚有5700万 hm^2 宜林荒山，其中1200万 hm^2 可以直接用于发展能源林。

二、油料林木制备生物柴油工艺概况

油料林木制备生物柴油的基本工艺是从油料林木原料中提取植物油，再将植物油进一步制备为生物柴油。由于油料林木原料的来源差异，木本植物油的提取工艺稍有差异，但其生物柴油的制备工艺与其他生物柴油制备工艺基本相同，包括直接混合法、微乳化法、高温热裂解法和酯交换法等。

（一）直接混合法

直接混合法是将天然油脂与柴油或醇类等溶剂混合，并添加助剂改善生物柴油的特性，如降低黏度、降低密度和提高挥发度等。该方法工艺简单，但制备出来的生物柴油质量不高，长期使用易出现喷嘴堵塞和结焦现象。一些研究人员将脱胶植物油与2号柴油以1：2比例混合，在直接喷射涡轮发动机上进行600h的试验。未出现润滑油变浑以及凝胶化现象，可以作为农用机械的替代燃料。

（二）微乳化法

微乳化法是植物油与溶剂在乳化剂的作用下混合制成微乳液，以降低植物油黏度。该微乳液一般包含植物油、醇、化石柴油、表面活性剂和十六烷值改进剂，是一种透明的、热力学稳定的胶体分散系，长期放置不分层，但因环境的变化易出现破乳现象。微乳液的热值和十六烷值偏低，黏度偏高，长期使用后，在喷油嘴和尾气阀上会产生积碳。有研究人员用53.3%的植物油、13.3%的甲醇以及 33.4%的 1-丁醇制成微乳液，在 200h 的实验室耐久性测试中没有严重的恶化现象，但仍出现了积炭和使润滑油黏度增加等问题。

（三）高温热裂解法

高温热裂解法是通过高温将高分子有机化合物变成简单的碳氢化合物，包括烷烃、烯烃、二烯烃、芳烃和羧酸等。该方法工艺复杂，成本过高。最早对植物油进行热裂解的目的是为了合成石油。Pioch 等（1993）将椰油和棕榈油以 SiO_2/Al_2O_3 为催化剂，在 450℃催化裂解，裂解得到的产物分为气、液、固三相，其中液相的成分为生物汽油和生物柴油，分析表明，该生物柴油与普通柴油的性质非常相近。

（四）酯交换法

酯交换法是利用甲醇等低碳醇与植物油中甘油三酸酯进行酯交换反应，形成长链的脂肪酸甲酯，从而降低碳链的长度，增加流动性，降低黏度，是目前国内外普遍采用的生物柴油制备方法，也是油料林制备生物柴油的主要方法。

根据采用的催化剂不同，酯交换法可分为酸碱催化酯交换法、生物酶催化酯交换法和无催化剂条件下酯交换法。

1. 酸碱催化酯交换法

酸或碱是目前普遍使用的生产生物柴油的催化剂，酸催化和碱催化的酯交换反应机理见图 9.1 和图 9.2。

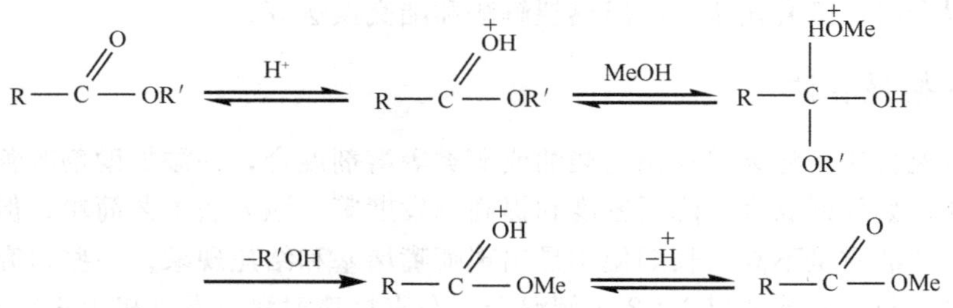

图 9.1　酸催化酯交换反应机理

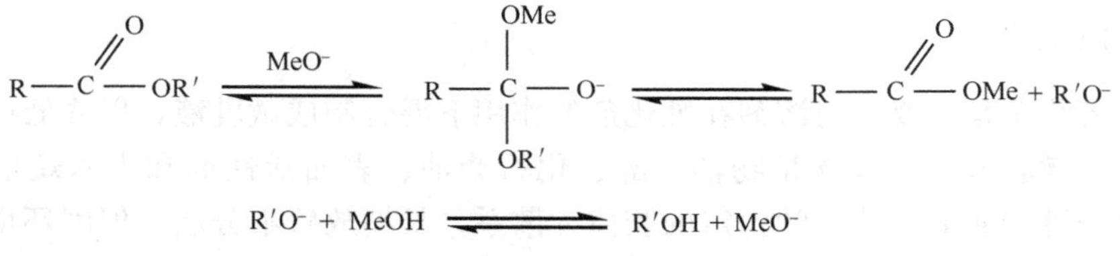

图 9.2　碱催化酯交换反应机理

酸碱催化酯交换法的基本生产工艺是在一定温度和压力下，采用一定的醇油比，使用酸性或碱性催化剂进行间歇或连续化反应，反应后混合产物分离得到酯相和甘油相，将酯相进一步精制得到生物柴油，甘油相精制得到甘油副产品，而过量的低碳醇经纯化后再循环使用，其中低碳醇采用甲醇或乙醇等，通常采用甲醇。

酸催化酯交换工艺分两类：一种是传统工艺，即预先用溶剂将植物油从混合物中萃取出来，再把油脂与醇及酸性催化剂混合，在一定条件下进行酯交换反应；另一种是改进工艺，也有人把它叫做“现场转酯反应”，它是将含有植物油的原料直接与酸化后的醇接触，即在萃取的同时进行酯交换反应，醇既作为反应原料，又作为良好的萃取剂。由于甘油酯中游离脂肪酸和水含量较高时对酸催化反应过程影响不大，因此该方法适用于游离脂肪酸和水分含量高的油脂制备生物柴油，而且产率高。但是酸催化反应速度比碱催化反应慢很多，而且反应温度和压力高，低碳醇用量大。酸性催化剂包括硫酸、磷酸、盐酸和有机磺酸等。

碱催化酯交换反应对原料中游离脂肪酸和水含量有较高要求，在反应过程中，游离脂肪酸会与碱发生皂化反应而产生乳化现象，水分能引起酯水解，进而发生皂化反应，同时减弱了催化剂活性，结果会造成酯相和甘油相难以分离，因此，在使用碱性催化剂时，常常要求油料酸值小于 1mgKOH/g 油，水分小于 0.06%。由于几乎所有的油料通常都含有较高的游离脂肪酸和水分，为此工业上一般要对原料进行脱水、脱酸处理。碱性催化剂包括氢氧化钠、氢氧化钾、甲醇钠、甲醇钾和有机胺等，在无水情况下，碱性催化剂通常比酸性催化剂活性高，可在低温下获得较高产率。

传统酸碱催化酯交换法制备生物柴油时，油料转化率可以高达到 95%以上，但酸碱催化剂不易与产物分离，产物中残留的酸碱催化剂必须进行中和水洗，从而产生大量的污水，而且酸碱催化剂回收需要较高成本，同时酸碱催化剂，特别是酸性催化剂对设备有较强的腐蚀性。为解决产物和催化剂分离问题，固体酸碱催化剂成为近年来重要的研究方向，用于生物柴油生产的固体催化剂主要有树脂、黏土、分子筛、复合氧化物、硫酸盐和碳酸盐等。研究表明，固载碱土金属是很好的催化剂体系，在醇中的溶解度低，同时又具有一定的碱度。

2. 酶催化酯交换法

酶催化酯交换法是以生物酶为催化剂进行酯交换反应，具有提取简单、反应条件温和、醇用量小、甘油易回收等优点，解决了目前化学法存在的工艺流程长、三废多、分离困难以及耗能大等问题，目前酶催化技术发展比较迅速。例如，以多孔高岭石作为载体的固定酶催化剂，与其他催化剂相比，不但寿命长，无需经常更换，而且活性高，易于分离，是一种性能上和经济上都具有竞争力的新型催化剂。Ban等（2001）以橄榄油和油酸为原料进行酶催化反应，产物中的甲酯含量可以达到90%。

酶催化酯交换反应具有选择性和专一性，在非水相中能发生催化水解、酯合成、酯交换等多种反应，无需辅助因子。酶催化剂作为一种生物催化剂，具有较高的催化效率和经济性，其来源广泛，主要有酵母脂肪酶、根霉脂肪酶、毛霉脂肪酶、猪胰脂肪酶等。

在酶催化的酯交换反应中降低酶生产成本、防止酶中毒和提高酶活性是该工艺产业化的关键。目前降低酶生产成本的途径日益增多，例如，利用遗传工程筛选出来耐甲醇、高活性的催化酶，易于固定化，可以反复使用；采用易于制取的细胞酶，成本低，催化效率高。另外，固定化酶催化合成生物柴油技术成为研究热点之一，固定化酶是将游离的酶催化剂应用固定化技术制得的，具有稳定性高、可重复使用、容易回收等优点，克服了游离酶催化剂在有机溶剂中聚集和催化效率低的缺点。

3. 无催化酯交换法

为了解决有催化剂存在的酯交换反应中遇到的生产成本高、反应时间长、反应物与催化剂难以分离等问题，研究人员开发了不使用催化剂的新工艺。有关学者研究了在加热条件下大豆油与甲醇的酯交换反应，进行了动力学研究，得到了无催化剂条件下反应的特点。醇油比21∶1，在235℃下反应10h，甲酯含量超过了质量分数85%；醇油比27∶1，220℃下反应8h，甲酯含量达到质量分数67%。同时发现甘油二酸酯和甘油三酸酯的转化率明显高于甘油一酸酯，即在无催化剂条件下三步反应中前两步反应进行得快，而最后一步反应则进行得很慢。有学者提出了生物柴油临界法生产技术。反应在间歇反应器中进行，反应温度350～400℃、压力45～65MPa，菜籽油与甲醇的原料比为1∶42。研究发现，经过超临界处理的甲醇能够在无催化剂存在的条件下与菜籽油发生酯交换反应，其产率高于普通的催化过程，且反应温度较低，同时还避免了使用催化剂所必需的分离纯化过程，使酯交换过程更加简单、安全和高效。

以上四类方法中直接混合法和微乳化法属于物理法，高温裂解法和酯交换法属于化学法。物理法生产的生物柴油是专门针对某种柴油机来开发或者改变柴油内燃机结构使其适合于使用生物柴油，存在稳定性的问题，而且其物化性能指标难以控制，因此物理法生物柴油在生物柴油产业中所占比重很小。化学法中高温裂解法成本高，目前一般均采用酯交换法，不同工艺技术的优缺点见表9.5。不同工艺生产生物柴油的优缺点见表9.5。

表 9.5 不同生产工艺生产生物柴油的优缺点对比表

生产方法		优缺点
直接混合法		可再生,热值高,但黏度高易变质,燃烧不充分
微乳化法		有助于充分燃烧,可与其他方法结合使用
高温裂解法		高温下进行,需要常规的化学催化剂,反应物难以控制,设备昂贵
酯交换反应法	碱催化法	其优点是反应时间短,成本较低。缺点是使用大量甲醇;反应物中混有游离脂肪酸与水,对酯交换反应有妨害作用;残留碱时柴油中有皂生成,容易堵塞管道,改酯交换反应生成物必须水洗,洗涤过程产生含碱催化剂、甘油、甲醇的废液必须处理
	酸催化法	油脂中游离脂肪酸和水的含量高时催化效果比碱好
	酶催化法	游离脂肪酸和水的含量对反应无影响,相对清洁;缺点是如不使用有机溶剂就达不到高酯交换率

三、油料林木制备生物柴油发展现状

(一)油料林木制备生物柴油产业化发展现状

近年来生物柴油产业化发展迅速,2006 年全球生物燃料生产量增长 28%,其中生物柴油增长 80%,预计 2010 年全球生物柴油总产量可达 3000 万 t 以上,其中以欧洲发展最快,产量占世界总产量的 85%,主要原料是菜籽油,欧盟预计 2010 年达 830 万 t。根据美国生物柴油局统计,截至 2007 年 6 月,美国已经建成 148 家生物柴油厂,总产能达 13.9 亿加仑/a。根据 2008 年统计结果,意大利目前至少有 10 家以上生物柴油厂,总产能为 60 万 t/a 以上;法国至少有 7 家生物柴油厂,总产能达 42 万 t/a 以上;奥地利有 3 家生物柴油厂,总产能为 14 万 t/a 以上;葡萄牙约有 6 家生物柴油厂,总产能达 30 万 t/a 以上。

随着生物柴油产业化的快速发展,草本植物油的需求量大幅增加,这些草本植物一般只适宜于在耕地上种植,与粮食作物的种植形成激烈的竞争,进而推动全球范围内粮食和其他农产品价格整体上涨,并引发了一系列经济社会问题(黄季焜等,2007)。在上述背景下,世界上许多国家,尤其是发展中国家,根据自身的实际情况和资源优势,将生物柴油原料转向油料林木等非粮生物质资源。如印度于 2003 年制定了"麻疯树生物柴油发展计划",计划到 2012 年种植 1100 万 hm^2 麻疯树用于生产生物柴油,以替代 20%的化石柴油。

2007 年中国国家发改委制定了《可再生能源中长期发展规划》,规划中要求重点发展以小桐子、黄连木、油桐、棉籽等油料作物为原料的生物柴油生产技术,到 2010 年,生物柴油年利用量达到 20 万 t,到 2020 年,生物柴油年利用量达到 200 万 t。同年,国家林业局提出"十一五"期间,中国将发展生物柴油能源林 83 万 hm^2,其中麻疯树 40 万 hm^2、黄连木 25 万 hm^2、文冠果 5 万 hm^2;

到 2020 年定向培育能源林 1333 亿 hm^2，满足年产 600 万 t 生物柴油和 1500kW 发电量的原料供应，争取林业生物质能源占国家《可再生能源中长期发展规划》确定生物质能源发展目标的 50%。中国自 2007 年起实施，“林-油”一体化生物柴油原料林示范基地建设，截至 2009 年初，12 个省区已基本完成 204 万亩示范基地建设任务。

我国生物柴油产业化虽然起步较晚，但发展迅速；目前已有 30 多家生物柴油生产厂，但规模普遍较小，大多在 2 万 t/a 以下，在建一批 10 万～70 万 t/a 规模的生物柴油生产厂，据报道统计，约有 350 万 t/a 生产能力在建（蒋建春，2009）。近几年，中国在生物柴油产业化方面初步形成了以民资、外资、国资共同开发的新格局。2001 年，海南正和生物能源有限公司在河北邯郸建成年产 1 万 t 生物柴油的试验工厂，标志着中国生物柴油产业的诞生，并在后期建成 6670hm^2 黄连木种植基地；2002 年，四川古杉油脂化学公司和福建卓越新能源发展公司等也建成了年产上万吨的生产装置；2005 年，英国阳光科技集团与凉山州人民政府签定了生物质能源项目合作协议，计划共投资 40 亿元人民币，在攀西地区种植 100 万亩麻疯树炼制生物柴油；2005 年，美国贝克生物燃料公司在攀枝花种植了两万亩麻疯树，并计划未来几年投资 20 亿美元，建成世界最大的生物能源基地，预计可年产近 40 万 t 生物柴油；2006 年，广西柳州市明惠生物燃料有限公司生物柴油项目试产成功，首次试产的 15 吨生物柴油是使用广西可普遍种植的麻疯树、桐树、油茶树等油料林木为原料，采用该公司拥有自主知识产权的“脂肪酸甲酯提纯分子蒸馏技术”生产出来的；2006 年，河南信阳宏昌集团有限公司采用清华大学酶法催化工艺建成年产 3 万 t 生产线，并计划于 2010 年扩产至 10 万 t/a，2015 年扩产至 30 万 t/a。2008 年国家发展与改革委员会批准中国石油天然气股份有限公司南充炼油化工总厂年产 6 万 t、中国石化集团公司贵州各分公司年产 5 万 t 以及中国海洋石油总公司年产 6 万 t3 个林业生物柴油产业化示范项目，标志着中国三大传统能源巨头开始进入油料林木制备生物柴油领域。随着进入油料林木制备生物柴油领域的企业不断增加，中国生物柴油产业将进入快速发展阶段。

（二）中国油料林木制备生物柴油研究发展现状

中国“十五”规划发展纲要提出发展各种石油替代品，将发展生物液体燃料确定为国家产业发展方向。2004 年，中国科技部高新技术和产业化司启动了“十五”国家科技攻关计划“生物燃料油技术开发”项目，其中包括生物柴油方面的内容；2005 年，由石元春院士主持的国家专项农林生物质工程开始启动，规划生物柴油在 2010 年的产量为 200 万 t，2020 年的产量为 1200 万 t；2005 年，由侯祥麟院士主持的替代燃料发展战略研究开始进行，替代燃料中包括了生物柴油；2005 年，国家“863”计划生物和现代农业技术领域决定提前启动“生物能源技术开发与产业化”项目，其中设有“生物柴油生产关键技术研究与产业化”课题；2006年施行的《中华人民共和国可再生能源法》明确指出鼓励以生物柴油为主的可再生能源的大力发展。

中国油料林木制取生物柴油的研究与开发起步较晚，但发展速度很快，一部分科研成果已达到国际先进水平，研究内容涉及油料林木的分布、选择、培育、遗传改良及其生物柴油生产工艺和设备。

中国油料林木选育研究始于20世纪80年代，“七五”期间，四川省林科院率先开展了“野生植物油作代用燃料的开发与应用示范”研究，对四川攀西地区麻疯树野生资源分布、适生区域和栽培技术等进行了初步研究。中国科学院、云南省林科院、中国林科院资源昆虫研究所、西南林学院、四川大学、四川省林科院等单位分别对麻疯树野生种质资源分布、适生区域、优良品种选育、丰产栽培技术等方面开展了大量研究（吴伟光，2008）。“十一五”国家科技支撑计划重大项目“农林生物质工程”中设有“生物质资源高效培育技术研究”专项，主要进行大戟科的麻疯树、漆树科的黄连木、山茱萸科的光皮树和无患子科的文冠果等油料林木新品种的选育和高效培育技术，重点开展优良类型和优良单株的选择研究，提出优良性状评价指标体系，研究良种的规模化繁殖技术，从立地控制、密度控制、遗传控制、施肥技术等方面进行系统研究，构建油料林木优质丰产栽培技术体系。2005年，中国林科院王涛院士领导的研究小组完成了中国油料林木资源调查，基本查明了中国主要油料林木资源的分布、生长特性及可利用状况，并在资源集中地区建立起主要油料林木资源基地（王涛，2005）。

中国科研人员针对油料林木生物柴油的制备工艺进行了大量的科学研究，并取得一定成果。佘殊花等以低温压榨麻疯树油为原料，在甲醇钠催化作用下得出甲酯化最佳工艺条件：反应温度65℃、醇油摩尔比7∶1，反应时间为60min、催化剂用量为油重的0.9%，在该条件下甲酯转化率为95.09%，产品得率为88.88%。周慧等以麻疯树油为原料，考察生物柴油生产过程中的影响因素：反应温度64℃、醇油摩尔比6∶1，反应时间为20min、催化剂用量为油重的1.3%，在该条件下甲酯收率大于98%。李昌珠等研究了光皮树原料油制取生物柴油的工艺条件：反应温度40～60℃、醇油摩尔比5～7，反应时间为60～120min、催化剂用量为油重的0.9%～1.1%，所得生物柴油与0#柴油燃烧性能相似。苏有勇等研究发现，当反应温度为70℃、反应时间为60～90min、催化剂用量为油重的1.0%，甲醇用量为油重的20%时，以棕榈油为原料可以制取品质良好的生物柴油。郝一男等用石油醚提取文冠果种仁油后进行酯化反应制备生物柴油，其工艺条件是：反应温度60℃、醇油摩尔比6∶1、反应时间120min、催化剂用量为油重的1%。

（三）油料林木制备生物柴油产业化存在的问题及解决措施

中国实现油料林木制取生物柴油产业化的主要问题是原料成本较高，制备工艺水平需要进一步提高，国家政策支持力度仍显不足。综合考虑当前生物柴油生产的发展趋势以及中国的国情，降低生产成本可以从以下几个方面着手。

1. 降低原料油料林木的成本

中国已经开始进行油料林木的开发和应用研究，但与西方发达国家相比，在育种、栽培与开发方面还有一定差距，需要采取以下措施以降低油料林木果实的成本。

1）建立一套合适的评价指标体系以指导油料林木的选择。中国已经基本完成了油料林木资源调查，但缺乏可行的评价指标体系以指导油料林木的选择，并确定主要油料林木适生区划和发展栽培区划。

2）在加大开发现有油料林木资源的同时，可适当引进新的高品位、高效油料林木品种，充分利用各种常规育种手段和现代生物技术手段培育和筛选一些优良的油料林木品种，进行遗传改良和人工栽培，改变它们原来野生低产的状态，提高产油量。

3）依据国家发改委制订的《可再生能源中长期发展规划》，油料林木种植向基地化和规模化方向发展；同时，针对不同树种（品种），研究开发出配套丰产栽培技术，从而缩短生产周期，降低生物柴油原料成本。

2. 提高制备工艺技术水平

当前普遍使用的酸碱催化酯交换法仍不够完善，为提高生物柴油的竞争力，需要进一步提高技术水平。

1）加强生物柴油生产工艺连续化、自动化、绿色化、规模化和生产装置大型化研究。

2）研究开发适合不同原料的生产工艺和新型催化技术。对于不同的原料，应选择相应的生产工艺，这样可以进一步提高植物油提取率和生物柴油收率。催化技术是生物柴油制备的关键环节，酶催化技术与传统的化学催化技术相比较，反应更温和、更高效，不仅可以少用甲醇，简化工序，降低能源消耗，减少废水，而且易于回收甘油，提高生物柴油的收率。另外，固体酸催化剂、固体碱催化剂、全细胞生物催化剂也是具有应用意义的研究开发方向。

3）开展综合利用。在生物柴油制备过程中，在甲醇解反应后下层水液中富含甘油，经过适当技术分离与提纯，可以获得工业甘油。称为“植物沥青”的蒸馏甲酯剩余物可以进一步制成铸造黏结剂和建筑防水涂料。对于使用富含植物甾醇的原料制备生物柴油时，其蒸馏剩余物中回收植物甾醇可以应用于制药、化妆品、食品等行业。

4）开展国际合作，引进国外先进技术。根据中国生物柴油的发展现状，坚持自主开发与引进消化吸收相结合，有目的、有选择地引进先进的工艺技术和设备，从较高的起点上发展中国生物柴油技术。

3. 加强国家政策支持力度

目前中国虽然比较重视生物柴油产业的发展，并给予生物柴油生产企业相应的财政补贴和税收优惠，使中国生物柴油生产具有一定的竞争力，但与其他国家相比，中国生物柴油产业仍然需要更多的国家政策支持，建议如下：

1）建议国家有关部门应尽早制定专门针对生物柴油的发展规划，推动生物柴油进入汽车燃料市场，大力培育生物柴油的消费市场，组建生物柴油产业的“航空母舰”，发挥规模优势，为市场供应大量廉价的生物柴油。

2）建议国家在该类项目起步阶段给予投资扶持，并从政策层面给予支持和鼓励。主要是由于营造油料能源林属于林业生产建设项目，具有周期长、地域辽阔及对自然条件依赖性强的特点，而中国大规模发展油料能源林基地面临建设投资额度大，回收期长，对林业培育技术要求高，且发展前期对产量和价格因素较为敏感等问题。

3）在《柴油机燃料调和用生物柴油 BD100 国家标准》出台后，建议尽快制定中国生物柴油质量标准和生物柴油标准体系，包括生物柴油抗氧化添加剂、原料储存、隔油池垃圾的收集、运输、处理等一系列完备的标准体系，建立相关的质量、生产流程、工艺设计以及安全生产方面的国家标准，为各级质量技术监督部门提供执法依据。

4）按照政府引导、政策支持和市场推动相结合的原则，通过优惠的价格政策和强制性的市场份额政策，以及政府投资、政府特许权等措施，培育持续稳定增长的生物柴油市场，促进生物柴油的开发利用、技术进步和产业发展，改善市场环境条件，石油销售企业要按照《可再生能源法》的要求，承担收购生物柴油的义务。

第二节　木质纤维制备燃料乙醇技术

一、概　　述

（一）燃料乙醇的特性及用途

能够直接代替汽油、柴油等，可以用作动力燃料和民用及工业用燃料的乙醇称为燃料乙醇。燃料乙醇是无色、透明、易流动、易挥发和易燃烧的液体，是一种不含硫及灰分的清洁能源，可以直接代替汽油、柴油等石油燃料，可作为民用燃料或内燃机燃料。燃料乙醇与汽油的性能比较见表 9.6。

表 9.6 燃料乙醇和汽油的性能比较

性质	汽油	燃料乙醇
密度(20℃)/(g/ml)	0.7～0.75	0.789
比热容(20℃)/[J/(g℃)]	2.435	2.725
沸点/℃	20～210	78.3
汽化潜热/(kJ/kg)	326	841
热值/(kJ/kg)	43 124	26 780
辛烷值	90～97	106～110
空燃比	14.9∶1	9∶1
亲水性	不亲水	强亲水

燃料乙醇具有以下优点：①燃料乙醇可由可再生生物质制取，不存在资源枯竭问题；②乙醇生产技术比较成熟，工艺比较完善；③乙醇是液体燃料，与气体燃料比，具有能量密度大、易于储存、方便使用的优点；④乙醇的毒性较低，可以生物降解；⑤燃烧后尾气污染小；⑥乙醇作为内燃机燃料可以单独使用，也可以与汽油、柴油混合使用；⑦乙醇的价格与汽油、柴油的价格接近，燃料费用增加不多；⑧乙醇的辛烷值比汽油高很多，乙醇既是抗爆剂又是助燃剂，因此使用乙醇汽油做燃料时不用添加四乙基铅或 MTBE（methyl tertiary butyl ether）即可成为高标号燃料油，可消除空气中的铅污染。燃料乙醇是一种优质、环保、经济、可规模化生产的新型生物质能。

（二）发展木质纤维制备燃料乙醇的意义

随着全球能源价格的持续上涨，燃料乙醇的应用前景被广泛看好。目前全世界超过 90%的乙醇来自生物质，但多以粮食如玉米（*Zea mays*）、小麦（*Triticum aestivum*）、高粱（*Sorghum yulgare*）和糖类作物如甘蔗（*Saccharum officenarum*）、甜菜（*Beta vulgaris*）为原料，即第一代生物燃料乙醇，随着燃料乙醇行业的迅速发展，出现与人争粮、与人争地的局面，燃料乙醇生产原料价格逐步攀高，促使原料成本比重大幅上升，因此促使各国均将燃料乙醇生产原料由农作物逐渐转向木质纤维，也称为第二代生物燃料乙醇。例如，美国是全球最大的玉米乙醇生产国，2006 年产量 48.6 亿 gal，但是近年来玉米乙醇发展却陷入困境，其主要原因是大量消耗玉米等粮食作物，加剧粮食危机，推高粮食价格，据计算装满一辆 SUV 汽车油箱的玉米乙醇所需要的玉米刚好是一个人一年的口粮，另外，玉米乙醇生产能量投入产出比低（1∶1.3），温室气体减排仅比汽油减排 22%。

木质纤维是地球上数量最大的一种可再生资源，也是最具潜力、最丰富的燃料乙醇生产原料来源。据估算，如果发展能源林业与回收利用废弃木质纤维（可回收部分约占总量的1/3）并举，则每年可保障替代1/3以上运输燃料的酒精产量。为此，发展经济有效而环境友好的木质纤维生物转化乙醇技术，已成为世界生物能源科技发展的战略制高点。

针对中国国情，发展以木质纤维生物转化燃料乙醇为重点的生物能源技术，建立以能源林业为依托并综合利用大量农业废弃物（如秸秆、皮壳等）、林业残余物（如锯木屑、刨花、木材和造纸工业废料等）、城乡垃圾和杂草等低成本木质纤维资源的原料保障模式，可以避免以粮食为原料所带来的“与农争地”和“与人争食”的弊端，兼得经济、生态、环保、社会多重效益，是全面协调可持续发展的必然要求。

二、木质纤维制备燃料乙醇工艺概况

木质纤维（lignocellulose）主要由纤维素（cellulose）（约占1/3～1/2）、半纤维素（hemicellulose）（约占1/4～1/3）和木质素（lignin）（约占1/5～1/4）组成，纤维素和半纤维素经过糖化和发酵转化为乙醇（ethanol），而木质素的降解物不含可发酵糖，只能通过燃烧供热或化学转化为其他化工产品而加以综合利用。

木质纤维原料的糖化液中所含的可发酵糖（fermentable sugar）通常包括源于纤维素的葡萄糖（D-glucose）、甘露糖（D-mannose）和半乳糖（D-galactose）等六碳糖，以及源于半纤维素的木糖（D-xylose）和阿拉伯糖（L-arabinose）等五碳糖。普通微生物（如酵母）只能发酵六碳糖，对五碳糖缺乏代谢能力，而且易受降解产物的抑制。1980年美国和加拿大的两位华裔教授几乎同时分别宣布，木糖的乙醇发酵问题已经解决，即用木糖异构酶（葡萄糖异构酶）将木糖异构生成木酮糖，后者就能成功地被普通的乙醇酵母发酵生成乙醇，这一研究成果使得木质纤维制备燃料乙醇技术进入了一个崭新的阶段。

（一）木质纤维制备燃料乙醇工艺流程

木质纤维制备燃料乙醇的基本原理是将木质纤维预处理后进行水解得到五碳糖或六碳糖单糖分子，进一步酵解得到丙酮酸，再进行还原得到乙醇，通过精制得到燃料乙醇，其基本工艺流程分别见图9.3和图9.4。

木质纤维原料的理化特性决定其转化为燃料乙醇的过程比淀粉（如玉米、高粱）和糖类（如甘蔗、甜菜）转化为燃料乙醇的过程更为复杂，是存在许多不确定因素的动态过程，其中预处理、水解和发酵是整个生产工艺的关键。

木质纤维 —水解→ 单糖分子 —酵解→ 丙酮酸 —还原→ 乙醇

图9.3　木质纤维制备燃料乙醇流

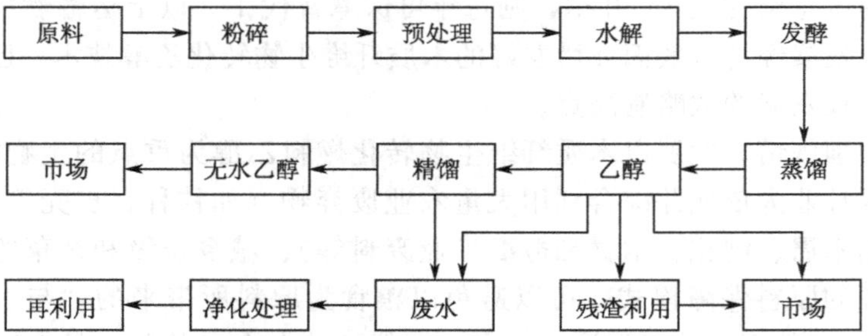

图 9.4　木质纤维制备燃料乙醇生产工艺流程图

(二) 木质纤维预处理工艺

木质纤维材料中的可糖化纤维素和半纤维素在木质素包裹下形成坚固而稳定的晶体结构，不容易被微生物降解。木质纤维原料通常需要适当的预处理来破除木质纤维的晶体结构及木质素对纤维素和半纤维素的包裹，增加与生物酶接触的有效表面积，并消除对微生物有危害的毒性物质，以利于生物降解。

1. 物理方法

1）研磨法。将纤维素磨碎以增加纤维素酶的酶解率是一种最常用的预处理方法。物料经过研磨一段时间后，球磨使物料粉碎至 400 目或更小，纤维素的物理性能发生明显的变化：物料的尺寸明显变小，结晶性（度）降低，平均聚合度变小，物料的水溶性成分增加。这些变化都有利于纤维素酶与纤维基质的接触和渗入，解决木质素保护层问题，从而有利于纤维素的水解。纤维素的分解性能与研磨时间和粉碎度直接有关。研磨处理可以不再采用其他处理，就能使酶作用效率提高，但研磨方法的能耗问题限制了该方法在工业生产方面的应用。

2）蒸汽爆破法。蒸汽爆破法的原理是将木质纤维原料先用高温水蒸气处理适当时间，然后连同水蒸气一起从反应釜中急速放出而爆破，由于木质素、半纤维素结合层被破坏，并造成纤维素晶体和纤维束的爆裂，使得纤维素易于被降解利用。蒸汽爆破法可以有效地分离出活性纤维，不用或少用化学药品，对环境无污染，能耗较低，是近年来发展较快、成本较低的木质纤维高效分离技术。其主要缺点是设备投资大，蒸汽爆破处理后可能会提高纤维素的结晶指数，需要使用碱性过氧化氢等方法处理，进一步降低聚合度和结晶性，技术尚未完全成熟，如控制不当，半纤维素不仅不能充分降解或降解后的单糖会被进一步降解破坏，降低得糖率。

3）高能辐射法。高能辐射（如 γ 射线、电子辐射等）可使纤维素物料的可溶性增加。这是因为照射后纤维素的聚合度（DP）降低，结晶性减少，吸湿性增加，这些都有利于纤维素的酶水解。研究人员发现辐射计量大于 106rad 时可以提高纤维素料的水解速度和转化率，当辐射计量达 108rad 时，水解处于最佳状态，此时糖的得率是对照的 3 倍，而水解速度则提高 17 倍。上海科技大学进行的研究得到了类似的结果。但是辐射处理的成本达每吨 138～156 美元，比研磨的成本还高，目前还很难用于大规模生产。

4）冷冻处理法。纤维素在悬浮液中反复冷冻和融化（降至－75℃）可以降低聚合度水平和增加反应活性。但是该法能耗太高，不适用于大规模生产应用。

5）微波处理法。用微波对纤维物料处理也能明显改进纤维素的酶水解。据报道用 300MHz～300kMHz 的电磁波处理纤维物料，将红松、山毛榉、蔗渣、稻草、花生壳等放在密闭容器里进行微波处理，维持 160～180℃，处理后酶解效率明显提高。微波处理法的优点是时间短、操作简单、糖化效果明显。但是这种试验目前仅停留在实验室阶段。

2. 化学方法

化学方法主要有氧化法、溶剂处理法、碱处理法和酸处理法。

1）氧化法

木质纤维原料经氧化处理后木质素受到很大程度的降解，而半纤维素只受到轻微攻击，纤维素几乎不受影响，氧化法包括过氧化氢氧化、臭氧氧化和湿法氧化。如氧化法具有高效脱除木素、不产生阻碍生物过程的有毒化合物、反应条件温和等优点，缺点是预处理需要大量的氧化剂，生产成本昂贵。

Azzam 发现在 30℃、8h 的条件下，2％的过氧化氢可溶解大约 50％的木质素和大部分半纤维素，纤维素水解率达到 95％。经臭氧预处理的杨木锯末酶法水解得率为从 0 提高到 57％，木素含量从 29％降低为 8％。A. S. Schmidt 用碱性湿氧法处理麦秆，在最佳条件下（185℃、1.2MPaO_2、15min），有 55％的木质素和 80％的半纤维素溶解。

2）溶剂处理法

溶剂处理法的原理是纤维素的结晶结构在溶解于溶剂后会发生部分解体，当这些纤维素再次沉淀出来后比较容易被纤维酶水解。为了区别于自然界的纤维素结构，人们称天然纤维素结构为纤维素Ⅰ，而再沉淀的纤维素为纤维素Ⅱ。研究人员使用磷酸作为溶剂使棉绒酶水解程度提高了 10 倍，但磷酸价格较贵，无法商业性应用。美国普渡大学曹祖宁教授等先将纤维素溶解在一种叫 Cadoxen 的溶剂中，然后加水，使纤维素再次沉淀出来。这种再次沉淀出来的纤维素就是容易水解的纤维素Ⅱ。Cadoxen 是一种由乙烯二胺和镉氧化物组成的碱性溶液，可以回收使用。

3）碱处理法

通过碱处理可以使木质素的结构裂解，半纤维素部分溶解，纤维素则因水化作用而膨胀，纤维素的结晶度也有所降低。在碱处理的同时将物料加热，可以大大提高纤维素的水解率，碱包括氢氧化钠、氨和石灰等。该法的主要缺点是被处理物料的体积密度很低，因此不利于物料传送，而且在低浓度时回收乙醇能耗增加。

唐锘等分别采用白腐菌、稀硫酸、NaOH 和堆肥技术对水稻秸秆进行了预处理研究，发现 NaOH 预处理对木质素降解率更好，达 66.67%，对半纤维素降解率为 30.77%，对纤维素降解率仅为 6.25%。徐忠将大豆秸秆粉碎至 140 目，10%氨水处理 24h，经预处理后纤维素含量提高 70.27%，半纤维素含量下降 41.45%，木质素含量下降 30.16%，有利于大豆秸秆酶解产糖。Kim 采用过量的石灰处理玉米秸秆，得出最佳预处理条件为：每克物料使用 0.5g $Ca(OH)_2$、55℃、通气条件下处理 4 周，经处理后木质素脱除率达 87.5%，而每克玉米秸秆仅消耗掉 0.073g $Ca(OH)_2$，预处理后的秸秆在 15FPU/g 葡聚糖酶的作用下，葡萄糖和木糖的总产量可分别达到 93.2%和 79.5%。

4）酸处理法

酸处理法是将半纤维素在 100℃以下溶解在稀酸中，剩下的纤维素可供进一步酶水解或酸水解用，半纤维素水解液经中和后用来制备乙醇或其他产品。酸法预处理既可用硫酸、硝酸、盐酸或磷酸等无机酸，又可使用乙酸、丙酸等有机酸，包括浓酸法和稀酸法，其中稀酸法已经成功地被用来预处理纤维素物料。酸预处理是最早被研究，也是研究最深入的化学法之一。半纤维素稀酸处理后会产生糠醛等有毒产物抑制后期发酵，通常采用离子交换、过量石灰中和等措施方法脱毒，或选育和使用抗毒性酒精发酵菌。

Jaime Baeza 用 0.3%盐酸为催化剂，在 90 ℃下利用甲酸常压处理松木原料，可有效分离木质素，纤维素的结晶度下降，含量升高，酶解糖化率从 25%升高到 53%。Sun 等用 80%乙酸+0.92%硝酸在 120℃油浴中处理麦秆 20min，81%的半纤维素和 92%的木质素被降解，同时，纤维素的结晶度降低。龚大春等在 100℃下对稀硫酸处理前后小麦秸秆成分进行了分析，发现半纤维素去除率较大，一般在 51%，纤维素含量变化不大，回收率在 94%，木质素的去除率不够，仅有 17%。王树荣采用盐酸、硫酸、磷酸对纤维素进行酸洗预处理，扫描电镜显示，处理后纤维素结构发生了破裂，聚合度迅速降低，相同浓度的三种酸对纤维素大分子结构的破坏效果基本相当。

3. 其他方法

1）纸浆法

采用亚硫酸法或碱法制浆的方法来处理纤维素以除去木质素，作为一种预处理方法成本太高。

2）微生物处理法

利用能分解木质素的微生物除去纤维素的木质素外壳，而且可以得到有价值的副产品——单细胞蛋白。微生物处理法要求条件比化学法温和，副反应和可能生成的抑制性产物比较少。本方法的困难在于要选育既具有高木质素分解活力，又对纤维素分解活力低的菌种。根据最近研究，在木腐菌（白腐菌、褐腐菌、软腐菌等）中，以白腐菌的木质素分解能力最强。

随着科学技术的发展，出现一些新的预处理技术，如低温氨爆法、湿氧化法等，但均需进一步的研究探索。

（三）木质纤维水解工艺

纤维素是一种分子质量很大的多糖，在纤维素框架之间充满着半纤维素、木质素和果胶质等物质，纤维素的结晶结构严重地影响了它的水解性能。而半纤维素因具有比较脆弱的非晶体结构而比较容易水解，因此木质纤维水解方法研究的底物主要是针对纤维素开展的。

水解使用的催化剂包括无机酸和生物酶，在此基础上发展形成了酸水解方法和酶水解方法。

1. 酸水解方法

为了加快水解反应，可采用无机酸作为催化剂，常用的无机酸有硫酸和盐酸。无机酸催化纤维素分解的机理是：酸在水中解离并产生氢离子，后者进一步与水构成不稳定的水合氢离子，当纤维链上的β-1，4-葡萄糖苷键和水合氢离子接触时，后者将一个氢离子交给β-1，4-葡萄糖苷键上的氧。使得这个氧变成不稳定的四价氧。当氧键断裂时，与水反应生成两个羟基，并重新放出氢离子，后者可再次参与催化水解反应。强酸解离完全而产生大量氢离子，故水解时都用强酸。在一定的酸浓度范围内，纤维素水解反应的速度与酸的浓度呈正比。一般认为，温度增加10℃，水解速度提高1.2倍。纤维素水解时产生的单糖在水解过程中会进一步分解，生成各种糖的分解产物。单糖分解是水解过程所不希望的，因此减少水解过程中单糖的分解是水解工艺要解决的重要问题。下面介绍酸水解的分类和影响因素。

1）酸水解分类

酸水解主要有浓酸水解、稀酸水解和序列阶段酸水解三类。

浓酸水解是结晶纤维素在较低的温度下（10～45℃）完全溶解于72%的硫酸或42%的盐酸中，由于浓酸中水分较少，所以溶解了的纤维素分解主要生成寡糖，加水稀释到较低的酸浓度并加热至100～200℃，1～3h后寡糖进一步分解成葡萄糖。浓酸水解动力学与纤维基质的结构细节和结晶度无关，而且产率可达潜在葡萄糖量的90%以上。浓酸水解的主要缺点是酸回收过程成本比较高，要求使用防腐设备，设备处理能力低。

稀酸水解时使用0.3%～3%的稀酸，在100～200℃时大部分半纤维素溶解于酸溶液中，纤维素和剩下的少量半纤维素则呈不溶解状态。稀酸水解的缺点是由于酸和纤维素的接触面积小，反应速度很慢。

糖得率低，因为要在高温高压下进行，能量消耗较大，尽管腐蚀性较浓酸水解有所改进，但仍需要耐酸设备。

序列阶段酸水解法是采用结合浓酸和稀酸的水解方法，包括三个阶段。第一阶段是预水解，它是水解和萃取木质纤维素中的半纤维素的阶段；第二个阶段是主水解阶段，它是将纤维素水解成寡糖和葡萄糖单体的阶段，而寡糖和葡萄糖之间的比例则取决于所用酸的浓度；第三个阶段是后水解阶段，它是保证寡糖水解完全的阶段。序列阶段酸水解法结合了强酸水解和稀酸水解的优点，效果优于二者。

2）影响酸水解的因素

酸水解时糖产率与原料的种类和粉碎度、酸的种类和用量、液比系数、水解时采用的温度和时间等因素有密切关系。

原料和酸的接触面积越大，水解效果越理想。为此，木质纤维进行水解时，应事先根据原料种类进行粉碎，以增加接触面积，有利于酸渗入纤维束内部。但如果粉碎过细，则会增加电能的消耗，而且在进行水解时也会因密度过大而影响滤出速度。

尽管盐酸催化能力较强，但价格较高，腐蚀性也强，因此工业生产上一般使用粗硫酸作为水解用酸。从理论上讲，酸的浓度提高一倍，在其他条件不变时，水解时间可缩短 1/3～1/2。通常采用稀酸常压水解时，硫酸浓度为 2％～3％；采用稀酸加压水解时，酸浓度为 0.5％～1％。

液比系数是指水解时液体和纤维素原料的比例，它和糖的产量、水解液中糖的浓度、酸和用量等都有很大关系。一般来说，液比系数增加，单位原料的产糖量也增加，但水解液中糖的浓度下降，酸的用量增加，因此在进行水解前要根据原料的性质和对水解糖浓度的要求来决定合适的液比系数，一般液比系数为5～10。

水解温度和时间对水解速度影响很大。水解温度越高，纤维素酸水解的速度越快，但是已生成的单糖的分解速度也越快。温度升高 10℃，反应速度加快 0.5～1 倍。高温持续时间过长，单糖的分解加剧。因此，一般采用高温时，则应为稀酸短时间；如是较低温度时，则可采用较浓的酸和较长的时间。为了减少生成糖分的分解，应该采用分段水解法或渗滤水解法，以缩短生成单糖在水解器中停留的时间，达到减少单糖分解造成损失的目的。

2. 酶水解方法

木质纤维素酶催化水解是利用纤维素酶水解纤维素，利用木聚糖酶水解半纤维素，并进一步用该水解液生产葡萄糖、乙醇或其他多种产品。木质纤维酶催化水解是利用纤维素酶水解纤维素，利用木聚糖酶水解半纤维素，并进一步用该水解液生产葡萄糖、乙醇或其他多种产品。与酸水解法相比，酶水解法具有反应条件温和、不生成有毒降解产物、糖得率高以及硬件设备投资小等优点。酶法水解同时也存在两个问题：首先酶解反应时间长，酶的稳定性差，且变异较大；其次酶解生产乙醇成本较高，主要是纤维素酶制剂价格相对昂贵。

木质纤维酶解过程中半纤维素酶可以使用木聚糖酶有效酶解得到木糖，而纤维素酶对纤维素的酶解是目前研究的关键。

纤维素酶催化水解纤维素是由内切葡聚糖酶（C1 酶）、外切葡聚糖酶（Cx 酶）和β-葡萄糖苷酶（Cb 酶）协同作用下将纤维素水解成为葡萄糖。具体催化水解原理如下：纤维素是由吡喃葡萄糖通过β-1，4-糖苷键连接而成的高聚多糖分子，C1 酶作用于不溶性纤维素表面，使结晶纤维素链裂开，长链纤维素分子末端部分游离，从而使纤维素链易于水化；Cx 酶主要包括内切β-1，4 葡聚糖酶和外切β-1，4 葡聚糖酶，作用于经 C1 酶催化的纤维素，分解β-1，4 糖苷键，前者是从高分子聚合物内部任意位置切开β-1，4 键，主要生成纤维二糖、纤维三糖等，后者作用于低分子多糖，从非还原性末端游离出葡萄糖，Cb 酶可进一步将纤维二糖、纤维三糖及其他低分子寡聚糖分解为葡萄糖。

纤维素酶生产可采用液态发酵和固态发酵两种方式，由于固态发酵法具有基建投资少、能耗低、三废少、培养基价格低廉等优点，因此大规模生产纤维素酶均以固态发酵法为主。

在间歇酶解的过程中，糖的生成速度随着底物的逐渐转化而下降，纤维底物一些结构上的特征在一定程度上决定了酶水解的倾向性。纤维素酶易接触底物的无定型区，而氢键结合紧密的结晶区不易被酶接近，因而随着酶解的进行，残余物的结晶度会越来越高，对酶解的抗性也就越来越大，使酶解速度下降。纤维素酶可接触底物的表面积是对酶水解具有最大影响的因素之一，表面积大小主要取决于纤维中毛细管的大小、形状、表面性质和酶分子的大小、形状、扩散性之间的关系，酶分子通过毛细管时，扩散速度显著降低，影响了酶解速度。纤维原料中的木质素含量影响了底物对酶的亲和性，酶会吸附于游离的木质素上，这种吸附往往是不可逆转的，因此影响了酶解反应的进行。纤维素底物的浓度太高会导致酶解得率下降，一般认为，6%～10%的底物浓度是有效混合和酶解的上限。

（四）纤维素水解发酵生产乙醇工艺流程

1. 酸水解工艺流程

酸水解工艺流程包括连续渗滤水解流程和 Vulcan-Stake 流程。

连续渗滤水解是前苏联木材酸水解制造乙醇的主要工艺流程。木材经粉碎后，在水解器中水解，水解后剩下的木质素和残余纤维素通过排渣器排出，水解液经过高压蒸发器和低压蒸发器蒸发后送往中和器。水解用酸在进入水解器之前与被加热到反应温度的热水按比例混合，配制成水解用的稀酸溶液。

Vulcan-Stake流程是由美国的Vulcan化工公司和加拿大的Stake公司联合研制的。纤维原料经加料器加到一个圆柱形的分解器中，并由螺旋输送器推动原料沿着分解器前进，分解器用蒸汽加热到半纤维素能溶解于水、木质素能溶解于碱的程度，然后物料通过出料器定期排出。用水和碱冲洗物料，以取出半纤维素和木质素供进一步利用。剩下的纤维素就很容易被酸分解为葡萄糖。

2. 酶水解乙醇生产工艺流程

酶水解乙醇生产工艺包括分别水解发酵工艺、同步水解发酵工艺和复合水解发酵工艺。

分别水解发酵工艺是纤维素水解和水解液乙醇发酵是分别在不同容器内单独进行的，早期的纤维素酶水解生产乙醇都是采用这种工艺，主要有美国Natick工艺、美国加州大学伯克利分校工艺、印度IIT工艺和固体培养工艺等。

同步水解发酵工艺利用混合菌种将木质纤维水解和糖组分发酵同时进行，该工艺可以提高水解速度，糖的产量和乙醇得率也将增加，主要有Gulf-Arkansas工艺、MIT工艺和GE-CRD工艺等。

复合水解和发酵工艺（Penn-GE流程）是美国宾州大学和通用电气公司研制的一种新的流程，简称Penn-GE流程，该流程能使生物体全部转化成液体燃料和其他有价值的产品。该流程由三个部分组成：单独水解以产生20%的糖液及糖液的常规乙醇发酵，同步水解和萃取发酵以生产丙酮丁醇，以及同步水解和真空发酵以生产乙醇。

（五）五碳糖的乙醇发酵

用生物质生产乙醇时要求将尽可能多的碳水化合物转化为乙醇，与纤维素相比，半纤维素更容易被水解，但其水解产物通常含有大量的戊糖（木糖和阿拉伯糖），戊糖一般不能被通常的酿酒酵母发酵成乙醇，因此戊糖的高效转化也是实现木质纤维制备燃料乙醇的关键环节。

自然界已经存在一些能发酵木糖为乙醇的菌，如树干毕赤酵母（*pichia stipitis*）、管囊酵母（*pachysolen tannophilus*）、休哈塔假丝酵母（*candida shehetae*）等，但是这些菌株在发酵过程中需要严格控制微好氧条件，且不能耐受高浓度酒精和预处理产生的毒素。目前许多科研单位和公司通过代谢工程手段，已经开发出高得率、宽底物范围、产物专一、并能耐乙醇和水解抑制物的木糖发酵菌，该发酵工艺包括细菌木糖发酵和酵母木糖发酵两种途径。

三、木质纤维制备燃料乙醇发展现状

燃料乙醇作为发动机的燃料并不是一个新概念，早在1890年就设计出以乙醇为动力的拖拉机发动机。第一次世界大战期间，德国对纤维素酸水解进行了系统的研究，研制发展了稀酸法和浓酸法两种商业性酸水解工艺流程，后来，稀酸法水解流程经过改进后在前苏联和美国得到了应用。20世纪70年代接连发生了两次石油危机，燃料乙醇的研究开发在世界上形成了一个热潮。1975年，巴西开展了世界上第一个燃料乙醇项目，目前已经进入商业化阶段，2006年年产乙醇近1400万t，97%用于燃料，是世界上唯一不供应纯汽油的国家。美国的燃料乙醇工业发展迅速，2006年美国燃料乙醇产量约为1500万t，2007年燃料乙醇产量增加到2000万t以上，预计2009年燃料乙醇产能将达到约3800万t。目前，美国和巴西已经成为两个最大的燃料乙醇生产国，产量总和占全球总量的70%以上。中国的燃料乙醇处于新兴阶段，中国国家发改委、公安部、财政部、商务部等八部委于2004年下发《车用乙醇汽油扩大试点方案》和《车用乙醇汽油扩大试点工作实施细则》，“十五”期间，在全国多个省市试点E10乙醇汽油（宋维平，2007），2006年，全国4个定点厂共生产燃料乙醇121万t。

由于燃料乙醇发展前期主要使用的原料淀粉（如玉米、高粱）和糖类（如甘蔗、甜菜）供应的局限性，很多国家已开始将生物能源研究和开发的战略重心转移到以木质纤维生产乙醇的方向。

早在20世纪80年代，在美国科罗拉多州及夏威夷等地建立能源植物农场，除了培植多个品种进行筛选外，还重点开发了杂交杨和柳枝稷（switch grass），其中柳枝稷是较好的乙醇生产原料。巴西燃料乙醇生产企业在积极探索用植物纤维素生产燃料乙醇的新技术，巴西最大的甘蔗乙醇生产集团德蒂尼宣布，将从2012年起正式用植物纤维素生产乙醇，并计划在5年后能够具备日产50m^3纤维素乙醇的能力。美国近年来加大对纤维素乙醇的支持力度，2005年颁布了美国能源政策法案（EPACT）制定了纤维素燃料乙醇的发展规划，要求在2012年前纤维素燃料乙醇产量达到94.6万m^3，并在贷款和税收方面给与优惠政策。加拿大Iogen公司于2004年已经开始了纤维素乙醇工业化生产。美国Celunol公司于2007年建设在美国建设的第一套140万加仑/a验证规模装置，利用包括木屑、甘蔗渣、农业废弃物等纤维素原料，将微生物和特种酶组合在一起，可使生物质原料中95%的可用糖类转化为燃料乙醇。日本JGC公司2002年在日本南端的Izumi建设以废木片为原料、8万L/a产能的燃料乙醇中试装置。日本生物乙醇公司采用Marubeni公司技术，利用建筑废木料为生产原料，在大阪建设140万L/a产能燃料乙醇生产装置。除加拿大、美国和日本之外，很多国家都在以不同的方式积极投入到开发纤维素乙醇的领域当中。全球第二大生物乙醇生产公司——Abengoa生物能源公司正在西班牙建设一个小型纤维素乙醇装置。印度尼西亚、菲律宾和泰国等亚洲国家也在与日本JGC公司及美国Celunol公司合作，开发类似的项目。

中国燃料乙醇发展初期规划主要是以玉米、小麦等粮食淀粉质为原料的燃料乙醇加工项目，加上部分地方盲目上马，以致造成产能过剩、开工不足的情况，国家发改委和财政部在2006年12月联合下发通知不再发展新的以粮食为原料的燃料乙醇项目。2007年9月国家发改委制定的《可再生能源中长期发展规划》中要求根据中国土地资源和农业生产的特点，合理选育和科学种植能源植物，建设规模化原料供应基地和大型生物液体燃料加工企业；不再增加以粮食为原料的燃料乙醇生产能力，合理利用非粮生物质原料生产燃料乙醇；近期重点发展以木薯、甘薯、甜高粱等为原料的燃料乙醇技术，从长远考虑，要积极发展以纤维素生物质为原料的生物液体燃料技术；到2010年，增加非粮原料燃料乙醇年利用量200万t，到2020年，生物燃料乙醇年利用量达到1000万t。2008年国家发改委表示，湖北、河北、江苏、江西、重庆五省市已完成非粮燃料乙醇试点评估。“十五”期间，由华东理工大学等6家单位承担的“863”项目，在上海奉贤建成以纤维素废弃物为原料、年产600t燃料乙醇的示范工厂，该工艺以稀酸水解工艺为主，同时也研究了酶水解。

经过多年的科学研究，木质纤维制备燃料乙醇技术已经得到迅速发展：纤维素酶菌种的活力提高数倍；连续制备纤维素酶新工艺的研究取得成功；纤维素预处理技术得到发展；混合酶水解和发酵的工艺得到应用；连续水解的工艺也有了突破；木糖直接发酵为乙醇和纤维直接发酵为乙醇的研究取得了一定的进展；纤维素和半纤维素水解方面取得的成果；高浓度乙醇发酵和节能型乙醇回收新技术方面取得了重大进展。

但目前木质纤维制备燃料乙醇技术仍然难以实现工业化，其主要原因是：木质纤维预处理成本高、纤维酶成本高、五碳糖发酵技术不理想、综合利用技术开发不够而导致整体生产成本偏高（颜涌捷，2009）。随着科研的进一步深入，木质纤维制备燃料乙醇生产成本必将进一步降低，并能在价格上与合成乙醇和汽油相竞争。

第三节　快速热解生物油精制制备液体燃料技术

一、概　　述

快速热解技术在前面章节已经进行了比较详细的阐述，其产物快速热解生物油作为液体燃料虽然具有环保和可再生的优点，并且在存储、运输和热利用方面具有一定的优势，但其作为液体燃料存在以下问题：

1）含水率高：快速热解生物油含水率一般高于20%，过高时会出现分相现象，高含水率降低了生物油的热值，如在25%含水率时快速热解生物油热值为17MJ/kg，相当于40%同等质量的汽油或柴油。

2）pH低：由于快速热解生物油中含有甲酸和乙酸等有机酸而呈酸性（pH通常为2～4），因而油的收集储存和直接燃烧装置需要采用耐腐蚀材料，限制了燃料使用的范围。

3）高位热值低：由于快速热解生物油含氧量和含水率高，因此热值较低，一般热值在15～22MJ/kg。

4）黏度范围宽：快速热解生物油黏度在很大范围内变化，主要取决于含水率，一般为25～1000cP，并且随着储存时间延长而变大。

5）稳定性差：快速热解生物油具有不稳定性，主要是因为快速热解生物油含有多种活性化合物，特别是含有的多酚组分易发生慢速聚合反应和缩合反应而使得快速热解生物油具有“老化”倾向。如果暴露在具有氧气、紫外线或温度相对高的环境下，其黏度会逐渐变大，因此生物油加热不宜超过80℃，宜在阴凉、避光和隔绝空气的条件下储存。

快速热解生物油性能方面的缺陷决定了它很难作为液体燃料直接使用，需要通过进一步精制来提高品质，以达到燃料使用的要求，因此快速热解生物油的提质改性技术成为制约快速热解生物油燃料化应用的重要影响因素。

二、快速热解生物油提质改性技术概况

由于快速热解技术在20世纪90年代刚刚兴起，目前正处于工业规模示范阶段，而快速热解生物油的应用研究仍然不够深入，在一定程度上限制了快速热解技术的发展。尽管直接燃烧应用技术做过工业规模试验，但发现直接燃烧应用技术的推广使用仍然具有较大障碍，而且目前快速热解生物油各种提质改性技术仍不完全成熟，还不具备工业化实施的条件，因此需要加大在快速热解生物油提质改性技术方面的研究。

快速热解生物油提质改性技术分为物理提质改性技术和化学提质改性技术两大类，其中物理提质改性技术包括脱水、添加溶剂、乳化等，化学提质改性技术包括催化加氢、催化裂解、催化酯化、水蒸气重整等。

（一）物理提质改性技术

1. 脱水

快速热解生物油的含水率可达45%以上，其水分主要来自于物料自身所携带的水和热解过程中产生的水。虽然水分的存在有利于快速热解生物油降低黏度，提高稳定性，但却降低了热值。为此需要对快速热解生物油进行脱水处理，降低含水率。

由于快速热解生物油的热敏性，工业上脱水不能采用常压蒸馏的方法，一般使用真空薄膜蒸发方法，但此法需要昂贵的设备，而且会损失部分挥发性强的组分。此外，还有分子筛、固体脱水剂等脱除快速热解生物油中水分的方法，但这些方法还有待进一步研究。

另外，可通过改变制备工艺来适当降低快速热解生物油的含水量，例如：降低热解反应温度、减少挥发分的停留时间、酸洗物料等都可抑制生物质脱水反应的发生；在冷凝回收工序可以通过分级冷凝的方式来降低一级回收快速热解生物油的含水量。

2. 添加溶剂

通过添加甲醇、乙醇等溶剂，快速热解生物油可以降低黏度和酸性，增加热值，提高稳定性。添加溶剂主要通过以下 3 种机制影响快速热解生物油的黏度：①物理稀释；②降低反应物浓度或改变油的微观结构以降低反应活性；③与快速热解生物油中活性成分反应生成酯或缩醛，从而阻止聚合反应的进行。

3. 乳化

快速热解生物油燃料化应用比较简单易行的方法是乳化法，即将快速热解生物油与柴油等烃类在表面活性剂的乳化作用下生产出稳定均相的乳化液，此乳化液可直接应用于柴油发动机，不需要对柴油机进行较大的改动。虽然乳化精制方法无需化学转化单元操作，但表面活性剂的高成本和乳化过程中的能量输入导致生物油的乳化成本过高，且作为汽车用油，乳化液润滑效果差，不稳定，对发动机的腐蚀较严重。

（二）化学提质改性技术

1. 催化加氢

快速热解生物油催化加氢（hydrogenation，hydrodeoxygenation）是指快速热解生物油在高压（10～20MPa）和有氢气及供氢溶剂存在条件下，通过催化作用进行加氢反应。该方法以 H_2O 或 CO_2 的形式除去氧，可显著降低含氧量，使 H/C 比增大，提高快速热解生物油的能量密度，是早期研究的快速热解生物油改性方法之一。

国内外学者在快速热解生物油的催化加氢机理和工艺研究方面做了很多工作，研究发现，在高温、高压、高 H/原料比、高活性催化剂作用下进行加氢处理，会发生许多诸如加氢裂化、加氢作用、芳烃化、浓缩化、加氢去硫、加氢去氮、脱氧、去金属、异构化等反应。

影响加氢反应的主要因素是温度、压力和催化剂，特别是催化剂存在失活问题。由于快速热解生物油热稳定性差，当温度超过80℃时，快速热解生物油内的聚合反应强烈，而目前所采用的催化剂都是高温催化剂，它与加氢反应相互竞争导致黏度快速增加，且反应组分会进入催化剂基体，覆盖催化剂活性中心，导致催化剂的失活。

快速热解生物油催化加氢条件苛刻、设备复杂、成本较高，此技术还有待进一步深入研究。一些学者为了降低成本和减少工序，将热解得到的快速热解生物油蒸汽与氢气直接混合后再与催化剂作用，不仅可以利用热解时的反应热量，减少能耗，而且可以延长催化剂的使用寿命。

2. 催化裂解

快速热解生物油催化裂解（catalytic pyrolysis）一般是将快速热解生物油的蒸汽（700～800℃）通过催化剂床层，在催化剂的作用下裂解，使快速热解生物油脱氧、脱水，产生大量低碳烃（C_1～C_{10}）和芳烃。该方法一般在常压下进行，不需要还原性气体，设备也较催化加氢简单，成本相对较低，受到很多研究者的青睐。目前研究重点是催化剂的作用机理和催化剂筛选。催化裂解常用沸石分子筛催化剂，包括ZSM-5、HY沸石等，由于沸石分子筛自身具有的酸性和规则的孔道结构，使其在快速热解生物油催化裂解过程中显示出较好的催化裂解性能和芳构化性能。

催化作用主要通过两种方式进行：①沸石分子筛将快速热解生物油催化裂解为烷烃，然后将烷烃芳构化；②将快速热解生物油中的含氧化合物直接脱氧形成芳香族化合物。

目前生物质油催化裂解存在催化剂结焦率高、寿命短、再生性能差和催化收率低的问题，因此仍需在催化剂性能、催化机理和产物形成机理等方面加强研究。

3. 催化酯化

快速热解生物油中有机酸含量较高，种类较多，导致快速热解生物油的酸性和腐蚀性很强。催化酯化（catalytic esterification）就是在固体酸或碱的作用下，将快速热解生物油中的羧基成分进行酯化反应，降低羧酸的腐蚀性，达到改善快速热解生物油物化性能的目的。生物油经催化酯化改性后，不仅运动黏度显著降低、流动性增强、稳定性提高、pH提高、热值提高，而且改性后生物油中挥发性和难挥发性的有机酸类物质含量减少、酯类物质含量增加，大大优化了快速热解生物油的组成。

4. 水蒸气重整

氢气是一种重要的清洁能源，将快速热解生物油中的水溶性组分重整制取氢气是提升快速热解生物油品质的又一重要方法。水蒸气重整（steaming reforming）是在催化剂作用下将快速热解生物油转化为氢气的一种精制技术。研究表明，水蒸气重整的氢气产率可达到或超过理论产率的80%，大约每100kg林木生物质产生6kg氢气。由于快速热解生物油成分复杂，与天然气重整催化剂相比，水蒸气重整催化剂失活得更快，为此需要加强在缓解催化剂积炭失活、提高对水蒸气的吸附效果、强化催化剂表面积炭的气化、减少结焦、催化剂再生、新型催化剂开发等方面的研究工作。

三、快速热解生物油提质改性技术发展现状

由于快速热解生物油不适于直接作为液体燃料使用，例如中国科技大学研究发现，着火温度和着火滞燃期较长，需要明火点燃；生物油由于具有酸性，故工业燃烧应用前需要对原有的燃烧系统进行适当改造。在发展快速热解技术的同时，各国专家学者加强了快速热解生物油提质改性技术的研究，并取得较大进展。

由于快速热解生物油的组成极其复杂，起始有关提质改性的研究是围绕快速热解生物油中具有代表性的几种组分开展的，再逐渐深入进行快速热解生物油的提质改性。

Rocha J. D. 等利用固定床反应器对纤维素热裂解的生物油蒸气分别进行传统催化加氢和两段催化加氢精制，传统催化加氢是以氢压10MPa，胶质FeS作为催化剂进行精制；两段催化加氢精制是以商业$NiMo/\gamma\text{-}Al_2O_3$作为催化剂，在温度500℃下氢压从反应的第一段2.5MPa上升到反应的第二段10MPa，在这个过程中生物油氧含量从20%减少到10%（w/w），采用两段催化加氢比传统催化加氢H/C比率增大，O/C比率减小，然而随着氢压的增大，两段催化加氢和传统催化加氢O/C比率的变化不同。Vitolo S. 等分别采用HZSM-5分子筛（Si/Al=50）、HZSM-5分子筛（Si/Al=80）、H-Y分子筛（Si/Al=80）作为催化剂，在固定床反应器内，温度410～490℃之间，进料速率5.9 m/h，催化剂用量2g的条件下催化热裂解生物油，结果表明，添加HZSM-5分子筛（Si/Al=50）催化剂的精制油产量最高，为22.1%～23.4%。焦炭的形成是择形反应的结果，HZSM-5分子筛的结焦率比H-Y分子筛的低，这可能是HZSM-5分子筛的孔径（5.5A）比H-Y分子筛（7.4A）的小，阻止了焦炭前身化合物的进入。在低温下HZSM-5分子筛（Si/Al=80）的脱氧性比HZSM-5分子筛（Si/Al=50）的好，但随着温度的升高，HZSM-5分子筛（Si/Al=50）的脱氧性明显高于HZSM-5分子筛（Si/Al=80）。Ekaterini Ch. Vagia等以乙酸、乙二醇和丙酮作为快速热解生物油的模拟物进行水蒸气重整热力学分析。Cyrille Rioche等对快速热解生物油的模拟物以及快速热解生物油利用贵金属催化剂进行水蒸气重整特性研究。Lucia Garcia等研究了催化剂组成对快速热解生物油水蒸气重整过程的

影响。Chiaramonti D. 等采用乳化剂作表面活性剂，往柴油中添加不同质量分数的生物油。当柴油和生物油的质量分数接近 50%时形成连续相的混合体系，乳浊液比生物油更稳定，乳化剂的用量越大，乳浊液越稳定，当乳化剂添加的质量分数在 0.5%～2.0%时，乳浊液的黏度适中。在 80℃的条件下，保存乳浊液和生物油 24h，生物油的黏度增大速度显著高于乳浊液。

中国国内众多高校及科研院所在快速热解生物油提质改性方面进行了大量研究，但主要是围绕化学提质改性技术进行的，而物理提质改性技术一般是将快速热解生物油与柴油进行乳化处理。中国科技大学李文志等使用 $Pd[P(C_6H_5)_3]_4$ 作为催化剂对快速热解生物油在温和反应条件（反应温度 130℃、反应压力 5MPa、反应时间 12h、催化剂和快速热解生物油的比值 0.002）下进行催化加氢，提质改性后酸、醛和烯烃的含量减少幅度分别为 90%、88%和 48%；酯的含量增加了 86%，酮、苯酚、聚糖和呋喃含量几乎不变。华东理工大学吴层等在 700～900℃下分别对快速热解生物油进行了高温裂解、水蒸气重整和水蒸气催化重整试验，初步建立了快速热解生物油水蒸气重整的反应历程。华东理工大学李洪宇等采用 HZSM-5 分子筛和高岭土作为催化剂，对快速热解生物油热解气进行常压在线催化裂解，实现对快速热解生物油的提质改性。浙江大学骆仲泱等对快速热解生物油提质改性进行了广泛的研究，包括进行了模拟物的酯化、加氢和催化裂解研究；采用分子蒸馏技术实现快速热解生物油初步分离后，针对不同馏分分别进行提质改性研究；以乙醇为反应介质，以 HZSM-5（Si/Al＝22）为催化剂，在超临界、亚临界和常规条件下对快速热解生物油进行提质反应；将多种原料制备的快速热解生物油与柴油通过添加乳化剂进行乳化处理，结果表明，乳化燃料在热值上接近柴油，黏度、闪点、凝点、冷滤点以及硫含量等各项指标达到轻柴油技术标准，从冷滤点指标看，其更接近-10＃柴油，显示了乳化燃料进入商业化开发应用的可能性。中国林科院蒋建春等采用卤代烃进行酯化反应的方式进行快速热解生物油的提质改性。华南理工大学使用 732 树脂和 NKC-9 树脂作为酯化催化剂，能够有效地转化生物油中的有机酸，降低生物油的酸值，提高生物油的热值。中国科技大学朱锡峰等采用 C12A7-Mg 重整催化剂对快速热解生物油进行水蒸气重整，碳转化率达到 93%，氢气产率达到 70%。山东理工大学易维明等研究发现，当生物油的含量为 10%，稳定剂含量为 4%～6%时，乳化液稳定时间可以达到 15 天以上，将乳化液燃料用于泰山-25 拖拉机时，发动机运转正常。

第十章　林木生物质发电技术

生物质能发电技术是生物质能现代化利用的重要方式之一，其与风力发电一样，是目前能够规模化发展的方向。2003 年全世界发电装机容量 370 000 万 kW，其中可再生能源发电装机容量为 14 200 万 kW（包括小水电、风电、生物质能发电、地热发电、太阳能光伏发电），占全部装机容量的 3.8%；2004 年全世界发电装机容量为 380 000 万 kW，其中可再生能源发电装机为 15 870 万 kW，占全部装机容量的 4.2%。有关数据显示，到 2020 年，西方工业国家 15%的电力将来自生物质能源的发电。近年来，利用生物质能发电在我国越来越受到关注，2006 年底全国生物质能发电累计装机容量为 220 万 kW，2008 年生物质能发电达到 300 万 kW，预计到 2020 年，生物质能发电装机总量将达到 3000 万 kW。

生物质能发电技术在我国属于新技术领域。与其他发达国家相比，我国的生物质能发电技术在设备制造、电厂建设、运行管理方面都缺乏足够的经验。在生物质燃料收集、预处理、运输、储存、电力上网等方面也缺乏完善的管理机制，这些方面将是我国生物质能发电亟待解决的问题。

目前，林木生物质能发电有两种发电方式，一种是直接燃烧式发电；另一种是气化方式发电，本章将依次介绍这两种发电方式。

第一节　直接燃烧发电

直接燃烧发电是将林木生物质作为燃料，在特定蒸汽锅炉中燃烧，利用产生的蒸汽推动气轮机发电系统进行发电。

一、林木生物质的燃烧特性

木材主要由纤维素、半纤维素和木质素三大成分组成，约占木材的 90%以上，其分子结构、性质及相互间的关系影响着木材在燃烧中释放的热量；另外木材成分中还包括含量较低的抽提物、灰分等次要成分，但其对木材的燃烧性能影响较大。通常，抽提物含量越高的木材越易燃烧，灰分含量大的木材较难燃烧。

林木生物质的燃烧过程是强烈的化学反应过程。在一定温度下，木材会发生热分解，产生木炭、可燃性气体，这些物质与空气中的氧气接触时，遇火即发生燃烧，产生大量的光和热量。一般把 260℃作为木材热学上的不稳定温度，不同树种的木材的燃烧性能不同，其燃烧点也不尽相同。表 10.1 为木材同其他固体可燃物燃烧点的比较。

表 10.1 木材同其他固体可燃物的成分和燃点的比较

	成分				挥发物质	自燃点
	碳	氢	氧	氮	/%	/℃
木材	50.8	6.2	42	1	86	350
褐煤	71.9	5.4	21.6	1.3	46.7	250～450
木炭	91	2	7		11	350～400
焦炭	97.4	0.7	0.5	1.4	4	700

林木生物质的燃烧过程大体可分成四个阶段（张明，2005）。

1）升温阶段。木材在外部热源作用下，温度逐渐升高，当达到分解温度时产生诸如一氧化碳、甲烷、乙烷、乙烯、醛、酮等可燃性气体。它们通过木材内部的空隙逸出或由自身积累的压力挤出，在木材表面形成一可燃气体层，此阶段气体是难燃性的。

2）热分解阶段。当温度达到 110℃以上，木材热分解加快，化学成分开始变化。

3）炭化阶段。当温度上升到 260～275℃以上时，木材急剧热分解，二氧化碳气体迅速下降，生成大量的气体产物甲烷和乙烯等，以及液体产物乙酸、甲醛、焦油等，以及纤维素分解的左旋葡萄糖等，并放出大量的热，这时木材已经炭化。

4）燃烧阶段。当温度达到 350～425℃时，热分解结束，木炭开始燃烧。一般林木生物质的挥发物多，自燃点较低，比焦炭、木炭等更易燃烧，有利于直接燃烧获得热能。

二、林木生物质直接燃烧发电工艺流程

林木生物质直接燃烧发电的原理是由生物质锅炉利用生物质直接燃烧后的热能产生蒸汽，推动气轮机发电系统进行发电，在原理上与燃煤锅炉火力发电基本相同，其工艺流程如图 10.1 所示（吴创之，2005）。

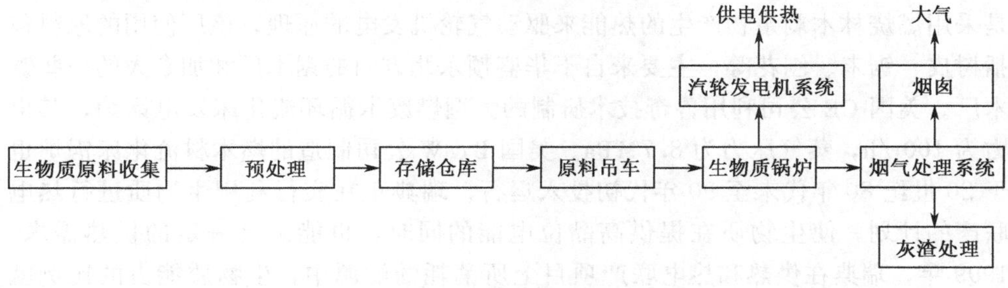

图 10.1 林木生物质直接燃烧发电工艺流程

将收集的林木生物质原料进行初削片或粗粉碎以便于运输和利用，然后将这些处理的原料运送到电站，经预处理（破碎、分选、干燥）后存放到原料仓库，仓库容积至少要达到可以存放几天的发电原料的空间；然后由原料输送装置将处理过的生物质原料送入锅炉燃烧，通过锅炉换热，将生物质燃烧后产生的热能把锅炉中的水转化为蒸汽，为气轮发电机组提供气源进行发电。林木生物质燃烧后的灰渣由输灰系统送到灰坑，进行灰渣处理；燃烧过程中产生的烟气经过专业系统处理后排放到大气中去。

三、直接燃烧发电的特点

1）技术成熟。由于林木生物质直接燃烧发电与燃煤锅炉火力发电的原理基本相同，均是利用燃料直接燃烧后的热能将水转化为蒸汽，以此推动气轮机发电系统进行发电，因而燃煤锅炉火力发电上的一些技术经验可以应用到林木生物质直接燃烧发电系统上。

2）林木生物质直接燃烧所释放出的 CO_2 大体相当于其生长时通过光合作用所吸收的 CO_2，因此可以认为是 CO_2 的零排放，这也有助于缓解温室效应。

3）林木生物质的燃烧产物——灰渣，可以综合利用。

4）林木生物质燃料可与其他矿物质燃料混合燃烧，既可以减少运行成本、提高燃烧效率，又可以降低 SO_2、NO 等有害气体的排放浓度。

5）林木生物质燃烧设备可以在现有的燃煤锅炉火力发电系统的基础上进行简单的改进，其运行成本较低，且具有良好的经济性和开发潜力。

四、林木生物质直接燃烧发电概况

目前，国外在林木生物质作燃料发电方面已具有相当的规模和运行经验。在美国，生物质能发电的总装机容量已超过 10 000MW，单机容量达 10～25MW，其原料绝大部分是林木剩余物或造纸厂的废弃物。这种技术需要的单位投资高，它要求原料储备量大且存放集中，因此只适用于现代化大型加工厂的废弃物处理。目前，美国在林木生物质直接燃烧发电技术方面做了大量的工作，积累了一些经验。美国 KETTLE FALLS 生物质燃烧发电厂的装机容量为 46MW，它就是采用燃烧林木剩余物产生的热能来驱动气轮机发电的原理，该厂使用的原料包括树皮、锯末、刨花等，主要来自于华盛顿东北方向的锯木厂和加拿大的一些锯木厂。美国 CE 公司利用鲁奇技术研制的大型燃废木循环流化床发电锅炉，其出力为 100t/h，蒸气压力为 8.7MPa。美国 B&W 公司制造的燃木材流化床锅炉也于 20 世纪 80 年代末至 90 年代初投入运行。瑞典正在实行利用生物质进行热电联产的计划，使生物质在提供高品位电能的同时，也能满足一定的供热需求。1999 年，瑞典在供热和热电联产项目上所消耗的能源中，生物质能占的比例就达到了 26%。另外，在国家资助下，瑞典在 2000 年建成了 Kenneth 发电厂，该电厂主要采用循环流化床技术，其主要燃料是树皮、木屑等木材工业副产品，每年生产电力达 42GW・h，热量 105GW・h，锅炉热效率可达到 80%。丹麦 Alholments Kraft 电厂是世界上最大的生物质发电厂，该厂主要采用的就是热电联产循环技术，燃烧方式为以生物质和化石燃料混合燃烧为主，生物质燃料是成捆的森林剩余物，年耗量为 15～20 万 m^3。日本大阪府的企业共同承担了“废木材的再利用系统”的研究课题，2001 年完成了利用大阪地区木材废屑发电的试运行，该发电厂每年消耗废木材 13 万 t，折合成原油是 3.7 万 t/ a，CO_2 排放量减少了 5.7 万 t/a；发电功率为 20MW，发电效率为 31%。同年，日本三菱重工株式会社建成了一台林木剩余物与煤混合燃烧的、功率为 60t/h 的鼓泡流化床锅炉。

我国在林木生物质直接燃烧发电方面的研究起步较晚，20 世纪 80 年代末才开始对生物质直接燃烧锅炉进行深入的研究。90 年代初，哈尔滨工业大学分别与国内四家锅炉厂合作，研发出林木剩余物的流化床锅炉，并应用于发电系统，投入生产后运行效果良好，深受用户的好评。随后，我国佳木斯造纸股份有限公司从前苏联引进了一台采用煤粉与树皮复合燃烧方式的流化床锅炉，用来提供发电所需的蒸汽。近年来，我国生物质发电厂建设项目较多，发展较快。山东省菏泽市单县生物质热电厂项目，年发电量达 2.5 万 kW，年可节省标准煤近 40 万吨。2008 年，中国节能投资公司投资建设的两个秸秆直燃发电示范项目，在江苏宿迁、句容两市先后开工建设。两个示范项目投资额均为 3 亿元，项目规模为 2.4 万 kW，年秸秆消耗量约 20 万吨。2009 年，内蒙古毛乌素生物质热电厂项目被列为国家林业局林木生物质能源发展示范项目。该电厂建成装机 2×12MW 发电机组，年消耗灌木生物质原料 18 万 t，可向社会提供清洁电力 1.2 亿度，实现二氧化碳减排 21 万 t。

第二节　气 化 发 电

一、林木生物质气化发电过程

气化发电技术的基本原理是将林木生物质转化为可燃气，然后再通过可燃气燃烧产生的蒸汽推动燃气轮机进行发电（葛新锋等，2007）。它既能克服生物质燃料难以燃用而且分布分散的缺点，又能充分发挥燃气发电设备紧凑而且污染少的优点，所以气化发电是生物质能最有效、最洁净的利用方法之一。林木生物质气化发电包括以下三个过程：一是生物质气化，在气化炉中把固体生物质转化为气体燃料；二是气体净化，气化出来的燃气都含有一定的杂质，包括灰分、焦炭和焦油等，需经过净化系统把杂质除去，以保证燃气发电设备的正常运行；三是燃气发电，利用燃气轮机或燃气内燃机进行发电；有的工艺为了提高发电效率，发电过程中可以增加余热锅炉和蒸汽轮机。典型的生物质气化发电工艺流程如图 10.2 所示。

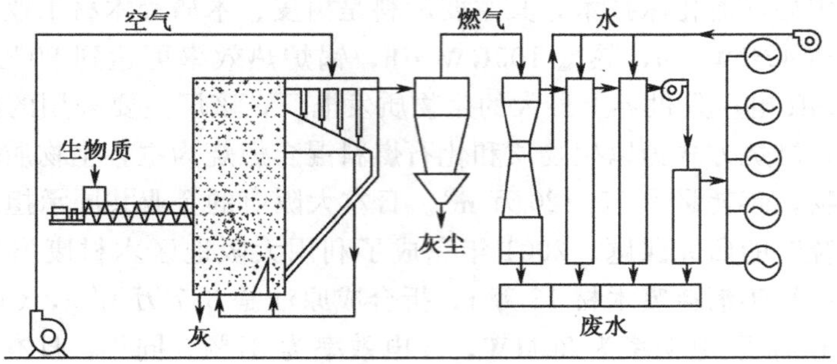

图 10.2　循环流化床气化发电系统

二、林木生物质气化发电的特点

生物质气化发电技术是林木生物质利用中有别于其他利用方式的一种热化学处理技术，具有其独自的特点（王志伟等，2007）：

1）技术灵活性好。生物质气化发电既可以采用燃气轮机，又可以采用内燃机，甚至可以结合余热锅炉和蒸汽发电系统即国外目前的主流技术 BIGCC，所以生物质发电可以根据发电规模的大小选择发电设备，这能够满足生物质分散利用的特点。

2）具有较好的洁净性。林木生物质属于可再生的绿色能源，可以有效地减少 CO_2、SO_2 等有害气体的排放；气化过程一般温度较低（700～900℃），NO_x 的生成量很少，所以能有效控制 NO_x 的排放。

3）经济性好，生物质气化发电技术灵活、简单，原料来源广泛、价格低廉，具有较好的经济性，同时燃气发电过程简单，与其他可再生能源发电技术相比，投资较少。

三、林木生物质气化发电系统分类

生物质气化发电系统采用的气化技术和燃气发电技术不同，其系统构成和工艺过程也有很大的差别。通常将林木生物质气化发电系统按以下三种方式分类。

（一）根据气化形式的不同分类，生物质气化过程可以分为固定床气化和流化床气化两大类

1）固定床气化。从实际应用出发，固定床气化比较适合于小型、间歇性运行的气化发电系统。其优点是原料适应性强，不需要预处理，而且设备简单、紧凑，燃气中飞灰含量低。但是由于加料和排灰的问题，不便于设计为连续运行的方式，不利于气化发电系统中的连续运营，所以不适于工业放大，难以实现产业化。固定床气化中应用最广泛的是下吸式固定床气化，因为这种气化产出的燃气

焦油含量较低，净化系统相对简单，而且是负压操作，便于加料。

2）流化床气化技术。流化床气化技术比较适合于中、大型气化发电系统，这是因为流化床运行稳定、连续可调，适于工业化应用。但是流化床气化的原料需要预处理，气化过程中产生的燃气含有较高的飞灰，不便于后期的燃气净化处理。目前，循环流化床气化发电系统是研究和应用最多的气化发电技术。中科院广州能源研究所研发出了生物质气化发电优化系统，该系统采用循环流化床气化炉和多级气体净化装置，配置多台 200～400kW 的气体燃料内燃发电机组。其原料来源广泛，可使用木屑、枝丫材等林木生物质，适合我国中小型的物质气化发电。近年来，为了实现更大规模的气化发电方式，提高气化发电效率，国际上正在积极研制开发高压流化床气化发电系统。

（二）根据燃气发电系统的不同分类，气化发电可分为内燃机发电系统、燃气轮机发电系统及燃气-蒸汽联合循环发电系统

1）内燃机发电系统以简单的燃气内燃机组为主，可单独使用低热值燃气，也可以燃气、油两用。其原理是内燃机将燃料与空气注入气缸混合压缩，点火引发爆燃做功，推动活塞运行，通过气缸连杆和曲轴，驱动发电机发电。它的特点是投资小、启动快、效率高、设备紧凑、系统简单、技术较成熟，而且变负荷性能好，余热还可以回收利用。内燃机组是目前世界上应用最广的发电机组，但是燃气必须经过净化和冷却装置。内燃机与下吸式固定床气化炉配套的发电系统功率一般为 2～160kW。其与流化床或循环流化床配套的发电系功率一般为 500～2000kW。

2）燃气轮机发电系统采用低热值燃气轮机，其原理是林木剩余物气化产生的燃气在燃气轮机内燃烧驱动发电机发电。微型燃气轮机的功率一般为 25～300kW，具有重量轻、噪声低、寿命长、运行成本低等优点，适用于中心城市或边远农村地区使用。但是燃气轮机对燃气质量要求高，并且需有较高的自动化控制水平和燃气轮机改造技术，因此整个系统的造价很高；如果利用余热构成冷热电联供系统，造价会增加 30%左右。

3）燃气-蒸汽联合循环发电系统是在内燃机、燃气轮机发电的基础上增加余热锅炉和过热器，由此产生的蒸汽再进行循环发电，这样可以有效地提高发电效率。一般来说，燃气-蒸汽联合循环生物质气化发电系统采用的是燃气轮机发电设备，采用的是最好的高压气化方式，这样构成的系统称为生物质整体气化联合循环系统（B/IGCC）。目前国际上有很多先进国家开展这方面研究，但由于焦油处理技术与燃气轮机改造技术难度很大，因此 B/IGCC 的运行仍存在很多问题，急需改进。近年来，欧洲开展了新的气化发电工艺的研究，如比利时和奥地利开展的生物质气化与外燃式燃气轮机发电技术研究工作，其主要目的是发展适合于中小型规模的生物质气化发电技术。

（三）根据生物质气化发电规模不同分类，可分为小型、中型、大型三种

1）小型气化发电系统一般采用固定床和流化床设备对生物质进行气化，使用内燃机或微型燃气轮机进行发电，其发电规模在200kW以下，由于其发电系统简单、灵活，所需的生物质数量较少、种类单一，故可以应用于农村照明或中小企业的自备发电。

2）中型生物质气化发电系统一般采用常压流化床设备对生物质进行气化，使用内燃机进行发电，其发电规模一般为500～3000kW，该系统适用于大中型企业的自备电站或小型上网电站，缺点是它需要一种或多种不同的生物质，且所需生物质数量较多。优点是该生物质气化发电系统用途广泛、适用性强。中型生物质气化发电系统是当前应用最广泛的生物质气化发电方式。

3）大型生物质气化发电系统一般采用常压流化床设备、高压流化床设备、双流化床设备对生物质进行气化，使用内燃机＋蒸汽轮机或燃气轮机＋蒸汽轮机进行发电，其发电规模在5000kW以上，主要用于上网电站，它适用的生物质较为广泛，所需的生物质数量巨大，必须配有专门的生物质供应中心和预处理中心。该大型生物质气化发电体系是今后生物质利用的主要方式。

四、生物质气化发电存在问题及解决措施

（一）原料问题

由于采伐及加工的林木生物质原料分布较为分散、能量密度低，且存在着明显的区域性和季节性，所以收集、运输及贮存原料的费用占生物质气化发电成本的大部分。生物原料大量收集后，可将其就地致密成型，在运输半径合理的情况下，每次多运输，以便尽可能降低运输成本。

（二）焦油问题

在林木生物质气化过程中，生物质中的纤维素、半纤维素和木质素经热分解反应会产出一定量的焦油。这些燃气中的焦油是引起输送管道堵塞和发动机出现问题的主要原因，由此进一步会影响到整个发电系统的正常运行。一般气化温度越高，焦油的产率就越高；当生物质的裂解（初始裂解段）和有机质的裂解（二次裂解段）达到平衡时，焦油产率达到最大值（此时温度一般为650℃）；当有机质的裂解占主导地位时，焦油产率随着温度的升高而降低。然而，气化温度对生物质燃气中焦油成分的影响有限，一般需要对燃气进行后处理或在气化过程中加入催化剂除去燃气中的焦油成分，目前常用的几种方法如下。

1. 水洗除焦

水洗除焦分为喷淋法和吹泡法，喷淋法是在喷淋塔中将水与生物质燃气相接

触，从而将其中的焦油去除的方法，加入少量的碱可以使净化效果有所提高。此方法在技术上成熟可靠，且集除尘、除焦和冷却三项功能于一身，是中小气化系统采用较多的一项技术。该方法的主要缺点是燃气中易夹带液雾，降低了释放的热能，只能在较低温度下使用，而且设备、液体回收及循环装置庞大，会产生废水，从而造成能量的浪费和二次污染等问题。

2. 过滤除焦

将生物质燃气通入装有强吸附性材料（如活性炭、滤纸和陶瓷芯）的过滤器中，从而将焦油过滤出来。该方法具有除尘和除焦两项功能，且除焦效率较高。主要缺点是过滤材料更换频繁，劳动强度大。为了防止产生不必要的废弃物，可以选择生物质材料作为过滤材料，例如粉碎的玉米芯等。

3. 静电除焦

在高压静电下将生物质气电离，使焦油小液滴带上电荷，小液滴聚合在一起形成大液滴，在重力作用下从燃气中分离出来。它的优点是除尘、除焦效率高，一般可达 90%以上，但静电除焦对进口燃气中焦油的含量要求比较高，只能除去焦油含量小于 $5g/m^3$ 的燃气。另外，燃气中氧的含量不得超过 1%，否则静电放电容易点着燃气，导致爆炸。

4. 热裂解法除焦

热裂解技术是将气化焦油在高温下裂解成为可以利用的永久性可燃气体，这样既减少了焦油含量，又可回收利用焦油中所含的能量。这种除焦油技术是目前最先进的除焦技术。高温热裂解是最简单的裂解方法，是在1000～1200℃时使焦油中的大分子化合物通过断键脱氢、脱烷基等方式热解为较小分子的气态化合物。当裂解温度高于 1100℃时，焦油的转化效率较高，但易产生烟灰。此外，高温对气化炉材质要求很高，而且要求良好的保温性能和较大的能耗。在某些工艺中，往往需要加入一些水蒸气和氧气，使其与焦油中的部分组分发生反应生成 CO、H_2 和 CH_4 等可燃性气体，这样提高了气体的利用率，同时也降低焦油的生成量。有关研究指出使用碳化硅做为热载体的气化炉可以促进焦油的热裂解反应，提高焦油裂解率。

5. 催化裂解除焦

虽然高温热裂解可以有效地降低燃气中的焦油含量，但是它需要较高的温度和停留时间，实际应用起来会比较困难。自 20 世纪 80 年代起，催化剂被应用在生物质的气化过程中，在催化剂作用下 90%以上的焦油可以较容易地实现转化，甚至有的工艺还实现了焦油的完全转化。催化裂解是利用催化剂的作用，使焦油在 700～900℃时发生热解反应产生可燃气体，焦油的裂解率可达 99%以上。在焦油催化净化的研究和使用中，以下四种不同类型的催化剂具有较好的应用前景(韩璞等，2008)。

1）木炭。

木炭的催化作用实际上在下吸式气化炉中有明显的表现，由于木炭在裂解焦油的同时也参与反应，所以消耗很大，对大型生物质气化来说不经济。

2）白云石。

白云石是一种镁矿石，其化学基本组成为 20%的 MgO，30%的 CaO，45%的 CO_2，还有一些其他的微量矿物质，且不同类型白云石的表面积、孔隙大小和分布等也不相同，从而导致了催化活性的差异。白云石催化效率高、成本低、有很好的实用价值，是目前为止研究最多和使用最成功的催化剂。它可通过与生物质干混后直接进入气化炉中作为初级催化剂，也可在独立的焦油催化裂解炉中净化燃气。白云石在应用中存在一些局限性：①焦油转化率很难超过 90%～95%，或者燃气中焦油含量很难低于 500～1000mg/m^3；②焦油组成发生了改变，容易破坏"软焦油"（如酚类及其衍生物），而对"硬焦油"（多环芳烃）较难破坏，这样导致催化裂解后的焦油更难处理；③由于白云石机械强度较低，所以该材料应用于流化床中会出现快速磨损，或者以较细颗粒的形式被气流携带出反应器而损失，进而会引起催化剂失去活性；④白云石热稳定性较差，有些情况下会出现相变而最终烧熔，破坏孔隙结构，使得有效表面积减少，导致催化剂活性下降甚至丧失；⑤单独使用白云石的催化效果并不理想，且不同的气化燃气，需要配合相应的裂解工艺。

3）镍基催化剂。

在四种典型的催化剂中，镍基催化剂的效果最好，在 750℃时即有很高的裂解率，而其他材料在 750℃时的裂解效果还不理想。商业镍基催化剂能使生物质焦油转化率达到 99%以上，能重整甲烷和碳氢化合物并可调整气体产气中的 H_2 和 CO 的比例，在 780℃的条件下，镍基催化剂能制备富含 H_2 和 CO 的合成气，在 600℃的相对低温下，能制备富含 CH_4 的高热值燃气。随着运行时间的延长，燃气中的碳颗粒会沉积在催化剂表面，而且镍基催化剂粒子容易被烧结，这样会影响催化剂的活性，缩短催化剂的寿命。为了详细了解催化剂表面的积碳情况，Yam Aguchi 使用 XRD 分析仪研究了搭载在 γ- Al_2O_3 上的镍催化剂的积碳，分析结果显示催化剂上的积碳为石墨碳，并将积碳催化剂在 600℃下通过 O_2 进行烧碳，可以使催化剂的活性几乎恢复到未使用之前的水平，另外使用 TEM 也观测到了镍粒子的烧结现象。有研究者提出用 MgO，TiO_2，La_2O_3 等对 Ni/γ-Al_2O_3 进行改性，并注入 Cr 的硝酸盐和 Ni 的硝酸盐，此法能够增加镍基催化剂的机械强度、抗积碳能力，还能改善催化剂的活性。由于镍基催化剂昂贵，成本较高，一般生物质气化技术难以应用，并且它对所要处理的气体要求较高，当燃气中焦油

含量在 $2g/m^3$ 以上时，催化剂表面很容易积碳而失去活性，因此在商业应用中并没有优势。

4）碱金属和其他催化剂。

碱金属催化剂经常与生物质干混或湿喷使用，但它很难再生，也很难能得到高效利用，并且使用碱金属增加了气化后的灰量，这些问题影响了碱金属催化剂技术的应用。在碱金属氯化物中，NaCl、KCl 和 $AlCl_3$ 可促进 CO 和 CH_4 的形成；$ZnCl_2$ 可增加气体产物中 H_2 的含量，抑制 CH_4 的形成。碱金属碳酸盐对焦油裂解的活性依次为 $K_2CO_3 > Na_2CO_3 > Na_3H(CO_3)_2 \cdot 2H_2O > Na_2B_4O_7 \cdot 10H_2O$。催化剂对焦油裂解有很大的促进作用，其催化活性主要受反应气氛、焦油组分等因素制约。焦油催化裂解的工艺流程大致是：首先将催化剂与生物质原料干混或湿混，共同投入气化炉中；然后将经过分离器和除尘器后的燃气输入热裂解器中，如碳化硅做为热载体时，此段温度可达 900℃，焦油裂解率为 60％左右；再将经第一次裂解后的燃气在较好催化剂下（如镍基催化剂）进一步催化裂解，这时可选白云石做为载体，并添加 Mg、Cr、Ti 等金属化合物，以此增加镍基催化剂的机械强度和抗积碳能力。通过以上催化裂解，焦油裂解率几乎可达 100％。

（三）二次污染问题

生物质气化发电污染问题至今没能得到较好的解决，已成为推广气化发电技术的障碍之一。对于灰污染问题处理比较简单，只要提高气化效率，并对灰进行煅烧处理，即可满足要求。而对于废水的问题，就比较难处理，由于气化燃气是通过水洗进行净化的，所以生成的焦油、NO_x、SO_2、NH_3 等成分几乎全部都转移到了生产的污水中，因此污水的成分复杂（包含了近 100 种有机成分），污染物的浓度非常高，所以如何采用经济合理的工艺方法处理这些污水成为气化发电系统应用过程中的一个关键问题。解决的根本方法就是减少焦油的产生，或更多地采用催化裂解的方法将燃气中的焦油裂解成为气体，避免燃气对冷却水的污染。

五、林木生物质气化发电现状

生物质气化发电技术在发达国家已受到广泛重视，奥地利、丹麦、芬兰、挪威、瑞典和美国等国家在利用林木生物质气化发电方面做了大量的研究工作。1986 年，比利时在布鲁塞尔自由大学校园内建成了一套生物质常压流化床气化燃气轮机/发电机发电系统，主要为大学内的日常生活提供电能。该电厂主要由三部分组成：一是生物质气化部分，主要设备包括加料装置、常压流化床气化炉、旋风分离器等；二是发电部分，主要设备包括高温热交换器、涡轮机、发电机、空气压缩机等；三是余热回收利用系统，主要包括供水、低温热交换装置。

瑞典在1996年建立了世界上第一个用木材作为燃料的整体气化联合循环发电（IGCC）电站。该电站是在瑞典国家能源部、欧盟政协资助下，由瑞典南方电力公司（Sydkraft）、福斯特威勒公司（Foster Wheeler）等企业合作建设的一个示范项目。主要目的是建设一个完善的生物质IGCC示范系统，研究生物质IGCC的各部分关键过程。IGCC发电系统最大的特点是可燃气体在进入燃气透平燃烧前需要净化，要求气体净化设备紧凑，造价及运行成本低，整体效率较高。奥地利成功地推行了建立燃烧木材剩余物的区域供电站的计划，生物质能在总能耗中的比例由原来的3%增到目前的25%，已拥有装机容量为1～2MW的区域供热站90座。瑞典和丹麦已有生物质发电站近200座，同时也在实施利用生物质进行热电联产的计划，使生物质能在转换为高品位电能的同时满足供热的需求，以大大提高其转换效率。

美国利用生物质发电处于世界领先地位，已经成为大量工业生产用电的选择。据美国能源信息署（EI）的统计数字，生物质能发电的总装机容量已超过10 000MW，单机容量达10～25MW，占美国可再生能源发电装机的40%以上。预计到2010年，美国将新增约1100万kW的生物质发电装机。根据美国政府制定的生物质能发展规划，生物质发电将达到13 000MW装机容量。目前建立的Battelle生物质气化发电示范工程代表生物质能利用的世界先进水平。该大型生物质气化循环发电系统包括原料预处理、循环流化床气化、催化裂解净化、燃气轮机发电、蒸汽轮机发电等设备，适合于大规模处理农林废物。但是由于焦油处理技术与燃气轮机改造技术难度很高，仍存在很多问题，系统尚未成熟，且造价也很高，因而限制了它的应用推广。此外，在菲律宾、马来西亚以及非洲的一些国家，都先后开展了生物质能的气化、成型固化、热解等技术的研究开发，部分研究形成了工业化生产。

我国对生物质气化技术的深入研究始于20世纪80年代，经过20多年的努力，我国生物质气化技术日趋完善。目前应用的生物质气化发电系统主要是中国科学院广州能源研究所开发的流化床气化炉和内燃机结合的气化发电系统。如，海南三亚木材厂采用广州能源研究的气化发电技术建成了1000 kW的生物质气化电站，可日处理20～25t的林木生物质加工剩余物，年发电可达550多万千瓦。另外，山东省能源研究所、辽宁能源所等科研单位也进行了林木生物质气化发电技术方面的研究。山东省能源研究所研发出了新一代二步法气化技术，并进行了200kW示范工程的建设，构建了适合我国国情的分布式清洁发电模式。辽宁省能源研究所与意大利ENEA进行了“生物质气化发电及其综合利用”项目的合作研究。此项目中气化发电系统由意大利设计制造，并安装在辽宁省能源研究所实验室内，供有关技术人员进行生物质气化发电的研究使用。该系统以木材为原料，采用下吸式气化炉，其管区尺寸为300mm，气化炉直径为500mm；净化系统由旋风分离器，喷淋净化器、除湿装置和生物质过滤器组成，其发电容量

30kW。虽然我国林木生物质气化发电技术日趋完善，但与发达国家相比，气化装置基本上是以空气为气化剂的常压固定床气化技术，如河北的ND系列、山东的XFL系列、广州的GSQ系列和云南的QL系列。这些固定床气化炉被应用在不同的发电系统中，取得了一定的成果，但在技术上存在着一些问题，如气化得到的生物质燃气热值和利用率低、燃气中焦油含量高等，制约了林木生物质发电技术的商业化推广。

第十一章　林木生物质胶黏剂制备技术

本章详细介绍以单宁、木质素、林木生物质苯酚液化产物、林木生物质快速热解生物油等为原料制备木材用胶黏剂技术。

第一节　人造板用林木生物质胶黏剂国内外研究概况

伴随着森林资源减少及木材的短缺，人造板已经成为人类生产和生活的重要材料。胶黏剂作为人造板生产的重要原料，影响着人造板的性能和成本。在人造板用胶黏剂中最常用的首先是脲醛树脂（UF），其次是酚醛树脂（PF），再则是三聚氰胺甲醛树脂（MF），这些过分依赖石化原料的胶黏剂占整个木材用胶黏剂的90%以上。近年来，由于石油储量的减少和油价的不断上涨，给人造板用胶黏剂来了诸多不稳定因素，导致了胶黏剂成本不断提高，尤其是以苯酚为原料的酚醛树脂胶黏剂受到的影响最大，苯酚价格由2004年的6000～7000元/t快速上涨到现在的12 000～14 000元/t，涨幅高达135%。随着国际社会对生态环境保护和可再生资源利用的重视程度不断提高，利用天然可再生资源，开发适合木材工业使用的环保型胶黏剂的研究，越来越受到广泛的重视。

天然可再生资源在胶黏剂中的应用一般有以下三个方面（谭惠凤，2005）：①从利用可再生资源为原材料的行业如制浆、造纸、木材加工等工业中回收副产物用来制备胶黏剂。②部分或全部利用来自可再生资源中的功能性有机成分或残基来合成已知性能的树脂。③提高已有天然胶黏剂的性能。在这三个方面中，最重要的也最具有竞争力的是以天然产物为原料来替代合成胶黏剂配方中的合成原料。林木生物质资源中含有类似于苯酚结构的多酚类天然化合物，可替代苯酚制造酚醛树脂胶黏剂，目前有关林木生物质资源在木材胶黏剂上的应用主要集中在单宁、木质素、苯酚液化产物、快速热解生物油等四个方面。

（一）单宁胶黏剂

单宁是具有酚类特性、天然的有机化合物。作为胶黏剂原料的单宁主要是缩合单宁，由缩合度不同的类黄烷单元及其缩合物组成；单宁的大分子多酚结构使其易于发生酚核上的亲电反应，在甲醛作用下能够替代苯酚合成树脂胶黏剂。此外，单宁还具有一定的降解性。因此，单宁是制备环保型的人造板用的胶黏剂良好原料。

国外利用单宁制备木材工业用胶黏剂的研究始于1950年，并得到了耐用性优于脲醛树脂的黑荆树单宁胶黏剂。此后，关于单宁胶的研究迅速发展，目前成功利用的单宁胶原料主要有黑荆树树皮、落叶松树皮等，此类胶黏剂的最大特点是游离甲醛含量低。澳大利亚从1966年开始使用单宁增强的酚醛树脂作为胶合板用胶黏剂，在新西兰设有年处理4万～5万t辐射松树皮提取物用于制造胶合板及刨花板胶的工厂。美国利用南方松树皮抽提物与间苯二酚混合制成冷固型木材用胶黏剂。日本则利用落叶松树皮抽提物与甲醛反应作为木材胶黏剂。

我国利用单宁制备木材用胶黏剂的研究起步较晚，始于20世纪70年代。目前已成功地研制出苯酚取代率为70%的落叶松单宁胶，并解决了单宁与甲醛反应的多个难点，并且已经将粉状落叶松单宁胶黏剂用于人造板生产。实践证明，单宁胶黏剂是一种低毒、环保的新型木材胶黏剂。虽然单宁胶黏剂的应用研究取得了一定的成果，但是单宁胶黏剂的黏度一般较大，不容易涂胶，其适用期和产品的胶合强度均不如纯酚醛树脂。

（二）木质素-酚醛树脂胶黏剂

木质素是一种由芳香族单体高度交联形成具有三维结构的聚合物，有和酚醛树脂类似的结构，因此具有取代苯酚、降低酚醛树脂成本、提高其环保性能的作用。目前，木质素在胶黏剂方面的应用一般是亚硫酸盐法和硫酸盐法制浆的副产物，即以亚硫酸盐木质素（磺酸盐木质素）和硫酸盐木质素为主。在一定条件下，硫酸盐法木质素或黑液可替代20%～40%（质量分数）的苯酚制备酚醛树脂胶黏剂，木质素改性酚醛树脂胶黏剂现已应用于刨花板、纤维板和胶合板的生产，不仅可以降低酚醛树脂的生产成本，减少造纸废液的污染，也能够实现资源的再利用。Klasnja等（1992）使用杨木、柳木造纸黑液中的硫酸盐木质素替代苯酚，通过共缩聚法合成了酚醛树脂胶黏剂。研究发现，当木质素替代50%的苯酚（质量分数）时，压制的胶合板具有良好的胶接强度和耐水性能。木质素经过化学改性可以有效地提高它的反应活性，增加反应的活性点，进而提高木质素替代苯酚的比例。日本的一项研究指出，采用溶剂化学改性的木质素可与酚醛树脂共聚制备胶合板用胶黏剂，或与间苯二酚树脂混合使用，可在室温下快速固化。木质素不仅能降低酚醛树脂的成本，而且还能够降低树脂的固化温度，同时也会提高树脂的固化速率。

尽管人们对木质素-酚醛树脂胶黏剂进行了许多研究，但目前真正成功应用于生产中的例子并不多。主要原因是市场上所得的木质素与酚醛树脂相比变异性较大，并且反应活性较低，在大多数情况下，还需对其进行去离子化、超滤和阳离子转化后才能应用。此外，木质素-酚醛树脂胶黏剂的黏度较大，施胶操作困难。

（三）林木生物质苯酚液化产物胶黏剂

林木生物质苯酚液化产物中含有多酚类化合物，可与甲醛进行树脂化反应制备酚醛树脂。日本森林综合研究所于1991开始对速生树种进行苯酚液化处理，在液化产物中添加一定数量的甲醛使之树脂化，再添加硬化剂、填充剂等制成胶黏剂，其性能超过日本JIS标准。日本研究者已成功开发了基于苯酚和间苯二酚液化产物的胶黏剂，其胶合性能相当于同类商业产品，同时也进行了环氧树脂增强的酚类液化产品的研发。有关研究表明，利用木纤维素液化产物制备的酚醛树脂具有与常规的线型酚醛树脂相近的固化温度、黏度等特性，用其制备的胶合板在循环蒸煮状态下，有较好的韧性和耐水性，其胶合强度均超过1.2MPa，达到了日本标准要求。

在国内，北京林业大学、中国林业科学院、西南林学院等高等科研院所也开展了对林木生物质苯酚液化产物进行树脂化的相关研究，并取得了一定的成果。北京林业大学的张求慧等研究了采用磷酸、硫酸、盐酸、草酸等4种无机酸对杉木和三倍体毛白杨苯酚液化产物的影响。结果表明，磷酸和硫酸是木材苯酚液化效果较好的催化剂。在温度为150℃、液化时间为2h、液料比（苯酚/木材）为4、催化剂含量为10%的条件下，采用磷酸或低浓硫酸，可以分别使木材液化后的残渣率降至3.2%和4.0%。西南林学院的郑志锋等对苯酚液化椰子壳粉的合成工艺进行了研究，并确定了最佳的工艺条件。实验表明，浓硫酸是椰子壳液化反应较佳的催化剂；当浓硫酸用量为6%，反应温度为150℃，苯酚与椰子壳质量比为4∶1时，液化反应30 min可较好地将椰子壳液化；随着液化反应时间的延长，液化产物结合酚含量上升。中国林业科学院在酸催化下对未改性木材进行苯酚液化，制备了热固性酚醛树脂胶黏剂，实验发现，木材液化产物中残渣的过滤与否对树脂性能有一定程度的影响，残渣含量越高，影响越大（罗蓓，2005）。

林木生物质苯酚液化技术不仅适用于常规木质废弃物，也适用于改性过的木质废弃物。此外，木材的树皮在一定催化条件下也可进行苯酚液化制备酚醛树脂胶黏剂。虽然林木生物质苯酚液化产物在制备酚醛树脂胶黏剂方面取得了一定的成果，但目前工艺仅停留在实验室研究阶段，距离真正实现工业化利用和产业化生产还有一定的距离。其主要原因在于：

1）木材液化在某些有机物的存在下进行，可以一定程度上降低反应温度，达到节约能源的目的，但液化剂的使用却增加了工艺的复杂性。

2）林木生物质苯酚液化产物在分子结构和反应活性上都与常规苯酚有所不同，以此替代苯酚与甲醛反应制造的酚醛树脂，其性质与常规酚醛树脂存在一定差异。

3）一般情况下，林木生物质苯酚液化产物制备的胶黏剂黏度大、储存期短、固化温度高，这样就限制了林木生物质苯酚液化产物胶黏剂在实际生产中的推广和应用。

（四）林木生物质快速热解油-酚醛树脂胶黏剂

近年来，林木生物质快速热解生物油作为绿色化工原料制备酚醛树脂胶黏剂方面的研究越来越受到关注。生物油中含有较多的芳香族多酚类化合物，其酚羟基含量高于木质素，而甲氧基含量低于木质素，具有较高的反应活性，可与甲醛反应，是替代价格较高的苯酚制备环保型人造板用酚醛树脂胶黏剂的潜在优质原料。林木生物质中单宁含量越高，生物油中酚类物质的含量就越高。落叶松木材（包括树皮）单宁含量较高是制备多元酚含量较高的生物油的优质原料。因而，国内外有关生物油制备酚醛树脂胶黏剂方面的研究主要集中在以落叶松木材快速热解生物油为原料。

早期利用生物油合成酚醛树脂胶黏剂主要以从生物油中提取的酚类物为原料替代部分苯酚。20 世纪 80 年代末期，美国可再生能源实验室首次进行了生物油制备人造板用酚醛树脂胶黏剂的研究。他们利用锯末和树皮快速热解获得生物油，从中提取酚类物质，制备了大约替代 50%（质量分数）苯酚的酚醛树脂胶黏剂。Kellery（1997）用快速热解生物油中提取的多酚类物质制备了生物油改性酚醛树脂胶黏剂，研究表明，当生物油中多酚类物质替代 25%～45%的苯酚时，制备出的酚醛树脂性能与普通商用酚醛树脂相比，两者具有一定的相似性，酚类物质的种类对所制备出酚醛树脂的性能具有显著影响。

由于生物油提取酚类物质的过程比较复杂，会增加生物油的成本。因此，近年来人们开始尝试利用未经任何提纯的生物油（即生物油原油）来制备酚醛树脂。这样不但可以减少生物油作为替代苯酚原料的工序，还较大程度地降低了酚醛树脂的成本。加拿大的 Riedl 2002 年采用真空快速热解设备获得的富含酚类针叶树皮的生物油原油，替代部分苯酚制备了定向刨花板（OSB）用酚醛树脂胶黏剂，并用其制备了 OSB。研究表明，针叶树皮热解生物油可替代部分苯酚与甲醛反应合成 OSB 用酚醛树脂胶黏剂，制备的 OSB 产品性能满足加拿大国家标准。在国内，北京林业大学的木质材料科学与工程研究所在林木生物质热解生物油原油制备酚醛树脂胶黏剂方面做了大量的研究工作。该研究所于 2004 年开始对林木生物质快速热解技术进行研究，利用具有自主知识产权的喷动循环流化床快速热解设备制备出了高多元酚含量、高活性、低炭量的林木剩余物快速热解生物油，并将其应用在木材用酚醛树脂胶黏剂的制备上。该所制备的生物油-酚醛树脂系列胶黏剂具有游离甲醛低、游离酚低、稳定性好、贮存期长等优点，并具有良好的胶合强度，可用于木材和竹木胶合板的生产。表 11.1～表 11.3 列出了该研究所制备的生物油-酚醛树脂（PFR 系列）的各项性能。

表 11.1 PFR 系类胶黏剂的理化性能

种类	pH	固含量/%	黏度/s	贮存期/d	适用期/h	游离醛含量/%
APFR	9～10	50～52	30～35	>25	>10	<0.1
BPFR	10～11	50～52	30～35	>25	>10	<1.0

PFR 系列胶黏剂在 5 层杨木的应用，其压制胶合板的胶合强度是采用工厂快速测试的方法，即沸水煮 3h；甲醛释放量采用国标中的干燥器法进行测试。

从表 11.2 和表 11.3 可以看出，APFR 和 BPFR 胶黏剂的价格比纯酚醛树脂低 600～1000 元，尤其是 APUF 胶黏剂平均每吨价格低于纯酚醛树脂近 1000 元，且制备的板材符合国家 E_0 级标准。

表 11.2 PFR 系类胶黏剂压制胶合板的胶合强度和甲醛释放量

胶黏剂类别	胶合板强度/MPa	甲醛释放量/(mg/L)
APFR	0.78	0.36～0.41
BPFR	1.04	0.87～1.02
纯酚醛树脂(PF)	1.21	0.75～0.96

表 11.3 PFR 系类胶黏剂与纯酚醛树脂胶黏剂的成本分析

胶黏剂种类	纯 PF	APFR	BPFR
成本/元	5100～5300	3900～4100	4300～4500

第二节 单宁胶黏剂

一、单 宁 简 介

(一) 定义

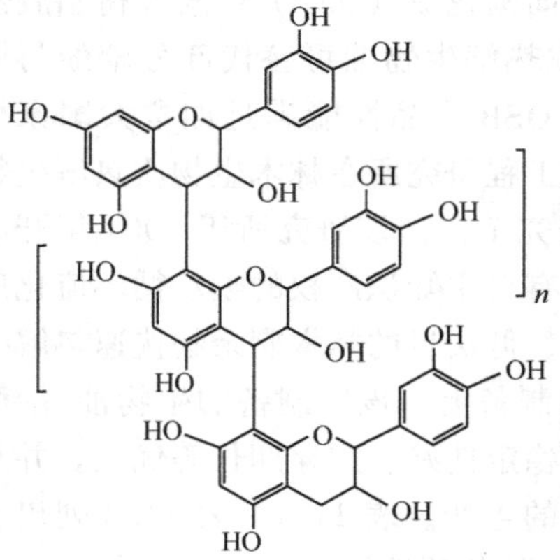

图 11.1 缩合单宁的基本结构

单宁又称单宁酸、鞣质，是一种相对分子质量为 500～3000，具有鞣性、含有多元酚和羧基的、水溶性的酚类化合物（岳孔，2004）。其主要存在于树木的树皮和果实中，针叶树木树皮中的单宁含量较高，达 20%～40%，仅次于其“三素”（纤维素、木质素和半纤维素）的含量（孙达旺，1992），有的树种甚至高于 40%（如黑荆树），缩合单宁的基本结构如图 11.1 所示。

(二) 分类

单宁不是单一化合物，而是多酚类的混

合物，按实用分类可分为两大类（林栩，2007）：一类是可水解的单宁，属于大分子酯类，其组成包含糖类分子在中心与酚、羧酸键结合，酯键存在于醇类的氢氧基与羧酸分子上结合的糖分子上的酸基间。水解类植物单宁具有低稳定性、易水解、低渗透性等特点，可赋予皮革较好的抗老化及抗酸腐蚀性；另一类是缩合单宁，其基本结构为15个碳原子及一个氧原子架构，2个含酚基氢氧基的苯环与一个杂环相连接。当与碱熔融时，碳架被破坏而释放出间苯三酚，与酸共煮时，不仅不水解，而且分子会缩合变大生成暗红色沉淀即“红粉”。植物种类和生长部位的不同，各种植物体中单宁的含量也相差较大，其中树木树皮的单宁含量最高。在两类单宁中，缩合单宁具有应用价值，是树皮中多酚化合物的主要成分，能够与甲醛反应合成木材用胶黏剂，表11.4列举了我国若干树种树皮单宁（缩合类）的百分比含量（张旭英等，1992）。

表11.4　单宁在各种树木树皮中的百分比含量

树种	单宁含量/%	主要产地
兴安落叶松	6～16	内蒙古、东北
西伯利亚落叶松	9～12	内蒙古、新疆、四川
云杉	7～21	四川、云南、甘肃
铁杉	10～15	四川、鄂西、浙江、云南
栲树	19	福建、广东、浙江
千年桐	18	广西、广东、福建
杨梅	15～25	广西、广东、福建、江西、湖南、四川
油柑	21～23	广西、广东、福建、中国台湾
肥木	10	广西
相思树	22～26	福建、中国台湾、广西、广东
黑荆树	36～48	福建、江西、四川、广西、广东
山槐	15～24	广西、广东、福建
木麻黄	13～18	广西、广东、福建
海莲	20～33	广东、福建
红茄苳	12～23	广东、福建
角果木	27～29	广东、福建
木榄	19～20	广东、福建
厚皮香	21～25	福建、云南、广西、广东
拟亦杨	16	贵州、云南、广西、四川
桐花树	7～20	广东
榄李	21	广东
秋茄	17～30	广东、福建

（三）性质

单宁为黄色或棕黄色无定形松散粉末，具有较强的吸湿性，不溶于乙醚、苯、氯仿，易溶于水、乙醇和丙酮，其水溶液有涩味。单宁分子结构中具有多个反应活性基团和活性部位，使其可以发生多种化学反应，如醚化、酰化等。酚羟基是其最具特征的活性基团，能够与金属盐发生多种特征显色反应，可用于植物单宁的定性检验以及在分光光度计法中用于单宁的定量分析（孙达旺，1992）。醚化反应可使单宁的部分或全部酚羟基转化为醚，使单宁的极性减弱、水溶性降低、脂溶性提高、反应活性降低、稳定性增强，有利于单宁的分离和结构测定。酰化反应是用酸酐与单宁作用使其酚羟基或醇羟基转化为酚酯，如没食子酰化可以增加单宁的反应基团，提高其水溶性、抗氧化性及其他反应活性。缩合类单宁具有高稳定性、高渗透性等特点，但不能赋予皮革较好的抗腐性。

二、单宁胶黏剂

单宁中的缩合单宁具有较好的反应活性，可与甲醛发生亲核反应，是制备酚醛树脂胶黏剂的有效成分缩合单宁主要来源于木材加工中的树皮下脚料和单宁含量较高的植物，如黑荆树、相思树、落叶松等。

（一）合成原理

缩合单宁分子中的黄烷醇单元含有间苯二酚或间苯三酚型的芳环，具有强的化学亲核性，在碱的催化下能够与甲醛反应，随着反应的进行最终形成 1，2-羟甲基酚，继之发生缩聚反应生成亚甲基键，随着反应的进行，最终形成热固性树脂。其反应原理与木材工业用酚醛树脂胶黏剂类似，这也是缩合单宁能够取代苯酚制作木材胶黏剂的主要原因。单宁制备的改性酚醛树脂的结构如图 11.2 所示。

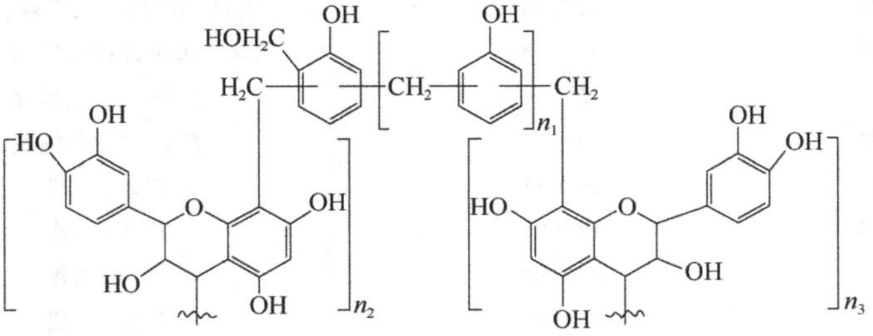

图 11.2　单宁改性酚醛树脂的结构

（二）优点

1）单宁反应活性高，与甲醛反应性能好，加热固化时胶黏剂的热压条件可放宽。

2）加入间苯二酚-甲醛树脂，可以在常温下固化，提高单宁胶黏剂的胶接强度和抗湿性。

3）添加合适催化剂制备的单宁胶黏剂的性能与酚醛树脂胶黏剂类似。

4）单宁替代了大部分毒性较大的苯酚，因此单宁胶黏剂具有低毒（游离酚、游离甲醛含量低）、低成本、耐候性好等特点。

5）单宁胶黏剂原料丰富，可以集中大量生产。

6）水洗性良好，废水中酚类较少。

（三）存在问题及解决方法

由于单宁自身的结构特点，与苯酚或间苯二酚相比，用其制备人造板用胶黏剂的过程比较复杂，而且单宁胶黏剂在合成与应用过程中也存在一些问题，主要表现在：

1）制备过程中容易凝胶且单宁类胶黏剂适用期短。在碱性条件下，单宁与甲醛反应活性高，反应速度过快，如，落叶松单宁与甲醛反应的速度约为苯酚的10倍，这样在胶黏剂制备过程容易发生凝胶，制备的胶黏剂适用期短。解决该问题的方法是，可以用多聚甲醛或六次甲基四胺代替甲醛避免凝胶，这是因为多聚甲醛在反应中会慢慢地放出甲醛，这样可以控制树脂合成的反应速度。也可以用聚甲醛溶液和石蜡乳液、未缩合的羟甲基脲的甲醛浓缩液等代替甲醛。在单宁胶黏剂中加入一定量的木质素磺酸盐或亚硫酸盐废液，可延长树脂的适用期。

2）单宁胶黏剂分子量高、黏度大，不易施胶。单宁提取物除了含有单宁外还含有其他非单宁成分，主要是糖类和树胶。在胶黏剂制备过程中，它们不能参与树脂胶黏剂的合成。糖类对合成树脂的固体含量起稀释作用；树胶在单宁提取物中含量很低，不到单宁提取物含量的6%，但对树脂的黏度影响很大，是导致单宁类胶黏剂黏度大的主要原因。若单宁胶黏剂的黏度过大，很难浸润扩散到木材的表面，这样影响了树脂的胶接性能。解决该问题的方法是，可以对单宁进行化学降解，使单宁分子中组成单元之间的连接链发生断裂，生成聚合度较低的单体产物以及一些开环重排反应的低聚物，从而减少单宁的平均分子质量，降低反应活性。Pizzi采用酸酐与碱联合处理的方法对黑荆树单宁进行改性，发现合成胶黏剂的黏度有所下降。这一方面是由于树胶结构被破坏而导致的胶黏剂黏度降低；另一方面，处理后的单宁发生了降解，使制备的树脂分子量减小，流动性增加。

3）单宁胶黏剂的交联度和胶合强度较低 。单宁的分子质量一般较大，与甲醛生成的亚甲基交联键的长度相对不够，不足以在反应点之间形成较高的交联度，造成单宁胶黏剂的胶合强度不足（张丰文，2006）。当单宁与甲醛反应缩聚程度不高时，单宁分子失去流动性，使得分子中尚存的反应活性位相距太远而无法进一步形成亚甲基连接键，导致单宁类胶黏剂胶层脆性高、强度低。同时上述存在的两个问题也会影响单宁胶黏剂的最终胶合强度。解决该问题常见的方法主要有两种，一是在合成过程中加入水性异氰酸酯，二是加入乙酸锌。另外，将单宁胶黏剂与其他树脂（如酚醛树脂）混合使用也可提高单宁胶黏剂的胶合强度。

第三节　木质素-酚醛树脂胶黏剂

一、木质素简介

（一）定义

木质素是一种天然有机高分子化合物，广泛存在于种子植物体中，是植物骨架中的增强体系。木质素属于芳香族高聚物，由碳、氢、氧等元素组成，主要来源于香豆醇、松柏醇和芥子醇三种不同的单体，其分子结构中存在酚羟基、醇羟基、羧基、硫醇基、甲氧基和共轭双键等官能团。

（二）结构

木质素是由 C_3～C_6 单元的苯丙烷单体组成，这些单体主要有 3 种基本结构（图 11.3），即愈创木基结构、紫丁香基结构和对羟苯基结构。这些结构单元之间以醚键和碳-碳键连接，连接部位可发生在酚羟基之间，或发生在结构单元中三个碳原子之间，或是苯环侧链之间（彭园花，2006）。木质素分子中除结构（2）外，其他结构中酚羟基的邻位还存在游离的空位，均具备一定的反应活性，其中结构（3）的活性最强，结构（1）的活性相对最弱。

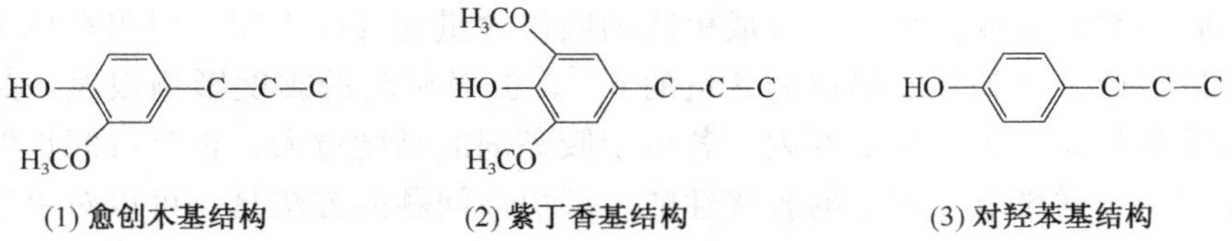

图 11.3　木质素的 3 种基本结构单元

虽然木质素由 3 种基本结构单元组成，但是不同材质所含有的结构单元也不尽相同，阔叶材木质素主要由结构（1）和（2）组成，而草本类木质素由结构（1）、（2）及（3）组成，针叶材木质素主要由结构（1）组成（刘纲勇，2007）。

（三）性质

木质素是一种不溶性的白色或接近白色的固体物质，比表面积大，质轻，相对密度大约在 1.35～1.50 之间，有较高的燃烧值。木质素为热塑性高分子物质，无确定的熔点，具有玻璃态转化温度。电子显微镜下木质素的形状为球形或块状。

二、木质素-酚醛树脂胶黏剂

木质素分子中含有大量的苯酚结构单元，特别是愈创木基、对羟苯基的邻空位有很强的反应活性，在一定条件下既可以与甲醛发生缩合反应又可以与苯酚发生交联反应，因而可以将酚醛树脂与工业木质素结合制成木质素-酚醛树脂胶黏剂。

（一）合成原理

在碱性催化剂作用下，木质素结构中的酚醚键裂开，使大分子变小，与木质素中原有的以及裂开后新产生的酚羟基作用，生成酚基，与此同时木质素还可以与甲醛进行加成反应，生成羟甲基木质素，进而反应得到类似于酚醛树脂结构的高分子聚合物。由于在树脂中引入了木质素这样较大的取代基团，减小酚醛树脂之间的相互作用，提高了树脂的贮存稳定性，同时也降低了游离酚、游离醛含量。

（二）改性木质素-酚醛树脂胶黏剂

由于木质素的反应活性相对较低，应用于酚醛树脂中一般要先进行化学改性。木质素的化学改性主要是利用化学反应改变木质素的结构，提高其反应活性，从而提高木质素与酚醛树脂的交联程度。木质素的化学改性包括酚化、羟甲基、羟丙基化、脱甲基化与不饱和醛反应等化学方法，其中酚化、羟甲基化和脱甲基化 3 种化学改性是比较常用的方法。

1. 酚化改性木质素-酚醛树脂胶黏剂

酚化改性是指木质素在高温条件下与苯酚发生的化学反应，其工艺简单，而且可以在一定程度上增加活性点数目。磺酸盐木质素经酚化可以降低其分子量，脱去部分甲氧基，增加羟基含量，从而提高活性。Sudan（2003）将黑液在碱性条件下进行酚化改性，制备了木质素替代苯酚 60%的木质素-酚醛树脂胶黏剂。刘纲勇（2007）用麦草碱木质素通过碱性条件酚化改性制成Ⅰ类人造板用树脂胶黏剂，其中木质素可以代替高达 70%的苯酚。

2. 羟甲基化改性木质素-酚醛树脂胶黏剂

羟甲基化改性是在木质素芳环上引入羟甲基从而提高木质素活性的方法，它不能提高木质素活性点的数目。一般将碱木素与甲醛在碱性介质中反应，形成羟甲基木质素，可进一步彼此交联或与甲基阶酚醛树脂的活性点反应。甘蔗木质素经羟甲基化可替代 50%的苯酚制得性能与水溶性酚醛树脂相近的木质素-酚醛树脂。有研究使用羟甲基化草本木质素制备酚醛树脂胶黏剂，试验表明，当羟甲基化草本木质素取代商品酚醛树脂达47.8%时，用其所制得得胶黏剂压制胶合板的性能超过国家Ⅰ类板标准。

3. 脱甲基化改性木质素-酚醛树脂胶黏剂

脱甲基化改性就是将占据木质素芳环活性位置的甲氧基转化为酚羟基的反应。碱木质素在碱性条件下进行硫化反应，可将部分甲氧基从芳香环上脱落，同时木质素结构单元之间发生断键，使木质素平均分子质量和甲氧基含量降低，酚羟基含量升高，形成类似邻苯二酚的结构，从而使木质素具有较高的反应活性。但是木质素脱甲基化改性工艺复杂，成本较高。安鑫南（1995）研究了硫酸盐木质素的脱甲基方法，将碱木质素黑液与硫在高温下反应，然后冷却酸化，经乙酸乙酯萃取分离得到甲氧基质量分数为5%的脱甲基化改性木质素，可实现脱甲基木质素完全取代苯酚制备木材用胶黏剂。

（三）存在问题及改进措施

1）粗木质素的成分不稳定，杂质比较多，影响胶黏剂性能的稳定性。所以，在制备胶黏剂之前必须先对粗木质素进行提纯。目前碱木质素通过几次酸析提纯后可以达到较高的纯度。

2）不同原料来源的木质素的活性、分子质量、溶解性等性能差异较大，导致其改性工艺及胶黏剂的合成方法也不同，影响了在胶黏剂中的应用。所以需要进一步研究不同来源木质素的活性、分子质量、溶解性等对胶黏剂性能的影响，加强木质素基础研究及制备胶黏剂合成工艺研究。

3）工业木质素活性低，影响了制备胶黏剂的胶接强度。通过对木质素进行化学改性（羟甲基化、酚化、氧化、脱甲基化）可使木质素大分子结构降解，分子质量降低，活性增加。

4）木质素-酚醛树脂中木质素的替代率、甲醛与苯酚的摩尔比、催化剂种类及用量、pH值、反应温度和反应时间等合成工艺对树脂的性能影响很大，需要对其进行系统研究，找出它们之间相互联系，以获得性能更好的木质素-酚醛树脂胶黏剂。

第四节　林木生物质苯酚液化产物胶黏剂

一、林木生物质苯酚液化产物简介

（一）定义

林木生物质苯酚液化产物是指在苯酚和催化剂作用下，将林木生物质降解成具有反应活性的液态混合物。

(二) 结构

林木生物质苯酚液化产物组分中含有大量的醚键和酚类化合物。醚键是一种亲电性基团，易与亲核试剂苯酚发生亲电取代反应，进而发生断裂，特别是在酸性条件下，醚键更容易断裂。因此，林木生物质苯酚液化一般是在酸性催化剂下进行。林木生物质的种类不同，其酸性作用下苯酚液化产物的结构及组分也不尽相同。图 11.4 为在磷酸催化条件下毛白杨和杉木苯酚液化产物的 ^{1}H-NMR 谱图。

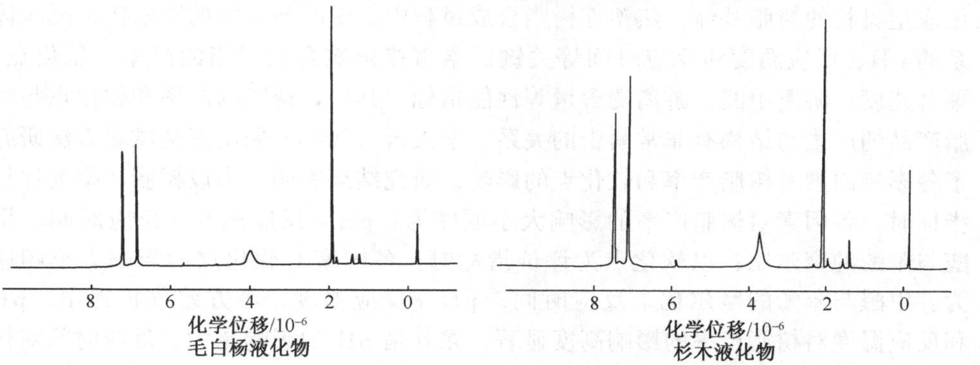

图 11.4 毛白杨和杉木苯酚液化产物的 ^{1}H-NMR 谱图

在毛白杨液化物谱图中，化学移位在 4.02（峰面积平均为 1.50 个质子的贡献）、6.80（峰面积平均为 1.58 个质子的贡献）及 7.17（峰面积平均为 1.00 个质子的贡献）处的多重峰，同时出现可认为是毛白杨纤维素和半纤维素在酸性条件下，产生了 β-D-葡萄糖和 β-D-木糖。同时有松柏醇芳香核质子及芥子醇质子，说明毛白杨液化降解产物中出现了葡萄糖和木糖以及愈疮木基-紫丁香基型木质素的结构；在杉木液化物谱图中，化学位移为 3.23（峰面积平均为 1.80 个质子的贡献）、6.74（峰面积平均为 1.57 个质子的贡献）及 7.02（峰面积平均为 1.00 个质子的贡献）处的多重峰，同时出现可认为是杉木纤维素和半纤维素在酸性条件下，也产生了 β-D-葡萄糖和 β-D-木糖。同时有松柏醇芳香核质子及芥子醇质子，说明杉木在苯酚液化后的降解产物中也出现了葡萄糖、木糖以及愈疮木基-紫丁香基型木质素的结构。两种液化物 ^{1}H-NMR 谱图相比，杉木液化物的化学位移信号较强区域是在 3.23×10^{-6} 处出现，该位置与毛白杨液化物在此处的信号相比，移向了高场区域，尽管这也是其降解产物的 β-D-葡萄糖和 β-D-木糖的体现，但其积分面积的增加表明杉木液化物中含有更多的质子，间接证明杉木降解更充分。

二、林木生物质苯酚液化产物树脂胶黏剂

林木生物质苯酚液化过程中，木质素大分子部分断裂，会生成一部分酚类物

质，可用作合成树脂的原料，主要用于制备酚醛树脂，包括热固性和热塑型酚醛树脂。前者主要用作胶黏剂制备，后者常用于模压材料生产。目前，国内外利用林木生物质苯酚液化产物主要集中在制备热固性酚醛树脂方面，而制备热塑型酚醛树脂方面研究较少。

（一）热塑性酚醛树脂

酸性和碱性催化下的林木生物质苯酚液化产物因具有一定的热塑性可用作模压成型材料的树脂基体。热塑性树脂合成过程中，甲醛与苯酚的摩尔比、反应体系的 pH、反应温度和反应时间等关键因素直接影响合成树脂的产率、软化点、聚合速度、游离甲醛、游离酚含量等性能指标。其中，树脂的产率和软化点与树脂产品的产量与结构有非常紧密的关系。李改云（2008）采用正交试验方法研究了各影响因素对树脂产率和软化点的影响。研究结果表明，当以树脂产率为评价指标时，各因素对树脂产率的影响大小顺序为：pH＞反应温度＞反应时间＞甲醛与苯酚的摩尔比；以软化点为评价指标时，各因素对软化点的影响大小顺序为：甲醛与苯酚的摩尔比＞反应时间＞pH＞反应温度。经方差分析得出，pH 和反应温度对树脂产率的影响高度显著，尤其是 pH 的影响更大；反应时间对树脂产率有显著影响，而甲醛与苯酚的摩尔比对树脂产率几乎没有影响。该树脂与普通热塑性酚醛树脂的结构基本相似，酚环单元之间的连接形式主要是邻位-对位连接和对-对位连接，树脂中含有木材组分的液化碎片，分子质量较低，分布较窄。

（二）热固性酚醛树脂

酸催化下林木生物质苯酚液化产物通常用来制备热固性酚醛树脂，其工艺一般为：在酸性催化剂作用下，将林木生物质材料在苯酚中液化，然后将液化产物调为碱性，再与甲醛进行树脂化反应生成热固型树脂。热固性林木生物质苯酚液化产物酚醛树脂的理化性能与合成树脂所用原料、甲醛与苯酚的摩尔比、催化剂的选择及用量、反应温度、反应时间等因素直接相关，并且液化产物的特性对树脂的性能也有重要影响。张晨霞（2006）比较系统地研究了沙柳、柠条和杨木等苯酚液化产物制备热固性酚醛树脂的合成工艺，分析了甲醛与液化产物摩尔比、氢氧化钠（催化剂）用量对 3 种液化产物树脂各项性能的影响。研究结果发现：①甲醛与液化产物摩尔比的不同，合成树脂的外观、固含量、黏度、胶合强度等性能也不同。随着甲醛与液化产物的摩尔比由 1.2 增加到 1.8，沙柳、柠条和杨木液化产物树脂的胶合强度呈现逐渐增加的趋势。而当摩尔比为 2.1 时，3 种液化产物树脂的胶合强度均有一定的下降；②氢氧化钠的加入量对 3 种树脂黏度和胶合强度影响较大。柠条液化产物树脂的胶合强度随着氢氧化钠用量的增加而减小，而沙柳和杨木液化产物树脂的胶合强度随着氢氧化钠的增加呈现出先增加后减小的趋势。

第五节 林木生物质快速热解生物油-酚醛树脂胶黏剂

一、合成原理

由于快速热解生物油成分复杂，含有酸类、酚类、醛类、脂类、糖类等多种组分近300种化合物，因此目前国内外有关生物油制备酚醛树脂合成原理方面的深入研究几乎未见报道。不过，许多研究者普遍认为，在生物油-酚醛树脂合成中，生物油中多元酚类化合物上的活性点可与甲醛发生加成反应生成羟甲基酚，这些羟甲基酚可与苯酚结构单元上的活性点或酚羟甲基继续反应生成具有酚醛树脂结构的低聚物，随着反应的继续进行，逐步生成具有体型结构的三维立体高聚物树脂。

二、生物油-酚醛树脂胶黏剂合成工艺及影响因素

生物油-酚醛树脂中甲醛与苯酚（F/P）摩尔比、生物油替代率、氢氧化钠用量（NaOH/P摩尔比）等因素直接影响着树脂的结构、理化性能以及胶接制品的胶合强度与甲醛释放量。下面以落叶松木材快速热解生物油-酚醛树脂的合成为例，讨论F/P摩尔比、生物油替代率、NaOH/P摩尔比等对树脂中游离酚含量、制备胶合板的胶合强度及甲醛释放量等性能的影响。

（一）F/P摩尔比

1. F/P摩尔比对生物油-酚醛树脂中游离酚含量的影响

在生物油替代率为40%、NaOH/P摩尔比为0.35的条件下，不同F/P摩尔比下生物油-酚醛树脂中的游离酚含量如图11.5所示。

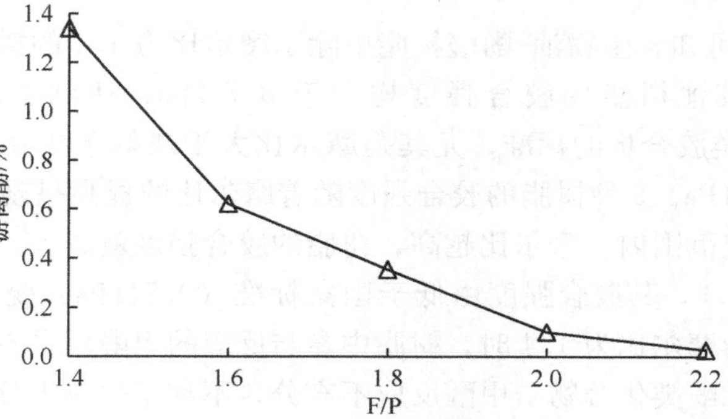

图11.5 不同F/P摩尔比下生物油-酚醛树脂中的游离酚含量

从图11.5可以看出，随着摩尔比的提高，树脂中游离酚含量显著地下降。F/P摩尔比从1.4提高到2.0，树脂中游离酚含量下降的幅度逐渐变小，从摩尔

比为 1.4 的 1.34%，下降到 1.6 的 0.62%、1.8 的 0.39%、2.0 的 0.15%。随着摩尔比的继续增加，树脂中游离酚含量变化较为缓慢，值得注意的是这几种不同摩尔比的树脂中游离酚含量均满足国家标准要求（≤1.5%）。引起以上变化规律的主要原因是当摩尔比较低时，树脂中参与反应的甲醛量不足，导致部分苯酚或生物油中的酚类化合物不能反应，造成了树脂中游离酚含量较高。随着甲醛加入量的增加，树脂中未反应的苯酚、生物油中的酚类化合物以及具有空位反应点的酚类结构的聚合物均可与甲醛反应，提高了树脂中大分子量缩聚物的含量，降低了游离苯酚含量；当甲醛加入量达到一定数量时，树脂中可与甲醛反应的活性点基本被消耗，此时树脂中游离酚含量达到最低值，即使加入再多的甲醛，其游离苯酚含量也不会有较大变化。

2. F/P 摩尔比对生物油-酚醛树脂胶合强度的影响

在生物油替代率为 40%、NaOH/P 摩尔比为 0.35 的条件下，不同 F/P 摩尔比下生物油-酚醛树脂胶接胶合板的胶合强度如图 11.6 所示。

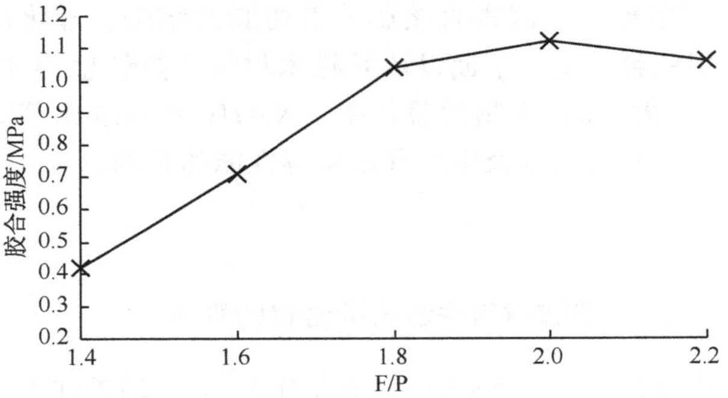

图 11.6　不同 F/P 摩尔比下生物油-酚醛树脂胶接胶合板的胶合强度

从图 11.6 可知，生物油-酚醛树脂中除了摩尔比为 1.4 的树脂的胶合强度为 0.42MPa 外，其他树脂的胶合强度均大于 0.7MPa，达到了国家标准 GB/T 9846.3-2004 Ⅰ类胶合板的标准，尤其是摩尔比大于或等于 1.8 的树脂的胶合强度均大于 1.0 MPa。5 种树脂的胶合强度随着摩尔比的提高呈现出先增加后减小的趋势。在一定范围内，摩尔比越高，树脂的胶合强度就越大。当树脂的摩尔比从 1.4 提高到 1.6，其胶合强度由低于国家标准（0.7MPa）变为符合国家标准要求，这是因为摩尔比为 1.4 时，树脂中参与反应的甲醛用量不足，导致树脂中游离苯酚、多元酚类化合物与甲醛反应不充分，不利于生成大分子量的具有网状结构的聚合物。随着摩尔比的不断提高，树脂中可参与反应的甲醛量不断增多，使可发生聚合反应的多羟甲基酚数量增多，提高了树脂的分子量，在热压固化时这些含有多羟甲基酚的聚合物彼此之间可交联固化形成较紧密的网状结构，进而提高了树脂的胶合强度。当摩尔比由 2.0 变化到 2.2，其胶合强度从 1.12 MPa

下降到 1.06MPa。

3. F/P 摩尔比对生物油-酚醛树脂甲醛释放量的影响

在生物油替代率为 40%、NaOH/P 摩尔比为 0.35 的条件下，不同 F/P 摩尔比下生物油-酚醛树脂胶接胶合板的甲醛释放量如图 11.7 所示。

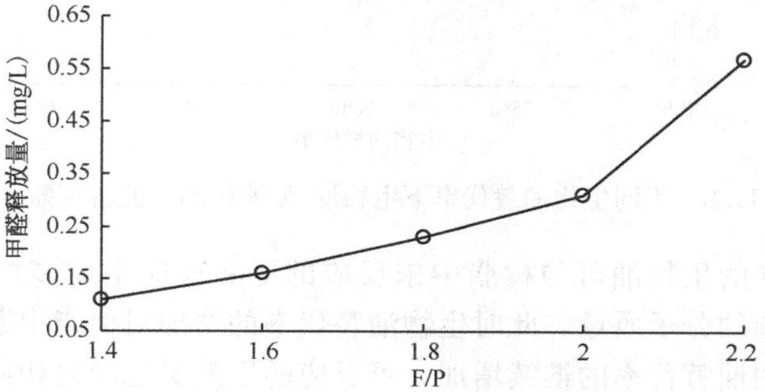

图 11.7　不同 F/P 摩尔比下生物油-酚醛树脂胶接胶合板的甲醛释放量

由图 11.7 可以看出，随着摩尔比的提高，树脂的甲醛释放量也随之相应地增加。当摩尔比从 1.4 增加到 2.0 时，树脂的甲醛释放量变化幅度不大，由 0.11mg・L^{-1} 逐渐增加到 0.30mg・L^{-1}，这 4 种树脂的甲醛释放量均小于 0.5mg L^{-1}，达到 E0 级甲醛释放量标准要求。随着摩尔比的继续增加，树脂中的甲醛过量，使树脂中游离甲醛含量不断增加，进而使树脂的甲醛释放量增加较为明显，所以当摩尔比从 2.0 提高到 2.2 时，树脂胶合板的甲醛释放量随之急剧地增加，由 E0 级（≤0.5 mg・L^{-1}）变为 E1 级（≤1.5mg・L^{-1}），降低了压制板材的等级。由此可见，树脂中甲醛用量越多，其压制板材的甲醛释放量就会越多，进而增加了压制胶合板的甲醛释放量。

（二）生物油替代率

1. 生物油替代率对生物油-酚醛树脂中游离酚含量的影响

在 F/P 摩尔比为 1.8、NaOH/P 摩尔比为 0.35 的条件下，不同生物油替代率下生物油-酚醛树脂中的游离酚含量如图 11.8 所示。

生物油替代率对树脂中游离酚含量有着显著的影响，树脂中的游离苯酚含量随着生物油替代率的增加呈现出先缓慢变化后显著增加的趋势。由图 11.8 可以看出，当生物油替代率由 40%提高到 55%时，树脂中游离酚含量由 0.39%缓慢地增加到 0.48%，当生物油替代率继续提高到 60%时，树脂中游离酚含量由 0.48%急剧地增加到 0.74%。这是因为 F/P 摩尔比为定值，当生物油替代率为 40%时，树脂中还有可与生物油中多元酚类化合物反应的甲醛，随替代率的不断

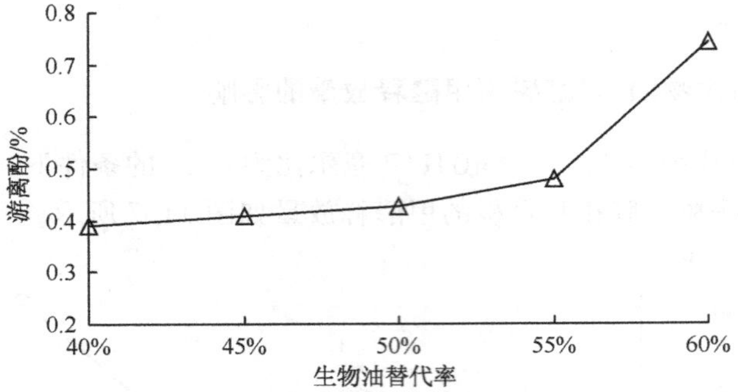

图 11.8　不同生物油替代率下生物油-酚醛树脂中的游离酚含量

增加，这些增加的生物油可与树脂中未反应的甲醛反应生成多羟甲基酚类化合物，提高了树脂的分子质量，此时生物油替代率的增加对树脂中游离酚含量影响较小；随着生物油替代率的继续增加，可反应的甲醛量也随之相应地减少，当替代率增加到一定程度时，树脂中可与其反应的甲醛量不足，造成树脂中含有较多未反应的多元酚类化合物，进而导致树脂中游离酚含量显著地增加。

2. 生物油替代率对生物油-酚醛树脂胶合强度的影响

在 F/P 摩尔比为 1.8、NaOH/P 摩尔比为 0.35 的条件下，不同生物油替代率下生物油-酚醛树脂胶接胶合板的胶合强度如图 11.9 所示。

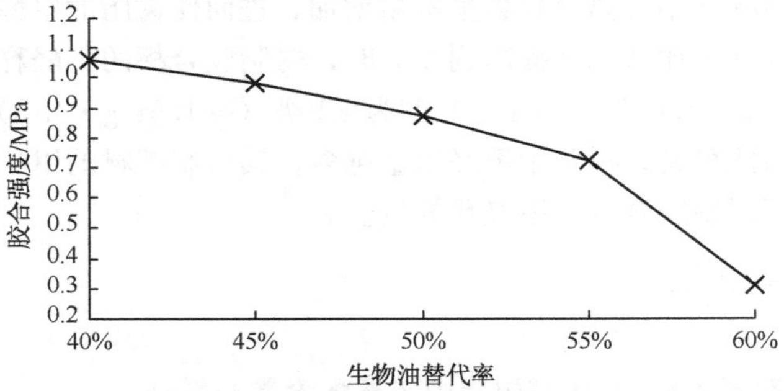

图 11.9　不同生物油替代率下生物油-酚醛树脂胶接胶合板的胶合强度

由图 11.9 可知，随着生物油-酚醛树脂中生物油替代率的增加，其胶合强度逐渐地减小。当生物油替代率由 40% 提高到 55% 时，树脂的胶合强度由 1.06MPa 减少到 0.72MPa，不过这 4 种树脂均符合国家标准要求。由于 F/P 摩尔比为定值，所以树脂中生物油替代率越高，甲醛/(苯酚+生物油) 摩尔比就越低，导致树脂中未反应的多元酚化合物以及低聚合物的数量增多，这些低分子物质固化时较难融合到树脂固化体系中，会降低树脂固化后的交联密度，进而降低了树脂胶接胶合板的胶合强度；生物油替代率由 55% 变化到 60% 时，树脂的胶合强度下降得较为显著，由符合国家标准要求的Ⅰ类板材降低到不合格产品。这是因为当生物油替代率由 55%提高到 60%时，树脂中游离酚含量急剧地增加，这些未反应的游离酚类物质固化时需要较高的活化能，因此较难参与树脂的交联固化反应，进而影响了树脂固化后的胶合强度。

3. 生物油替代率对生物油-酚醛树脂甲醛释放量的影响

在 F/P 摩尔比为 1.8、NaOH/P 摩尔比为 0.35 的条件下，不同生物油替代率下生物油-酚醛树脂胶接胶合板的甲醛释放量如图 11.10 所示。

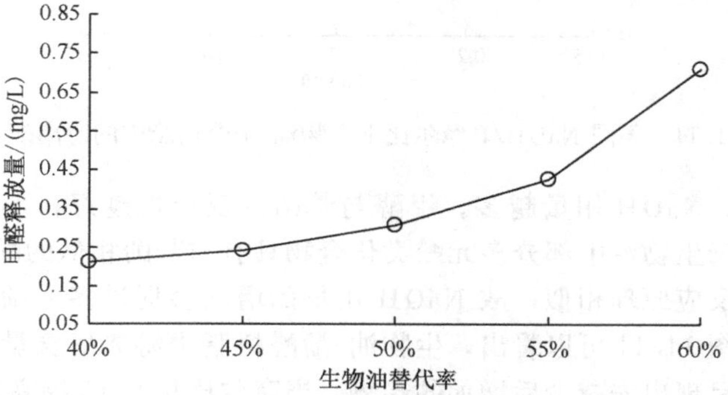

图 11.10　不同生物油替代率下生物油-酚醛树脂胶接胶合板的甲醛释放量

从图 11.10 可以看出，随着生物油-酚醛树脂中生物油替代率的增加，其甲醛释放量逐渐增加。当生物油替代率由 40%提高到 55%时，树脂的甲醛释放量由 0.21mg L^{-1}增加到 0.43 mg L^{-1}，但这 4 种树脂的甲醛释放量均达到 E0 级甲醛释放量标准要求；当生物油替代率由 55%提高到 60%时，POF 树脂的甲醛释放量随之急剧地增加，由 0.43 mg L^{-1}增加 0.72 mg L^{-1}，使压制胶合板的等级由 E0 级（≤0.5 mg L^{-1}）下降到 E1 级（≤1.5mg L^{-1}）。这是因为生物油中多元酚类化合物与甲醛反应生成的羟甲基多元酚在热压固化时彼此之间或与羟甲基苯酚容易形成自缩聚或共缩聚的醚键，这些醚键很不稳定，会随着时间的流逝或环境温度的提高而逐渐释放出甲醛；虽然增加树脂中生物油替代率，可降低甲醛/(苯酚＋生物油）的摩尔比，但是同时也会稀释合成反应物的相对浓度，降低苯酚或具有空位反应点的聚合物与甲醛的碰撞机率，导致了树脂中具有可释放出甲醛的潜在基团（如游离甲醛、醚键等）的含量增加，进而增加了树脂压制胶合板的甲醛释放量。

（三）NaOH/P 摩尔比

1. NaOH/P 摩尔比对生物油-酚醛树脂中游离酚含量的影响

在 F/P 摩尔比为 1.8、生物油替代率为 40%的条件下，不同 NaOH/P 摩尔比下生物油-酚醛树脂中的游离酚含量如图 11.11 所示。

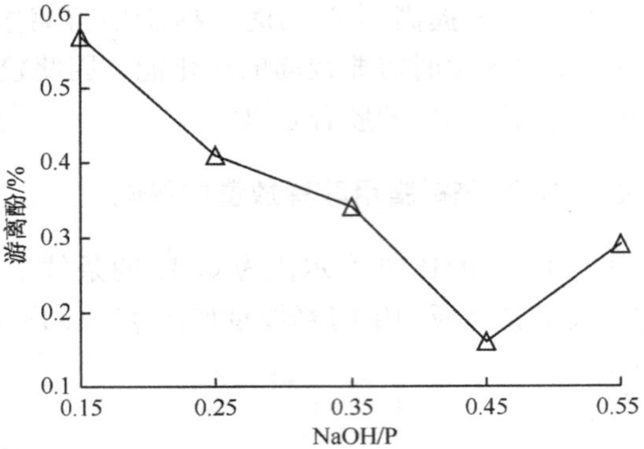

图 11.11　不同 NaOH/P 摩尔比下生物油-酚醛树脂中的游离酚含量

一般来说，NaOH 用量越多，甲醛与苯酚的反应性越好，形成的树脂水溶性就越好。由于生物油中部分多元酚类化合物具有与苯酚相似的酚环结构，且与甲醛和苯酚的反应原理相似，故 NaOH 用量的增加会促进多元酚类化合物与甲醛的反应。从图 11.11 可以看出，生物油-酚醛树脂中游离酚含量随着 NaOH/P 摩尔比的增加呈现出先减少后增加的趋势。当摩尔比从 0.15 提高到 0.45 时，树脂中游离酚含量也随之逐渐地减少，由 0.57%下降到 0.16%。由此可见，增加树脂中 NaOH 用量提高了树脂的 pH，可促进树脂中游离苯酚、多元酚类化合物的反应性；NaOH 用量越多，树脂中游离苯酚、多元酚类化合物与甲醛反应越充分，树脂中游离苯酚含量就越少。但这并不意味着 NaOH 用量可以不限量地增加，由图 5-10 中曲线的变化规律也可看出，当树脂的 NaOH/P 摩尔比超过 0.45，不利于树脂中游离苯酚、多元酚类化合物与甲醛的反应，导致树脂中游离苯酚含量较高。

2. NaOH/P 摩尔比对生物油-酚醛树脂胶合强度的影响

在 F/P 摩尔比为 1.8、生物油替代率为 40%的条件下，不同 NaOH/P 摩尔比下生物油-酚醛树脂胶接胶合板的胶合强度如图 11.12 所示。

从图 11.12 可以看出，随着生物油-酚醛树脂中 NaOH/P 摩尔比的增加，其胶合强度呈现先增加后减小的趋势。当摩尔比由 0.15 增加到 0.45，树脂的胶合强度也由 0.73 MPa 增加到 1.05 MPa，这是因为提高树脂的 pH，可促进树脂中游离苯酚、多元酚类化合物与甲醛的反应，NaOH 用量越多树脂中游离苯酚、多元酚类化合物与甲醛反应越充分，有利于树脂中体型网络结构的形成，故树脂的胶合强度曾显出增加的趋势。当树脂中 NaOH/P 摩尔比由 0.45 增加到 0.55，其胶合强度略有下降，因为摩尔比超过 0.45，不利于树脂中游离苯酚、多元酚类化合物与甲醛形成高分子的聚合物，而且较高的碱性 pH 使与其相胶接的木材

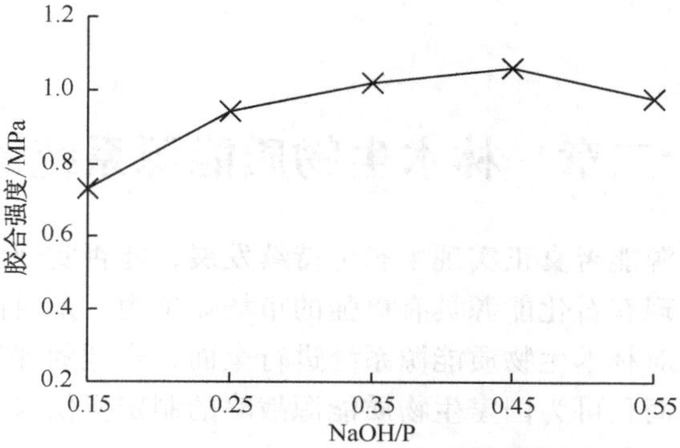

图 11.12　不同 NaOH/P 摩尔比下生物油-酚醛树脂胶接胶合板的胶合强度

单板的表面发生了降解反应，破坏了树脂与木材的胶接界面，进而降低了树脂的胶合强度。

3. NaOH/P 摩尔比对生物油-酚醛树脂甲醛释放量的影响

在 F/P 摩尔比为 1.8、生物油替代率为 40%的条件下，不同 NaOH/P 摩尔比下生物油-酚醛树脂胶接胶合板的甲醛释放量如图 11.13 所示。

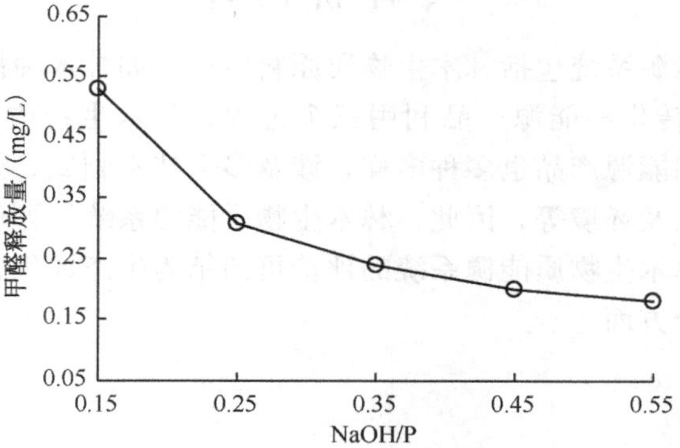

图 11.13　不同 NaOH/P 摩尔比下生物油-酚醛树脂胶接胶合板的甲醛释放量

从图 11.13 可知，随着 NaOH/P 摩尔比的增加，生物油-酚醛树脂的甲醛释放量逐渐地下降。当摩尔比从 0.15 提高到 0.25 时，树脂的甲醛释放量下降得较为显著，由 0.54 mg L^{-1} 下降到 0.31 mg L^{-1}，使压制胶合板的等级由 E1 级（≤1.5 mg L^{-1}）变为 E0 级（≤0.5mg L^{-1}）。随着 NaOH/P 摩尔比的继续增加，树脂的甲醛释放量也随之逐渐地下降，由摩尔比为 0.25 的 0.31 mg L^{-1} 下降到摩尔比为 0.55 的 0.18 mg L^{-1}。这是因为提高树脂的 NaOH/P 摩尔比，促进了树脂中游离苯酚、多元酚类化合物与甲醛的反应，摩尔比越大以上反应越充分，因而降低了树脂的甲醛释放量。

第十二章　林木生物质能源系统评价

林木生物质能源能否真正实现生态可持续发展，能否实现清洁生产和对环境的零污染，能否比现有石化能源具有更强的市场竞争力，是目前国内外关注的焦点和讨论的热点。对林木生物质能源系统进行全面、合理的评价，不仅能够有助于明晰上述问题，而且可为国家生物质能源战略的制定提供参考，推动相关生物质能源化技术及产业化应用发展。

本章首先介绍国内外主要林木生物质能源系统的生态、环境以及技术经济评价方法，然后应用这些方法对世界各国高度关注、重点研发和正在工业化推广应用的典型案例——林木生物质发电、生物柴油生产以及生物质热解制备化工产品进行综合分析和评价。

第一节　林木生物质能源系统评价内容和方法

一、评 价 内 容

林木生物质能源系统包括林木生物质原料生产（如林木种植、培育、收集和预处理等）、能量转化和能源产品利用三个过程。林木生物质资源具有多样性，其能量转化技术和能源产品也多种多样，涉及多个技术领域，如农业、林业、机械、化学、生物以及环境等，因此，林木生物质能源系统的评价是一个复杂的系统工程。通常，林木生物质能源系统的评价可归结为生态评价、环境影响评价和技术经济评价三个方面。

（一）生态评价

广义的生态评价是指利用生态学的原理对某一生态系统的多种重要功能（如资源供给、生物多样性、土地生产力、环境净化等）的评价。林木生物质能源系统的生态评价，主要考察其物质和能量供应的可持续性，以及系统在全球或区域生态系统内的可持续发展性。

从生态学的角度来看，林木生物质能源系统是一个典型的物质循环和能量流动的生态循环过程。如图 12.1 所示，林木生物质资源是整个循环过程的开端，通过光合作用，林木生物质在生长期固定大气中的 CO_2（也有部分 CO_2 会在种植和培育过程中释放到大气中），并将太阳能转化为生物质能；之后林木生物质在收割、预处理、能量转化、运输和存储过程中释放一部分 CO_2，并将大部分物质转换成新的能源产品（如热解油、炭、可燃气体等）和副产品；最后，在新能源产品的利用过程中，能量在发动机或电厂中被又一次转换成机械能、热能或者电能等形式，同时释放出 CO_2，整个过程中释放的 CO_2 又会被系统中林木生物质所吸收，如此实现物质的循环和能量的流动。相比之下，在石化能源开采、能量转化、运输、存储以及能源产品的利用过程中，伴随能量流动的只有 CO_2 的释放而没有吸收，即只有能量的流动却没有物质的循环再生，其结果是石化资源库存量日趋减少、大气碳含量不断上升。

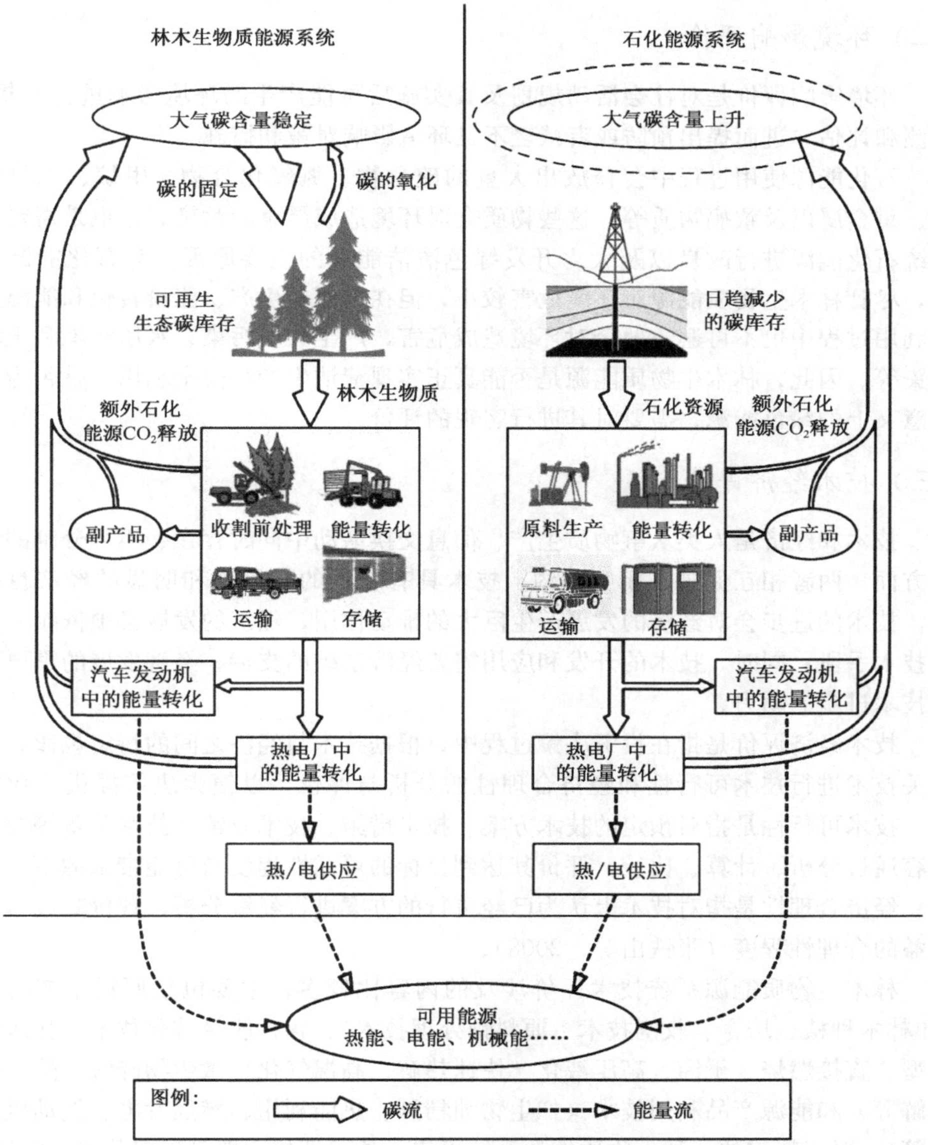

图 12.1　林木生物质能源系统和石化能源系统物质循环和能量流动示意图

显而易见，与石化能源相比林木生物质能源最大的优点是其可再生性和能够维持生态系统碳平衡的生态效益。然而任何一项人类活动都不可避免地会给生态系统造成影响，林木生物质能源系统的开发也不例外，可能存在水土流失、山林火灾、病虫害、农药残留、土地酸化、湖沼富营养化等生态破坏问题。因此，林木生物质能源系统的开发是否符合这样一种趋势、是否能实现长期可持续发展，有必要对其进行全面的生态评价。

（二）环境影响评价

环境影响评价是对社会活动规划及其实施后可能产生的环境影响进行分析、预测和评估，进而提出预防或者减轻不良环境影响对策和措施。

石化能源使用过程中会释放出大量的硫化物、氮氧化合物、甲烷、二氧化碳、重金属以及致癌物质等，这些物质会对环境造成严重的污染，这也是需要对传统石化能源进行改良以及大力开发绿色清洁能源的主要原因。与石化能源相比，尽管林木生物质能源对环境危害较小，但在其原料生产、能量转化和能源产品利用过程中也不可避免地会对环境造成危害，产生大气污染、水质污染和土壤污染等。因此，林木生物质能源是否能真正实现清洁生产和安全利用，是否为真正意义上的绿色能源，需要对其进行客观的评价。

（三）技术经济评价

技术和经济是人类从事物质生产、信息交换活动中同时存在、不可分割的两个方面，两者相互促进、相互制约。技术具有较强的应用性和明显的经济目的性，技术的进步会对经济的发展产生巨大的推动作用，经济的发展必须依赖一定的技术手段；同时，技术的开发和应用需要经济基础的支持，经济发展的需要也是技术进步的动力。

技术经济评价是指在投资决策过程中，根据技术与经济之间的特定规律，对有关技术进行技术可行性和经济合理性的分析与评价，以便为决策提供优化方案。技术可行性是指对预定的技术方案、技术措施、技术政策、技术装备等技术内容通过分析、计算、比较，评价其达到目标的可靠性程度与可能带来的不良后果；经济合理性是指对技术上认为已经可行的方案进行经济分析，评价其成本与效益的合理性程度（张铁山等，2008）。

林木生物质能源系统技术评价涉及的内容比较多，主要包括原料生产技术（如林木种植、培育、收割技术、原料预处理技术）、各种能量转化技术（如压缩成型、直接燃烧、干馏、高压液化、快速热解、高温气化、微生物降解、酶发酵降解等）和能源产品利用技术（如生物油精制、热能利用、燃烧发电、发动机燃料等）。对于特定的一种生物质能源系统而言，技术评价主要是针对技术可行性、设备可靠性、生产安全性、生产率、产品能耗、产品质量和性能以及存在的风险等方面。

林木生物质能源系统的经济评价主要是对其初始一次性投资和后期运行费用进行经济评价。一般而言，初始一次性投资是最主要的经济投入，包括土地费用、设备成本、厂房投入等；后期运行费用主要是生物质原料的生产成本（包括土地开垦和保养、种植、施肥、防虫、管理、收割、收集运输、预处理等费用）及其转化、销售、利用过程中发生的费用。其中，生物质原料的生产成本是非常重要的一个方面，但对其重要性通常估计不足，往往在投产运行之后才能够慢慢显现出来。比如，有些生物质能源企业正是由于原料生产成本太高而举步维艰，甚至倒闭。有报道称，亚洲一些生物柴油生产商在实施生物柴油项目过程中，由于其生产原料费用较高，被迫相继搁置。澳大利亚最重要的生物燃料生产商——澳可再生燃料公司在澳大利亚西部和南部的两个工厂，也因为原料生产成本过高，被迫停止生产。

因此，林木生物质能源系统是否比现有石化能源系统具有更强的市场竞争力，还需要对其包括林木生物质原料生产、能量转化和能源产品利用三方面的内容进行技术可行性和经济合理性的综合分析与评价。

二、评价方法

（一）生态评价方法

目前，生物质能源系统的生态评价方法主要有能量效率评价法、碳平衡评价法和可持续发展指数评价法（Borjesson，1996；Krotscheck 等，1996；Boman 等，1997；Yoshida 等，2003；Ptasinski 等，2007；Gaunt 等，2008）。

1. 能量效率评价法

20 世纪 80 年代后期，美国著名生态学家 H. T. Odum 提出了研究生态经济系统结构和功能的新理论——能值（energy）理论，并以太阳能值（solar energy）为统一尺度，来进行不同类型能量之间的核算。能值是指流动或贮存的能量中所包含的另一类别能量的数量。因各种资源、产品或劳务的能量均直接或间接地起源于太阳能，太阳能值成为衡量某一能量的能值大小的基准，单位为太阳能焦耳（solar emjoules，sej）。任何流动或贮存状态的能量所包含太阳能的数量，即为该能量的太阳能值。能值理论使得原本难以统一度量的各种生态系统或生态经济系统的能流、物流和其他生态流能够进行比较和分析，不论是可再生资源、不可再生资源，还是商品、劳务，甚至信息和教育，都可以用能值来评价其价值（陆宏芳等，2005）。

能量效率评价法是将生物质能源系统整个过程中投入与产出的能量和物质均换算成当量能值后根据能值大小衡量系统优劣的评价方法，属于能值理论范畴。

2. 碳平衡评价法

碳平衡评价法主要是评价系统 CO_2 的排放和回收情况，从而判断该系统对整个生态系统影响的大小，衡量其长期可持续发展性。将碳平衡评价法用于评价林木生物质能源，主要是考察林木生物质能源在原料生产、能量转化和能源产品利用整个生命周期内 CO_2 的净排放量，衡量其碳汇能力。

林木生物质生长过程会通过光合作用吸收 CO_2，如果将其作为能源使用也会排放 CO_2。究竟林木生物质能源系统 CO_2 的吸收量和排放量哪个更大，目前有三种不同的观点。一种观点认为林木生物质用于能源是碳中性的，因为生物质是靠吸收 CO_2 而生长的，或者说生物质可以吸收其被利用时所排放的 CO_2 而得到再生；另一种观点认为林木生物质能源的碳中性是一种错觉，因为就煤炭等石化燃料而言，它们其实也是在远古时代靠吸收 CO_2 形成的，因此吸收并不能成为排放为零的根据，只有在今后能够进行 CO_2 的再吸收才具有评价的价值，而且相对于额外的环境影响，系统所获得的 CO_2 减排效果可能会得不偿失（Koonin，2006；Ragauskas 等，2006）；还有一种观点（何珍等，2006）认为林木种植地土壤、落叶和根系等均会起到固定碳的作用，因此林木生物质能源系统 CO_2 固定量要大于 CO_2 排放量，林木生物质资源不但不会产生温室效应，而且可以大大降低整个能源系统的温室气体排放，具有很强的碳汇能力。

对于这三种观点究竟哪种更符合实际，林木生物质能源系统在原料生产、能量转化和能源产品利用整个过程中 CO_2 净排放量究竟是正还是负，亦或是零，目前还有争论，仍在探讨之中。

由于本章能源系统评价实例中未涉及能量效率评价法和碳平衡评价法，因此这里只是作以简单介绍，具体评价方法可参看相关文献。

3. 可持续发展指数评价法

可持续发展指数评价法（sustainable process index，SPI）是一种基于人类活动与生态环境之间能量和物质交换的生态可持续发展评价方法，是预测和评价人类与生态环境之间交互活动的方法（Krotscheck 等，1996）。

该方法将评价对象的各种生态影响因素均换算成唯一的一个评价指标——生态足迹（ecological footprint，EF）（或称“当量土地面积”或“生态踩占”），若被评价对象的生态足迹越大，说明该评价对象占用整个生态系统的“当量土地面积”就越大，而全球“当量土地面积”是一定的，因此该评价对象对生态系统的负面影响也就越大，越不利于可持续发展。

生态足迹是指（Rees，1995；Wackernagel 等，1998）在现有技术条件下，指定的人口单位内（一个人、一个城市、一个国家或全人类）需要多少具备生物生产力的土地（arable land）和水域，来生产该人口单位所需资源和吸纳所衍生的废物。生态足迹通过测定现今人类为了维持自身生存而利用自然资源的量来评估人类对生态系统的影响。比如说一个人的粮食消费量可以转换为生产这些粮食所需要的耕地面积，他所排放的二氧化碳总量可以转换成吸收这些 CO_2 所需要的森林、草地或农田的面积。因此它可以形象地被理解成一只负载着人类和人类所创造的城市、工厂、铁路、农田等的巨脚踏在地球上时留下的脚印大小。通常将一个地区空间内各种自然资源的生物生产力按世界平均生物生产力换算成世界平均生态空间面积，称为该区域的生态承载能力（ecological capacity）。将生态足迹与生态承载能力进行比较，就可以判断该地区的生产和消费活动是否处于当地生态系统承载能力范围内。要实现生态可持续发展，就是要保证生态足迹不要超出生态承载力（匡耀求等，2004）。

SPI 评价法的基本计算过程如下：

$$A_{tot} = A_R + A_E + A_I + A_S + A_P \qquad (m^2)$$

式中：A_{tot}代表系统所需的全部当量土地面积；

A_R 代表提供原材料所需的当量土地面积；

A_E 代表提供能量所需的当量土地面积；

A_I 代表提供基础设施所需的当量土地面积，如工厂用地，基础建设，设备等；

A_S 代表提供所用人员所需的当量土地面积；

A_P 代表消纳系统产生的废物所需的当量土地面积；

这里的 A_{tot} 是指整个系统所需的当量土地面积，对于单位产品或服务（比如运输服务中的 1km）的当量土地面积，可以通过下面的公式求得：

$$a_{tot} = A_{tot} / N \qquad [m^2/(a \cdot unit)]$$

式中：N 代表该系统的容量，比如系统每年有多少千瓦时的当量电能产量。

如果某个产品或服务是由多个物质和能量流构成（实际上多数情况是这样），则该产品或服务的单位当量土地面积可以通过各组分值的相加来求得。

从上述分析可以看出，SPI 评价方法收集了系统生命周期里所有的物质和能量流数据，因此其评价结果是全面和公正的，不会倾向于某些具体的组分，其结果可以用于生物质能源系统长期策略的选择和技术开发的指导。但是，由于 SPI 评价法所需要的数据范围比较广，因此数据收集是进行 SPI 评价的难点。

据中国环境与发展国际合作委员会的报道，2003 年全球的生态承载力为 112 亿全球公顷，而全球生态足迹是 140 亿全球公顷，超出了地球可供给能力的 25%，已经出现了严重的生态赤字，人类正在透支生态环境，这意味着人类正在耗竭其经济所依赖的生态资本，并造成其退化。同时也说明，开发林木生物质能源至少要保证其生态发展的可持续性，最好能控制其生态足迹在世界平均值以下，以便于全球生态系统的有效修复。

与能量效率评价法和碳平衡评价法相比，SPI 评价法的数据不仅包括能源系统与生态环境之间的能量和物质交换，还包括系统所处区域内整体生态系统的状况，评价范围更加广泛；另外，SPI评价法将复杂的能源、物质交换等情况转化为可量化的“生态足迹”，然后与生态承载力直接比较，使其评价过程形象而简单。因此，本章主要介绍 SPI 评价法在林木生物质能源系统生态评价的应用实例。

（二）环境影响评价方法

对生物质能源系统进行环境影响评价国内外普遍使用的是生命周期评价法（life cycle analysis，LCA），该方法通过收集系统整个生命周期内和环境发生交换的信息，分析和评价系统对环境的影响程度。

LCA 是近年来迅速发展起来的一种产品和服务的评价体系，是在产品或服务系统整个生命周期中将产品或服务系统对环境的影响进行汇集和测算的一套系统方法。LCA 起源于 20 世纪 60 年代后期，当时人们已经认识到原材料和能源资源的有限性，开始探索综合考虑现阶段能源利用、未来能源资源供给与利用方式的问题。1969 年，美国中西部资源研究所（MRI）对可口可乐公司饮料包装瓶进行了评价研究，尝试从最初的原材料采掘，到最终的废弃物处理，进行全过程的跟踪与定量分析，即通常所称的“从摇篮到坟墓”分析（cradle to grave analysis），这项工作使可口可乐公司在大容量包装方面放弃了过去长期使用的玻璃瓶，转而采用至今仍然使用的塑料瓶，并取得了不可估量的经济和社会效益。

LCA 的实施步骤分为目标和范围定义、清单分析、影响评价及结果分析，如图 12.2 所示。

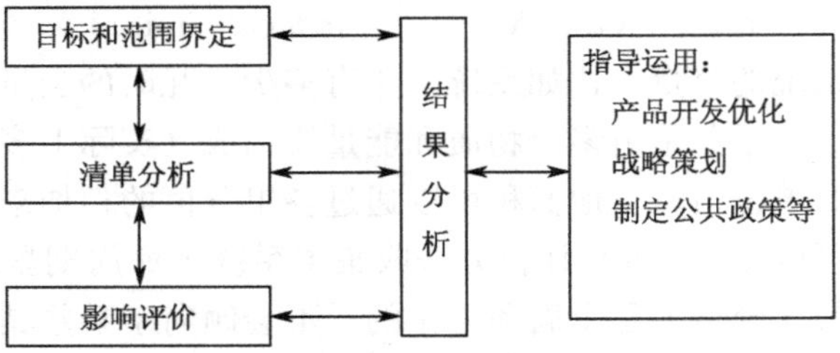

图 12.2 LCA 实施步骤（ISO14040，1997）

1）目标和范围界定。目标和范围界定是 LCA 的第一步，也是最关键的部分。它一般先确定 LCA 的评价目的，然后按评价目的确定研究范围。目标确定即要清楚地说明开展此项生命周期评价的目的和意图，以及研究结果的预计使用目的，如提高系统本身的环境性能，用于环境声明或获得环境标志等。范围确定的深度和广度受目标控制，一般包括功能单位、系统边界、时间范围、影响评价范围、数据质量要求等。

2）清单分析。清单分析就是列出产品生命周期各个阶段资源和能源消耗以及各种废料排放的清单数据，是LCA中继目标和范围界定后的重要操作步骤，是LCA研究工作的基础，也是LCA整个操作工作中工作量最大的一部分。清单分析涉及产品整个生命周期，一个完整的清单分析能为所有与系统相关的投入产出提供一个总的概况。这部分工作的重点是通过对产品生命周期中物流和能流的调查分析，建立与环境相关的数据矩阵。关于清单分析的方法论已在世界范围内进行了大量的研究和讨论，是目前LCA组成部分中发展最完善的一部分。

3）影响评价。影响评价是对清单分析中列出来的环境影响作定量或定性的描述和评价。影响评价目前正在发展中，还没有一个达成共识的方法。国际标准组织（ISO）、国际环境毒物学和化学学会（SETAC）和美国EPA都倾向于采用"三步走"的模型进行影响评价，即"分类"、"特征化"和"量化评价"。影响评价中的"分类"主要考虑的问题是清单分析中得来的数据归到哪类环境影响。LCA研究中一般把影响类型分为资源耗竭、人类健康影响和生命影响三大类，每一大类又可包含许多小类。"特征化"主要考虑的问题是谁对影响有贡献，它主要通过开发负荷模型、当量模型等模型来汇总分析每一种影响大类下的不同小类影响类型。"量化评价"是确定不同影响类型的贡献大小，即确定权重以便得到一个数字化的可供比较的单一指标。

4）结果分析。结果分析是依据一定的评价标准对清单分析结果和影响评价结果作出评价，识别出产品或活动的薄弱环节和潜在的改善机会，为达到生态最优化目的而提出改进建议。改进建议可在LCA的不同阶段提出，例如在清单分析中可以找出减少资源使用量和废弃物排放量的机会，进而提出改进建议。

进行林木生物质能源系统LCA评价时通常也按照这四个步骤来实施。首先，在林木生物质能源系统LCA评价目标下，确定评价范围（主要包括林木生产、原料收割、预处理、能量转化、产品使用、废物处理等）；然后在评价范围之内进行清单分析，列出林木生物质能源系统各个阶段能量和物质的输入和输出，进而进行林木生物质能源系统LCA的影响评价（主要评价指标包括全球变暖、臭氧层破坏、人体毒性、重金属、酸化、光化学氧化物、富营养化等）；最后根据这些评价结果对整个林木生物质能源系统做出全面的评价并提出改进建议。

上述过程中，由于林木生物质资源种类丰富、转化利用技术复杂、产品利用途径多样，使得林木生物质能源系统LCA评价范围的确定存在一定困难，下面对此进行简要说明。林木生物质能源系统LCA评价范围的界定比较关键，不同林木生物质能源产品的系统在具体内容上会有一定的差异，但总体来讲其范围如图12.3所示，主要包括原料生产、原料收割、预处理、能量转化、产品使用、废物处理等各个环节。在原料准备阶段，天然林的评价范围主要包括原料的收集、运输和预处理；而对于人工培育林来说，还应当考虑林木种植和培育过程，如土地管理、施肥和用药、林木田间管理等。在能量转化和产品利用阶段，由于林木生物质能量转化方式和利用途径多种多样，涉及物理、化学、生物等多个学科领域，因此其评价范围应当根据具体的能源项目，确定合理的评价范围，大体应当包括该项目能量转化技术所采用的设备、工艺、辅助原料和转化过程中产生的副产品及废气、废水、废渣的处理等。在林木生物质能源产品利用阶段，评价范围主要包括产物的使用及使用过程中的环境安全性，如产物毒性、有害气体排放等。

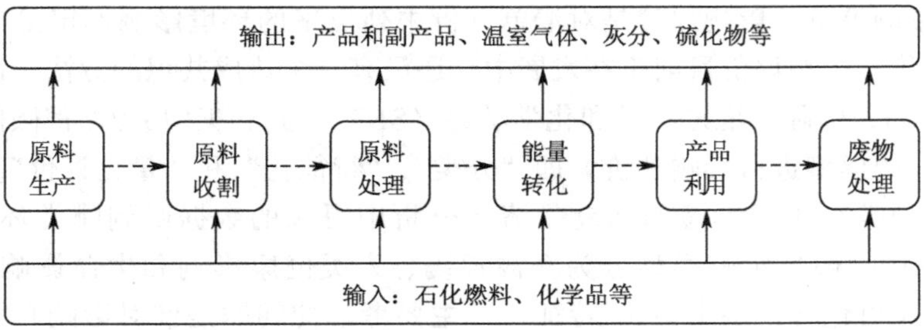

图 12.3　林木生物质能源系统 LCA 评价范围

（三）技术经济评价方法

技术经济评价方法包括技术评价方法和经济评价方法。

技术评价主要包括评价前的准备工作、对实现预定目标的评价、对危害性影响的评价和综合评价四部分内容。由于技术评价的内容极其广泛、涉及的功能相当复杂、影响因素众多，因此需要采用系统分析的观点与方法，而各个评价步骤中的具体方法还处于探索总结和发展阶段（张铁山等，2008），因此这里不做详细介绍。

经济评价方法按照是否考虑资金的时间价值，可以分为动态评价方法和静态评价方法两大类。动态评价方法是指采用动态评价指标的经济评价方法；静态评价方法是指采用静态评价指标的评价方法。动态评价指标一般包括内部收益率、净现值、净现值率、净年值、动态投资回收期等；静态评价指标一般包括投资收益率、静态投资回收期、偿债能力等。常用经济评价指标体系如图 12.4 所示。

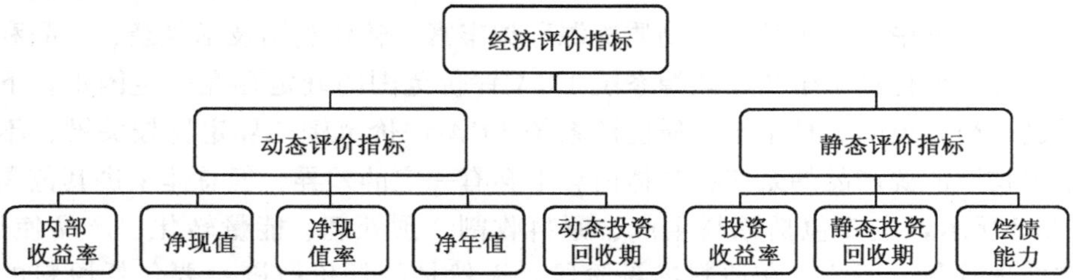

图 12.4　经济评价指标体系

由于动态评价指标考虑了资金的时间价值，因此能更加真实地反映系统的经济效果，因此经济评价一般以动态评价为主，静态评价为辅。静态评价一般用于数据不完备和精度要求较低的项目初选阶段；动态评价指标则主要用于项目最后决策阶段。

1. 动态评价指标

1）内部收益率：指从投资项目开始到经济方案终了时的整个生命周期内，使各年的正负现金流量贴现到投资开始时的现值之和等于零时的贴现率，或者说是使投资费用现值和收入现值相等时的利率。内部收益率也称为投资收益率或收益率。

2）净现值（NPV）：按一定利率贴现的费用和收入的代数和。其基本做法是按目标（标准）收益率将各年的现金流量贴现在计算基准年（一般为0年），然后求出其代数和即为目标收益率。根据求出的净现值就可以评价投资项目在寿命周期内的可盈利情况：

当 NPV>0 时，说明投资方案不仅达到了目标收益率，还可以多得到额外现金收入，因而方案可以接受。

当 NPV=0 时，说明投资方案刚好达到目标收益率，此时投资方案可以接受或者可以不接受。

当 NPV<0 时，说明投资项目方案达不到目标收益率，此时投资方案不可接受。

3）净现值率：指净现值与投资现值的比率，其含义是指投资方案在达到目标收益率后，用现值表示的单位投资能额外获得的收益，净现值率越大，单位投资在能额外获得的收益越大，因而，多个方案比较时，以净现值率最大的方案最佳。

4）净年值：指按给定的折现率，通过等值换算将方案计算期内各个不同时间点的净现金流量分摊到计算期内各年的等额年值。净年值以整个寿命周期为计算基础，因此当几个方案的寿命周期不同时，宜采用净年值来评价，净年值越小，方案越优。

5）动态投资回收期：指考虑了货币的时间价值，将各年收益和各年投入换算成相同时期的资金额，再来计算的投资回收期，因为考虑了货币的时间价值，所以一般都比静态投资回收期要长一些，但也更能真实地反映出一个项目长期运行和资金投入的效果。

2. 静态评价指标

1）投资收益率：指项目在正常生产年份的净收益与投资总额的比值。投资收益率反映投资的收益能力。当该比率明显低于公司净资产收益率时，说明其对外投资是失败的，应改善对外投资结构和投资项目；而当该比率远高于一般企业净资产收益率时，则存在操纵利润的嫌疑，应进一步分析各项收益的合理性。

2）静态投资回收期：指用投资项目每年的净收益收回其总投资所需的时间，它是反映项目真实偿还能力的重要指标，也是方案选择中常用的经济评价指标。

3）偿债能力：指项目投资产生利息之后的项目经济性评价指标，包括借款偿还期、利息备付率和偿债备付率。

第二节　林木生物质能源系统评价实例

本节以生物质发电、生物柴油生产和生物质热解制备化工产品等典型的林木生物质能源系统为对象，分别进行生态、环境和技术经济评价。

一、林木生物质发电生态评价实例

Krotscheck 等（2000）以人工林林木材和天然林木材两类林木生物质的快速热解（PENG-Fast Pyrolysis）、常压气化（GENG-Atmospheric Gasification）、联合气化（IGCC-Integrated Gasification Combined Cycle）、直燃蒸汽循环（CS-Combustion and Steam Cycle）四类发电技术为例，对林木生物质发电系统和传统天然气发电系统进行了 SPI 分析比较。

以人工林木材快速热解发电系统（S-PENG）为例，表 12.1 列出了其 SPI 数据清单，其他几类发电系统的 SPI 数据清单与之类似。表 12.2 为这两类林木生物质不同发电系统的 SPI 评价表。

表 12.1　人工林木材快速热解发电系统(S-PENG)SPI 数据清单

组分	单位	原始数据（单位/kWh）	单位当量土地面积（m^2a/单位）	组分生态足迹（m^2 a/kWh）	分项合计（m^2a /kWh）
培育					13.64
围墙	\$	0.0229	117	2.683	
整地	\$	0.015	63	0.95	
种植	\$	0.051	63	3.204	
修剪	\$	0.002 48	63	0.156	
松土	\$	0.0078	63	0.493	
施肥，N	kg	5.77E-03	985	5.682	
施肥，P_2O_5	kg	9.57E-04	138	0.132	
施肥，CaO	kg	1.89E-03	9	0.017	
施肥，K_2O	kg	2.86E-03	44	0.126	
除草剂	kg	1.92E-04	1004	0.193	
人工	cap	4.17E-08	24 000	0.001	

续表

组分	单位	原始数据（单位/kWh）	单位当量土地面积（m^2a/单位）	组分生态足迹（m^2a/kWh）	分项合计（m^2a/kWh）
收割					10.85
可耕种土地，生物质量	odt①	0.0012	833	0.962	
确立成本	$	0.0763	63	4.809	
存储成本	$	0.0060	63	0.375	
运输成本，卡车	tkm②	1.11E-01	42	4.661	
收割机柴油消耗	kg	6.23E-05	690	0.043	
收割机润滑油消耗	kg	0.00E+00	650	0	
人工	cap	1.67E-07	24 000	0.004	
预处理					3.25
工厂存储	$	0.024 17	63	1.523	
干燥	$	0.008 49	63	0.535	
粉碎	$	0.016 32	63	1.028	
辅助材料	$	0.000 38	55	0.021	
设备维护	$	0.001 61	31	0.05	
运行费用	$	0.001 58	55	0.087	
人工	cap	4.17E-08	24 000	0.001	
生物质转化					13.05
工厂直接转化成本	$	0.097	63	6.093	
人工	cap	3.91E-08	24 000	0.001	
辅助用水	kg	0.308	0.003	0.001	
生物燃料的处理	$	2.43E-04	63	0.015	
N_2消耗	kg	0.350	7	2.45	
灰分	mg	0.104	0.56	0.058	
NO_x释放	mg	570.000	0.0076	4.332	
运行费用	$	1.24E-03	54	0.067	
设备维护费用	$	1.21E-03	31	0.038	
发电					38.72
工厂直接发电成本	$	0.091	63	5.721	
引燃燃料	kg	0.020	560	11.429	
引燃燃料运输成本	$	0.004	70	0.308	
柴油存储	$	0.012	55	0.64	
人工	cap	3.91E-08	24 000	0.001	
辅助材料	kg	1.620	0.0028	0.005	
运行费用	$	0.001	55	0.062	
设备维护	$	0.011	31	0.338	
NO_x释放	mg	2659	0.0076	20.21	
合计					79.51

① odt 为干物质吨（Oven Dried Ton）。

② 假设每辆卡车载重为 26t，则一辆卡车运输 1km 的运输成本为 26tkm。

表 12.2 两类林木生物质原料不同发电系统 SPI 评价表(单位：m^2a/kWh)

	人工林木材				天然林木材			
	PENG	GENG	IGCC	CS	PENG	GENG	IGCC	CS
培育	13.64	9.11	6.76	12.33	0.0359	0.0238	0.013	0.035
收割	10.85	7.24	5.39	9.81	21.31	13.83	10.24	18.47
预处理	3.25	1.807	1.34	2.18	4.212	2.196	1.631	2.77
转化	13.05	10.56	12.06	1.43	10.16	12.06	10.98	1.37
发电	38.72	35.58	31.18	22.8	38.71	35.28	31.02	21.94
合计	79.51	64.30	56.73	48.55	74.43	63.39	53.88	44.59

由表 12.1 表和 12.2 可以看出，各种系统的发电环节对其总的当量土地面积贡献最大，即对生态系统的影响最大。其中 NO_x 的排放是主要的生态影响因素，占发电环节生态足迹总量的 50%左右；另外，林木培育和收割环节也是影响林木生物质发电系统生态可持续发展竞争力的因素之一，在各种系统中分别占总当量土地面积的 21%～45%。因此，为了提高系统的生态可持续竞争力，应当努力解决气体排放对生态系统的危害问题，还需要在原料的生产和培育阶段投入更多的精力。

图 12.5 为这两类林木生物质不同发电系统当量土地面积、传统天然气发电系统当量土地面积及部分国家平均生态承载力之间的对比图。

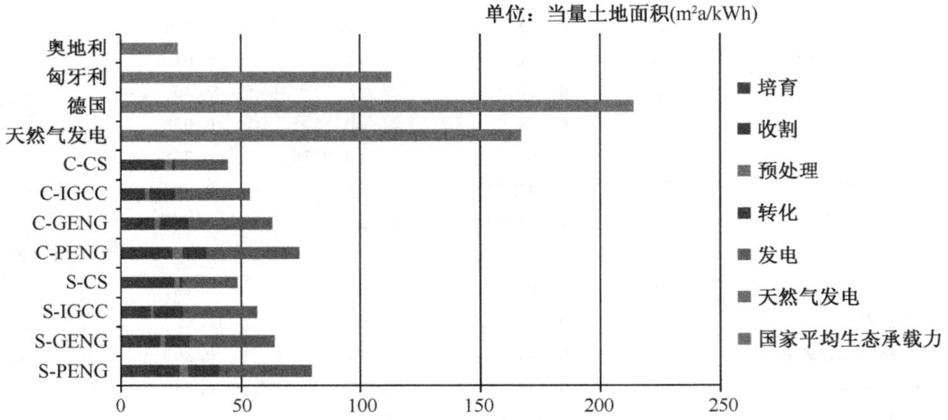

图 12.5 各种能源系统当量土地面积及部分国家平均生态承载力对比图
(S—以人工林木材为原料，C—以天然林木材为原料)

由图 12.5 可以看出，即使与石化燃料发电系统中对环境影响最小的天然气发电系统相比，各种林木生物质发电系统的当量土地面积要小很多，具有很强的生态优势；另外，与区域生态平均可持续发展生态足迹相比，这些项目在德国和匈牙利将会有较好的发展潜力，而在奥地利则可能遇到生态可持续发展方面的压力。对于各种不同的林木生物质发电技术而言，直燃蒸汽循环发电（CS）比其他系统更具生态优势，其次是生物质联合气化循环发电（IGCC）和常压气化发电（GENG），快速热解发电（PENG）系统生态优势最小。虽然天然林木材不存在林木培育成本，但其收割成本却远高于人工林木材，因此以人工林木材（S）和天然林木材（C）为原料的相同林木生物质发电系统对生态可持续发展的影响相差不大。

二、林木生物质能源系统环境影响评价

以生物柴油生产和林木生物质发电为例，介绍林木生物质能源系统的环境影响评价。

（一）生物柴油生产

Prueksakorn 等（2006）用 LCA 方法对泰国以麻风树果实为原料的生物柴油能源化项目进行了环境影响评价，评价量化指标为当量 CO_2 气体排放量，评价范围涵盖了麻风树果实的生产、生物柴油的生产和利用三个阶段。

图 12.6 表示麻风树果实生产和生物柴油生产中各个过程温室气体排放比例，这些过程主要包括整地、麻风树的种植、灌溉、施肥以及麻风树果的去皮、榨油、过滤和酯交换反应等。

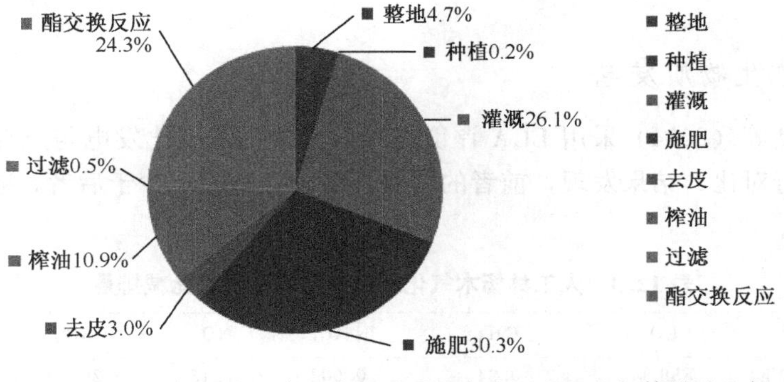

图 12.6 麻风树果实生产生物柴油系统各个过程温室气体排放比例

从图 12.6 中可以看出，在原料生产和生物柴油生产过程中，施肥、灌溉和酯化反应依次为温室气体排放的主要贡献者，而生物柴油燃烧时释放的温室气体能够被生物柴油的植物原料生长时吸收的 CO_2 所抵消，因此为了进一步降低生物柴油的温室气体排放，提高生物柴油的环境安全性，应尽可能减少原料种植过程中化肥的使用量，改进种植技术并进一步研发新型生物柴油生产工艺，进而减少环境有害物质的排放。

图 12.7 表示麻风树果实生物柴油和石化柴油生命周期中温室气体排放量的对比。

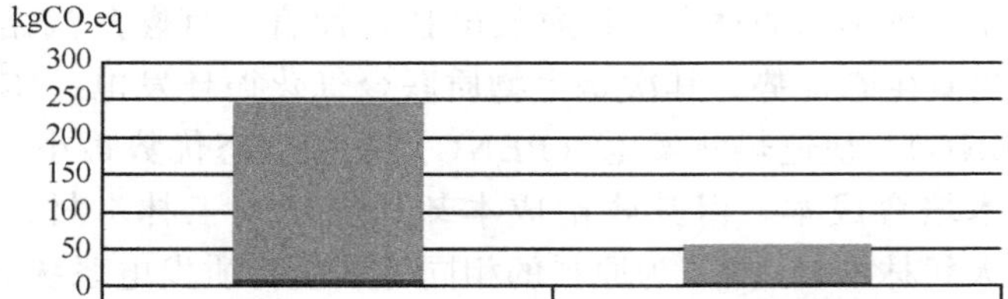

	石化柴油	生物柴油
最终使用	236.9	51.4
产品运输	0.2	0.2
原料准备和柴油生产	9	5.1

图 12.7　生物柴油和石化柴油生命周期中温室气体排放量比较

从图 12.7 可以看出，在整个生命周期中生物柴油的温室气体排放量要比石化柴油小得多，其总量还不到石化柴油排放量的 1/4。两种柴油总的温室气体排放均主要来自于柴油的最终使用过程，生物柴油使用过程排放量占其总排放量的 90%，而原料准备和生物柴油的生产过程只占不到 10%。相比而言石化柴油使用过程中的排放量占总排放量的 96%还多，这一方面说明生物柴油比石化柴油燃烧特性较好、在燃烧过程排放的温室气体较少；另一方面也说明原料准备和生物柴油生产过程中排放的温室气体所占总排放量的比例要大于石化柴油相应的比例。

（二）林木生物质发电

蒋金良等（2004）采用 LCA 评价法对人工林杨木气化发电与燃煤发电的环境影响进行对比，结果发现，前者的主要环境污染物明显少于后者，减排量如表 12.3 所示。

表 12.3　人工林杨木气化发电与燃煤发电相比减排量

排放物	CO_2	CH_4	N_2O	NO_x	SO_x	CO
减排量 g/kWh	858.03	0.94	−0.002	7.18	20.28	−0.066

Angelantonio 等（1999）采用 LCA 方法进行了以人工林杨木为原料的林木生物质联合气化循环发电系统和传统石化燃料发电系统的环境影响评价，评价量化指标为杀虫剂、臭氧层破坏、富营养物、夏季烟气、温室效应、酸化效应、能量消耗、重金属含量、致癌物释放量等环境影响因素，评价范围包括人工林杨木的种植、培育、收割和气化联合循环发电过程。图 12.8 为人工林杨木生产过程中环境危害物质的释放量，图 12.9 为生物质和石化燃料发电系统对环境影响的模化图。

从图 12.8 和图 12.9 可以看出，林木生物质发电对环境的危害要远远小于石

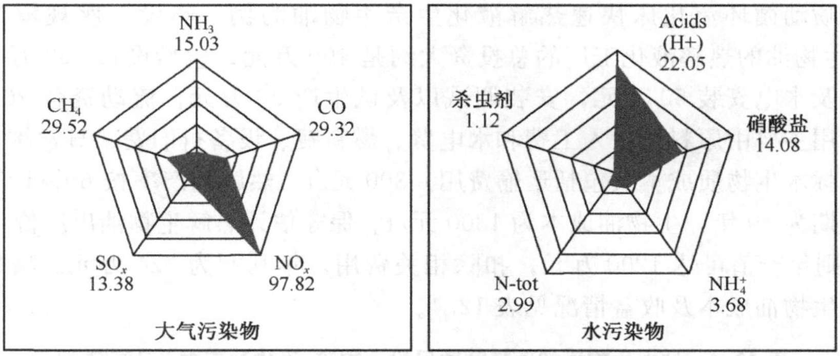

图 12.8 人工林杨木生产过程中环境危害物质的释放量（kg/ha/year）

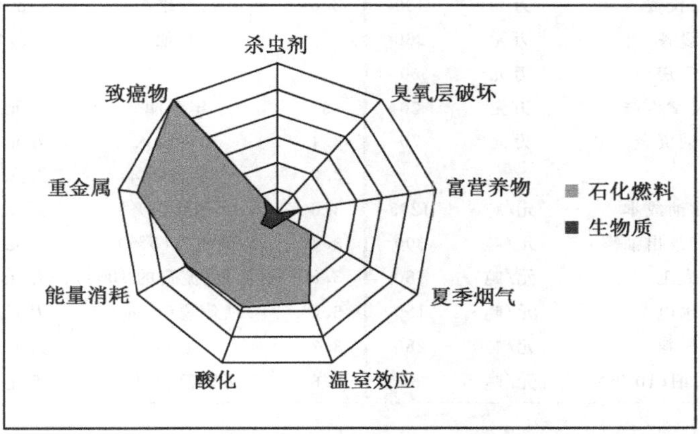

图 12.9 生物质和石化燃料发电系统对环境影响的模化图

化燃料发电，在温室效应、酸化、能量消耗、重金属含量、致癌物释放量等方面尤为明显。值得注意的是，生物质发电系统富营养物的排放量要大于石化燃料发电，这主要归结于生物质种植培育阶段杀虫剂和化肥的使用，致使一些氮、磷族化合物释放到环境中，造成了富营养化危害。因此发展林木生物质发电技术需要重视原料的绿色种植技术，尽量减少林木种植阶段环境危害物的排放。

三、林木生物质能源化系统技术经济评价

这里首先对生物油替代苯酚制备酚醛树脂胶黏剂和生物柴油生产进行技术经济评价，然后简要介绍林木生物质发电系统的经济评价案例。

（一）生物油替代苯酚制备酚醛树脂胶黏剂技术经济评价

生物油替代苯酚制备酚醛树脂胶黏剂的技术经济评价包括生物质快速热解液化生产生物油和生物油替代苯酚制备酚醛树脂胶黏剂两部分。

以喷动循环流化床快速热解液化生产生物油为例。建设一座规模为年产4000t生物油的热解液化工厂的总投资大约是400万元，包括设备260万元，厂房建设及水电安装50万元，安装调试以及试生产20万元，流动资金70万元。运行费用主要由原料费、人工费和水电费、燃料费、设备折旧费、日常维护费等构成。林木生物质成本（包括运输费用）300元/t，热解油产率按60%计算，设备折旧期为10年，生物油成本为1300元/t。保守估计热解生物油出厂价为3000元/t，则年产值可达1200万元，扣除相关费用，年利润为324万元。项目投资构成、生物油成本及收益情况见表12.4。

表12.4 林木生物质快速热解项目投资构成、生物油成本及收益情况

序号	项目	单位	值	序号	项目	单位	值
1	总投资	万元	400	2.6	运行维护	元/吨	10
1.1	设备	万元	260	2.7	其他	元/吨	100
1.2	厂房	万元	50				
1.3	安装试生产	万元	20	3	年利润	万元/年	324
1.4	流动资金	万元	70	3.1	销售收入	万元/年	1200
				3.2	生物油成本	万元/年	518
2	生物油成本	元/吨	1295	3.3	管理费(5%)	万元/年	60
2.1	原料(60%出油率)	元/吨	300	3.4	销售费(5%)	万元/年	60
2.2	人工	元/吨	180	3.5	财务费(流资的10%)	万元/年	7
2.3	水电	元/吨	150	3.6	增值税(17%)	万元/年	174
2.4	燃料	元/吨	280	3.7	毛利	万元/年	381
2.5	设备折旧(10年)	元/吨	65	3.8	所得税(15%)	万元/年	57

从表12.4可以看出，林木生物质快速热解技术的经济效益非常可观，项目达产运行后每年净利润可达300多万元，两年内便可收回全部投资。这还并未计算生物油生产过程中相关副产品的收益，如热解副产物固体炭可以制备高性能活性炭，其价格在6000元/t左右，不可冷凝气体也可用作燃料冲抵一部分能源动力费用，如果将这两种副产品的收益计算在内，则项目经济效益会更好。

在生物油替代苯酚制备酚醛树脂胶黏剂项目中，假设制胶企业独立核算经济效益，生物油成本按照市场价格3000元/t计算，生物油全油替代苯酚的比例为40%，其成本分析见表12.5。

表12.5 快速热解生物油替代苯酚制备酚醛树脂胶黏剂成本分析

工业苯酚(元/t)	生物油(元/t)	原酚醛树脂胶中苯酚含量%	生物油全油替代苯酚比例%	胶黏剂成本降低(元/t)
14000	3000	27	40	(14 000−3000)×27%×40%=1188

从表12.5可以看出，生产1t生物油-酚醛树脂胶黏剂可以节约成本1188元，对于年产1万t胶黏剂的制胶企业来说，每年将新增利润1千多万元，若生

物质快速热解生产生物油项目和生物油替代苯酚制备酚醛树脂胶黏剂项目合作建厂，则经济效益更佳。

（二）生物柴油生产

以麻风树果实制备生物柴油为例，麻风树果实购入价为（包括运输）1500元/t，生产1t生物柴油需麻风树果实约3t，生物柴油加工成本约800元/t，因此生产一吨生物柴油成本价在4500～5500元左右，加上其他精炼和销售成本，出厂价应该在5500～6500元左右。以原油价格100美元/桶计算，相当于5500元/t左右，石化柴油价格为6000元/t（徐立青等，2009）。表12.6列出了几种林木质生物柴油的价格成本分析（《生物柴油概论》，2008，中国生物质能源网）。

表12.6　林木生物质生物柴油成本分析

	每吨柴油需要原料(t)	原料购买和运输费用(元/t)	加工成本(元/t)	生物柴油成本(元/t)
麻风树	3	1500	800	5300
黄连木	2.5	800	800	2800
文冠果	4	920	800	4480
光皮树	5	850	800	5050

可见，生物柴油在经济效益上还没有明显的竞争优势。由表12.6也可以看出，原料成本构成了生物柴油成本的70%以上，因此降低原料价格及其运输成本是降低生物柴油成本、提高市场竞争力的关键。虽然，随着国内机动车辆的逐年递增，柴油需求量也会有较大幅度的增加，再加上近几年石化柴油价格的持续走高，生物柴油经济竞争力将会逐渐增强。然而，大量生物柴油项目的上马，对原料的需求也会大幅提高，这虽然一方面能够吸引更多的农民种植原料林，带动地方经济的发展，但势必也会造成原料价格的不断提高。因此，除了利用不宜耕种土地种植原料林之外，寻求含油率高、再生周期短、能够稳定供给的原料，提高原料出油率以及改进生产工艺从而降低成本是生物柴油能否实用化的关键。在这两方面，欧、美已经开始具体实施，欧洲鼓励在不适合种植粮食的土地上种植富油脂的农作物，美国已开始通过基因工程方法研究高油含量的植物（柯路，2009），有报道称，美国纳米化学系统控股公司采用纳米技术改进生产工艺，可以降低生物柴油15%的成本（周洪英，2007）。由于生物柴油副产品（如甘油）有一定的利用价值，因此加大开拓生物柴油副产品市场，并在生产过程中兼顾生物柴油和副产品的联产也将有利于生物柴油成本的降低，提高生物柴油的经济竞争力（熊犍等，2007；赵雄等，2008）。

（三）林木生物质发电

1. 林木生物质直燃发电和气化发电

吕文等（2007）对我国首个林木生物质热电联产建设项目——“内蒙古奈曼旗 2×12MW 林木生物质热电联产示范建设项目”进行了技术经济测评，其动态经济指标如表 12.7 所示。

表 12.7 林木生物质热电联产项目经济评价表

		单位	6MW 气化	6MW 直燃	12MW 直燃	24MW 直燃	48MW 直燃
发电成本		元/kWh	0.585	0.688	0.631	0.619	0.605
并网电价 0.7 元/kWh	净现值	万元	3683	1050	3291	9649	26478
	全部投资内部收益率	%	24.34	14.04	13.38	14.96	17.09
	投资回收期	年	5.96	8.53	8.73	8.12	7.44
并网电价 0.6 元/kWh	净现值	万元	1327	−1306	−1783	−499	6182
	全部投资内部收益率	%	15.61	4.16	8.02	9.72	11.77
	投资回收期	年	7.97	15.88	11.79	10.59	9.46

从表 12.7 中可以看出，在并网电价为每千瓦时 0.70 元时，所考察的各种规模的林木生物质热电联产项目均具有一定经济合理性，而在并网电价为每千瓦时 0.60 元时，一部分林木生物质热电联产项目的经济效益指标处于基准水平之下，如 6MW、12MW 和 24MW 林木生物质直燃项目。

另外，从发电厂规模和所采用的工艺来看，规模越大其单位发电成本越低，相同规模的气化热电联产技术比直燃热电联产技术在经济上更有优势。

Caputo 等（2005）对意大利规模为 5MW-50MW 的生物质气化发电（G/CC）和直燃发电（C/ST）项目进行了经济效益的分析测算。通过核算其固定投资和运行费用，得出了不同规模下，两类生物质发电系统的总投资、运行成本和净现值，如图 12.10～图 12.13 所示。

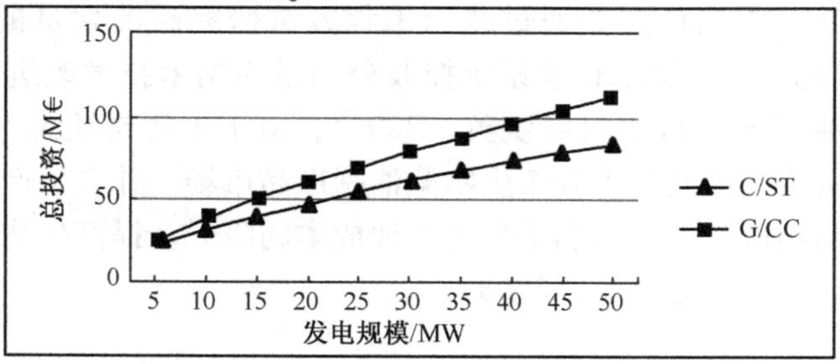

图 12.10 不同发电规模项目总投资

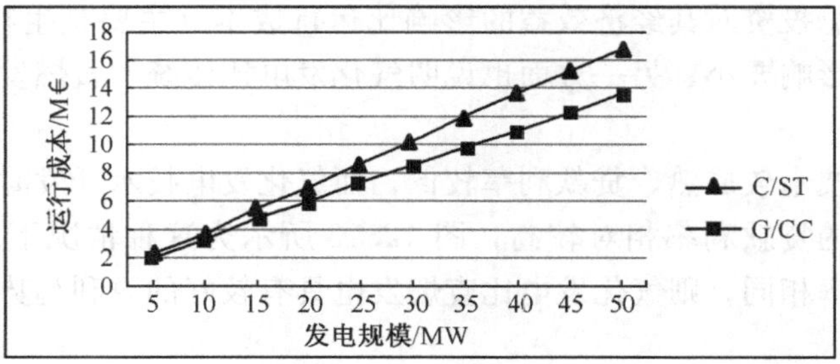

图 12.11　不同发电规模运行成本趋势图

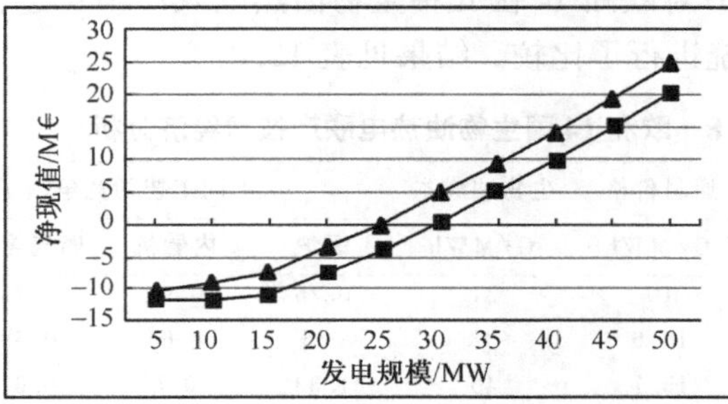

图 12.12　不同发电规模净现值趋势

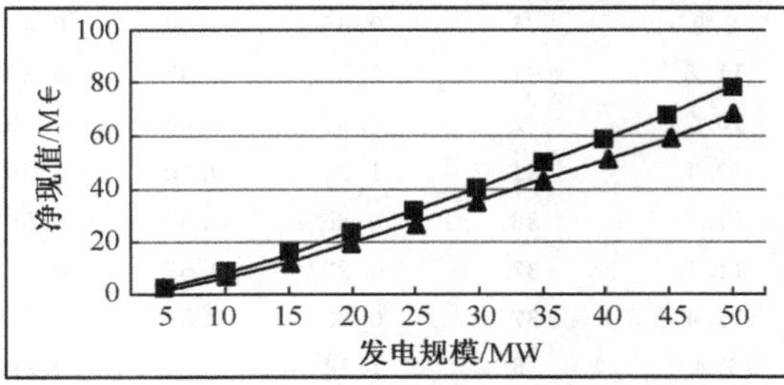

图 12.13　资金全部外借，且年利率为 1%时，不同发电规模净现值趋势

项目总投资包括所有的设备投入、管道及电路铺设、厂房建设、直接安装费用和辅助费用，以及仪器仪表费用、试运行费用等。运行成本主要包括人工费、残渣运输处理费、生物质原料和运输费、设备维护费和保险费用等

由图 12.10～图 12.12 可以看出，随着发电规模的扩大，两种工艺的总投资增加比较缓慢，而运行成本增加较快，其主要原因在于随着发电规模的扩大，对生物质原料的需求量增大，生物质收集半径和运输成本增加，因此需要在规模和原料收集半径之间取个最佳值，达到最佳的收益率。

从净现值来看，直燃发电规模在 20MW 以下、气化发电在 25MW 以下时，两种发电工艺下的净现值均为负值，而只有规模进一步扩大才能够盈利。

从图 12.11 也可以看出，发电规模相同时，气化发电的总投资大于直燃发电，运行成本比直燃发电工艺要低，而直燃发电的净现值要低于气化发电，这一方面说明项目总投资对其经济效益的影响比运行成本（主要是生物质原料成本）对经济效益的影响要小，另一方面也说明气化发电比传统的直燃发电更具经济竞争力。

由于直燃技术较成熟，贷款利率较低，而气化发电技术开发时间较短，因此气化发电项目的贷款利率相对较高，图 12.12 所示为这种情况下的经济效益分析；若贷款利率相同，则气化发电比直燃发电具有较好的盈利趋势（图 12.13）。

2. 生物油发电

Brammer 等（2006）对欧洲 14 国几种生物油热电联产项目进行了技术经济分析，并与传统能源系统进行了比较，结果见表 12.8。

表 12.8 欧洲 14 国生物油热电联产技术经济分析

国家	木质原料种类	原料价格	生物油成本	不同工艺的竞争因子(Cf)①			
		€/MWh	€/MWh	锅炉	内燃机	燃气轮机	朗肯循环
奥地利	锯木厂剩余物	10	31	0.76	0.99	0.76	0.80
比利时	工业副产品	10.6	32	0.5	0.66	0.58	0.64
丹麦	阔叶材林业剩余物	15.7	40	1.33	0.7	0.67	0.99
	工业副产品	13.5	34	1.51	0.76	0.74	1.10
	针叶材林业剩余物	14.8	37	1.43	0.73	0.71	1.05
芬兰	林业剩余物	8.9	26	0.65	0.50	0.42	0.39
法国	林业剩余物	11.8	31	0.51	0.37	0.35	0.42
德国	工业副产品	10.2	72	0.35	0.48	0.39	0.38
希腊	林业剩余物	10.1	31	1.35	0.70	0.66	0.98
爱尔兰	林业剩余物	11.7	36	0.85	0.59	0.58	0.77
	锯木厂剩余物	11.7	37	0.82	0.57	0.56	0.74
	树木砍伐物	14.4	37	0.82	0.57	0.56	0.74
意大利	工业副产品	1.4	15	1.14	0.95	0.99	1.17
荷兰	工业副产品	5.4	24	0.48	1.03	1.04	1.06
挪威	林业剩余物	13.9	39	0.82	0.36	0.35	0.55
	工业副产品	7.2	41	0.80	0.36	0.35	0.54
葡萄牙	林业剩余物	8.6	28	0.6	0.74	0.68	0.78
西班牙	果树修剪枝	10.8	30	0.55	0.60	0.57	0.66
英国	林业剩余物	11.7	32	0.49	0.44	0.40	0.47

①竞争因子（competitiveness factor，简称 C_F），是传统能源系统的年成本与生物油利用系统的年成本的比值，如果 CF＞1，那么该生物油利用系统的经济性将优于传统能源系统。其中传统能源系统的年成本是根据当地的电网价格和燃烧天然气或石化燃料的热锅炉供热成本计算出来的，生物油成本包括总投资、设备运行、维护费用、人工费用和管理费用等。

从表 12.8 可以看出，不同国家、不同工艺的生物油热电联产项目，其经济竞争力有很大的不同，有些国家的某些生物油热电项目与传统发电系统相比具有较好的经济竞争力，如意大利、荷兰、丹麦、希腊、奥地利、西班牙等国；而有些国家的生物油热电联产项目的经济效益不佳，其单位发电成本要高于传统发电技术。

第三节 林木生物质能源系统综合评价

通过对典型林木生物质能源系统的生态评价、环境影响评价和技术经济评价可以看出，与传统石化能源系统相比，林木生物质能源系统在生态可持续发展和对环境的影响方面具有很强的优势，但普遍来讲其经济竞争力不强。

在生态可持续发展方面，和其他林木生物质能源系统相比，尽管生物质发电是对生态环境影响较大的林木生物质转化利用技术，但与石化燃料发电相比，各种林木生物质发电系统的生态可持续发展指数（当量土地面积）均在天然气发电项目的一半以下。由此可见用林木生物质能源替代石化能源的生态可持续优势非常明显。另外，通过和具体区域内的生态平均承载力对比发现，由于不同国家和地区的生态环境有一定差异，所以，对于具体的林木生物质能源项目的可持续发展性需要具体问题具体分析。例如欧洲的林木生物质发电项目，在德国和匈牙利实施将会有较好的生态发展优势，而在奥地利则可能遇到生态可持续发展方面的压力。

在环境影响方面，林木生物质能源系统同样具有优势。在所评述的生物柴油生产项目、林木生物质发电项目中，其温室气体排放、烟气、酸化、能量消耗、重金属污染、致癌物释放等方面都比传统石化能源少的多。值得注意的是，林木生物质原料种植阶段杀虫剂和化肥的使用会导致大量氮、磷化合物释放到环境中去，引起大气污染、土壤酸化和海洋、湖泊的富营养化。因此进行林木生物质能源系统的开发需要特别重视原料林木的种植技术，尽量减少种植阶段环境危害物的排放。

在技术经济方面，尽管某些林木生物质能源系统具有一定的经济效益，但普遍来讲，大部分林木生物质能源系统与传统石化能源系统相比，其经济竞争力不强。包括原料种植、收集和预处理在内的原料成本是影响生物质能源系统经济效益的最主要因素，如生物柴油 70%～80%的成本是原料成本，生物质发电的规模化生产更是要依赖于原料种类和供应半径。另外由于大多数林木生物质能利用技术也正处于研发和试生产阶段，工艺还不太成熟，因而生产成本相对较高，即使技术相对比较成熟的生物质直燃和气化发电的经济性也是良莠不齐，而且很多生物质发电项目都是依赖政府的电价补贴和税收优惠政策才得以生存的。因此，普遍来讲林木生物质能源与现有石化能源相比市场竞争力不强，还需要在原料成本的控制和改进生产工艺以提高经济性方面做进一步的努力。

目前在工业生产和日常生活中使用的许多产品均来自石化原料，因此，利用林木生物质制备化工原料是间接替代石化能源的有效途径，无论是从技术上还是经济上均具有广阔的发展空间。例如，林木生物质快速热解制备生物油并用生物油代替苯酚制备酚醛树脂胶黏剂不仅能够实现用林木生物质高附加值利用，而且进一步降低了胶黏剂的生产成本，具有可观的经济效益。来自石化原料的苯酚价格昂贵（均价在 10 000 元/t 左右，最高达到 14 000 元/t），而快速热解生物油的价格为 3000 元/t 左右，如此计算，按照 1∶1 的替代关系，用林木生物质快速热解生物油替代 1t 苯酚至少可新增利润 7000 元。另外，该技术不产生“三废”物质，可实现清洁生产，生态和环境效益十分突出。因此，开发林木生物质制备化工产品新技术具有较好的发展前景，是现阶段林木生物质资源高附加值利用的途径之一。

相比之下，生物柴油和生物油制备燃料油虽然具有诱人的应用前景，但较高的生产成本使得其发展还有一段路要走。林木生物质发电技术相对比较成熟，也有了工业化应用项目，除了存在一定的环境污染之外，最主要的问题之一是寻求原料供应与大规模生产之间的最佳结合点，实现较好的经济效益。

通过生态评价、环境影响评价和技术经济评价可以看出，林木生物质的种植、培育、收割和预处理等生产过程在林木生物质能源系统中有着非常重要的作用。在生态评价和环境影响评价中，林木生物质培育阶段的化肥和杀虫剂的使用是环境影响因素的主要贡献者，由此引发的病虫害、农药残留、土地酸化、湖沼富营养化等环境问题值得所有林木生物质利用者考虑。尤其是氮肥的大量使用，对环境造成的影响非常严重。例如森林土壤中有用的养分逐渐被氮化物所取代，导致土壤贫瘠，矿物质缺失，从而降低森林活力，甚至破坏生物多样性；另外，一些江河、湖泊和海洋也因过量使用合成氮肥而受到污染，使沿海藻类开花、大量生长，引发了红色及褐色潮汐赤潮。

无可否认，与石化能源相比，林木生物质能源在生态可持续发展、环境友好性方面有着绝对的优势。林木生物质能源具有原料可再生、可实现相对的清洁生产、使用过程污染物排放相对较低、基本无温室效应等优点。因此，大力发展林木生物质能源是大势所趋，必将对世界经济的可持续发展、资源的永续利用、减少温室气体排放、减轻全球环境压力、维持和促进资源、环境和社会经济的协调发展带来积极而深远的影响。

参考文献

安鑫南等.2004.脱甲基化硫酸盐木质素代替酚在木材黏合剂的应用.林产化学与工业,15(3):36

鲍甫成,江泽慧.1998.中国主要人工树种木材性质.北京:中国林业出版社

曹金珍,张壁光,赵广杰.2003.木质生物质在能源方面的开发与利用.华北电力大学学报,30(5):102～105

岑可法,汪家鼎等.1998.循环流化床锅炉理论设计与运行.北京:中国电力出版社

陈俊汕.2007.从地上要石油——能源紧缺催生林业生物质能源.中国林业,18～21

陈永生,沐森林,朱德文等.2006.生物质成型燃料产业在我国的发展.太阳能,4:16～18

谌凡更等.2003.麦草催化热化学液化产物的组成分析.林产化学与工业,1:78

程传智.2005.木本油料植物种源研究及开发现状//中国生物质能技术与可持续发展研究会论文集.山东:山东理工大学

戴先文,周肇秋,吴创之等.2000.循环流化床作为生物质热解液化反应器的实验研究.化学反应工程与工艺,16(3):263～269

邓南圣.2003.生命周期评价.北京:化学工业出版社

董玉平等.2007.国内外生物质能源开发利用技术.山东大学学报

董治国,王述洋,李滨.2004.转锥式生物质热解液化装置的实验研究.林业机械与木工设备,32(4):17～19

杜洪双,常建民,王鹏起等.2007.木质生物质快速热解生物油产率影响因素分析.林业机械与木工设备,35(3):16～20

范东斌等.2006.不同固化剂下低摩尔比脲醛树脂热行为及胶接胶合板性能.中国胶黏剂,12(15)

范东斌等.2008.低成本酚醛树脂胶黏剂研究进展.林产工业,5:14

方华,莫江明.2006.活性氮增加:一个威胁环境的问题.生态环境,1:164～168

费世民,钱能志等.2007.林业生物质能及其研发进展.四川林业科技,28(6):18～26

高岚,李伟.2006.林木生物质能源的发展和我国能源林建设.生物质化学工程,256～275

顾继友.1999.胶黏剂与涂料.北京:中国林业出版社

顾树华,曾麟.2005.中国生物液体燃料的生产现状与前景.阳光能源,12:56～58

顾树华,曾麟.2006.发展生物质液体燃料(生物燃油)开辟我国替代石油新途径.能源政策研究,2:42～49

顾树华.2006.开发利用生物质能是我国农林业发展的重要领域.中国能源,28(9):11～15

郭健维,宋晓锐等.2001.流化床反应器中生物质的催化裂解气化研究.燃料化学学报,29(4):319～322

郭瑞超,唐军荣等.2007.木质生物质能源的开发利用现状与展望.林业调查规划,32(1):90～94

郭艳,王垚,魏飞等.2001.杨木快速裂解过程机理研究.高校化学工程学报,15(5):440～445

郭艳等.2002.生物质快速裂解液化技术的进展.化工进展,8:13～17

国家统计局.2008.中国统计年鉴-2008.北京:中国统计出版社

韩璞等.2008.生物质气化发电燃气焦油脱除方法的探讨.可再生资源,26(1):40～45

何建辉,钱叶剑,谈建等.2006.水中直接液化木质生物质的试验研究.合肥工业大学学报(自然科学版),29(1):110～112

侯斌,吕子安等.2001.生物质热解产物中焦油的催化裂解.燃料化学学报,29(1):70～75

黄金田,张晨霞,高冠慧.2006.沙柳、柠条、杨木的苯酚液化工艺研究.南京林业大学学报(自然科学版),30(5):67～70

黄锦涛等.2008.我国农林生物质发电相关问题研究.沈阳工程学院学报,4(1):7～14

黄雷,张彩虹,秦琴.2007.环境成本与林木生物质发电.电力需求侧管理,9(1):77～80

机械工程手册.1979.电机工程手册编辑委员会机械工程手册(第68篇运输机械).北京:机械工业出版社

纪伟.2005.生物质能发电技术发展现状.山东煤炭科技,4:45～46
江伟钰,陈方林.2005.资源环境法词典.北京:中国法制出版社
江泽慧.2006.加快发展林业生物质能源,推动经济社会可持续发展.中国绿色画报,4
姜书,宋维明,李怒云.2007.关于林木生物质能源产业化问题的思考.林业经济:16～19
姜书.2007.中国林木生物质能源产业化政策研究.北京:北京林业大学
蒋建新,陈晓阳.2005.能源林与林木生物转化能源化研究进展.世界林业研究,18(6):39～45
蒋剑春,沈兆邦.2003.生物质热解动力学的研究.林产化学与工业,23(4):2～6
蒋剑春.2007.生物质能源转化技术与应用(Ⅰ),生物质化学工程,59～65
揭淑俊等.2007.杉木苯酚液化物合成热固型酚醛树脂的研究.生物质化学工程,41(5):9
金涌,祝京旭等.2001.流化态工程原理.北京:清华大学出版社
孔晓英,武书彬,唐爱民等.2001.农林废弃物热解液化机理及其主要影响因素.造纸科学与技术,20(5):22～26
李改云,江泽慧.2006.木质生物质材料多元醇液化及其在聚氨酯中的应用.中国胶黏剂,15(9):42～45
李改云等.2006.木质生物材料苯酚液化及其在树脂中的应用.粘结,27(4):28
李宏兵等.2005.落叶松浓胶及甲醛含量对落叶松单宁胶黏剂黏度的影响.林产化工通讯,39(5):23
李建政,汪群慧.2004.废物资源化与生物能源.北京:化学工业出版社
李陵岚等.2004.用木质素改性胶黏剂.胶体与聚合物,2:43
李娜等.2007.生物质气化与废弃物焚烧联合发电技术环境效益分析.农业机械学报,38(6):121～142
李星.1994.用液化木材制造胶黏剂.世界林业研究,1:58
李育材.2006.积极发展我国林木生物质能源.宏观经济管理,7:4～7
李在峰,杨树华,何晓峰等.2008.秸秆颗粒燃料应用于小型火力发电厂的经济性分析.可再生能源,26(3):88～90
廖艳芬,王树荣,洪军等.2002.生物质热裂解制取液体燃料的实验研究.能源工程:1～3
廖艳芬,王树荣等.2002.生物质热裂解制取液体燃料技术的发展.能源工程,2:1～5
林鹿,何北海等.2007.木质生物质转化高附加值化学品.化学进展,19(7-8):1206～1216
林木森等.2006.生物质快速热解技术现状.生物质化学工程,40(1):21
林小珠,林成辉.2006.开发桉树作为生物质能源的思考.能源与环境,4:106～107
刘宝亮等.2006.中国生物质气化发电技术研究开发进展.生物质化学工程,40(4):47～52
刘发来,范建平,苏士等.2008.纤维素生物转化研究进展.安徽农业科学,17:7059～7140
刘纲勇等.2007.工业木质素在木材胶黏剂中应用的研究进展.精细化工,24(2):190
刘国华,舒洪岚.2006.我国林木生物质燃料的发展现状与对策.世界林业研究,19(3):53～56
刘汉桥,蔡九菊,包向军等.2003.废弃生物质热解的两种反应模型对比研究.材料与冶金学报,2(2):153～156
刘娜,石淑兰.2005.木质纤维素转化为燃料乙醇的研究进展,现代化工,25(3):19～24
刘全校等.2001.异氰酸酯指数对木素型聚氨酯性能的影响研究.聚氨酯工业,16(1):13
刘荣厚,牛卫生,张大雷.2005.生物质热化学转换技术.北京:化学工业出版社
刘荣厚.1997.生物质闪速热裂解特性及闪速热裂解试验研究.沈阳农业大学博士学位论文
刘石彩,蒋剑春.2007.生物质能源转化技术与应用(Ⅱ)——生物质压缩成型燃料生产技术和设备.生物质化学工程,4:59～63
刘世锋,王述洋,张勇等.2006.林木生物质原料发电供热技术路线初步研究.中国林业产业,4:39～44
刘守新等.2004.生物质的快速热解.林产化学与工业,24(3):95
吕文,王春峰,王国胜等.2005.中国林木生物质能源发展潜力研究(1).中国能源,27(11):21～26
吕文,张彩虹,张大红等.2006.林木生物质原料发电供热技术路线初步研究.中国林业产业,4:39～44

罗蓓，秦特夫，李改云.2004.木材的液化及其利用.木材工业
骆仲泱，周劲松，王树荣等.2004.中国生物质能利用技术评价.中国能源，9:39～42
马洪儒等.2007.生物质气化发电技术相关问题的研究.农机化研究，6:190～193
马隆龙，吴创之.2003.生物质气化技术及其应用.北京：化学工业出版社
马隆龙等.2000.生物质气化发电.能源工程，2:4～6
马路，常建民，郑凯.2008.落叶松树皮快速热解油的成分分析研究.中国人造板，4:8～11
马晓军.2007.木材苯酚液化生成物碳素纤维化材料的制备及结构性能表征.北京：北京林业大学
马校飞.2005.生物质热解液化实验研究.重庆：重庆大学
彭锦星，邵千钧.2006.生物质废弃物液化转化燃油技术的研究现状与展望.生物质化学工程
彭园花等.2006.木质素的提纯及其在脲醛树脂胶黏剂中的应用.当代化工，35(6):377
钱学仁，李坚.2000.采用均匀设计法优化木材亚/超临界乙醇水萃取过程参数.林产化工通讯，34(1):326
任学勇，王鹏起，常建民等.2008.林木剩余物快速热裂解液化技术探析与展望.林业机械与木工设备，(36)9:13～16
日本能源学会主编，史仲平，华兆哲译.2007.生物质和生物能源手册.北京：化学工业出版社
石碧等.2000.植物多酚.北京：科学出版社:243
宋鸿伟等.2003.生物质气化发电技术发展状况的综述.现代电力，5(20):10～16
宋维平.2007.我国生物质液体燃料发展的新趋势.中国石化，7:29～31
孙达旺.1992.植物单宁化学.北京：中国林业出版社
孙丰文，李小科.2007.竹材苯酚液化及胶黏剂制备工艺.林产化学与工业，27(6):65～70
孙利源.2004.生物质能利用技术比较与分析.能源研究与信息.2:17～21
汤烈贵，朱玉琴.1994.可再生资源研究与开发的新动向.化工进展，5,17～23
万劲，方升佐.2006.能源林的发展概述.现代农业科技，10:14～19
万仁新.1995.生物质能工程.北京：中国农业出版社
王春明等.2007.木材液化的发展现状及研究前景.林业科技，32(3):42
王飞儿，陈英旭.2001.生命周期评价研究进展.环境污染与防治，23(5):249～252
王建祥，蔡红珍.2008.生物质压缩成型燃料的物理品质及成型技术.农机化研究，1:203～205
王俊等.2008.非木质生物质资源绿色高效转化合成生物基材料的研究进展.贵州大学学报
王孟杰，谭天伟，朱卫东.2006.中国生物质液体燃料技术发展.中国科技产业，2:80～84
王鹏起，常建民，杜洪双等.2007.喷动流化床在生物质快速热解技术中的应用.北京大学学报(自然科学版)，1:92～96
王树荣，骆仲映，董良杰等.2004.几种农林废弃物热裂解制取生物油的研究.农业工程学报，20(2):246～247
王涛，侯新村，于海燕.2006.中国生物柴油木本能源植物的调查与研究//中国林业生物质能源发展研讨会论文集.北京：国家林业局
王志伟等.2007.生物质气化发电在分布式能源中的应用.太阳能，9:35～37
文丽华，王树荣，施海云等.2004.木材热解特性和动力学研究.消防科学与技术，23(1):2～5
吴创之，马隆龙.2005.生物质能现代化利用技术.北京：化学工业出版社
吴耿云等.2006.高沸醇木质素聚氨酯的合成及其性能.精细化工，23(2):16
吴添祖，冯勤，欧阳仲健.2004.技术经济学.北京：清华大学出版社
夏光喜等.1999.国外先进的生物质气化发电技术.农村能源，4:19～21
谢军等.2005.生物质气化发电技术及应用前景.上海电力，1:54～57
解强.2004.城市固体废弃物能源化利用技术.北京：化学工业出版社
谢涛等.2004.木材液化及其在高分子材料中的应用.纤维素科学与技术，12(2):47
徐保江，鲁楠，李金树等.1999.生物质热解液化生物质油的试验研究.农业工程学报，15(3):177～180

徐长妍,李大纲.2003.木质包装废弃物的能源化利用.中国包装,50～51
徐长妍.2003.木质包装废弃物的资源化利用途径.中国包装
徐剑琦,张彩虹等.2006.木质生物质能源树种生物量数量分析.北京林业大学学报,28(6):98～102
徐剑琦.2006.林木生物质能资源量及资源收集半径的计量研究.北京:北京林业大学
杨邦杰.2002.农业生物环境与能源工程.北京:中国农业科学技术出版社
杨艳丽,张培栋.2008.木质能源的开发与经济社会的可持续发展.可再生能源,26(3):103～105
杨勇平,董长青,张俊姣.2007.生物质发电技术.北京:中国水利水电出版社
姚向君,田宜水.2004.生物质能资源清洁转化利用技术.北京:化学工业出版社
易维明,柏雪源,何芳等.2000.利用热等离子体进行生物质液化技术的研究.山东工程学院学报,14(1):9～12
易维明,何芳,李永军等.2000.生物质在等离子体携带流中热解液化技术的研究//ICME2000论文集,上海
阴秀丽,徐冰嫌,吴创之等.1996.生物质循环流化床气化炉的数学模型研究.太阳能学报,17(1):1～8
余世袁.2006.植物纤维制备燃料乙醇的关键技术//中国林业生物质能源发展研讨会论文集.北京:国家林业局
袁振宏,吕鹏梅.2007.我国生物质液体燃料发展现状与前景分析.太阳能,6:5～10
袁振宏,吴创之,马隆龙等.2005.生物质能利用原理与技术.北京:化学工业出版社
岳孔.2004.天然胶黏剂——单宁胶.木材加工机械,3:9～11
岳力.2004.可持续性环境评价指标体系方法分析.青海环境,14(4):162～163
曾其良等.2008.典型生物质快速热解工艺流程及其性能评价.森林工程,4
曾忠.2002.生物质热解液化试验研究.应用科学学报,20(2):215～217
张丰文等.2006.落叶松单宁酚醛树脂胶黏剂的研究与应用.林业科技开发,20(6):50
张明等.2005.生物质直接燃烧技术的发展研究.能源研究与信息,21(1):15～20
张求慧,赵广杰.2003.木材的苯酚及多羟基醇液化.北京林业大学学报,25(6):71～76
张求慧,赵广杰.2003.木材的液化及其液化生成物的利用.木材工业
张求慧.2005.木材的苯酚液化及其生成物的树脂化.北京:北京林业大学
张求慧等.2004.酸性催化剂对木材苯酚液化能力的影响.北京林业大学学报,26(5):66
张瑞和.2007.生物液体燃料.日用化学品科学,9:4～7
张瑞琴.2004.生物质衍生的燃料和化学物质.郑州:郑州大学出版社
张文韬.2006.生物质能的开发前景分析.昆明:西南林学院
张旭英等.1992.浅谈树皮单宁胶黏剂.江西林业科技,3:37
张艳芳等.2004.磺化木质素改性脲醛树脂的研制.贵州工业大学学报,33(1):82
赵辉.2007.生物质高温气流床气化制取合成气的机理试验研究.浙江:浙江大学
赵军,王述洋.2008.我国农林生物质资源分布与利用潜力的研究.农机化研究,231～235
赵起越等.2001.酚焦油中酚类物质的气相色谱分析.石油化工,30(4):305
郑冀鲁,朱锡锋,郭庆祥等.2005.生物质制取液体燃料技术发展趋势与分析.中国工程科学,4:5～10
郑凯等.2007.落叶松树皮生物油-酚醛树脂胶的固化特性.中国人造板
郑凯等.2007.植物酚类PF树脂胶的研究现状及发展趋势.木材工业,21(1):9
郑文.2008.纤维素乙醇的技术开发与发展前景.精细化工原料及中间体,6:12～15
郑志锋,蒋剑春,戴伟娣等.2007.生物质能源转化技术与应用.生物质化学工程,5:67～75
郑志锋等.2004.木质生物材料液化研究进展.云南化工,31(5):27
中国电力科学院生物质能研究室.2008.生物质能及其发电技术.北京:中国电力出版社
中国国家发展和改革委员会.2007.国际可再生能源现状与展望.北京:中国环境科学出版社
中国环境与发展国际合作委员会能源战略与技术工作组.2003.能源与可持续发展.北京:中国环境科学出

版社
中国科普创作研究所.1988.农村能源开发利用技术.北京:中国林业出版社
中国林木生物质能源发展潜力研究课题组.2006.第一章　中国林木生物质能源发展潜力研究.中国林业产业:6～11
中国林木生物质能源发展潜力研究课题组.2006.第二章　中国林木生物质能源资源培育与发展潜力调查.中国林业产业:12～21
中国林木生物质能源发展潜力研究课题组.2006.第三章　中国林木生物质能源开发利用技术设备研究.中国林业产业:22～34
中国林木生物质能源发展潜力研究课题组.2006.第四章　中国林木生物质能源发展经济分析与可行性研究.中国林业产业:35～45
中国林木生物质能源发展潜力研究课题组.2006.第五章　中国林木生物质能源清洁发展机制和相关政策研究.中国林业产业:46～54
中国林木生物质能源发展潜力研究课题组.2006.第六章　关于大力发展林木生物质能源的建议.中国林业产业:55～58
中国林业科学研究院科技情报研究所.1982.森林能源.国外林业科技
周海林.1999.可持续发展评价指标(体系)及其确定方法的探讨.中国环境科学,19(4):360～364
朱锡锋,朱建萍.2004.生物质热解液化技术经济分析.能源工程,6:32～34
朱锡锋.2006.生物质热解原理与技术.合肥:中国科学技术大学出版社
朱锡锋等.2004.物质热解油气化试验研究.燃料化学学报,32(4):510
祝列克.2007.发展林业生物质能源.中国科技投资:9～10
Bridgewater A V, Boocock D G B. 1997. Developments in Thermochemical Biomass Conversion. Vol. 1. London: Chapman and Hall, 378～387
Caglar A, Demirbas A. 2002. Hydrogen rich gas mixture from olive husk via pyrolysis. Energy Conversion and Management, 43(1): 109～117
Chahar S, Dastidar M G, Choudhary V, et al. 2004. Synthesis andcharacterisation of polyurethan es derived from waste black liquorlignin. Joumal of Adhesion Science and Technology, 18(2): 169
Chen G, Andries J, Spliethoff, H. 2003. Catalytic pyrolysis of biomass for hydrogen rich fuel gas production. Energy Conversion and Management, 44(14): 2289～2296
D C Elliott. 1994. Water, alkali and char in flash pyrolysis oils. Biomass and bioenergy, 7(1～6): 179～185
Dai X, Wu C, Li H B, et al. 2000. The fast pyrolysis of biomass in CFB reactor. Energy & Fuels, 14(3): 552～557
Demirbas A. 2004. Effect of initial moisture content on the yields of oily products from pyrolysis of biomass. Journal of Analytical and Applied Pyrolysis, 71(2): 803～815
Eŕgudenler E, Ghaly A E. 1992. Quality of gas produced from wheat straw in a Dual-distributor type Fluidized Bed Gasifier. Biomass & Bioenergy, 3(2): 419～430
Fagbemi L, Khezami L, Capart R. 2001. Pyrolysis products from different biomasses: application to the thermal cracking of tar. Applied Energy, 69(4): 293～306
Font R, Marcilla A. 1991. Thermogravimetric kinetic study of the pyrolysis of aimond shells and almond shells with CoC12. Janal Appl Pyrol, 21: 249～264
Hayes R D. 1998. Biomass pyrolysis technology and products: A Canadian viewpoint. In: Pyrolysis Oils From Biomass. ACS Symposium Series 376: 8～15
Haykiri-Acma H, et al. 2005. Effect of heating rate on the pyrolysis yields of rapeseed. Renewable Energy: 1～8
Horne P A, Williams P T. 1996. Infuence of temperature on the products from the fash pyrolysis of biomass.

Fuel,75(9):1051～1059

Islam M N,Zailani R.1999.Pyrolytic oil from fluidized bed pyrolysis of oil palm shell and its characterization. Renew Energy,17:73～84

J J M Orfao.1999.Pyrolysis kinetics of lignocellulosic materials,three independent reactions model.Fuel,78: 349～358

J Reina.1998.Kinetic study of the pyrolysis of waste wood.Ind Eng Chem Res,37:4290～4295

K M Bryden.2002.Modeling thermally thick pyrolysis of wood.Biomass and Bioenergy,22:41～53

Kai S,Eeva K, Fagernas L,et al.1998.Characterization of biomass-based flash pyrolysis oils.Biomass and Bioenergy,14(2):103

Khan M A,Ashrafa S M,Tlholra V P,et al.2004.Development and characterizationof a wood adhesive using balignin.International Journal of Adhesion & Adhesives,24(6):485

Kurimoto Y,Takeda M,Koizumi SD,et al.1999.Proceedings of 10th International Symposium on Wood an Pulping Chemistry.Yokohama:486～491

Onay O,Kockar O M.2003.Slow,fast and fash pyrolysis of rapeseed.Renewable Energy,28(15):2417～2433

P.F.RANDERSON,董宏林等.1999.世界若干国家生物质能源利用及有关问题研究.宁夏农林科学,5: 5～16

Peter McKendry.2002.Energy production from biomass(part 2):Conversion technologies.Bioresource Technology,83:47～54

Ponder G R,Richards G N.1991.Thermal synthesis and pyrolysisof a xylan.Carbohydr Res,218:143～155

Rapagna S,Tempesti E,Foscolo P U,et al.1992.Continuous fast pyrolysis of biomass at high temperature in a fuidized bed reactor.Journal of Thermal Analysis,38:2621～2629

Scott D S,Piskorz J.1984.The continuous flash pyrolysis of biomass.Can J Chem Eng,62:404～412

Sensoz S,Can M.2002.Pyrolysis of pine chips:1.effect of pyrolysis temperature and heating rate on the product yields.Energy Sources,24(4):347～355

Sipila K,et al.1998.Characterization of biomass-based flash pyrolysis oils.Biomass and Bioenergy,14(2): 103～113

Solantausta Y,Nylund N,Westerholm M,et al.1993.Wood-pyrolysis oil as fuel in a diesel-power plant.Bioresource technology,46:177～188

Stenseng M,et al.2001.Investigation of biomass pyrolysis by thermogravimetric analysis and differential scanning calorimetry.Journal of Analytical and Applied Pyrolysis,58～59:765～780

Underwood G.1992.Commercialisation of fast pyrolysis products.In:Hogan E,Robert J,Grassi G,et al.Biomass Thermal Processing—Proceeding of the First Canada/European Community R&D Contractors Meeting.London:CPL Scientific Press,226～228

Varhegyi G,Antal J J M,Jakab E,et al.1997.Kinetic modeling of biomass pyrolysis.Journal of Analytical and Applied Pyrolysis,42(1):73～87

Vitolo S,Ghetti P.1994.Physical and combustion characterization of pyrolytic oils derived from biomass material upgraded by catalytic hydrogenation.Fuel,73(11):1810～1812

Yoshida T,Matsumura Y.2001.Asification of cellulose,xylan,and lignin mixtures in supercritical water.Ind Eng Chem Res,40:5469～5474

Yu Q Z,Brage C,Chen G X,et al.1997.Temperature impact on the formation of tar from biomass pyrolysis in a free-fall reactor.Journal of Analytical and Applied Pyrolysis,40～41:481～489

Zanzi R,Sjostrom K,Bjornbom E.2002.Rapid pyrolysis of agricultural residues at high temperature.Biomass and Bioenergy,23(5):357～366